資料視覺化
使用 Python 與 JavaScript
擷取、清理、分析與轉換資料

SECOND EDITION

Data Visualization with Python and JavaScript

Scrape, Clean, Explore, and Transform Your Data

Kyran Dale　著

楊新章　譯

O'REILLY®

目錄

第二部分　獲取資料

第四部分　交付資料

第五部分　使用 D3 和 Plotly 來視覺化您的資料

前言

本書的主要目標是描述一個資料視覺化（dataviz）工具鏈，而該工具鏈在網際網路時代開始占據主導地位。此工具鏈的指導原則是，無論您設法從資料中挖掘出什麼有見地的金塊，都應該要在 Web 瀏覽器上找到一個家。放在網路上意味著，您可以透過使用身分驗證或限制，為本地網路輕鬆地選擇，資料視覺化發送給選定的少數人或整個世界。這是網際網路的偉大理念，也是 dataviz 正在快速擁抱的理念。這意味著 dataviz 的未來涉及到 JavaScript，而那是 Web 瀏覽器唯一的一流語言。但是 JavaScript 還沒有精煉原始資料所需的資料處理堆疊，這意味著資料視覺化不可避免地需要運用多個語言。我希望這本書能支援我的信念，也就是 Python 是 JavaScript 壟斷瀏覽器視覺化時自然而然的補充語言。

儘管這本書很大本（作者現在強烈地感受到了這一事實），但它必須非常有選擇性，省去很多酷到不行的 Python 和 JavaScript 的 dataviz 工具，並專注於提供最好的工具積木。那些我無法涵蓋的有用程式庫數量，反映了 Python 和 JavaScript 資料科學生態系統的巨大活力。即使在編寫本書的同時，出色的新 Python 和 JavaScript 程式庫也一直持續地出現，並且持續前進。

所有資料視覺化本質上都是變革性的，展示了從資料集（HTML 表格和列表）的一種反射到更現代、更具吸引力、互動性、並且在根本上是基於瀏覽器的資料集的反射間的轉變，提供了一種在工作環境中引入關鍵資料視覺化工具的好方法。這裡的挑戰在於將基本的諾貝爾獎得主維基百科列表，轉換為現代的、互動式的、基於瀏覽器的視覺化。因此，相同的資料集會以更易於存取、更具吸引力的形式來呈現。

從未處理的資料，到相當豐富的、使用者驅動的視覺化旅程，為最佳工具的選擇提供了一些資訊。首先，我們需要獲取資料集。這通常是由同事或客戶提供的，但為了增加挑戰並在此過程中學習一些非常重要的資料視覺化技能，我們會學習如何使用 Python

強大的 Scrapy 程式庫，來從網路，也就是維基百科的諾貝爾獎頁面中爬取（*scrape*）資料集。然後，這個未處理的資料集需要被改進和探索，要進行這些事沒有比 Python 的 pandas 更好的生態系統了。隨著 Matplotlib 的支援和由 Jupyter notebook 的驅動，pandas 正在成為這種取證資料工作的黃金標準。透過使用 SQLAlchemy 和 SQLLite 到 SQL 儲存和探索乾淨的資料，可以將精心挑選的資料故事視覺化。我推薦使用 Matplotlib 和 Plotly，來將靜態和動態圖表從 Python 嵌入到網頁中。但對於更雄心勃勃的任務來說，網路的最高資料視覺化程式庫是基於 JavaScript 的 D3，我們涵蓋了 D3 的基本要素，同時使用它們來製作諾貝爾獎資料視覺化展示品。

這本書是一系列工具的集合，形成了一個串鏈，而諾貝爾獎視覺化的建立提供了指導性的敘述。您應該能夠在需要時深入閱讀相關章節；本書的不同部分是獨立的，因此可以在需要時快速複習所學的內容。

本書分為五個部分。第一部分介紹基本的 Python 和 JavaScript dataviz 工具包，接下來的四部分展示如何檢索原始資料、清理資料、探索資料，最後將其轉換為現代的 Web 視覺化。現在就來總結一下每個部分的主要課程內容。

第一部分：基本工具包

基本工具包包括：

- Python 和 JavaScript 之間的語言學習橋梁。這是要讓兩種語言之間的過渡更為平順、突顯它們的許多相似之處、並為現代資料視覺化的雙語過程奠定基礎。隨著最新 JavaScript 的出現，[1] Python 和 JavaScript 的共同點越來越多，大幅降低它們之間切換的壓力。

- 能夠輕鬆讀取和寫入關鍵資料格式例如 JSON 和 CSV，和資料庫 SQL 和 NoSQL 是 Python 的一大優勢，在 Python 中傳遞資料、轉換格式和更改資料庫是如此容易，資料的這種流暢移動是任何資料視覺化工具鏈的主要潤滑劑。

- 涵蓋開始製作現代的、互動式的、基於瀏覽器的資料視覺化所需的基本網路開發（webdev）技能。透過專注於單頁應用程式（*https://oreil.ly/yqv6C*）的概念，而非建構整個網站，能夠最小化傳統的 webdev，並將重點放在用 JavaScript 來編寫視覺化創作。可縮放向量圖形（Scalable Vector Graphics, SVG）的介紹是 D3 視覺化的主要積木，為第五部分建立的諾貝爾獎視覺化奠定了基礎。

1　基於 ECMAScript（*https://oreil.ly/0uwuN*）的 JavaScript 有很多版本，但提供大量新功能的最重要版本是 ECMAScript 6（*https://oreil.ly/owrsZ*）。

第二部分：獲取資料

本書的這一部分將研究如何使用 Python 從 Web 獲取資料，假設還沒有為資料視覺化工具提供一個漂亮、乾淨的資料檔案：

- 如果您幸運的話，放在易於使用的資料格式（即 JSON 或 CSV）的乾淨檔案會位於一個開放的 URL 中，只要一個簡單的 HTTP 請求就可以取得。或者，您的資料集可能會有一個專用的 Web API，運氣好的話會是 RESTful API，例如，看一下如何使用 Twitter API（透過 Python 的 Tweepy 程式庫）；我們還將瞭解如何使用 Google 試算表（Google spreadsheet），這是在 dataviz 中廣泛使用的資料共享資源。

- 當我們感興趣的資料被以人類可讀的形式出現在網路上時（通常以 HTML 表格、列表或分層內容塊的形式出現），事情就會變得更加複雜。在這種情況下，您必須求助於爬取（*scraping*）來獲取原始 HTML 內容，然後使用剖析器（parser）讓它嵌入的內容可用。我們將瞭解如何使用 Python 的輕量級 Beautiful Soup 爬取程式庫，以及功能更強大、更重量級的 Scrapy，它是 Python 爬取領域中的大明星。

第三部分：使用 pandas 來清理和探索資料

這一部分將使用 Python 強大的程式化試算表 pandas 這管大砲，來解決清理和探索資料集的問題。首先會瞭解 pandas 如何成為 Python NumPy 生態系統的一部分，NumPy 利用了非常快速且強大的低階陣列處理程式庫的力量，同時又使它們易於存取。這裡的焦點是使用 pandas 清理，然後探索諾貝爾獎資料集：

- 大多數資料，即使是來自官方網路 API 的資料，都是骯髒的資料。讓它變得乾淨和可用所占用您作為資料視覺化人員的時間，將比預期多很多。以諾貝爾獎資料集為例，我們在開始探索前會逐步地清理它、搜尋不可靠的日期、異常的資料型別、漏失的欄位，以及所有需要清理的常見污垢，然後將資料轉換為視覺化。

- 有了盡力所能做到的乾淨諾貝爾獎資料集之後，就來看看如何使用 pandas 和 Matplotlib，以互動方式探索資料、輕鬆建立內聯圖表、以任何方式切片資料以及大致上判讀是多麼容易，並在其中尋找您想要透過視覺化提供的那些有趣金塊。

第四部分：交付資料

在這一部分，將看出使用 Flask 建立最小資料 API，以靜態和動態方式向 Web 瀏覽器傳送資料有多麼容易：

首先，瞭解如何使用 Flask 來提供靜態檔案，然後介紹如何推出您自己的基本資料 API，以從本地資料庫提供資料。Flask 的極簡主義讓您可以在 Python 資料處理的成果，以及它們最終在瀏覽器上的視覺化之間，建立一個非常薄的資料服務層。

開源軟體的成就在於，您經常可以找到強固、易於使用的程式庫，它們比您更能解決您的問題。在本部分的第二章中，將看到使用同類最佳的 Python（Flask）程式庫來製作一個強固、靈活的 RESTful API 是多麼容易，來為您的線上資料做好準備；還會介紹使用 Python 愛好者的最愛 Heroku，輕鬆地線上部署此資料伺服器。

第五部分：使用 D3 和 Plotly 來視覺化您的資料

在本部分的第一章中，將瞭解如何以圖表或地圖的形式來獲取以 pandas 來驅動探索的成果，並將它們放在它們所歸屬的網路上。Matplotlib 可以產生出版標準的靜態圖表，而 Plotly 則將使用者控制項和動態圖表帶到表格中。我們將瞭解如何直接從 Jupyter notebook 中獲取 Plotly 圖表，並將其放入網頁中。

本書中涵蓋的 D3 部分是最具挑戰性的部分，但您很可能最終會利用它來建構所產生的那類多元素視覺化。D3 的樂趣之一是大量的範例（*https://oreil.ly/AIWkI*），這些範例很容易在網上找到，但大多數範例只示範一種技術，很少顯示如何編排多個視覺元素。在 D3 章節中，會看到如何在使用者過濾諾貝爾獎資料集，或更改獲獎度量（絕對值或人均值）時同步更新時間軸（包含所有諾貝爾獎）、地圖、直條圖和列表。

掌握這些章節中所展示的核心主題應該可以讓您放開想像力，邊做邊學；我建議選擇一些您打從心裡喜歡的資料，並以此設計一個 D3 作品。

第二版

當 O'Reilly 請我寫這本書的第二版時，我有點不情願。第一版最終比預期的要厚，要更新和擴充它可能需要大量工作。然而，在審查所涵蓋的程式庫狀態以及 Python 和 JavaScript dataviz 生態系統的變化之後，很明顯的大多數使用的程式庫（例如 Scrapy、NumPy、pandas）仍然是可靠的選擇，只需要少部分更新。

D3 是變化最大的程式庫，但這些變化讓 D3 更易於使用和教學。JavaScript 模組也穩固地就定位，使程式碼更清晰，更適合 Python 愛好者（Pythonista）。

一些 Python 程式庫似乎不再是可靠的選擇，並且有幾個已被棄用。第一版相當廣泛地討論了 MongoDB，那是一種 NoSQL 資料庫。我現在認為，好的老式 SQL 更適合資料視覺化工作，如果需要資料庫，最小的基於檔案的無伺服器 SQLite 就是資料視覺化的最佳選擇。

與其用另一個 Python 程式庫來替換已棄用的 RESTful 資料伺服器，從頭開始建構一個簡單的伺服器會更具啟發性，在其中展示一些出色的 Python 程式庫使用，例如 marshmallow，它們在許多資料視覺化場景中很有用。

有了更新本書的時間，我決定使用第一本書的資料集來示範如何使用 Matplotlib 和 pandas，以探索和分析，重點是將所有程式庫更新到當前（截至 2022 年年中）的版本。這讓您可以把時間花在新內容上，其中會有一章專門介紹 Python 的 Plotly 程式庫，它讓您可以輕鬆地將探索性工作從 Jupyter notebook 轉移到具有使用者互動的 Web 簡報；這種方法的一個特別優勢是 Mapbox 地圖的可用性，這是一個豐富的地圖生態系統。

第二版的主旨是：

- 更新所有程式庫。
- 刪除和 / 或替換禁不起時間考驗的程式庫。
- 添加一些 Python 和 JavaScript dataviz 快速發展世界中的變化所建議的新素材。

我認為，dataviz 工具鏈的比喻仍然適用，從原始、未處理的 web 資料，到探索性的 dataviz 驅動分析，再到完善的 web 視覺化轉換生產線，仍然是學習這項工作關鍵工具的好方法。

本書編排慣例

本書使用以下排版慣例：

斜體字（*Italic*）

> 表示新的術語、URL、電子郵件地址、檔名和延伸檔名。（中文使用楷體字）

定寬字（`Constant width`）

> 用於程式列表，以及在段落中參照的程式元素，例如變數或函數名稱、資料庫、資料型別、環境變數、敘述和關鍵字。

定寬粗體字（**`Constant width bold`**）

顯示命令或其他應由使用者輸入的文字。

定寬斜體字（*Constant width italic*）

顯示應該由使用者提供的值，或根據上下文（context）決定的值所取代的文字。

 這個元素代表提示或建議。

 這個元素代表一般性注意事項。

 這個元素代表警告或警示事項。

使用程式碼範例

補充材料（程式碼範例、練習等）可從以下網址下載
https://github.com/Kyrand/dataviz-with-python-and-js-ed-2。

本書是用來幫您完成工作的，一般而言，您可以在程式及說明文件中使用本書所提供的程式碼，不用聯絡我們獲得許可，除非重製大部分的程式碼。例如說，在您的程式中使用書中的數段程式碼並不需要獲得我們的許可。但是販售或散布 O'Reilly 的範例光碟則必須獲得授權；引用本書或書中範例來回答問題不需要獲得許可，但在您的產品文件中使用大量的本書範例則應獲得許可。

我們會感謝——但不需要——您註明出處。一般出處說明包含了書名、作者、出版商、與 ISBN。例如：「*Data Visualization with Python and JavaScript*, second edition by Kyran Dale (O'Reilly). Copyright 2023 Kyran Dale Limited，978-1-098-11187-8.」。

若您覺得對範例程式碼的使用已超過合理使用或上述許可範圍，請透過 *permissions@oreilly.com* 與我們聯繫。

致謝

首先要感謝 Meghan Blanchette，讓這顆球滾動起來，並引導它度過一開始非常艱難的章節。Dawn Schanafelt 隨後掌舵並完成了大部分非常必要的編輯工作。在 Gillian McGarvey 令人印象深刻的頑強文案編輯幫助下，Kristen Brown 出色地完成了這本書的製作。與如此才華橫溢、兢兢業業的專業人士一起工作是一種榮幸——也是一種教育：有些事情如果我早知道，這本書就會好寫很多。事情不總是這樣嗎？

非常感謝 Amy Zielinski，讓我這個不配的作者走路有風。

本書受益於一些非常有幫助的回饋。非常感謝 Christophe Viau、Tom Parslow、Peter Cook、Ian Macinnes 和 Ian Ozsvald。

我還要感謝勇敢的臭蟲獵手，他們在本書的早期發布期間回應了我的呼籲。在撰寫本文時，他們是 Douglas Kelley、Pavel Suk、Brigham Hausman、Marco Hemken、Noble Kennamer、Manfredi Biasutti、Matthew Maldonado 和 Geert Bauwens。

第二版

必須首先感謝 Shira Evans 帶領本書從構思到實現。Gregory Hyman 在讓我及時瞭解早期版本並提供回饋方面做得非常出色。再一次，我很幸運能讓 Kristen Brown 將這本書投入製作。

我還要感謝我的技術審查者 Jordan Goldmeier、Drew Winstel 和 Jess Males 提供的寶貴建議。

概論

本書旨在讓您快速瞭解在我看來最強大的資料視覺化堆疊：Python 和 JavaScript。您將會對 pandas 和 D3 等大型程式庫有足夠瞭解，可以開始製作自己的 Web 資料視覺化並完善自己的工具鏈。實務會帶來專業知識，但就基本能力的學習來說，本書內容很淺。

 如果您正在閱讀本文，我很想聽聽您的任何回饋。請將其寄到 *pyjsdataviz@kyrandale.com*。多謝。

您還可以在我的網站（*https://www.kyrandale.com/viz/nobel_viz_v2*）上找到本書所建構的諾貝爾獎視覺化的完整工作副本。

本書大部分內容講述其中一些數不清的資料視覺化故事，精心挑選來展示一些強大的 Python 和 JavaScript 程式庫和工具，共同構成一個工具鏈。該工具鏈在開始時會蒐集原始的、未經精煉的資料，並在結束時提供豐富的、引人入勝的 Web 視覺化。就像所有資料視覺化的故事一樣，這是一個有關轉換的故事——在此案例中，是將諾貝爾獎得主的基本維基百科列表轉變為互動式視覺化、使資料栩栩如生、讓探索諾貝爾獎的歷史簡單而有趣。

無論您擁有什麼資料，也無論您想用它來講述什麼故事，把它轉化為視覺化效果的最原始、自然方法就是網路。作為一個交付平台，它比以前的平台強大了幾個數量級，本書旨在使從基於桌上型電腦或伺服器的資料分析和處理，能夠順利過渡到 Web。

使用這兩種強大的語言，不僅可以提供強大的 Web 視覺化效果，而且還很有趣且引人入勝。

許多潛在的 dataviz 程式設計師，認為 *web* 開發和做他們想做的事情，也就是用 Python 和 JavaScript 來編寫程式之間存在很大鴻溝。Web 開發涉及大量關於標記語言（markup language）、樣式腳本（style script）和管理的神祕知識，並且如果沒有 *Webpack* 或 *Gulp* 等名稱奇怪的工具是無法完成的。如今，這個巨大的鴻溝可以縮小為一層易滲透的薄膜，讓您可以專注於自己擅長的事情：以最小的努力來編寫程式（見圖 I-1），並將 Web 伺服器委託給資料交付過程。

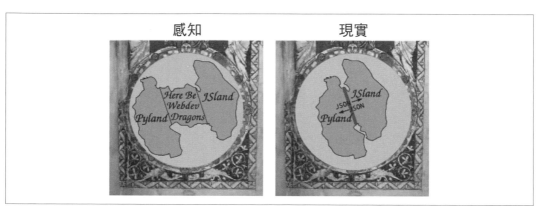

圖 I-1　以上是 webdev 惡龍

本書適合誰

首先，本書適合任何對 Python 或 JavaScript 有一定瞭解的人，他們想要探索資料處理生態系統中最激動人心的領域之一：網路資料視覺化的爆炸式增長領域。它還涉及解決一些具體的挑戰，而根據我的經驗，這些挑戰很常見。

當您接受委託編寫一本技術書籍時，您的編輯很可能會明智地提醒您要去考慮書中可以解決的痛點（*pain point*）。本書的兩個關鍵痛點可以透過幾個故事來完整詮釋，其中一個是我自己的故事，另一個是我認識的許多 JavaScript 開發者用各種形式告訴我的。

多年前，作為一名學術研究人員，我接觸到 Python 並愛上了它。我一直在用 C++ 編寫一些相當複雜的模擬，而 Python 的簡單性和強大功能讓所有樣版（boilerplate）Makefile、宣告、定義等都煥然一新，程式設計變得更加有趣。Python 是完美的黏合劑，可以有效地和 C++ 程式庫配合使用（Python 當時不是，現在也不是速度惡魔），並且非常輕鬆地完成所有在低階語言中讓人痛苦的事情（例如，檔案 I/O、資料庫存取和序列化）。我開始用 Python 編寫所有圖形使用者介面（graphical user interface, GUI）和視覺化，並使用了 wxPython、PyQt 和一大堆其他令人耳目一新的簡單工具集。不幸的是，雖然其中一些工具非常酷，而且我很樂意和全世界分享它們，但封裝、發布它們以及確保它們仍然適用於現代程式庫所需的努力是我不太可能克服的障礙。

當時存在著理論上完美的通用發布系統，適用於我精心製作的軟體——即網頁瀏覽器。曾經，其實現在也是，地球上幾乎每台電腦都可用網頁瀏覽器，它們具有自己的內建直譯式程式語言：編寫一次，隨處執行。但 Python 並沒有在網頁瀏覽器的沙坑中發揮作用，瀏覽器無法實現雄心勃勃的圖形和視覺化，幾乎僅限於靜態影像和奇怪的 jQuery 轉換（*https://jquery.com*）。JavaScript 是一種「玩具」語言，綁定了一個非常慢的直譯器（interpreter），這對小型 DOM（*https://oreil.ly/QnE0a*）技巧很有用，但肯定無法接近我在桌面上使用 Python 可以做的事情。所以這條路線遭到漠視且失控，我的視覺化效果想放在網路上，但沒有通往它的途徑。

快轉十年左右，由於 Google 及其 V8 引擎發起的軍備競賽，JavaScript 現在快了幾個數量級；事實上，它現在比 Python 快得多[1]。HTML 也以 HTML5 的名義對其行為進行了一些整理。讓它使用起來更好，樣版程式碼更少。強大的視覺化程式庫，尤其是 D3 等，已經鞏固了可縮放向量圖形（Scalable Vector Graphics, SVG）等鬆散遵循且明顯不穩定的協議。現代瀏覽器必須與 SVG 以及越來越多的表達為 WebGL 及其子項（如 THREE.js）形式的 D3 完全搭配以工作。我在 Python 中進行的視覺化，現在可以在您的本地 Web 瀏覽器上實現，而且回報是，只需很少的努力，世界上的每台桌上型電腦、筆記型電腦、智慧型手機和平板電腦都可以存取它們。

那麼，為什麼 Python 愛好者不會蜂擁而至來，以他們指定的形式獲取資料呢？畢竟，除了自己製作之外，另一種選擇是將它留給其他人，而我認識的大多數資料科學家會發現這種作法很不理想。好吧，首先是 *web 開發*（*web development*）這個術語意味著複雜的標記、不透明的樣式表、一大堆需要學習的新工具和需要掌握的 IDE。然後是 JavaScript 本身，它是一種奇怪的語言，直到最近才認定它不只是一個有些不倫不類的玩具。我的目標是直接面對這些痛點，並展示您可以使用極少量的 HTML 和 CSS 樣版來製作現代 Web 視覺化（通常是單頁應用程式），讓您專注於程式設計，並讓 Python 愛好者輕鬆飛躍到 JavaScript。但您不必真的跳躍；第 2 章是一座語言橋梁，旨在透過突顯共同元素和提供簡單翻譯，來幫助 Python 愛好者和 JavaScript 人員去彌合語言之間的鴻溝。

---

1 請參閱 Benchmarks Game 網站（*https://oreil.ly/z6T6R*）所進行相當驚人的比較。

第二個故事在我認識的 JavaScript 資料視覺化人員中很普遍。用 JavaScript 來處理資料很不理想，它幾乎沒有重量級的程式庫，儘管最近對該語言的功能增強使資料處理變得更加愉快，但仍然沒有真正的資料處理生態系統可言。因此，在可用的極其強大視覺化程式庫，如 D3 這一如既往的最重要程式庫；與用來清理和處理傳遞給瀏覽器任何資料的能力之間，存在著明顯的不對稱。所有這些都要求您使用另一種語言，或像 Tableau 這樣的工具包清理、處理和探索資料，這通常會演變成零碎地嘗試已漸被遺忘的 Matlab、具有陡峭學習曲線的 R、或一兩個 Java 程式庫。

像 Tableau（*https://www.tableau.com*）這樣的工具包雖然非常令人印象深刻，但最終通常會讓程式設計師感到沮喪，在 GUI 中無法複製良好的通用程式設計語言的表達能力。另外，如果您想建立一個小型網路伺服器來傳送處理過的資料時該怎麼辦？這意味著至少要學習一種新的網路開發語言。

換句話說，開始擴展資料視覺化的 JavaScript 開發人員正在尋找一種互補的資料處理堆疊，僅需要投入一點點時間，而且學習內容並不深奧。

使用本書的最低要求

我一直不願意限制人們的探索力，如果學術界的殿堂落後於整個趨勢達光年之久，又該如何學習？特別在是這個充滿自學成才、學習速度如飢似渴、能抬頭挺胸，不受過去適用於學習模式所約束的程式設計和網路環境中。Python 和 JavaScript 在程式設計語言方面非常簡單，並且都是最佳第一語言的首選。解釋程式碼不會有很大的認知負擔。

本著這種精神，即使沒有任何 Python 和 JavaScript 經驗的專業程式設計師也可以閱讀本書，並在一週內編寫自定義程式庫。

對於剛接觸 Python 或 JavaScript 的初學者來說，這本書對您來說可能太進階了，我建議您利用當今大量的書籍、網路資源、螢幕錄影（screencast）等，它們讓學習變得如此容易。專注於個人的渴望、您想解決的問題、邊做邊學程式設計——這是唯一的方法。

對於使用 Python 或 JavaScript 進行過一些程式設計的人，我建議的入門門檻是您已經一起使用過幾個程式庫、瞭解您的語言的基本慣用語、看一段新穎的程式碼，就可以大概瞭解正在發生的事情——換句話說，就是可以使用標準程式庫的幾個模組的 Python 愛好者，以及使用過奇怪程式庫並能理解幾行原始碼的 JavaScript 人員。

為什麼選擇 Python 和 JavaScript？

為什麼選 JavaScript 是一個容易回答的問題。現在和可預見的未來，只有一種一流的、基於瀏覽器的程式設計語言。即使已經出現各種進行擴展、擴增和篡奪的嘗試，但是老式的、普通的 JS 仍然是卓越的。如果您想製作現代的、動態的、互動式的視覺化效果，並希望按一下按鈕就可以它們交付給世界，那麼您必然會在某些時候遇到 JavaScript。您可能不需要精通，但基本能力是進入現代資料科學最令人興奮領域之一的基本代價。這本書將帶您進場。

為什麼不在瀏覽器中使用 Python？

最近出現了在瀏覽器中執行有限版本 Python 的計畫。例如，Pyodide（*https://github.com/pyodide/pyodide*）是 CPython 到 WebAssembly 的轉接口，它們令人印象深刻且有趣，但目前在 Python 中製作 Web 圖表的主要方法是，讓它們由中介程式庫來自動轉換。

還有一些非常令人印象深刻的倡議，想讓 Python 產生的視覺化效果（通常建構在 Matplotlib（*https://matplotlib.org*）上）在瀏覽器中執行。它們透過使用基於 canvas 或 svg 的繪圖上下文，將 Python 程式碼轉換為 JavaScript 來達成這一點。其中最受歡迎和最成熟的是 Plotly（*https://plot.ly*）和 Bokeh（*https://bokeh.pydata.org/en/latest*）。在第 14 章中，您將看到如何使用 Plotly 在 Jupyter notebook 中產生圖表並將它們傳輸到網頁。對於許多使用案例來說，這是一個很棒的資料視覺化工具，可以放在您的工具箱中。

雖然這些 JavaScript 轉換器和許多可靠使用案例背後有一些出色的程式設計，但它們的確也有很大的局限性：

- 自動程式碼轉換可以完成這項工作沒有問題，但產生的程式碼通常對人類來說是非常難以理解的。

- 使用功能強大、基於瀏覽器的 JavaScript 開發環境來調整和客製化已產生的圖可能會很痛苦，第 14 章中將會看到如何使用 Plotly 的 JS API 來減輕這種痛苦。

- 您僅限於程式庫中當前可用的繪圖類型的子集合。

- 目前的互動性非常基本。客製化使用者控制項最好使用瀏覽器的開發人員工具來在 JavaScript 中完成。

請記住，建構這些程式庫的人一定是 JavaScript 專家，所以如果您想瞭解他們正在做的任何事情並最終以此表達自我，那麼您必須從頭開始學習一些 JavaScript。

為什麼使用 Python 進行資料處理？

為什麼您應該選擇 Python 來滿足資料處理需求？這有點複雜。首先，就資料處理而言還有幾個其他選擇。讓我們來談談這分工作的幾個候選人，從企業巨頭 Java 開始。

Java

在其他主要的通用程式設計語言中，只有 Java 提供與 Python 一樣豐富的程式庫生態系統，而且原生速度也快得多。但是，雖然 Java 比 C++ 之類的語言更容易進行程式設計，但在我看來，它並不是一種特別好的程式設計語言，因為它有太多乏味的樣版程式碼和過多的廢話。經過一段時間後，這種事情會開始變得沉重，並對程式碼造成了阻礙。至於速度，Python 的預設直譯器很慢，但 Python 是一種很好的膠合語言，和其他語言配合地很好。NumPy（以及它依賴的 pandas）、SciPy 等大型 Python 資料處理程式庫展示了這種能力，它們使用 C++ 和 Fortran 程式庫來完成繁重的工作，同時提供簡單腳本語言的易用性。

R

直到最近，受人尊敬的 R 一直是許多資料科學家的首選工具，並且可能是 Python 在該領域的主要競爭對手。與 Python 一樣，R 受益於非常活躍的社群、繪圖程式庫 ggplot2 等一些出色的工具，以及專為資料科學和統計所設計的語法。但這種專長是一把雙面刃。因為 R 是為特定目的而開發的，這意味著如果您希望編寫一個 Web 伺服器為您用 R 處理後的資料提供服務時，您必須跳到另一種語言以及所有隨之而來的學習額外負擔，或者嘗試把方釘擠進圓孔般的硬拗，把一些東西拼湊在一起。Python 的通用性質及其豐富的生態系統，意味著人們可以在不離開舒適區的情況下，完成資料處理生產線所需的幾乎所有事情（除了 JS 視覺效果）。我認為，為語法上的笨拙付出代價只是一個小小的犧牲。

其他

除了使用 Python 進行資料處理之外，還有其他替代方案，但它們都無法與具有豐富程式庫生態系統的通用、易於使用的程式設計語言所提供的靈活性和功能相提並論。例如，Matlab 和 Mathematica 等數學程式設計環境擁有活躍的社群和大量優秀的程式庫，但它們很難普遍化，因為它們一開始就設計來用在比較封閉的領域。它們也是專有的，這意味著大量的初始投資以及和 Python 響亮的開源環境不同的氛圍。

像 Tableau（*https://www.tableau.com*）這樣由 GUI 驅動的資料視覺化工具是偉大的產物，但很快就會讓習慣於自由程式設計的人感到沮喪。如果您只唱它們歌單中的歌，它們往往會工作地很好，偏離指定路徑時很快就會很痛苦。

Python 一直在改進

就目前情況而言，我認為可以說 Python 就是新興資料科學家的首選語言，但它也沒有因此而停滯不前。就目前情況而言，我認為可以說 Python 就是新興資料科學家的首選語言，但它也沒有因此而停滯不前。事實上，Python 在這方面的能力正在以驚人速度增長。換句話說，我已經使用 Python 程式設計 20 多年了，如果找不到 Python 模組來幫助解決手頭問題時我會很驚訝，但我發現自己對 Python 資料處理能力的發展感到驚訝，因為每週都會出現一個新的、強大的程式庫。舉個例子，Python 在統計分析程式庫上一直處於弱勢，R 遙遙領先。最近一些強大的模組，比如 statsmodels，已經開始快速縮小這個差距。

Python 是一個蓬勃發展的資料處理生態系統，具有無與倫比的通用目的，而且每週都在持續改善。社群中有這麼多人處於如此興奮的狀態是可以理解的——這非常令人振奮。

就瀏覽器中的視覺化而言，好消息是 JavaScript 除了在網路生態系統中的特權性、否決性、排他性的位置之外還有更多優勢。多虧了一場直譯器軍備競賽，效能有了驚人的突破，還出現一些強大的視覺化程式庫，比如 D3，它可以補充現有的任何語言，JavaScript 現在有了很大的進步。

簡而言之，Python 和 JavaScript 是 Web 資料視覺化的絕佳互補，兩者都需要對方提供重要的漏失元件。

您會學到什麼

我們的 dataviz 工具鏈中有一些大型 Python 和 JavaScript 程式庫，要全面介紹它們需要大量書籍才夠。儘管如此，我認為大多數程式庫的基礎知識（當然包括這裡的介紹內容）都可以很快地掌握。專業知識需要時間和練習，但可以說，提高生產力所需的基本知識是唾手可得的。

從這個意義上講，本書旨在為您提供實用知識的堅實支柱，足以承載未來開發的重擔。我的目標是讓學習曲線盡可能平緩，讓您渡過最初的攀登期，並開始掌握完善您的藝術所需的實用技能。

本書強調實用主義和最佳實務，涵蓋相當大的範圍，所以沒有足夠空間來繞著理論打轉。我介紹了工具鏈中程式庫中最常用的那些層面，並為您指出解決其他問題所需的資源。大多數程式庫都有函數、方法、類別等硬核心，它們是主要的功能子集。有了這些工具，您真的就可以做出一些事來。最後，如果有無法解決的問題，這時候這些好書、說明文件和線上論壇，都會是您的朋友。

程式庫的選擇

在選擇書中使用的程式庫時，我考慮了三件事：

- 像免費啤酒（*https://oreil.ly/WwriM*）一樣的開源（open source）——不需要投入任何額外金錢來學習這本書。

- 長壽——通常是成熟的、社群驅動的和流行的。

- 同類最佳（假設有良好的支援和活躍的社群），處於受歡迎程度和效用之間的最佳點。

您在這裡學到的技能，都應該禁得起時間的考驗。一般來說，最好的選擇很明顯，就是能夠自己當家作主的程式庫；但時機合適時，我也會強調替代選擇，並且告訴您我這樣做的理由。

先備知識

在透過工具鏈開始諾貝爾獎資料集變革之旅之前，需要先閱讀一些預備章節，涵蓋使其餘工具鏈章節更流暢地執行所必需的基本技能。前幾章包括以下內容：

第 2 章，〈*Python 和 JavaScript 之間的語言學習橋梁*〉

　　在 Python 和 JavaScript 之間搭建語言橋梁

第 3 章，〈使用 *Python* 讀寫資料〉

　　如何使用 Python 透過各種檔案格式和資料庫來傳遞資料

第 4 章，〈*Webdev 101*〉

　　涵蓋本書所需的基本 Web 開發

這些章節部分是教程、部分是參考，您可以直接跳到工具鏈的開頭，在需要的地方再回頭來看。

Dataviz 工具鏈

本書的主要部分展示了資料視覺化工具鏈，跟隨著諾貝爾獎得主的資料集，從原始的、新鮮爬取的資料，到引人入勝的互動式 JavaScript 視覺化的旅程。在蒐集過程中，示範一些大程式庫所進行的精煉和改造，總結在圖 I-2 中。這些程式庫是我們工具鏈的工業車床：豐富、成熟的工具，展示了 Python+JavaScript dataviz 堆疊的強大功能。以下部分地簡要介紹了工具鏈的五個階段及其主要程式庫。

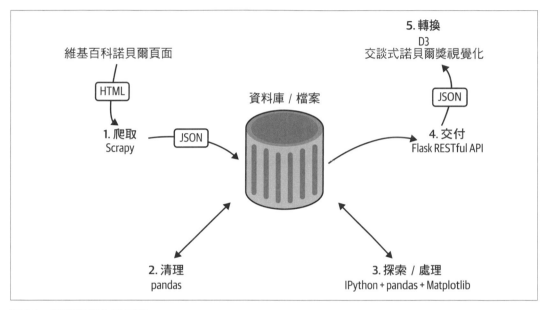

圖 I-2　資料視覺化工具鏈

1. 用 Scrapy 爬取資料

任何資料視覺化人員面臨的第一個挑戰是掌握他們需要的資料，無論是受到請求啟發，還是為了滿足個人需求。如果您很幸運，資料將以原始形式交付給您，但通常您必須去尋找它。我將介紹使用 Python 從 Web 獲取資料的各種方式，例如 Web API 或 Google 試算表。用於工具鏈示範的諾貝爾獎資料集是使用 Scrapy[2] 從維基百科網頁中爬取的。

2　網頁爬取（*https://oreil.ly/g3LPa*）是一種從網站淬取資訊的電腦軟體技術，通常涉及獲取和解析網頁。

Python 的 Scrapy 是一種具有工業強度的爬取工具，可以執行所有資料節流（data throttling）和媒體管線化（media pipelining）操作，當您計畫爬取大量資料時，這些都是必不可少的。爬取通常是獲取您感興趣資料的唯一途徑，一旦您掌握了 Scrapy 的工作流程，所有那些以前禁止存取的資料集都只在一個爬蟲程式網之外[3]。

2. 用 pandas 清洗資料

dataviz 的骯髒祕密是幾乎所有的資料都是骯髒的，把它變成您可以使用的東西可能會比預期花費更多的時間。這是一個平淡無奇的過程，很容易占用一半以上的時間，因此更有理由精通它並使用正確的工具。

pandas 是 Python 資料處理生態系統中的重要參與者。它是一個 Python 資料分析程式庫，其主要元件是 DataFrame，本質上是一個程式化的試算表。pandas 把 Python 強大的數值程式庫 NumPy 擴展到異質（heterogeneous）資料集領域，也就是資料視覺化工具必須處理的類別型（categorical）、時序型（temporal）、和順序型（ordinal）資訊。

除了非常適合交談式地探索資料（使用其內建的 Matplotlib 圖表）之外，pandas 還非常適合清理資料這種繁重工作，可以輕鬆定位重複記錄、修復不可靠的日期字串、查找丟失的資料欄位等等。

3. 使用 pandas 和 Matplotlib 探索資料

在開始把資料轉換為視覺化之前，您需要瞭解它。隱藏在資料中的樣式、趨勢和異常將為您試圖用它所講述的故事提供資訊，無論是要解釋最近小部件銷量為何逐年上升，還是要展示全球氣候的變化。

結合了極致的 Python 直譯器 *IPython*、pandas、以及 Matplotlib（添加了 seaborn），提供了一種理想方式來互動式地探索您的資料、從命令行產生豐富的內聯圖、對資料進行切片（slicing）和切塊（dicing）以揭示有趣的樣式。然後可以輕鬆地把這些探索的結果儲存到檔案或資料庫中，以傳遞給您的 JavaScript 視覺化。

---

[3] Scrapy 的控制器稱為蜘蛛（spider）。

4. 用 Flask 交付您的資料

探索和精煉資料後，您需要把它提送給 Web 瀏覽器，以在其中讓像 D3 這樣的 JavaScript 程式庫可以對其進行轉換。使用像 Python 這樣通用語言的一大優勢是，它可以輕鬆地用幾行程式碼啟動 Web 伺服器，就像它使用 NumPy 和 SciPy[4] 等專用程式庫處理大型資料集一樣輕鬆。Flask 是 Python 最流行的輕量級伺服器，非常適合建立小型的 RESTful[5] API，JavaScript 可以使用這些 API 來從伺服器、檔案或資料庫中獲取資料到瀏覽器。正如我將示範的那樣，您可以在幾行程式碼中推出 RESTful API，並能夠從 SQL 或 NoSQL 資料庫傳輸資料。

5. 使用 Plotly 和 D3 將資料轉換為互動式視覺化

一旦資料清理和精煉之後，進入了視覺化階段，在其中顯示了資料集的選定反射，也許也會讓使用者以互動方式探索它們。根據資料的型態，這可能涉及傳統圖表、地圖或新穎的視覺化。

Plotly 是一個出色的圖表化程式庫，可讓您使用 Python 來發展圖表並把它傳輸到 Web。正如在第 14 章中將會提到的，它還有一個模仿 Python API 的 JavaScript API，免費為您提供原生 JS 圖表化程式庫。

D3 是 JavaScript 強大的視覺化程式庫，可以說是最強大的視覺化工具之一，並且它與語言無關。我們將使用 D3 來建立具有多個元素和使用者互動的新穎諾貝爾獎視覺化，使人們能夠探索資料集中感興趣的項目。D3 學習起來可能具有挑戰性，但我會帶您快速上手，讓您準備好開始磨練自己的技能。

較小的程式庫

除了涵蓋的大型程式庫外，還有大量作為配角的小型程式庫。這些是不可或缺的小工具，它們是工具鏈中的錘子和扳手。尤其是 Python，它擁有一個極其豐富的生態系統，幾乎所有可以想像到的工作都有小型的、專門的程式庫。在強大的配角陣容中，特別值得一提的是：

4　科學 Python 程式庫，NumPy 生態系統的一部分。
5　REST 是 Representational State Transfer 的縮寫，它是基於 HTTP 的 Web API 的主要風格，非常受推薦。

Requests

Python 的首選 HTTP 程式庫，完全符合其座右銘「給人類的 HTTP」。Requests 遠遠優於 urllib2，後者是 Python 的內建程式庫之一。

SQLAlchemy

最好的 Python SQL 工具包和物件關係映射器（object-relational mapper, ORM）。它功能豐富，讓使用各種基於 SQL 的資料庫變得輕而易舉。

seaborn

對 Python 強大的繪圖程式庫 Matplotlib 來說，它是一個很好的補充，添加了一些非常有用的繪圖類型，包括一些特別用於資料視覺化工具的統計類型。它還增加了卓越的美學，覆寫了 Matplotlib 預設值。

Crossfilter

儘管 JavaScript 的資料處理程式庫仍在開發中，但最近出現了一些非常有用的程式庫，其中 Crossfilter 就是其中的佼佼者。它可以非常快速地過濾列 - 行型式資料集，並且非常適合資料視覺化工作。這並不足為奇，因為它的建立者之一就是 D3 之父 Mike Bostock。

marshmallow

一個出色且非常方便的程式庫，可將物件等複雜資料型別與原生 Python 資料型別相互轉換。

如何使用本書

儘管本書的不同部分都遵循資料轉換的過程，但不需要從頭到尾全部讀完一遍本書。第一部分為基於 Python 和 JavaScript 的 web dataviz 提供了一個基本工具包，不可避免地會有許多讀者熟悉的內容。請挑選對您來說陌生的內容，有需要時再回頭翻看，或在後文找到相關性。對於那些精通這兩種語言的人來說，Python 和 JavaScript 之間的語言學習橋梁將是不必要的，儘管可能仍然有一些有用的至理名言在其中。

本書其餘部分會遵循我們的工具鏈，基本上是獨立的，它會把一個相當平淡的 Web 列表轉換為一個完全成熟的互動式 D3 視覺化。如果您想立即進入第 III 部分並使用 pandas 進行一些資料清理和探索，請繼續；但請注意，它假設存在一個骯髒的諾貝爾獎資料集。如果符合您的日程安排，您可以稍後再查看 Scrapy 是如何產生的。同樣的，如果您想直接在第 IV 部分和第 V 部分中建立 Nobel-viz 應用程式，請注意，它們假定有一個乾淨的諾貝爾獎資料集。

無論採取何種方式，如果您打算把資料視覺化作為您的職業，我建議您最終要以掌握本書中涵蓋的所有基本技能為目標。

寫作背景概述

這是一本實用的書，假定讀者非常瞭解自己想要的視覺化內容，以及視覺化外觀和感覺，以及不受太多理論束縛的願望。儘管如此，借鑒資料視覺化的歷史既可以闡明本書的中心主題，又可以增加有價值的背景。它還可以幫助解釋為什麼現在是進入該領域的這麼激動人心的時刻，因為技術創新正在推動新的資料視覺化形式，人們正在努力解決網際網路背後所產生越來越多的多維資料問題。

資料視覺化背後有令人印象深刻的理論體系，我推薦您閱讀一些很棒的書籍（請參閱第 xxxvii 頁的「推薦書籍」來瞭解其中的一些選擇）。理解人類視覺獲取資訊方式的實際好處怎麼強調都不為過。可以很容易地證明，例如，圓餅圖幾乎總是一種呈現比較性資料的糟糕方式，而簡單的直條圖更為可取。透過進行心理測量實驗，我們現在非常瞭解要如何欺騙人類視覺系統，並讓資料中的關係更難掌握。相反的，我們可以證明某些視覺形式接近於放大對比度的最佳效果。文獻至少提供了一些有用的經驗法則，為任何特定的資料敘述提供了良好的候選者。

本質上，好的 dataviz 試圖呈現從世界測量而來（經驗），或是抽象數學探索的產物，例如，Mandelbrot 集合的美麗碎形樣式（*https://oreil.ly/w5BIV*）所蒐集的資料，並以繪製或強調可能存在的任何樣式或趨勢方式來呈現。這些樣式可以是簡單的，例如，按國家劃分的平均體重；也可以是複雜統計分析的產物，例如，更高維空間中的資料分群。

在未轉換的狀態下，我們可以將這些資料想像成一團模糊的數字或類別的雲。任何樣式或相關性都是完全模糊的。很容易忘記，但不起眼的試算表（圖 I-3 a）是一種資料視覺化——將資料排序為列 - 行形式是試圖馴服它，使其運算更容易，並突顯差異（例如，精算簿記）。當然，大多數人並不擅長在一排數字中發現樣式，因此開發了更易於理解的視覺形式，與我們的視覺皮層互動，視覺皮層是人類獲取世界資訊的主要管道。直條圖、圓餅圖[6]和折線圖進來了，更富有想像力的方法用來以更易於存取的形式精煉統計資料，最著名的方法之一是 Charles Joseph Minard 對拿破崙 1812 年災難性俄國戰役的視覺化（圖 I-3 b）。

6　William Playfair 的 1801 年的 *Statistical Breviary* 具有起源圓餅圖的可疑特徵。

圖 I-3 b 中較淺的棕褐色水流線表示拿破崙軍隊前進莫斯科；黑線表示撤退。寬度代表軍隊規模，隨著傷亡人數的增加而變窄。下面的溫度圖表用於指示沿途位置的溫度。請注意 Minard 結合多維資料，傷亡統計、地理位置、和溫度以優雅方式呈現出大屠殺印象，這很難以任何其他方式來理解（想像一下試圖從傷亡圖表跳轉到地點列表並進行必要的聯繫）。我認為現代互動式資料視覺化的主要問題與 Minard 所面臨的問題完全相同：如何超越傳統的一維直條圖（對很多事情都非常有用），並開發有效交流跨維度樣式的新方法。

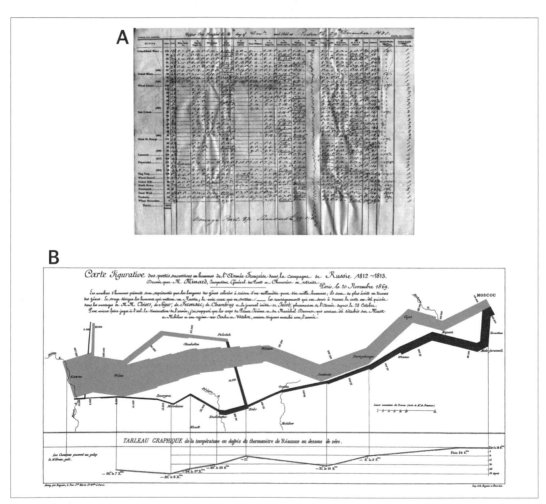

圖 I-3　(a) 早期試算表和 (b) Charles Joseph Minard 對拿破崙 1812 年俄國戰役的視覺化

直到最近，我們對圖表的大部分體驗和 Charles Joseph Minard 的聽眾體驗並沒有太大不同。它們是預渲染的和惰性的，顯示了資料的一種反射，並且希望那是重要且有見地的反射，但仍然在作者的完全控制之下。從這個意義上說，用電腦螢幕像素來代替真實的墨點只是分布尺度的變化罷了。

網際網路的飛躍只是用像素取代了新聞紙張，視覺化仍然是不可點擊的和靜態的。最近，一些強大視覺化程式庫（D3 是其中的佼佼者）的組合，和 JavaScript 效能的巨大改進開闢了一種新型視覺化的方式，它是一種易於存取和動態的、且實際上鼓勵探索和發現。資料探索和呈現之間的明顯區別被模糊化了。這種新型的資料視覺化是本書的重點，也是用於 Web 的 dataviz 能在此刻成為如此令人興奮領域的原因。人們正在嘗試建立新的方法來視覺化資料，並讓使用者更容易存取／使用它。這無異於一場革命。

總結

Web 上的 Dataviz 現在很令人興奮，互動式視覺化方面的創新不斷湧現，而且其中許多（如果个是大多數）都是用 D3 開發的。JavaScript 是唯一基於瀏覽器的語言，因此很酷的視覺效果必然要用它來編寫程式（或轉換成它）。但是 JavaScript 缺乏必要的工具或環境，來實現現代資料視覺化中不那麼引人注目但同樣重要的元素：資料的聚合、管理和處理。這就是 Python 的統治優勢，它提供了一種通用的、簡潔的、可讀性極強的程式設計語言，並且可以存取越來越穩定的一流資料處理工具。其中許多工具利用非常快速的低階程式庫強大功能，使 Python 資料處理既快速又簡單。

本書介紹了其中一些重量級工具，以及許多其他較小但同樣重要的工具。它還展示了 Python 和 JavaScript 如何共同代表最好的資料視覺化堆疊，適用於任何希望把他們的視覺化送到網際網路的人。

接下來是本書的第一部分，涵蓋了工具鏈所需的初步技能。您可以現在完成它，或跳到第二部分和工具鏈的開頭，需要時再回來參考。

推薦書籍

這裡有幾本關鍵的資料視覺化書籍可以滿足您的胃口，涵蓋了從互動式儀表板到精美而富有洞察力的資訊圖表所有領域。

- Bertin, Jacques. *Semiology of Graphics: Diagrams, Networks, Maps*. Esri Press, 2010.
- Cairo, Alberto. *The Functional Art*. New Riders, 2012.

- Few, Stephen. *Information Dashboard Design: Displaying Data for At-a-Glance Monitoring*, 2nd Ed. Analytics Press, 2013.

- Rosenberg, Daniel and Anthony Grafton. *Cartographies of Time: A History of the Timeline*. Princeton Architectural Press, 2012.

- Tufte, Edward. *The Visual Display of Quantitative Information*, 2nd Ed. Graphics Press, 2001.

- Wexler, Steve. *The Big Book of Dashboards*. Wiley, 2017.

- Wilke, Claus. *Fundamentals of Data Visualization*. O'Reilly, 2019. (Free online version (*https://clauswilke.com/dataviz*).)

基本工具包

本書的第一部分為即將到來的工具鏈提供一個基本工具包（toolkit），部分作為教程，部分作為參考。鑑於目標受眾的知識範圍相當廣泛，這裡可能會涵蓋您已經知道的內容。我的建議是挑選材料來填補您知識上的任何空白，也許也可以瀏覽一下您已經知道的內容來當作複習。

如果您確信您手邊已經有了基本的工具包，請隨時跳到第二部分中隨著工具鏈開始的旅程。

您可以在本書的 GitHub 儲存庫（*https://github.com/Kyrand/dataviz-with-python-and-js-ed-2*）中找到這一部分的程式碼。

## 第一章

開發設定

本章涵蓋使用本書所需的下載和軟體安裝,並概述我推薦的開發環境。正如您將看到的,這並不會像以前那樣繁重。我將分別介紹 Python 和 JavaScript 依賴項,並簡要概述跨語言 IDE。

伴隨程式碼

本書涵蓋的大部分程式碼都有一個 GitHub 儲存庫,包括完整的諾貝爾獎視覺化。要獲取它,只需對合適的本地目錄執行 git clone(*https://git-scm.com/docs/git-clone*):

```
$ git clone https://github.com/Kyrand/dataviz-with-python-and-js-ed-2.git
```

這應該會建立一個本地 *dataviz-with-python-and-js-v2* 目錄,其中包含本書所涵蓋的關鍵源程式碼。

Python

本書中涵蓋的大部分程式庫都是基於 Python 的,為各種作業系統及其古怪變體提供全面的安裝說明,可能是一項具有挑戰性的嘗試,但 Python 平台 Anaconda(*https://www.anaconda.com*)把大多數流行的分析程式庫捆綁在一個方便的套件中,讓這件事簡單多了。本書假定您使用的是 Python 3,它發布於 2008 年,現在已經牢固地建立地位了。

Anaconda

安裝一些較大的 Python 程式庫本身就是一個挑戰,尤其是那些依賴於複雜的低階 C 和 Fortran 套件的 NumPy。現在這容易許多,大多數人會很樂意使用 Python 的 pip 命令來使用 easy_install 進行安裝:

```
$ pip install NumPy
```

但是一些大的數值運算程式庫仍然很難安裝。依賴項管理和版本控制會讓事情變得更加棘手,您可能需要在同一台機器上使用不同版本的 Python,這就是 Anaconda 發揮作用的地方。它會執行所有依賴項檢查和二進位檔(binary)安裝,省去您的麻煩;對本書來說,它也是一個非常方便的資源。

要免費安裝 Anaconda,只需將瀏覽器導航到 Anaconda 網站(*https://oreil.ly/4FkCT*),選擇適用於您的作業系統的版本,理想情況下至少是 Python 3.5;然後按照說明操作。Windows 和 OS X 有一個圖形化安裝程式,只需下載並雙擊,而 Linux 需要您執行一些 bash 腳本:

```
$ bash Anaconda3-2021.11-Linux-x86_64.sh
```

這是最新的安裝說明:

- 用於 Windows(*https://oreil.ly/KErTO*)
- 用於 macOS(*https://oreil.ly/5cVfC*)
- 用於 Linux(*https://oreil.ly/tIQT5*)

我建議在安裝 Anaconda 時堅持使用預設值。

您可以在 Anaconda 網站(*https://oreil.ly/tL7c9*)找到官方檢查指南。Windows 和 macOS 使用者可以使用 Anaconda 的 Navigator GUI,或者與 Linux 使用者一起使用 Conda 命令行介面。

安裝額外的程式庫

Anaconda 幾乎包含本書涵蓋的所有 Python 程式庫,有關 Anaconda 程式庫套件的完整列表,請參閱 Anaconda 說明文件(*https://oreil.ly/c2vRS*)。需要非 Anaconda 程式庫的地方,可以使用 pip(Pip Installs Python 的縮寫,*https://oreil.ly/b0Eni*)這是安裝 Python 程式庫的業界標準。使用 pip 安裝非常簡單。只需從命令行呼叫 pip install 後面跟著套件的名稱即可,或者幸運的話,得到一個合理的錯誤:

```
$ pip install dataset
```

虛擬環境

虛擬環境（virtual environment，*https://oreil.ly/x7Uq5*）提供了一種使用特定 Python 版本和 / 或一組第三方程式庫來建立沙盒開發環境的方法。使用這些虛擬環境可以避免這些安裝污染了您的全域 Python，並為您提供更多的靈活性，讓您可以使用不同套件版本，或根據需要更改 Python 版本。使用虛擬環境正在成為 Python 開發的最佳實務，我強烈建議您遵循它。

Anaconda 附帶一個 conda 系統命令，可以輕鬆建立和使用虛擬環境。以下是基於完整的 Anaconda 套件來為本書建立一個特殊的套件：

```
$ conda create --name pyjsviz anaconda
...
#
# 要啟動此環境，請使用：
# $ source activate pyjsviz
#
# 要停用此環境，請使用：
# $ source deactivate
#
```

正如最後一則訊息所說，要使用此虛擬環境，您只需要 source Activate 它（Windows 機器可以省略 source）：

```
$ source activate pyjsviz
discarding /home/kyran/anaconda/bin from PATH
prepending /home/kyran/.conda/envs/pyjsviz/bin to PATH
(pyjsviz) $
```

請注意，您會在命令行獲得一個有用的提示，讓您知道正在使用的虛擬環境。

conda 命令不僅可以方便虛擬環境的使用，還可以結合 Python 的 pip 安裝程式和 virtualenv 命令等功能，做更多事情。您可以在 Anaconda 說明文件（*https://oreil.ly/KN0ZL*）中獲得完整的概要。

如果您對標準的 Python 虛擬環境有信心，透過把它們併入 Python 的標準程式庫，這些虛擬環境將更容易使用。要從命令行建立虛擬環境：

```
$ python -m venv python-js-viz
```

這會建立一個包含虛擬環境的各種元素的 python-js-viz 目錄。其中包括一些啟動腳本。使用 macOS 或 Linux 來啟動虛擬環境請執行啟動腳本：

```
$ source python-js-viz/bin/activate
```

在 Windows 機器上，執行 *.bat* 檔案：

```
$ python-js-viz/Scripts/activate.bat
```

然後，您可以使用 `pip` 將 Python 程式庫安裝到虛擬環境，避免污染您的全域 Python 發行版：

```
$ (python-js-viz) pip install NumPy
```

要安裝本書需要的所有程式庫，可以使用本書 GitHub 儲存庫（*https://github.com/Kyrand/dataviz-with-python-and-js-ed-2*）中的 *requirements.txt* 檔案：

```
$ (python-js-viz) pip install -r requirements.txt
```

您可以在 Python 說明文件（*https://oreil.ly/dhCvZ*）中找到有關虛擬環境的資訊。

JavaScript

好消息是您根本不需要太多的 JavaScript 軟體。唯一需要具備的是本書使用的 Chrome/Chromium 網路瀏覽器。它提供所有當前瀏覽器中最強大的開發人員工具集，並且跨平台。

要下載 Chrome，只需轉到主頁（*https://oreil.ly/jNTUl*），並下載適用於您的作業系統的版本，通常會自動偵測。

本書中使用的所有 JavaScript 程式庫，都可以在附帶的 GitHub repo（*https://github.com/Kyrand/dataviz-with-python-and-js-ed-2*）中找到，但通常有兩種方式來把它們傳遞到瀏覽器。您可以使用內容交付網路（content delivery network, CDN），高效率地快取從傳遞網路檢索到的程式庫副本；或者，您可以使用提供給瀏覽器程式庫的本地副本。這兩種方法都使用 HTML 文件中的 `script` 標記（tag）。

內容交付網路

透過使用 CDN，會由瀏覽器透過 Web 來從最近的可用伺服器檢索 JavaScript，而不是把程式庫安裝在本地電腦上。這會使事情變得非常快──比您自己提供內容更快。

要透過 CDN 來包含程式庫，您可以使用一般的 `<script>` 標記，通常放置在 HTML 頁面的底部。例如，以下呼叫添加了 D3 的當前版本：

```
<script
 src="https://cdnjs.cloudflare.com/ajax/libs/d3/7.1.1/d3.min.js"
 charset="utf-8">
</script>
```

在本地安裝程式庫

如果您需要在本地安裝 JavaScript 程式庫,有可能您要進行的是離線開發工作,或無法保證隨時都能上網,有許多相當簡單的方法可以做到這一點。

您可以只下載單獨的程式庫,並把它們放在本地伺服器的靜態資料夾中。這是一個典型的資料夾結構。第三方程式庫位於根目錄下的 *static/libs* 目錄中,如下所示:

```
nobel_viz/
└── static
    ├── css
    ├── data
    ├── libs
    │   └── d3.min.js
    └── js
```

如果以這種方式組織,要在您的腳本中使用 D3 現在需要一個帶有 `<script>` 標記的本地檔案參照:

```
<script src="/static/libs/d3.min.js"></script>
```

資料庫

我推薦用於中小型資料視覺化專案資料庫是出色、無伺服器、基於檔案、基於 SQL 的 SQLite(*https://www.sqlite.org*)。本書中所示範的整個 dataviz 工具鏈都會使用該資料庫,這是您真正需要的唯一資料庫。

本書還涵蓋了 Python 與 MongoDB(*https://www.mongodb.org*)的基本互動,MongoDB 是最流行的非關聯式,或稱 NoSQL 資料庫(*https://oreil.ly/uvX4e*):

SQLite

SQLite 是 macOS 和 Linux 機器的標準配置,至於 Windows,請遵循本指南(*https://oreil.ly/Ck6qR*)。

MongoDB

您可以在 MongoDB 說明文件（*https://oreil.ly/JIt8R*）中找到各種作業系統的安裝說明。

請注意，我們將直接或透過建構在其上的程式庫來使用 Python 的 SQLAlchemy（*https://www.sqlalchemy.org*）SQL 程式庫。這表示可以透過更改一兩行的配置（configuration），把任何 SQLite 範例轉換為另一個 SQL 後端，例如，MySQL（*https://www.mysql.com*）或 PostgreSQL（*https://www.postgresql.org*）

啟動並執行 MongoDB

與某些資料庫相比，MongoDB 的安裝可能有點棘手。如前所述，想要學習本書，其實不需要那麼麻煩安裝基於伺服器的 MongoDB，但是如果您想嘗試，或發現自己的工作會使用它，這裡有一些安裝說明：

OS X 使用者請查看官方說明文件（*https://oreil.ly/zTEH5*）以獲取 MongoDB 安裝方式。

Windows 的指南則可見這分特定的官方說明文件（*https://oreil.ly/OI5gB*），就能讓您的 MongoDB 伺服器啟動並執行。您可能需要使用管理員權限來建立必要的資料目錄等。

一般會把 MongoDB 安裝到基於 Linux 的伺服器上，最常見的是 Ubuntu 變體，它使用 deb（*https://oreil.ly/rRQrG*）檔案格式來交付它的套件。官方 MongoDB 說明文件（*https://oreil.ly/SrRzJ*）完整涵蓋 Ubuntu 安裝過程。

MongoDB 使用 *data* 目錄來儲存，而根據您的安裝方式，您可能需要自己建立它。在 OS X 和 Linux 機器上，預設是根目錄之下的 *data* 目錄，您可以以超級使用者（sudo）身分使用 mkdir 來建立該目錄：

```
$ sudo mkdir /data
$ sudo mkdir /data/db
```

然後，您需要為自己設定所有權：

```
$ sudo chown 'whoami' /data/db
```

至於 Windows，安裝 MongoDB Community Edition（*https://oreil.ly/3Vtft*），您可以使用以下命令建立必要的 *data* 目錄：

```
$ cd C:\
$ md "\data\db"
```

MongoDB 伺服器通常會在 Linux 機器上預設為啟動；否則，在 Linux 和 OS X 上，以下命令會啟動一個伺服器實例：

```
$ mongod
```

在 Windows Community Edition 上，從命令提示符執行以下命令將啟動伺服器實例：

```
C:\mongodb\bin\mongod.exe
```

使用 Docker 讓 MongoDB 變簡單

MongoDB 的安裝可能很棘手。例如，當前的 Ubuntu 變體（> 版本 22.04）具有不相容的 SSL 程式庫（*https://oreil.ly/ShOjF*）。如果您安裝了 Docker（*https://oreil.ly/ZF5Uf*），要建立在預設連接埠 27017 上的可用開發資料庫僅需一個命令即可：

```
$ sudo docker run -dp 27017:27017 -v local-mongo:/data/db
            --name local-mongo --restart=always mongo
```

這能有效避免本地程式庫不相容等問題。

整合開發環境

正如第 82 頁的「IDE、框架和工具的神話」的解釋，不需要 IDE 即可使用 Python 或 JavaScript 進行程式設計。現代瀏覽器，尤其是 Chrome 提供的開發工具意味著您只需要一個好的程式碼編輯器，就可以擁有幾乎最佳的設定。

這裡需要注意的是，中階到進階的 JavaScript 往往涉及像 React、Vue 和 Svelte 這樣的框架，它們確實受益於一個像樣的 IDE 所提供的附加功能，特別是處理多格式檔案（在其中 HTML、CSS 和 JS 都嵌入在一起）。好消息是免費提供的 Visual Studio Code（VSCode，*https://code.visualstudio.com*）已經成為現代 Web 開發的業界標準。它有幾乎一切的外掛和非常龐大且活躍的社群，可以說所有問題都可以得到解答，錯誤也會很快找出來。

至於 Python，我嘗試一些專用的 IDE，但它們從未讓我停留。我試圖解決的主要問題是找到一個像樣的除錯（debug）系統。使用文本編輯器在 Python 中設定中斷點並不是特別優雅，而使用命令行除錯器 pdb 有時感覺有點太老套了。儘管如此，Python 確實包含了一個相當不錯的日誌系統，這使它的預設除錯變得相當笨拙。VSCode 非常適合 Python 程式設計，但也有一些特定於 Python 的 IDE 會更流暢一些。

以下是我嘗試過且可推薦的一些，不照先後排名順序：

PyCharm（*https://www.jetbrains.com/pycharm*）

此選項提供可靠的程式碼幫助和良好除錯，並且可能會在經驗豐富的 Python 愛好者最喜歡的 IDE 投票中名列前茅。

PyDev（*https://pydev.org*）

如果您喜歡 Eclipse 並且可以容忍它相當大的占用空間，這可能很適合您。

Wing Python IDE（*https://www.wingware.com*）

這是一個可靠的賭注，擁有出色的除錯器，並且在 15 年的開發過程中不斷改進。

總結

借助免費封裝後的 Python 發行版（例如 Anaconda），以及在免費提供的 Web 瀏覽器中包含複雜的 JavaScript 開發工具，您只需單擊幾下滑鼠即可獲得開發環境中必要的 Python 和 JavaScript 元素，添加一個最喜歡的編輯器和一個您選擇的資料庫[1]就可以開始了。還有一些額外程式庫，例如 *node.js*，它們可能很有用但非必備。現在，已經建立好程式設計環境之後，接下來的章節將會教授沿著工具鏈進行資料轉換之旅所需的預備知識，先從 Python 和 JavaScript 之間的語言橋梁開始。

1　SQLite 非常適合開發目的，不需要在您的機器上執行伺服器。

Python 和 JavaScript 之間的語言學習橋梁

本書最雄心勃勃的方面可能是它涉及兩種程式設計語言；但事實上，您只要能夠掌握其中一種語言即可。這是可能的，因為 Python 和 JavaScript（JS）是相當簡單的語言，有很多共同點。本章目的是找出這些共同點，並利用它們在兩種語言之間架起一座學習橋梁，以便可以輕鬆地將一種語言獲得的核心技能應用於另一種語言。

在展示這兩種語言之間的主要異同之後，我將示範如何為 Python 和 JS 設定學習環境。然後，本章的大部分內容將處理核心語法和概念性差異，以及我在進行資料視覺化工作時經常使用的一些樣式和慣用語。

共同點和不同點

撇開語法差異不談，Python 和 JavaScript 實際上有很多共同點。不久之後，它們之間的切換幾乎可以無縫進行[1]。若以資料視覺化人員的角度來比較兩者：

主要的相似之處為：

- 它們都不需要編譯步驟就可以工作，也就是說，它們被直譯。

- 可以把兩者與互動式直譯器一起使用，這意味著可以輸入程式碼行並立即查看結果。

1　一個特別煩人的小陷阱是，雖然 Python 使用 pop 來刪除串列項目，但它使用 append 而非 push 來添加項目；JavaScript 則使用 push 來添加項目，而將 append 用於串接陣列。

- 兩者都具有垃圾蒐集功能（*https://oreil.ly/3QDQA*），表示它們自動管理程式記憶體。

- 與 C++、Java 等語言相比，這兩種語言都沒有標頭檔案（header file）、套件樣版等。

- 兩者都可以輕鬆使用文本編輯器或輕量級 IDE 來開發。

- 在兩者中，函數都是頭等公民（first-class citizen），可以作為引數傳遞。

主要區別為：

- 最大區別可能是 JavaScript 是單執行緒（single-threaded）和非阻擋（non-blocking）的（*https://oreil.ly/Ja0FW*），並使用非同步 I/O。這意味著像檔案存取這樣的簡單事情涉及使用回呼（callback）函數（*https://oreil.ly/L9DA5*）、傳遞給另一個函數，並在某些程式碼完成時呼叫，通常是非同步的。

- JS 主要用於 Web 開發，直到最近才不受瀏覽器限制，[2] 但 Python 在幾乎所有地方都可使用。

- JS 是 Web 瀏覽器中唯一的一級語言，Python 被排除在外。

- Python 有一個全面的標準程式庫，而 JS 有一組有限的實用物件（例如 JSON、Math）。

- Python 有相當經典的物件導向類別，而 JS 使用原型物件。

- JS 缺乏重量級的通用資料處理程式庫。[3]

這裡的差異正突顯本書包含雙語言的必要性。JavaScript 對瀏覽器資料視覺化的壟斷需要傳統資料處理堆疊補充，而 Python 正是個中翹楚。

與程式碼互動

Python 和 JavaScript 的一大優點在於它們是動態直譯的，所以可以與它們互動。Python 的直譯器可以從命令行執行，而 JavaScript 的直譯器通常透過控制台從網路瀏覽器存取，而控制台又可以從內建的開發工具中獲得。本節將瞭解如何啟動與直譯器的會話，並開始嘗試您的程式碼。

2　node.js（*https://nodejs.org/en*）的興起將 JavaScript 擴展到伺服器端。

3　這正在隨著 TensorFlow.js（*https://oreil.ly/kDw6M*）和 Danfo.js（*https://oreil.ly/dJnOl*）（基於 TensorFlow 的類似 JavaScript pandas 的程式庫）而改變，但 JS 仍然遠遠落後於 Python、R 和其他語言。

Python

到目前為止，最好的 Python 命令行直譯器是 IPython（*https://ipython.org*），它具有三種
層次：基本終端機版本、增強圖形化版本、和基於瀏覽器的筆記本。自 IPython 4.0 版
以來，後兩者已拆分到 Jupyter 專案中（*https://jupyter.org*）。Jupyter notebook 是一項相
當出色且相當新的創新，它提供了一個基於瀏覽器的互動式計算環境，notebook 的最大
好處是會話期（session）持久性和 Web 存取的可能性。[4] 可以輕鬆地共享程式設計會話
期、完成嵌入式資料視覺化，這讓 notebook 成為一種很好的教學工具，以及回復程式
設計上下文的好方法。這就是本書的 Python 章節附帶 Jupyter notebook 的原因。

要啟動 Jupyter notebook，只需在命令行執行 jupyter：

```
$ jupyter notebook
[I 15:27:44.553 NotebookApp] Serving notebooks from local
directory:
...
[I 15:27:44.553 NotebookApp] http://localhost:8888/?token=5e09...
```

然後在指定的 URL（本例為 *http://localhost:8888*）開啟瀏覽器頁籤（tab），並開始閱讀
或編寫 Python notebook。

JavaScript

有很多作法可以在不啟動伺服器的情況下嘗試 JavaScript 程式碼，儘管啟動伺服器其實
也不困難。因為 JavaScript 直譯器嵌入在所有現代 Web 瀏覽器中，所以有許多網站可
以讓您嘗試一些 JavaScript 以及 HTML 和 CSS 並查看結果，CodePen（*https://oreil.ly/
ZtROX*）就是一個不錯的選擇。這些網站非常適合共享程式碼和嘗試程式碼片段，通常
允許您透過單擊幾下滑鼠來添加 *D3.js* 等程式庫。

如果您想嘗試單行程式碼或測試即時程式碼的狀態，基於瀏覽器的控制台是您的最佳選
擇。使用 Chrome，您可以使用組合鍵 Ctrl-Shift-J（在 Mac 上為 Command + Option + J）
來存取控制台。除了嘗試小的 JS 片段外，控制台還允許您深入研究範圍內的任何物件，
並揭示它們的方法和屬性。這是測試活動物件的狀態和搜尋錯誤的好方法。

使用線上 JavaScript 編輯器的一個缺點是失去了您最喜歡的編輯環境的強大功能，包括
linting、熟悉的鍵盤快捷鍵等（見第 4 章）；至少可以說，線上編輯往往是功能不齊全
的。如果您預計會有大量的 JavaScript 會話期並想使用您最喜歡的編輯器，最好的辦法
是執行本地伺服器。

4　以必須在伺服器上執行 Python 直譯器為代價。

首先建立一個專案目錄（例如名為 *sandpit*），並添加一個包含 JS 腳本的最小 HTML
檔案：

```
sandpit
├── index.html
└── script.js
```

index.html 檔案只需要幾行，帶有一個可選的 div 占位符，就可以在其上開始建構視覺
化或嘗試一些 DOM 操作：

```html
<!-- index.html -->
<!DOCTYPE html>
<meta charset="utf-8">

<div id='viz'></div>

<script type="text/javascript" src="script.js" async></script>
```

然後，您可以在 *script.js* 檔案中添加一些 JavaScript：

```javascript
// script.js
let data = [3, 7, 2, 9, 1, 11];
let sum = 0;
data.forEach(function(d){
    sum += d;
});

console.log('Sum = ' + sum);
// 輸出 'Sum = 33'
```

使用 Python 的 http 模組在專案目錄中啟動開發伺服器：

```
$ python -m http.server 8000
Serving HTTP on 0.0.0.0 port 8000 ...
```

然後在瀏覽器開啟 *http://localhost:8000*，按 Ctrl-Shift-J（在 OS X 上為 Cmd-Opt-J）來存
取控制台，您應該會看到圖 2-1，其中顯示了腳本的日誌輸出（詳見第 4 章）。

圖 2-1　輸出到 Chrome 控制台

現在已經確定如何執行示範程式碼，就可以開始在 Python 和 JavaScript 之間架起一座橋梁。首先將介紹語法上的基本差異，正如您將看到的，這些差異相當小而且很容易吸收。

基本架橋工程

在本節中，我將對比用兩種語言進行程式設計的基本細節。

風格指南、PEP 8 和 use strict

一般會預設為將 JavaScript 用在像 React 這樣的大型程式庫，這讓它的風格指南（style guideline）有點混淆；相對的，Python 卻有一個專門針對它的 Python 增強提議（Python Enhancement Proposal, PEP）。我建議熟悉 PEP-8 但不要什麼都聽它的話。大多數情況都是正確的，但仍然有一些個人選擇的空間。有一個名為 PEP8 Online（*http://pep8online.com*）的方便型線上檢查器，會抓出任何違反 PEP-8 的行為。許多 Python 愛好者正在轉向 Black Python 程式碼排版器（formatter）（*https://oreil.ly/C9xWO*），它會根據 PEP-8 接管排版職責。

在 Python 中，您應該使用四個空格來縮格（indent）程式碼區塊；JavaScript 沒那麼嚴格，但兩個空格是最常見的縮格。

最近添加到 JavaScript（ECMAScript 5）的一項是 `'use strict'` 指令，它強制使用嚴格（strict）模式。這種模式強制執行一些良好的 JavaScript 實務，其中包括捕獲意外的全域宣告，我強烈推薦使用。要使用它，只需把那個字串放在函數或模組的頂部：

```
(function(foo){
  'use strict';
  // ...
}(window.foo = window.foo || {}));
```

CamelCase 與底線

JS 通常對其變數使用 CamelCase（例如，`processStudentData`），而根據 PEP-8，Python 在其變數名稱中使用底線（例如，`process_student_data`）（參見範例 2-3 和 2-4 中的 B 部分）。和 JS 比起來，慣例在 Python 生態系統中更為重要，按照慣例，Python 使用大寫 CamelCase 來進行類別宣告、表達常數，用底線來表達其他所有東西，參見以下範例：

```
FOO_CONST = 10
class FooBar(object): # ...
def foo_bar():
    baz_bar = 'some string'
```

匯入模組，包括腳本

在程式碼中使用其他程式庫，無論是您自己的程式庫還是第三方程式庫，都是現代程式設計的基礎，然而更讓人驚訝的是，直到最近，JavaScript 都沒有專門的方法來完成它[5]。Python 有一個簡單的匯入（import）體系，總體而言，該體系運作良好。

JavaScript 方面的好消息是，自 ECMAScript 6 以來，JavaScript 解決了這個問題，為封裝模組添加了 import 和 export 敘述。現在擁有可以匯入和匯出已封裝函數和物件的 JavaScript 模組（通常帶有 .mjs 字尾），這是向前邁出的一大步，第五部分將可見使用它們有多麼容易。

在熟悉 JS 的同時，您可能希望使用 script 標記來匯入第三方程式庫，這通常會把它們作為物件添加到全域名稱空間中。例如，為了使用 D3，您將以下 script 標記添加到您的 HTML 條目檔案（通常是 *index.html*）：

```
<!DOCTYPE html>
<meta charset="utf-8">
  <script src="http://d3js.org/d3.v7.min.js"></script>
```

您現在可以像這樣使用 D3 程式庫：

```
let r = d3.range(0, 10, 2)
console.log(r)
// Out: [0, 2, 4, 6, 8]
```

Python「內附電池」，也就是一整套全面的程式庫，涵蓋從擴展資料容器（集合）到處理 CSV 檔案（csv）系列的所有內容。如果想使用其中之一，只需使用 import 關鍵字來匯入它：

```
In [1]: import sys

In [2]: sys.platform
Out[2]: 'linux'
```

---

5 必須透過 HTTP 來在 Web 上傳送 JS 腳本的限制，是造成這種情況的主要原因。

如果不想匯入整個程式庫或者想使用別名，可以使用 as 和 from 關鍵字來代替：

```
import pandas as pd
from csv import DictWriter, DictReader
from numpy import * ❶

df = pd.read_json('data.json')
reader = DictReader('data.csv')
md = median([12, 56, 44, 33])
```

❶ 這會把模組中的所有變數匯入當前名稱空間，不是一個好主意，其中一個變數可能會覆蓋現有的變數，違背外顯式優於內隱式的 Python 最佳實務，唯一例外是當您以互動方式使用 Python 直譯器時。在這個有限的情況下，從程式庫中匯入所有函數來減少按鍵次數可能是有意義的；例如，如果進行一些 Python 數學駭客時匯入所有數學函數（from math import *）。

如果匯入一個非標準程式庫，Python 會使用 sys.path 來嘗試找到它。sys.path 包含以下項目：

- 包含了匯入模組的目錄（當前目錄）

- PYTHONPATH 變數，包含了目錄列表

- 與安裝相關的預設設定，其中使用 pip 或 easy_install 安裝的程式庫通常會被放進來

大型程式庫通常會被封裝，並分成子模組。這些子模組透過點標記法來存取：

```
import matplotlib.pyplot as plt
```

套件是透過 __init__.py 檔案從檔案系統建構的，通常是空的，如範例 2-1 所示。init 檔案的存在讓該目錄可以被 Python 的匯入系統看見。

範例 2-1　建構 Python 套件

```
mypackage
├── __init__.py
...
├── core
|   └── __init__.py
|   ...
...
└── io
    ├── __init__.py
    └── api.py
    ...
```

```
            └── tests
                └── __init__.py
                └── test_data.py
                └── test_excel.py ❶
            ...
    ...
```

❶ 您將使用 `from mypackage.io.tests import test_excel` 來匯入此模組。

您可以使用點標記法來從根目錄（範例 2-1 中的 `mypackage`）存取 `sys.path` 上的套件。`import` 的一個特例是套件內參照。範例 2-1 中的 `test_excel.py` 子模組可以絕對和相對地從 `mypackage` 套件中匯入子模組：

```
from mypackage.io.tests import test_data ❶
from . import test_data ❷
import test_data ❷
from ..io import api ❸
```

❶ 從套件的頭目錄中絕對匯入 `test_data.py` 模組。

❷ 外顯式（`. import`）和內隱式的相對匯入。

❸ 來自 `tests` 的同級套件的相對匯入。

JavaScript 模組

JavaScript 現在具有匯入和匯出已封裝變數的模組。JS 精心挑選它的匯入語法，使用很多 Python 愛好者熟悉的東西，但在我看來，它是在改進。這是一個簡短的流程：

假設有一個 JS 入口點（entry-point）模組 `index.js`，它想要使用 `lib` 目錄中的程式庫模組 `libFoo.js` 中的一些函數或物件。檔案結構如下所示：

```
.
├── index.mjs
└── lib
    └── libFoo.mjs
```

在 `libFoo.mjs` 中，匯出一個虛擬函數，並可以使用 `export default` 來為模組匯出單一物件，例如通常是一個帶用實用方法的 API：

```
// lib/libFoo.mjs
export let findOdds = (a) => {
  return a.filter(x => x%2)
}
```

```
let api = {findOdds} ❶

export default api
```

❶ 使用簡寫屬性名稱之物件建立的範例，等同於 {findOdds: findOdds}。

要從我們的索引模組匯入已匯出的函數和物件，會使用 import 敘述，它允許我們匯入預設 API 或使用大括號按名稱來選擇匯出的變數：

```
// index.mjs
import api from './lib/libFoo.mjs'
import { findOdds } from './lib/libFoo.mjs'

let odds = findOdds([2, 4, 24, 33, 5, 66, 24])
console.log('Odd numbers: ', odds)

odds = api.findOdds([12, 43, 22, 39, 52, 21])
console.log('Odd numbers: ', odds)
```

JS 匯入還支援別名（alias），這可以是一個很好的程式碼清理器：

```
// index.mjs
import api as foo from './lib/libFoo.mjs'
import { findOdds as odds } from './lib/libFoo.mjs'
// ...
```

如您所見，JavaScript 的匯入和匯出與 Python 的非常相似，但根據我的經驗，它對使用者更友善一些。您可以在 Mozilla 的匯出說明文件（*https://oreil.ly/J0aDV*）和匯入說明文件（*https://oreil.ly/slsT5*）中查看更多詳細資訊。

保持您的名稱空間乾淨

Python 模組中定義的變數是被封裝的，這意味著除非您外顯式匯入它們（例如，from foo import baa），否則您將使用點標記法（例如，foo.baa）來從匯入模組的名稱空間存取它們。全域名稱空間的這種模組化被正確地看作是一件非常好的事情，並且符合 Python 的一個關鍵原則：外顯式敘述比內隱式敘述更重要。在分析某人的 Python 程式碼時，您應該能夠準確地看到類別、函數或變數的來源。同樣重要的是，保留名稱空間可以減少變數發生衝突或被屏蔽的可能性──隨著程式碼庫變大，這是一個很大的潛在問題。

在過去，對 JavaScript 的主要批評之一是它在名稱空間慣例方面過於隨意，這個批評頗為公平。最令人震驚的例子是在函數外部宣告或缺少 var 關鍵字[6]的變數會是全域的，而不是局限於宣告它們的腳本。使用現代的模組化 JavaScript，您可以使用匯入和匯出的變數來獲得類似 Python 的封裝。

JS 模組是一個相對較新的遊戲規則改變者——一種過去常使用、而且您很可能會遇到的樣式是去建立一個自呼叫函數，以便將區域變數（local variable）與全域名稱空間隔離開來。這使得透過 var 宣告的所有變數都是腳本／函數的區域變數，防止它們污染全域名稱空間。作用域為區塊的 JavaScript let（*https://oreil.ly/cTxOy*）關鍵字幾乎總是比 var 更受偏好。您想讓其他腳本可以使用的任何物件、函數和變數，都可以附加到屬於全域名稱空間的物件。

範例 2-2 示範了一個模組樣式。樣版的頭部和尾部（標記為❶和❸）有效地建立了一個封裝模組。這種樣式遠遠不是模組化 JavaScript 的完美解決方案，但它是我所知道的最好折衷方案，直到 ECMAScript 6 的專用匯入系統被所有主流瀏覽器所採用。

範例 *2-2　JavaScript* 的模組樣式

```
(function(nbviz) { ❶
    'use strict';
    // ...
    nbviz.updateTimeChart = function(data) {..} ❷
    // ...
}(window.nbviz = window.nbviz || {})); ❸
```

❶　接收全域 nbviz 物件。

❷　將 updateTimeChart 方法附加到全域 nbviz 物件，有效地匯出它。

❸　如果全域（視窗）名稱空間中存在 nbviz 物件，則將其傳遞到模組函數中；否則，將其添加到全域名稱空間。

輸出「Hello World!」

到目前為止，任何程式設計語言最流行的初始示範是讓它以某種形式列印或傳達「Hello World!」，所以讓我們從自 Python 和 JavaScript 獲取輸出開始。

Python 的輸出再簡單不過了：

```
print('Hello World!')
```

6　您可以使用 ECMAScript 5 的 'use strict' 指令來消除漏失 var 的可能性。

JavaScript 沒有列印功能，但您可以將輸出記錄到瀏覽器控制台：

```
console.log('Hello World!')
```

簡單的資料處理

瞭解語言差異的一個好方法是查看用兩種語言來編寫的相同函數。範例 2-3 和 2-4 分別顯示 Python 和 JavaScript 中資料處理的一個小的、人為的範例。我們將使用它們來比較 Python 和 JS 語法，並用大寫字母（A, B...）來標記它們，以允許比較程式碼區塊。

範例 2-3　使用 Python 進行簡單的資料轉換

```python
# A
student_data = [
    {'name': 'Bob', 'id':0, 'scores':[68, 75, 56, 81]},
    {'name': 'Alice', 'id':1,  'scores':[75, 90, 64, 88]},
    {'name': 'Carol', 'id':2, 'scores':[59, 74, 71, 68]},
    {'name': 'Dan', 'id':3, 'scores':[64, 58, 53, 62]},
]

# B
def process_student_data(data, pass_threshold=60,
                         merit_threshold=75):
    """ 在一些學生資料上執行某種基本統計。"""

    # C
    for sdata in data:
        av = sum(sdata['scores'])/float(len(sdata['scores']))

        if av > merit_threshold:
            sdata['assessment'] = 'passed with merit'
        elif av >= pass_threshold:
            sdata['assessment'] = 'passed'
        else:
            sdata['assessment'] = 'failed'
        # D
        print(f"{sdata['name']}'s (id: {sdata['id']}) final assessment is:\
{sdata['assessment'].upper()}")
        # 對於 3.7 之前的 Python 版本，舊式字符串格式是等效的
        # print("%s's (id: %d) final assessment is: %s"%(sdata['name'],\
        # sdata['id'], sdata['assessment'].upper()))      sdata['name'], sdata['id'],\
        # sdata['assessment'].upper()))
        print(f"{sdata['name']}'s (id: {sdata['id']}) final assessment is:\
         {sdata['assessment'].upper()}")

        sdata['average'] = av
```

```python
# E
if __name__ == '__main__':
    process_student_data(student_data)
```

範例 2-4 使用 *JavaScript* 進行簡單的資料處理

```javascript
let studentData = [ ❶
    {name: 'Bob', id:0, 'scores':[68, 75, 76, 81]},
    {name: 'Alice', id:1, 'scores':[75, 90, 64, 88]},
    {'name': 'Carol', id:2, 'scores':[59, 74, 71, 68]},
    {'name': 'Dan', id:3, 'scores':[64, 58, 53, 62]},
];

// B
function processStudentData(data, passThreshold, meritThreshold){
    passThreshold = typeof passThreshold !== 'undefined'?\
    passThreshold: 60;
    meritThreshold = typeof meritThreshold !== 'undefined'?\
    meritThreshold: 75;

    // C
    data.forEach(function(sdata){
        let av = sdata.scores.reduce(function(prev, current){
            return prev+current;
        },0) / sdata.scores.length;

        if(av > meritThreshold){
            sdata.assessment = 'passed with merit';
        }
        else if(av >= passThreshold){
            sdata.assessment = 'passed';
        }
        else{
            sdata.assessment = 'failed';
        }
        // D
        console.log(sdata.name + "'s (id: " + sdata.id +
          ") final assessment is: " +
            sdata.assessment.toUpperCase());
        sdata.average = av;
    });

}

// E
processStudentData(studentData);
```

❶ 請注意物件的鍵（key）中蓄意但有效的不一致性，其中一些有引號，一些沒有。

字串構造

範例 2-3 和 2-4 中的 D 部分顯示了將輸出列印到控制台或終端機的標準方法。JavaScript 沒有 print 敘述，但會透過 console 物件記錄到瀏覽器的控制台：

```
console.log(sdata.name + "'s (id: " + sdata.id +
    ") final assessment is: " + sdata.assessment.toUpperCase());
```

請注意，整數變數 id 被強制轉換為字串，從而允許串接（concatenation）。Python 不執行這種內隱式強制轉換，因此嘗試以這種方式將字串添加到整數會出錯；相反的，外顯式轉換到字串形式是透過 str 或 repr 函數之一達成的。

在範例 2-3 的 D 部分中，輸出字串是用 C 類型來排版的。字串（%s）和整數（%d）占位符由最終元組（%(…)）提供：

```
print("%s's (id: %d) final assessment is: %s"
    %(sdata['name'], sdata['id'], sdata['assessment'].upper()))
```

這些日子，我很少使用 Python 的 print 敘述，而是選擇了功能更強大、更靈活的 logging 模組，如下面的程式碼區塊所示。使用起來需要更多的努力，但這是值得的。日誌記錄使您可以靈活地將輸出定向到檔案和 / 或螢幕、調整日誌記錄等級以優先處理某些資訊、以及其他有用的東西。請查看 Python 說明文件（*https://oreil.ly/aJzyx*）中的詳細資訊。

```
import logging
logger = logging.getLogger(__name__)  ❶
//...
logger.debug('Some useful debugging output')
logger.info('Some general information')

// IN INITIAL MODULE
logging.basicConfig(level=logging.DEBUG)  ❷
```

❶ 使用此模組的名稱來建立一個記錄器。

❷ 將日誌記錄等級設定為「除錯」（debug）可提供最詳細的可用資訊，詳細資訊，請參閱 Python 說明文件（*https://oreil.ly/xAiP1*）。

重要的空白與大括號

與 Python 最相關的語法特徵是重要的空格。C 和 JavaScript 等語言使用空格來提高可讀性，並且可以很容易地壓縮成一行[7]，而在 Python 中，前導空格用於指出程式碼區塊，刪除它們會改變程式碼的含義。保持正確的程式碼對齊所需的額外努力超過由提高的可讀性所能彌補的——您閱讀程式碼的時間遠遠超過編寫程式碼的時間，而 Python 的易讀性可能是 Python 程式庫生態系統如此健康的主要原因。四個空格幾乎是強制性的（請參閱 PEP-8），我個人更喜歡所謂的**軟性定位符**（*soft tab*），您的編輯器會在其中插入（和刪除）多個空格而不是定位符[8]。

在下面的程式碼中，`return` 敘述的縮格按照慣例必須是四個空格[9]：

```
def doubler(x):
    return x * 2
#   |<- 這個間距很重要
```

JavaScript 不關心敘述和變數之間的空格個數，使用大括號來分隔程式碼區塊；此程式碼中的兩個倍增函數是等效的：

```
let doubler = function(x){
  return x * 2;
}

let doubler=function(x){return x*2;}
```

Python 的空格已經做了很多，但我認識的大多數優秀程式設計人員，都會把他們的編輯器設定為強制執行縮格程式碼區塊，和具有一致的外觀；Python 只是強制執行這種良好做法。而且，重申一下，我相信 Python 程式碼的極端可讀性與其簡單的語法對 Python 極其健康的生態系統的貢獻一樣大。

註解和說明文件字串

為了給程式碼添加註解，Python 使用井字符號，`#`：

```
# ex.py，一行具資訊性的註解

data = {} # 我們的主要資料
```

7　這實際上是由 JavaScript 壓縮器完成的，以減小下載網頁的檔案大小。
8　軟性定位符與硬性定符的辯論引發高度爭議，而且沒完沒了。PEP-8 規定用空格，這對我來說已經足夠了。
9　可以是兩個甚至三個空格，但這個數字在整個模組中必須保持一致。

相比之下，JavaScript 使用雙反斜線（//）或用於多行註解的 /* ... */ C 語言慣例：

```
// script.js，一行具資訊性的註解
/* 用於函數描述，程式庫腳本標頭等東西
的多行註解區塊 */
let data = {}; // 我們的主要資料
```

除了註解之外，為了與其可讀性和透明性的理念保持一致，Python 按照慣例還有說明文件字串（doc-strings）。範例 2-3 中的 process_student_data 函數在其頂部有一行三重引號的文本，該文本將自動指派給該函數的 __doc__ 屬性。您也可以使用多行說明文件字串：

```
def doubler(x):
    """此函數傳回輸入的兩倍。"""
    return 2 * x

def sanitize_string(s):
    """此函數在去除任何尾部空格後
    將任何字串中的空格換成 '-'
    """
    return s.strip().replace(' ', '-')
```

doc-strings 是一個很好的習慣，尤其是在協作工作的時候，大多數正派的 Python 編輯工具集都能理解他們，諸如 Sphinx（*http://sphinx-doc.org*）之類的自動化說明文件程式庫也會使用。字串文數字（string-literal）doc-string 可以作為函數或類別的 doc 屬性來存取。

使用 let 或 var 宣告變數

JavaScript 使用 let 或 var 來宣告變數。一般來說，let 幾乎總是正確的選擇。

嚴格來說，JS 敘述應該以分號結束，而不是 Python 的換行符號。您會看到省略分號的範例，現代瀏覽器通常會在此時做正確的事情。有一些極端情況可能需要使用分號，例如，它可能會破壞程式碼極簡化器（minifier）和刪除空格的壓縮器，但總體而言，我發現相較於不使用分號，減少混亂和提高可讀性是一種值得的妥協。

 JavaScript 具有變數提升（*variable hoisting*）功能，這意味著用 var 宣告的變數會在任何其他程式碼之前被處理，代表在函數的任何地方宣告它們，等同於在函數頂部宣告。這可能會導致奇怪的錯誤和混亂。明確地將 var 放在頂部可以避免這種情況，但最好使用現代的 let 並使用具有作用域的宣告。

字串和數字

學生資料中使用的 *name* 字串（參見範例 2-3 和 2-4 的 A 部分）將在 JavaScript[10] 中解讀為 UCS-2（unicode UTF-16 的父級）、並在 Python 3[11] 中解讀為 Unicode（預設為 UTF-8）。

兩種語言都允許使用單引號和雙引號來圍繞字串。如果要在字串中包含單引號或雙引號，請將其括起來，如下所示：

```
pub_name = "The Brewer's Tap"
```

範例 2-4 A 部分中的 scores 儲存為 JavaScript 的一種數字類型，也就是雙精準度（double-precision）64 位元（IEEE 754）浮點數。雖然 JavaScript 有一個 parseInt 轉換函數，但當與浮點數一起使用時[12]，它實際上只是一個四捨五入運算符，類似於 floor。解析後的 number 型別還是 number：

```
let x = parseInt(3.45); // '鑄型 (cast)' x 到 3
typeof(x); // "number"
```

Python 有兩種數字類型：32 位元 int，也就是學生的分數被鑄型成的型別，以及另一個和 JS 的 number 等效的 float（IEE 754）。這意味著 Python 可以表達任何整數，然而 JavaScript 的限制較大[13]。Python 的鑄型（casting）會改變型別：

```
ffoo = 3.4 # type(foo) -> float
bar = int(3.4) # type(bar) -> int
```

Python 和 JavaScript 數字的好處在於它們很容易使用，並且通常可以做任何您想做的事。如果您需要效率更高的東西，Python 還有 NumPy 程式庫，它允許對您的數值型別進行細粒度控制（第 7 章會有更多關於 NumPy 的知識）。在 JavaScript 中，除了一些最先進的專案之外，您幾乎只能使用 64 位元浮點數。

---

10 JavaScript 使用 UTF-16 是許多由錯誤而驅動的痛苦原因，這是相當公平的假設。請參閱 Mathias Bynens（*https://oreil.ly/9otVB*）的這篇部落格文章來看看有趣的分析。

11 Python 3 中對 Unicode 字串的更改是一項重大更改。考慮到 Unicode 解碼 / 編碼經常出現的混亂，值得一讀這裡的文章（*https://oreil.ly/5FNwi*）。Python 2 使用了位元組字串。

12 parseInt 可以做的遠不只四捨五入。例如，parseInt(*12.5px*) 會給出 12，它首先會移除 *px* 然後將字串轉換為數字。它還有第二個 radix 參數來指定轉換的基數。詳細資訊請參閱 Mozilla 說明文件（*https://oreil.ly/ZtA4n*）。

13 由於 JavaScript 中的所有數字都是浮點數，因此它只能支援 53 位元整數。使用較大的整數，例如常用的 64 位元會導致整數不連續。詳細資訊請參閱這篇 2ality 部落格文章（*https://oreil.ly/hBxvS*）。

布林值

Python 在使用命名布林（Boolean）運算子方面不同於 JavaScript 和 C 類別的語言，除此之外，它們的運作與預期的差不多。可見這張比較表：

Python	bool	True	False	not	and	or
JavaScrip	boolean	true	false	!	&&	||

Python 大寫的 True 和 False 對任何 JavaScripter 來說都是一個明顯的錯誤，反之亦然，但是任何像樣的語法高亮顯示都應該能抓到這一點，您的程式碼 linter 也應該如此。

Python 和 JavaScript and/or 運算式並不總是傳回布林的真（true）或假（false），而是傳回其中一個引數的結果，當然這也可能是一個布林值。表 2-1 使用 Python 來示範它的運作方式。

表 2-1　Python 的布林運算子

運算	結果
x or y	如果 x 為假，則為 y，否則為 x
x and y	如果 x 為假，則為 x，否則為 y
not x	如果 x 為假，則為 True，否則為 False

這個事實允許一些偶爾有用的變數指派：

```
rocket_launch = True
(rocket_launch == True and 'All OK') or 'We have a problem!'
Out:
'All OK'

rocket_launch = False
(rocket_launch == True and 'All OK') or 'We have a problem!'
Out:
'We have a problem!'
```

資料容器：字典、物件、串列、陣列

粗略地說，JavaScript 物件可以像 Python 的 dict 一樣使用，而 Python 的 list 可以像 JavaScript 陣列一樣使用。Python 還有一個元組（tuple）容器，其功能類似於不可變的串列（list）。這裡有些例子：

```
# Python
d = {'name': 'Groucho', 'occupation': 'Ruler of Freedonia'}
l = ['Harpo', 'Groucho', 99]
t = ('an', 'immutable', 'container')

// JavaScript
d = {'name': 'Groucho', 'occupation': 'Ruler of Freedonia'}
l = ['Harpo', 'Groucho', 99]
```

如範例 2-3 和 2-4 的 A 部分所示，雖然 Python 的 dict 的鍵必須是帶引號的字串（或可雜湊的型別），但如果屬性是有效標識符（identifier），即不包含特殊字元，例如空格和破折號時，JavaScript 允許省略引號。所以在我們的 studentData 物件中，JS 內隱式地將屬性 'name' 轉換為字串形式。

學生資料的宣告看起來幾乎相同，在實務上使用方式也幾乎相同。需要注意的關鍵區別在於，雖然 JS studentData 中的大括號容器看起來像 Python 的 dict，但它們實際上是 JS 物件的簡寫宣告（*https://oreil.ly/QTlNc*），這是一種有點不同的資料容器。

JS 資料視覺化傾向於使用物件的陣列作為主要的資料容器，在這裡，JS 物件的功能很像 Python 愛好者所期望的。事實上，如以下程式碼所示，我們獲得了點標記法和鍵—字串存取（key-string access）的優勢，在適用情況下首選前者，即帶空格或破折號的鍵需要有引號的字串：

```
let foo = {bar:3, baz:5};
foo.bar; // 3
foo['baz']; // 5，和 Python 相同
```

值得一提的是，雖然它們可以像 Python 的字典一樣使用，但 JavaScript 物件不僅僅是容器（除了字串和數字等原始型別，JavaScript 中幾乎所有東西都是物件）[14]。但在您看到的大多數資料視覺化範例中，它們的使用非常像 Python 的 dict。

表 2-2 轉換了基本的串列運算。

表 2-2　串列和陣列

JavaScript 陣列 (a)	Python 串列 (l)
a.length	len(l)
a.push(item)	l.append(item)
a.pop()	l.pop()

---

14 這使得迭代它們的屬性比想像中要複雜一些。詳細資訊請參閱此 Stack Overflow 討論串（*https://oreil.ly/3kJW3*）。

JavaScript 陣列 (a)	Python 串列 (l)
a.shift()	l.pop(0)
a.unshift(item)	l.insert(0, item)
a.slice(start, end)	l[start:end]
a.splice(start, howMany, i1, …)	l[start:end] = [i1, …]

函數

範例 2-3 和 2-4 的 B 部分顯示了一個函數宣告。Python 使用 def 來指出一個函數:

```
def process_student_data(data, pass_threshold=60,
                         merit_threshold=75):
    """ 在某些學生資料上執行某些基本統計。"""
    ...
```

而 JavaScript 則使用 function:

```
function processStudentData(data, passThreshold=60, meritThreshold=75){
    ...
}
```

兩者都有一個參數串列。在 JS 中,函數程式碼區塊由大括號 { … } 表示;在 Python 中,程式碼區塊由冒號和縮格定義。

JS 有另一種定義函數的方法,稱為**函數運算式**(*function expression*),您可能會在這個例子中看到:

```
let processStudentData = function( ...){...}
```

現在有一種越來越流行的簡寫形式:

```
let processStudentData = ( ...) => {...}
```

這些差異非常細微,暫時不用擔心[15]。

函數參數是 Python 處理比 JavaScript 更複雜的領域。正如您在 process_student_data(範例 2-3 中的 B 部分)中所見,Python 允許參數使用預設引數。在 JavaScript 中,函數呼叫中未使用的所有參數都宣告為**未定義**(*undefined*)。

---

15 如果好奇的話,Angus Croll(*https://oreil.ly/YyUyx*)的部落格文章有相關討論。

迭代：for 迴圈和替代函數

範例 2-3 和 2-4 中的 C 部分顯示了 Python 和 JavaScript 之間的第一個關鍵區別——它們對 for 迴圈的處理。

Python 的 for 迴圈簡單、直觀，並且對任何迭代器（iterator），例如陣列和 dict 都有效。dict 的一個陷阱是標準迭代是根據鍵來迭代，而不是項目。例如：

```
foo = {'a':3, 'b':2}
for x in foo:
    print(x)
# 輸出 'a' 'b'
```

要遍歷鍵值對（key-value pair），請使用 dict 的 items 方法，如下所示：

```
for x in foo.items():
    print(x)
# 輸出鍵 - 值元組 ('a', 3) ('b', 2)
```

為了方便起見，您可以在 for 敘述中指派鍵 - 值。例如：

```
for key, value in foo.items():
```

因為 Python 的 for 迴圈適用於任何具有正確迭代器生產線的東西，所以您可以做一些很酷的事情，比如遍歷檔案中的各行：

```
for line in open('data.txt'):
    print(line)
```

源自 Python，JS 的 for 迴圈是一個非常可怕、不直觀的東西。這是一個例子：

```
for(let i in ['a', 'b', 'c']){
  console.log(i)
}
// 輸出 1, 2, 3
```

JS 的 for .. in 會傳陣列項目的索引，而不是項目本身。更複雜的是，對於 Python 愛好者來說，迭代的順序無法保證，因此索引可能會以非連續的順序傳回。

在 Python 和 JS 的 for 迴圈之間轉換並不是無縫接軌的，需要您保持清醒。好消息是現在幾乎不需要使用 JS 的 for 迴圈，事實上，我似乎從來沒有這樣的需求。這是因為 JS 最近獲得了一些非常強大的一級函數（first-class function）式能力，它們具有更強的表達能力並且更不會和 Python 混淆，一旦習慣了它們，它們很快就會變得不可或缺 [16]。

---

16 這是 JS 輕而易舉地擊敗 Python 的一個領域，我們中的許多人都希望在 Python 中有類似的功能。

範例 2-4 中的 C 部分示範了 forEach()，現代 JavaScript 陣列可用的函數式（*functional*）方法之一 [17]。forEach() 會遍歷陣列的項目，依次將它們發送到第一個引數中所定義的匿名回呼函數，可以在那裡處理它們。這些函數式方法的真正表現力來自於把它們鏈接（映射、過濾器等），但我們已經有了一個更清晰、更優雅的迭代，不需要使用舊方法的笨拙簿記。

回呼函數接收索引和原始陣列作為可選的第二個引數：

```
data.forEach(function(currentValue, index){...})
```

直到最近，要遍歷 object 的鍵值對都相當棘手。與 Python 的 dict 不同，object 可以從原型鏈繼承屬性，因此您必須使用 hasOwnProperty 守衛來過濾掉這些屬性，您可能會遇到這樣的程式碼：

```
let obj = {a:3, b:2, c:4};
for (let prop in obj) {
  if( obj.hasOwnProperty( prop ) ) {
    console.log("o." + prop + " = " + obj[prop]);
  }
}
// Out: o.a = 3, o.b = 2, o.c = 4
```

儘管 JS 陣列具有一組原生函數迭代器方法（map、reduce、filter、every、sum、reduceRight），但偽裝成偽字典的 object 卻沒有。好消息是 object 類別最近獲得了一些有用的附加方法來填補這個空白。因此，您可以使用 entries 方法來遍歷鍵值對：

```
let obj = {a:3, b:2, c:4};
for (const [key, value] of Object.entries(object1)) {
  console.log(`${key}: ${value}`); ❶
}
// Out: a: 3
//      b: 2 ...
```

❶ 注意用於列印變數的字串模板形式 ${foo}。

條件敘述：if、else、elif、switch

範例 2-3 和 2-4 中的 C 部分展示了 Python 和 JavaScript 的條件敘述。除了 JavaScript 使用的括號外，敘述非常相似；唯一真正的區別是 Python 的額外 elif 關鍵字，這是 else if 的方便串接。

---

17 於 ECMAScript 5 添加並可用於所有現代瀏覽器。

儘管一直被要求,但 Python 沒有大多數高階語言中的 switch 敘述。JS 允許您這樣做:

```
switch(expression){
  case value1:
    // 執行 if 運算式 === value1
    break; // 可選的結束運算式
  case value2:
    //...
  default:
    // 如果其他的匹配都失敗
}
```

對於 Python 愛好者來說,好消息是 Python 3.10 獲得了一個非常強大的樣式匹配條件敘述,它可以用來當作 switch 敘述,但還可以做更多的事情(*https://oreil.ly/5x76a*)。所以我們可以這樣做來切換案例:

```
for value in [value1, value2, value3]:
    match value:
        case value1:
            # 執行 foo
        case value2:
            # 執行 baa
        case value3:
            # 執行 baz
```

檔案輸入輸出

基於瀏覽器的 JavaScript 沒有真正等效的檔案輸入和輸出(I/O),但 Python 的作法非常簡單:

```
# 讀取檔案
f = open("data.txt") # 開啟檔案以讀取

for line in f: # 遍歷檔案行
    print(line)

lines = f.readlines() # 將檔案中的所有行擷取到陣列
data = f.read() # 將檔案全部內容讀取為單一字串

# 寫入到檔案
f = open("data.txt", 'w')
# 使用 'w' 來寫入, 'a' 來附加到檔案
f.write("this will be written as a line to the file")
f.close() # 外顯式地關閉檔案
```

一個非常推薦的最佳實務是在開啟檔案時使用 Python 的 with、as 作為上下文管理器。這確保它們在離開區塊時會自動關閉，本質上為 try、except、finally 區塊提供語法糖（*https://oreil.ly/DPxaM*）。以下是使用 with、as 來打開檔案的方法：

```
with open("data.txt") as f:
    lines = f.readlines()
    ...
```

然而，JavaScript 確實具有大致類似的 fetch 方法，用於根據 URL 來從網路中獲取資源。因此，要從網站伺服器獲取資料集，請在 *static/data* 目錄中執行以下操作：

```
fetch('/static/data/nobel_winners.json')
  .then(function(response) {
  console.log(response.json())
})
Out:
[{name: 'Albert Einstein', category: 'Physics'...},]
```

Fetch API（*https://oreil.ly/OFjns*）在 Mozilla 中有完整的說明。

類別和原型

可能導致任何其他主題更加混亂的原因是 JavaScript 選擇原型（prototype），而不是經典的類別（class）作為其主要的物導向件程式設計（object-oriented programming, OOP）元素。這確實需要對 Python 愛好者進行一些調整，因為對他們而言類別無處不在；但實際上，根據我的經驗，這種學習曲線是短淺的。

我記得，當我第一次開始涉足更高階的語言（如 C++）時，就迷上了 OOP 的承諾，尤其是基於類別的繼承。多形（polymorphism）風靡一時，形狀類別被子類化為矩形和橢圓形，它們又被子類化為更特殊化的正方形和圓形。

沒過多久，我就意識到教科書中清晰的類別劃分在實際程式設計中很少見，而且試圖平衡通用 API 和特定 API 這件事很快就變得令人擔憂。從這個意義上說，我發現作為程式設計概念，組合和混合比嘗試擴展子類別化更有用，並且通常會透過使用函數式程式設計技術來避免，尤其是在 JavaScript 中。然而，類別 / 原型的區別是兩種語言之間的明顯區別，越瞭解它的細微差別，程式碼就會越好 [18]。

---

18 我向一位才華橫溢的程式設計師朋友提到，我面臨向 Python 程式設計師解釋原型的挑戰，他指出大多數 JavaScript 人員可能也可以使用一些指標。這很有道理，許多 JS 人確實透過以一種類別式的方式來使用原型以設法提高工作效率，以繞過邊緣情況。

Python 的類別相當簡單，而且與大多數語言一樣很容易使用。最近，我傾向於把它們視為使用方便的 API 來封裝資料的便捷方式，並且很少子類別擴展到一代之外。這是一個簡單的例子：

```python
class Citizen(object):

    def __init__(self, name, country): ❶
        self.name = name
        self.country = country

    def __str__(self): ❷
        return f'Citizen {self.name} from {self.country}'

    def print_details(self):
        print(f'Citizen {self.name} from {self.country}')

groucho = Citizen('Groucho M.', 'Freedonia') ❸
print(groucho) # 或 groucho.print_details()
# Out:
# Citizen Groucho M. from Freedonia
```

❶ Python 類有許多帶雙底線的特殊方法，最常見的是 __init__，會在建立類別實例時呼叫。所有實例方法都有一個位於第一個、外顯式的 self 引數（您可以幫它命名，但會是一個非常糟糕的主意），它會參照這個實例。在本例中，我們使用它來設定名稱和國家屬性。

❷ 您可以重寫類別的字串方法，它在實例上呼叫 print 函數時使用。

❸ 建立一個新的 Citizen 實例，並用名稱和國家來初始化。

Python 遵循相當經典的類別繼承樣式。這很容易，或許這就是 Python 愛好者大量使用它的原因。讓我們客製化 Citizen 類別來建立一個具有幾個額外屬性的（諾貝爾獎）Winner 類別：

```python
class Winner(Citizen):

    def __init__(self, name, country, category, year):
        super().__init__(name, country) ❶
        self.category = category
        self.year = year

    def __str__(self):
        return 'Nobel winner %s from %s, category %s, year %s'\
        %(self.name, self.country, self.category,\
        str(self.year))
```

```
w = Winner('Albert E.', 'Switzerland', 'Physics', 1921)
w.print_details()
# Out:
# Nobel prizewinner Albert E. from Switzerland, category Physics,
# year 1921
```

❶ 我們想重用超類別 Citizen 的 __init__ 方法,用這個 Winner 實例作為 self。super
方法會從它的第一個引數擴展繼承樹的一個分支,把第二個引數作為實例提供給類
別 - 實例方法。

我認為我讀過關於 JavaScript 原型和經典類別之間主要區別的最好文章,是 Reginald
Braithwaite 的〈OOP、JavaScript 和所謂的類別〉(*https://oreil.ly/92Kxk*)。下面的引用
總結了類別和原型之間的區別,就像我發現的一樣:

> 原型和類別之間的區別類似於樣品屋和房屋藍圖之間的區別。

當您實例化 C++ 或 Python 類別時,會遵循一個藍圖,建立一個物件並在繼承樹中呼叫
其各種建構子函數(constructor)。換句話說,您是從頭開始建構一個漂亮的、原始的
新類別實例。

使用 JavaScript 原型時,您從具有房間(方法)的樣品屋(物件)開始。如果您想要一
個新的客廳,您可以用新的顏色來替換舊的;如果想要一間新的溫室,就去擴建。但
是,您不是在使用藍圖從頭開始建構,而是調整和擴展現有物件。

瞭解了必要的理論並提醒人們知道物件繼承很有用但在 dataviz 中卻幾乎不存在之後,
讓我們在範例 2-5 中看一個簡單的 JavaScript 原型物件。

範例 *2-5 一個簡單的 JavaScript 物件*

```
let Citizen = function(name, country){ ❶
  this.name = name; ❷
  this.country = country;
};

Citizen.prototype = { ❸
  logDetails: function(){
    console.log(`Citizen ${this.name} from ${this.country}`);
  }
};

let c = new Citizen('Groucho M.', 'Freedonia'); ❹

c.logDetails();
Out:
```

```
Citizen Groucho M. from Freedonia

typeof(c) # object
```

❶ 這個函數本質上是一個初始化器，由 new 運算子呼叫。

❷ this 是對函數呼叫上下文（*calling context*）的內隱式參照。目前，它的行為符合您的預期，儘管它看起來有點像 Python 的 self，但正如我們將看到的那樣，兩者完全不同。

❸ 此處指明的方法將覆寫繼承鏈上的任何原型方法，並且會由從 Citizen 衍生的任何物件來繼承。

❹ new 用於建立一個新物件，將其原型設定為 Citizen 建構子函數的原型，然後在新物件上呼叫 Citizen 建構子函數。

JavaScript 最近獲得了一些允許宣告類別的語法糖（*https://oreil.ly/43NXG*）。這實質上將基於物件的形式（見範例 2-5）包裝在一些程式設計師更熟悉、基於類別的語言（如 Java 和 C#）的東西中。我認為可以公平地說，類別在前端、基於瀏覽器的 JavaScript 中並沒有真正流行起來，它在某種程度上被強調可重用元件（例如 React、Vue、Svelte）的新框架所取代。以下是我們如何實作範例 2-5 中所示的 Citizen 物件：

```
class Citizen {
  constructor(name, country) {
    this.name = name
    this.country = country
  }

  logDetails() {
    console.log(`Citizen ${this.name} from ${this.country}`)
  }
}

const c = new Citizen('Groucho M.', 'Freedonia')
```

self 對比 this

乍看之下，我們很容易會假設 Python 的 self 和 JavaScript 的 this 本質上是相同的，後者是前者的內隱式版本，而它會提供給所有類別實例方法，但實際上，this 和 self 有很大的不同。讓我們用我們的雙語言 Citizen 類別來示範。

Python 的 self 是提供給每個類別方法的變數（您可以隨便命名它，但不建議），代表類別實例。但 this 是一個關鍵字，它指的是呼叫該方法的物件。這個呼叫物件可以不同於方法的物件實例，JavaScript 提供了 call、bind 和 apply 函數方法（*https://oreil.ly/ONAkj*）以允許您利用這一事實。

讓我們使用 call 方法來更改 print_details 方法的呼叫物件，從而更改 this 的參照，它在該方法中被用於獲取公民的姓名：

```
let groucho = new Citizen('Groucho M.', 'Freedonia');
let harpo = new Citizen('Harpo M.', 'Freedonia');

groucho.logDetails.call(harpo);
// Out:
// "Citizen Harpo M. from Freedonia"
```

所以 JavaScript 的 this 是一個比 Python 本身更具延展性的代理，提供更多的自由，但也有責任追蹤呼叫上下文，如果您使用它時，請確保在建立物件時始終使用 new[19]。

我包括了範例 2-5，它顯示了 JavaScript 物件實例化中的 new，因為您會常常遇到它的使用。但是語法已經有點笨拙了，當您嘗試繼承時會變得更糟。ECMAScript 5 引入了 Object.create 方法，這是一種建立物件和實作繼承的更好方法。我建議在您自己的程式碼中使用它，但 new 可能會出現在某些第三方程式庫中。

讓我們使用 Object.create 來建立一個 Citizen 及其 Winner 繼承者。需要強調的是，JavaScript 有很多方法可以做到這一點，但範例 2-6 展示了我所發現最乾淨的方法和我個人的樣式。

範例 2-6　使用 Object.create 的原型繼承

```
let Citizen = { ❶
    setCitizen: function(name, country){
        this.name = name;
        this.country = country;
        return this;
    },
    printDetails: function(){
        console.log('Citizen ' + this.name + ' from ',\
        + this.country);
```

---

[19] 這是使用 ECMAScript 5 的 'use strict;' 禁令的另一個原因，提醒注意此類錯誤。

```
        }
    };

    let Winner = Object.create(Citizen);

    Winner.setWinner = function(name, country, category, year){
        this.setCitizen(name, country);
        this.category = category;
        this.year = year;
        return this;
    };

    Winner.logDetails = function(){
        console.log('Nobel winner ' + this.name + ' from ' +
        this.country + ', category ' + this.category + ', year ' +
        this.year);
    };

    let albert = Object.create(Winner)
        .setWinner('Albert Einstein', 'Switzerland', 'Physics', 1921);

    albert.logDetails();
    // Out:
    // Nobel winner Albert Einstein from Switzerland, category
    // Physics, year 1921
```

❶ Citizen 現在是一個物件而不是建構子函數。將其視為任何新建築（例如 Winner）的基礎房屋。

重申一下，原型繼承在 JavaScript dataviz 中並不常見，尤其是重達 800 磅的大猩猩 D3，它強調宣告式和函數式樣式，並使用未封裝的*原始*資料來在網頁上留下它的印痕。

棘手的類別／原型比較結束了本節所描述的基本語法差異。現在讓我們看看在 dataviz 中使用 Python 和 JS 的一些常見樣式。

實務上的差異

瞭解 JS 和 Python 之間的語法差異很重要，幸運的是，它們的語法相似性超過了這種重要性。命令式程式設計、迴圈、條件、資料宣告和操作的核心內容大同小異，在資料處理和資料視覺化的專業領域尤其如此，在這些領域中，語言的一級函數允許使用常見的慣用語。

下面是從資料視覺化者的角度來看，在 Python 和 JavaScript 中會看到的一些重要樣式和慣用語的一個不太全面的列表。在可能的情況下，會提供兩種語言之間的翻譯。

方法鏈接

一個常見的 JavaScript 慣用語是*方法鏈接*（*method chaining*），因它最常用的程式庫 jQuery 而普及，並在 D3 中大量使用。方法鏈接涉及從它自己的方法傳回一個物件，以便在結果上呼叫另一個方法，使用點標記法：

```
let sel = d3.select('#viz')
    .attr('width', '600px') ❶
    .attr('height', '400px')
    .style('background', 'lightgray');
```

❶ attr 方法傳回呼叫它的 D3 選擇，然後用於呼叫另一個 attr 方法。

方法鏈接在 Python 中並不多見，它通常提倡每一行只有一條敘述以保持簡單性和可讀性。

列舉串列

在追蹤項目索引的同時遍歷串列通常很有用。正是由於這個原因，Python 具有非常方便的內建 enumerate 函數：

```
names = ['Alice', 'Bob', 'Carol']

for i, n in enumerate(names):
    print(f'{i}: {n}')

Out:
0: Alice
1: Bob
2: Carol
```

JavaScript 的串列方法，例如 forEach 和函數式 map、reduce、和 filter，將迭代項目及其索引提供給回呼函數：

```
let names = ['Alice', 'Bob', 'Carol'];

names.forEach(function(n, i){
    console.log(i + ': ' + n);
});

Out:
0: Alice
1: Bob
2: Carol
```

解開元組

Python 發起的第一個很酷的技巧之一是使用解開元組（tuple unpacking）來切換變數：

```
(a, b) = (b, a)
```

請注意，括號是可選的。這可以用於更實際的目的來作為減少臨時變數的一種方式，例如在 Fibonacci 函數中（*https://oreil.ly/OAT8Q*）：

```
def fibonacci(n):
    x, y = 0, 1
    for i in range(n):
        print(x)
        x, y = y, x + y
# fibonacci(6) -> 0, 1, 1, 2, 3, 5
```

如果要忽略解開的變數之一，請使用底線：

```
winner = 'Albert Einstein', 'Physics', 1921, 'Swiss'

name, _, _, nationality = winner ❶
print(f'{name}, {nationality}')
# Albert Einstein, Swiss
```

❶ Python 3 有一個 * 運算子（*https://oreil.ly/MFjiR*），這意味著在這個案例中，我們可以使用以下方式來解開變數：name, *_, nationality = winner

JavaScript 語言調適得很快，最近獲得了一些非常強大的解構能力（*https://oreil.ly/97rbT*）。透過添加展開運算子（*spread operator*）（...），可以實現一些非常簡潔的資料操作：

```
let a, b, rem ❶

[a, b] = [1, 2]
// 交換變數
[a, b] = [b, a]
// 使用展開運算子
[a, b, ...rem] = [1, 2, 3, 4, 5, 6,] // rem = [3, 4, 5, 6]
```

❶ 和 Python 不同，您仍然需要宣告您要使用的任何變數。

集合

最有用的 Python「電池」之一是 collections 模組，提供了一些專門的容器資料型別來擴增 Python 的標準集合。它有一個 deque，會提供一個類似串列的容器，在兩端都可以快速的附加和取出；還有一個 OrderedDict，會記住添加的有序條目；還有一個 defaultdict，提供一個工廠函數（factory function）來設定字典的預設值；和一個 Counter 容器，用於計算可雜湊物件等。我自己經常使用後面三個，這裡有一些例子：

```
from collections import Counter, defaultdict, OrderedDict

items = ['F', 'C', 'C', 'A', 'B', 'A', 'C', 'E', 'F']

cntr = Counter(items)
print(cntr)
cntr['C'] -=1
print(cntr)
Out:
Counter({'C': 3, 'A': 2, 'F': 2, 'B': 1, 'E': 1})
Counter({'A': 2, 'C': 2, 'F': 2, 'B': 1, 'E': 1})

d = defaultdict(int) ❶

for item in items:
    d[item] += 1 ❷

d
Out:
defaultdict(<type 'int'>, {'A': 2, 'C': 3, 'B': 1, 'E': 1, 'F': 2})

OrderedDict(sorted(d.items(), key=lambda i: i[1])) ❸
Out:
OrderedDict([('B', 1), ('E', 1), ('A', 2), ('F', 2), ('C', 3)]) ❹
```

❶ 將字典預設值設定為整數，預設值為 0。

❷ 如果 item- 鍵不存在，則其值設定為預設值 0 並向其添加 1。

❸ 獲取字典 d 中的項目串列作為鍵值元組對、使用整數值排序、然後使用排序後的串列建立 OrderedDict。

❹ OrderedDict 會記住項目添加到其中時的（已排序）順序。

您可以在 Python 說明文件（*https://oreil.ly/IOK7c*）中獲取有關 collections 模組的更多詳細資訊。

如果您想使用更傳統的 JavaScript 程式庫來複製 Python 的某些 collections 函數，Underscore（或其功能相同的替代品 Lodash[20]）是一個很好的起點，這些程式庫提供了一些增強的函數式程式設計工具程式。讓我們快速瀏覽一下這個非常方便的工具。

Underscore

Underscore 可能是繼無處不在的 jQuery 之後最流行的 JavaScript 程式庫，它為 JavaScript dataviz 程式設計師提供一系列函數式程式設計工具程式。使用 Underscore 最簡單的方法是使用內容交付網路（CDN）來遠端載入它，這些載入將由您的瀏覽器快取，這對於常用程式庫來說效率非常好，如下所示：

```
<script src="https://cdnjs.cloudflare.com/ajax/libs/
            underscore.js/1.13.1/underscore-min.js"></script>
```

Underscore 有很多有用的函數。例如，有一個 countBy 方法，它的目的和剛才討論的 Python 的 collections 計數器相同：

```
let items = ['F', 'C', 'C', 'A', 'B', 'A', 'C', 'E', 'F'];

_.countBy(items) ❶
Out:
Object {F: 2, C: 3, A: 2, B: 1, E: 1}
```

❶ 現在您明白為什麼這個程式庫叫做 Underscore 了。

正如我們現在即將要看到的，現代 JavaScript 中包含的原生函數式方法（map、reduce、filter）和陣列的 forEach 迭代器，使得 Underscore 不再那麼不可或缺，但它仍然有一些強大的工具程式來擴增基本的 JS。透過一些鏈接，您可以產生極其簡潔但非常強大的程式碼。Underscore 是我對 JavaScript 函數式程式設計的最早接觸，其中的慣用語在今天同樣具有吸引力，可在其網站（*https://underscorejs.org*）上查看 Underscore 的工具程式庫。

讓我們看一下 Underscore 的實際應用，用來處理一個更複雜的任務：

```
journeys = [
  {period:'morning', times:[44, 34, 56, 31]},
  {period:'evening', times:[35, 33],},
  {period:'morning', times:[33, 29, 35, 41]},
  {period:'evening', times:[24, 45, 27]},
  {period:'morning', times:[18, 23, 28]}
];
```

---

20 這是我基於效能原因的個人選擇。

```
let groups = _.groupBy(journeys, 'period');
let mTimes = _.pluck(groups['morning'], 'times');
mTimes = _.flatten(mTimes); ❶
let average = function(l){
  let sum = _.reduce(l, function(a,b){return a+b},0);
  return sum/l.length;
};
console.log('Average morning time is ' + average(mTimes));
Out:
Average morning time is 33.81818181818182
```

❶ 我們的早晨時間陣列（[[44, 34, 56, 31], [33...]]）需要扁平化（*flatten*）為單一數字陣列。

函數式陣列方法和串列理解

自從使用 ECMAScript 5 向 JavaScript 陣列添加函數式方法後，我就發現自己很少使用 Underscore。我認為從那以後，我就沒有使用過傳統的 for 迴圈，考慮到 JS for 迴圈的醜陋，這是一件非常好的事情。

一旦習慣了函數式地處理陣列，就很難想要回去了。結合 JS 的匿名函數，它使程式設計非常流暢且富有表現力。這也是讓方法鏈接看起來非常自然的領域。讓我們看一個高度人為的例子：

```
let nums = [1, 2, 3, 4, 5, 6, 7, 8, 9, 10];

let sum = nums.filter(x => x%2) ❶
  .map(x => x * x) ❷
  .reduce((total, current) => total + current, 0); ❸

console.log('Sum of the odd squares is ' + sum);
```

❶ 過濾串列中的奇數（即，傳回 1 作為 modulus (%) 2 運算的結果）。

❷ map 透過對每個成員應用一個函數來產生一個新串列（即 [1, 3, 5...] → [1, 9, 25...]）。

❸ reduce 按順序處理產生的映射串列，提供目前的（在本例中為總和）值（total）和項目值（current）。預設情況下，第一個引數（total）的初始值為 0，但我們在此處明確地以第二個引數來提供它。

Python 強大的串列理解（list comprehension）可以很容易地模擬前面的例子：

```
nums = range(10) ❶

odd_squares = [x * x for x in nums if x%2] ❷
sum(odd_squares) ❸
Out:
165
```

❶ Python 有一個方便的內建 range 函數，它也可以採用開始、結束和步長，例如，range (2, 8, 2) → (2, 4, 6)

❷ if 條件會測試 x 是否為奇數，任何通過此過濾器的數字都將平方並插入到串列中。

❸ Python 也有一個內建且經常使用的 sum 敘述。

 Python 的串列理解可以使用遞迴式（recursive）控制結構，例如把第二個 for/if 運算式應用於迭代項目。雖然這可以建立簡潔而強大的程式碼行，但它違背了 Python 的可讀性，我不鼓勵使用它。即使是簡單的串列理解也不直觀，而且儘管它對我們其中的 leet 駭客很有吸引力，但您會冒著建立難以理解程式碼的風險。

Python 的串列理解適用於基本的過濾和映射。它們確實缺乏 JavaScript 匿名函數的便利性：完全成熟、有自己的作用域、控制區塊、例外（exception）處理等，但也有反對使用匿名函數的論據。例如，它們不可重用，並且未命名，因此很難追蹤例外和除錯，這些有說服力的論點可參閱 Ultimate Courses（*https://oreil.ly/7u1j6*）。話雖如此，對於像 D3 這樣的程式庫，把用來設定 DOM 屬性（*https://oreil.ly/hYN27*）和特性的小型一次性匿名函數替換為命名函數過於繁瑣，因此只會添加到樣版中。

Python 確實有功能性的 lambda 運算式，下一節會介紹，但是對於必要的 Python 中的完整功能處理和最佳實務的 JavaScript，可以使用命名函數來增加控制範圍。對於我們簡單的奇數平方範例，命名函數是一種矯揉造作——但請注意，它們增加了串列理解的第一眼可讀性，當函數變得更複雜時，這一點就顯得特別重要：

```
items = [1, 2, 3, 4, 5]

def is_odd(x):
    return x%2

def sq(x):
    return x * x

sum([sq(x) for x in items if is_odd(x)])
```

對於 JavaScript，類似的設計也可以提高可讀性並促進 DRY 程式碼：[21]

```
let isOdd = function(x){ return x%2; };

sum = l.filter(isOdd)
...
```

使用 Python 的 Lambda 進行 map、reduce 和 filter

儘管 Python 缺少匿名函數，但它確實有 *lambda*，它們是接受引數的無名運算式。儘管缺少 JavaScript 匿名函數的花俏，但它們是 Python 函數式程式設計庫的強大補充，尤其是和它的函數式方法結合使用時。

 Python 的函數式內建函數（map、reduce、filter 方法和 lambda 運算式）有著曲折的過去，Python 的建立者想要將它們從語言中移除已經不是什麼祕密了。不贊成者的大聲嚷嚷才不甘願地讓它們得以保留下來。隨著最近函數式程式設計的趨勢這看起來是一件非常好的事情，它們並不完美，但總比沒有好。鑑於 JavaScript 對函數式的強烈重視，它們是用來在該語言中獲得技能的好方法。

Python 的 lambda 接受一些參數並傳回對它們的運算，使用冒號分隔符來定義函數區塊，這和標準 Python 函數的方式非常相似，只是減少了最基本的要素並帶有內隱式的返回。以下範例顯示了函數式程式設計中所使用的幾個 lambda：

```
from functools import reduce # if using Python 3+

nums = [0, 1, 2, 3, 4, 5, 6, 7, 8, 9]

odds = filter(lambda x: x % 2, nums)
odds_sq = map(lambda x: x * x, odds)
reduce(lambda x, y: x + y, odds_sq) ❶
Out:
165
```

❶ 這裡，reduce 方法為 lambda 提供了兩個引數，lambda 使用它們來傳回冒號後的運算式。

---

21 不要重複自己（Don't Repeat Yourself, DRY）是一種可靠的程式碼編寫慣例。

JavaScript 閉包和模組樣式

JavaScript 中的一個關鍵概念是閉包（*closure*），它本質上是一個巢套（nested）的函數宣告，它使用在外部（但不是全域）作用域中宣告的變數，這些變數在函數返回後還保持活動狀態。閉包允許許多非常有用的程式設計樣式，並且是該語言的一個常用特徵。

讓我們看一下閉包最常見的用法，以及已經在模組樣式（module pattern）中看到的一種用法（範例 2-2）：在存取本質上私有的成員變數的同時公開受限的 API。

閉包的一個簡單範例是這個小計數器：

```
function Counter(inc) {
  let count = 0;
  let add = function() { ❶
    count += inc;
    console.log('Current count: ' + count);
  }
  return add;
}

let inc2 = Counter(2); ❷
inc2(); ❸
輸出：
Current count: 2
inc2();
輸出：
Current count: 4
```

❶ add 函數可以存取本質上為私有的、外部作用域的 count 和 inc 變數。

❷ 這將傳回一個帶有閉包變數 count (0) 和 inc (2) 的 add 函數。

❸ 呼叫 inc2 會呼叫 add，更新關閉的 count 變數。

我們可以擴展 Counter 以添加一點 API。這種技術是 JavaScript 模組和許多簡單程式庫的基礎，尤其是在使用基於腳本的 JavaScript 時 [22]。本質上，它選擇性地公開公共（public）方法，同時隱藏私有方法和變數，這在程式設計世界中通常可視為良好實務：

```
function Counter(inc) {
  let count = 0
  let api = {}
  api.add = function() {
    count += inc
```

---

[22] 現代的 JavaScript 有適當的模組可以匯入和匯出封裝變數，但使用它們會產生額外負擔，因為它們目前需要建構階段才能為瀏覽器做好準備。

```
      console.log('Current count: ' + count);
    }
    api.sub = function() {
      count -= inc
      console.log('Current count: ' + count)
    }
    api.reset = function() {
      count = 0;
      console.log('Count reset to 0')
    }

    return api
}

cntr = Counter(3);
cntr.add() // 目前計數： 3
cntr.add() // 目前計數： 6
cntr.sub() // 目前計數： 3
cntr.reset() // 重設計數為 0
```

閉包在 JavaScript 中有各種各樣的用途，我建議您仔細研究它們──當您開始研究其他人的程式碼時，您會經常看到它們。以下是三篇極為優秀的網路文章，提供很多閉包的良好使用案例：

- Mozilla 的介紹（*https://oreil.ly/T6itS*）

- Ben Cherry 的〈JavaScript 模組樣式：深入介紹〉（*https://oreil.ly/0P2EI*）

- Juriy Zaytsev 的〈JavaScript 閉包使用案例〉（*https://oreil.ly/xz4G5*）

Python 有閉包，但它們不像 JavaScript 那樣廣泛使用，這可能是因為一些可克服的怪癖，所產生一些略顯笨拙的程式碼。為了示範，範例 2-7 嘗試複製之前的 JavaScript 計數器。

範例 2-7　*Python 計數器閉包的第一次嘗試*

```python
def get_counter(inc):
    count = 0
    def add():
        count += inc
        print('Current count: ' + str(count))
    return add
```

如果您使用 get_counter（範例 2-7）來建立一個計數器並嘗試執行它，您將得到一個 UnboundLocalError：

```
cntr = get_counter(2)
cntr()
Out:
...
UnboundLocalError: local variable 'count' referenced before
Assignment
```

有趣的是，雖然我們可以在 add 函數中讀取 count 的值（註解掉 count += inc 行來試試看），但嘗試更改它會引發錯誤，這是因為嘗試為 Python 中的某物指派值時會假定它的作用域是區域的，add 函數沒有區域的 count，因此會引發錯誤。

在 Python 3 中，可以透過使用 nonlocal 關鍵字來告訴 Python count 是在非區域作用域內，來繞過範例 2-7 中的錯誤：

```
...
def add():
    nonlocal count
    count += inc
...
```

如果您不得不使用 Python 2+（請嘗試並升級），可以使用一些字典駭客（dictionary hack）技巧，來允許封閉變數發生變化：

```
def get_counter(inc):
    vars = {'count': 0}
    def add():
        vars['count'] += inc
        print('Current count: ' + str(vars['count']))
    return add
```

這個駭客技巧之所以有效，是因為沒有為 vars 指派新值，而是改變現有容器，即使它超出區域作用域也是完全有效的。

如您所見，透過一些努力，JavaScript 人員可以把他們的閉包技能轉移到 Python。使用案例相似，但 Python 作為一種包含許多有用電池的更豐富語言，它對於同一問題有更多選項可使用。閉包最常見的用法可能是在 Python 的裝飾器（decorator）中。

裝飾器（decorator）本質上是函數包裝器，可以擴展函數的工具程式而無需更改函數本身。它們是一個相對進階的概念，但您可以在 The Code Ship 網站（*https://oreil.ly/Skz8b*）上找到對使用者友善的介紹。

這就是我精心挑選的樣式和駭客技巧，我發現自己在資料視覺化工作中經常使用這些樣式和駭客技巧。您無疑會得到自己的，但我希望這些能幫助您。

備忘單

作為方便的參考指南，圖 2-2 到 2-7 包括一組備忘單，用於在 Python 和 JavaScript 之間轉換基本運算。

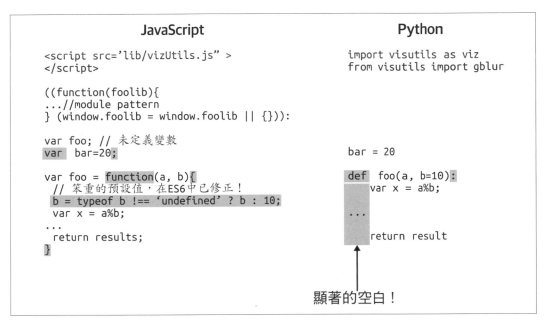

圖 2-2　一些基本語法

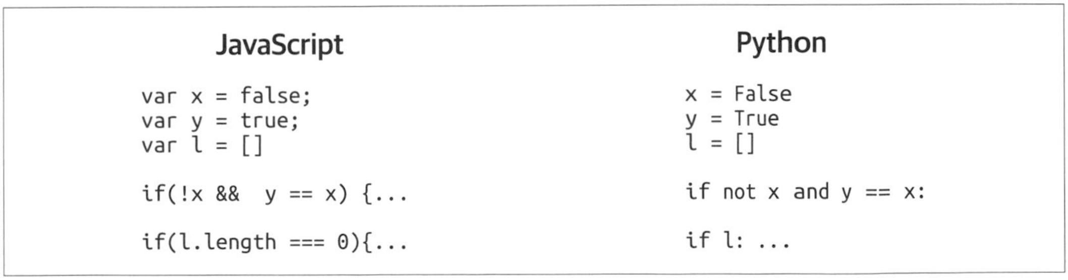

JavaScript
```
var x = false;
var y = true;
var l = []

if(!x &&  y == x) {...

if(l.length === 0){...
```

Python
```
x = False
y = True
l = []

if not x and y == x:

if l: ...
```

圖 2-3　布林值

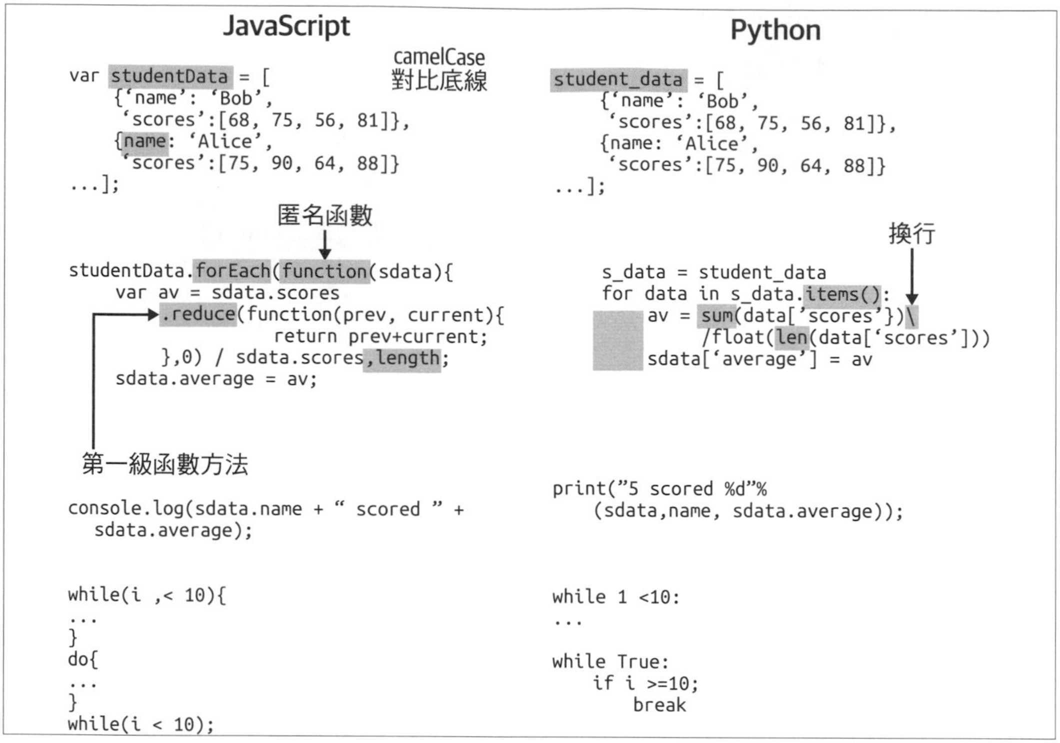

```
                    JavaScript                                    Python

                              camelCase
var studentData = [           對比底線          student_data = [
    {'name': 'Bob',                                {'name': 'Bob',
     'scores':[68, 75, 56, 81]},                    'scores':[68, 75, 56, 81]},
    {name: 'Alice',                                {name: 'Alice',
     'scores':[75, 90, 64, 88]}                     'scores':[75, 90, 64, 88]}
...];                                          ...];

                    匿名函數                                           換行

studentData.forEach(function(sdata){          s_data = student_data
    var av = sdata.scores                     for data in s_data.items():
        .reduce(function(prev, current){          av = sum(data['scores'])\
                return prev+current;                   /float(len(data['scores']))
        },0) / sdata.scores.length;               sdata['average'] = av
    sdata.average = av;


      第一級函數方法

console.log(sdata.name + " scored " +         print("5 scored %d"%
    sdata.average);                               (sdata,name, sdata.average));


while(i ,< 10){                               while 1 <10:
...                                           ...
}
do{                                           while True:
...                                               if i >=10;
}                                                     break
while(i < 10);
```

圖 2-4　迴圈和迭代

```
                JavaScript                              Python

if(x === 'foo'){                       if x === 'foo':
    ...}                                   ...
else if(x === 'bar'){                  elif x === 'bar':
    ...}                                   ...
else{                                  else:
    ...}                                   ...

if(x === foo && y !== bar){...         if x === foo and y !== bar:

if(['foo', 'bar', 'baz']              if s in ['foo', 'bar', 'baz']:
    .indexOf(s) != -1){...                 ...

switch(foo){
  case bar:
    ...
    break;
  case baz: ...
  default:
    return false;
}
```

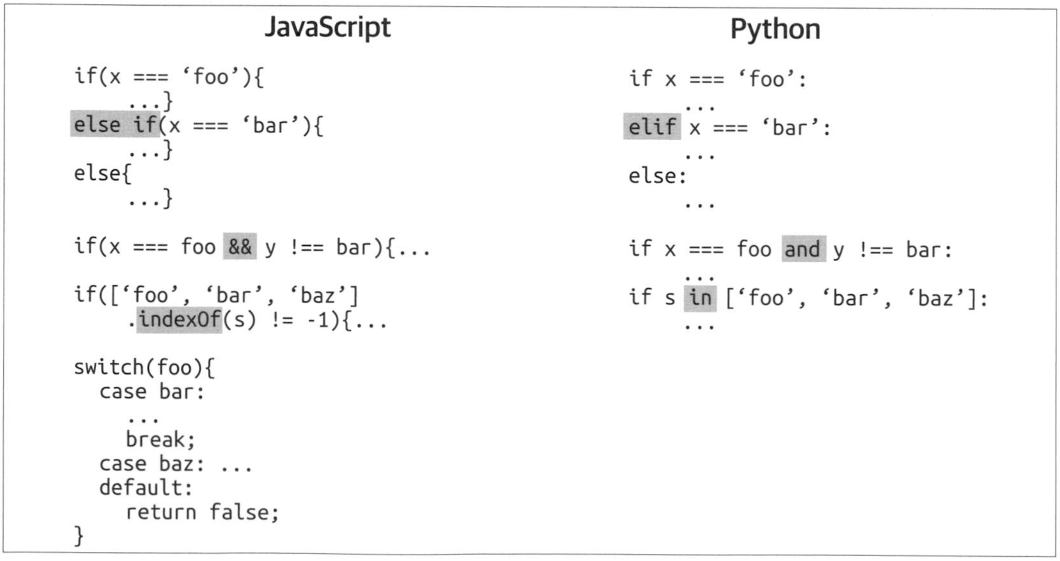

圖 2-5　條件句

JavaScript	Python

```
va1 l = [1, 2, 3, 4]:
l.push('foo'): // [...4, 'foo']
l.pop(); // 'foo', l=[..., 4]
l.slice(1,3) // [2,3]
l.slice(-3, -1) // [2, 3]


l.map(function(o)[ return o*o;})
// [1, 4, 9, 16]


d = {1:1, b:2, c:3};
d.a === d[1'] // 1
d.z // 未定義


// 舊瀏覽器
for(key in d){
  if(d.hasOwnProperty(key){
    var item = d[key]:


// 新的或更好的
Object.keys(d).forEach(key, i){
  var item - d[key];
```

```
l = [1, 2, 3, 4]
l.append('foo') # [...4, 'foo']
l.pop() # 'foo', l=[..., 4]
l[1,3] # [2,3]
l[-3, -1] # [2, 3]
1[0:4:2] # [1, 3] (stride of 2)


[o*o for o in l]
// [1, 4, 9, 16]


d = {'a':1, 'b':2, 'c':3};
d['a'] # 1
d.get['z'] # NoneType
d['z'] # KeyError!


for key, value in d.items(): ...
for key in d:
for value in d.values(): ...
```

圖 2-6　容器

JavaScript	Python

```
var Foo = {
  initFoo: function(bar){
    this.bar = bar;
    return this:
  }
};

var Baz = Object.create(Foo);

Baz.initBaz = function(bar, qux){
  this.initFoo(bar);
  this.qux - qux;
  return this;
};

var baz = Object.create(Baz)
          .initBaz('answer'. 42);
```

```
class Foo(object):
    def __init__(self, bar):
        self.bar = bar

class Baz(Foo):
    def __init__(self, bar, qux):
        self.qux = qux

baz = Baz('answer', 42)
baz.bar # 'answer'
```

圖 2-7　類別和原型

總結

我希望本章能展示 JavaScript 和 Python 有很多共同的語法，而且任一種語言中常見的慣用語和樣式，都可以用另一種語言來表達，不會過於麻煩。程式設計的核心：迭代、條件和基本資料操作在兩種語言中都很簡單，函數的翻譯也很簡單。如果您可以在其中一個程式設計中達到任何程度的能力，那麼另一個的進入門檻就很低。這就是這些簡單腳本語言的強烈吸引力，它們有很多共同的傳統。

我提供自己在資料視覺化工作中經常使用的樣式、駭客技巧和慣用語的列表。我敢肯定這個列表有它的個人特質，但我試圖作出明顯的選擇。

將本章部分視為教程，部分視為參考以供後續章節使用，此處未涉及的內容將在介紹到時一併處理。

## 第三章

使用 Python 讀寫資料

任何資料視覺化工具的基本技能之一就是移動資料的能力。無論您的資料是在 SQL 資料庫、逗號分隔值（comma-separated value, CSV）檔案還是其他更深奧的形式中，您都應該要能夠輕鬆地讀取資料、轉換資料、並在需要時將其寫入為更方便的形式。Python 的一大優勢在於它以這種方式處理資料非常容易。本章重點是讓您快速瞭解資料視覺化工具鏈的這一重要層面。

本章分為教程與參考，部分內容將在後面的章節中參考。如果您瞭解讀寫 Python 資料的基礎知識，則可以挑選本章的部分內容作為複習。

輕而易舉

我記得開始使用像 C 這樣的低階語言操作程式設計的資料是多麼笨拙。讀取和寫入檔案是樣版程式碼、手動即興創作等煩人的混合體；從資料庫中讀取同樣困難，乃至於序列化資料，痛苦的記憶猶新。發現 Python 是一股清新的空氣。它不是速度惡魔，但打開檔案非常簡單：

```
file = open('data.txt')
```

在那之後，Python 使讀取和寫入檔案變得非常容易，其複雜的字串處理使得解析這些檔案中的資料同樣容易。它甚至有一個名為 Pickle 的驚人模組，可以序列化幾乎任何 Python 物件。

從那以後的幾年裡，Python 在其標準程式庫中添加了強大、成熟的模組，使處理 CSV 和 JSON 檔案（Web 資料視覺化工作的標準）變得同樣容易。還有一些很棒的程式庫可用於與 SQL 資料庫互動，例如 SQLAlchemy，這是我強烈推薦的首選。較新的 NoSQL 資料庫也能提供很好的服務。MongoDB 是這些較新、基於文件的資料庫中最受歡迎的，而本章後面將示範的 Python 的 PyMongo 程式庫，會讓和它的互動變得相對輕而易舉。

傳遞資料

示範如何使用關鍵資料儲存程式庫的一個好方法，是在它們之間傳遞一個資料封包（packet），並且邊讀邊寫。這會讓我們有機會實際瞭解資料視覺化工具所使用的關鍵資料格式和資料庫。

我們要傳遞的資料可能是網路視覺化中最常用的資料，也就是一個類似字典的物件串列（參見範例 3-1）。該資料集以 JSON（*https://oreil.ly/JgjAp*）形式傳輸到瀏覽器，正如以下所見，它可以很容易地從 Python 字典轉換而來。

範例 *3-1*　我們的目標資料物件串列

```
nobel_winners = [
 {'category': 'Physics',
  'name': 'Albert Einstein',
  'nationality': 'Swiss',
  'gender': 'male',
  'year': 1921},
 {'category': 'Physics',
  'name': 'Paul Dirac',
  'nationality': 'British',
  'gender': 'male',
  'year': 1933},
 {'category': 'Chemistry',
  'name': 'Marie Curie',
  'nationality': 'Polish',
  'gender': 'female',
  'year': 1911}
]
```

從範例 3-1 中所顯示的 Python 串列來建立一個 CSV 檔案開始，作為讀取（開啟）和寫入系統檔案的示範。

以下部分假設您位於一個工作（根）目錄中，其中包含一個 *data* 子目錄，您可以從 Python 直譯器或檔案來執行程式碼。

使用系統檔案

本節中會從 Python 字典串列建立一個 CSV 檔案（範例 3-1）。通常，您會使用 csv 模組執行此操作，我們將在本節之後示範該模組，因此這裡只是要示範基本 Python 檔案操作的一種方式。

首先，開啟一個新檔案，使用 w 作為第二個引數來指出我們將對它寫入資料。

```
f = open('data/nobel_winners.csv', 'w')
```

現在從 nobel_winners 字典（範例 3-1）建立 CSV 檔案：

```
cols = nobel_winners[0].keys() ❶
cols = sorted(cols) ❷

with open('data/nobel_winners.csv', 'w') as f: ❸
    f.write(','.join(cols) + '\n') ❹

    for o in nobel_winners:
        row = [str(o[col]) for col in cols] ❺
        f.write(','.join(row) + '\n')
```

❶ 從第一個物件的鍵中獲取我們的資料行（即 ['category', 'name', ...]）。

❷ 按字母順序對行排序。

❸ 使用 Python 的 with 敘述來保證檔案在離開區塊或發生任何例外時關閉。

❹ join 會從一個字串串列（此處為 cols）建立一個串接的字串，並由初始字串（即 "category,name,.."）串接。

❺ 使用 nobel_winners 中物件的行的鍵來建立一個串列。

建立 CSV 檔案後，使用 Python 來讀取它並確保一切正確：

```
with open('data/nobel_winners.csv') as f:
    for line in f.readlines():
        print(line)

Out:
category,name,nationality,gender,year
Physics,Albert Einstein,Swiss,male,1921
Physics,Paul Dirac,British,male,1933
Chemistry,Marie Curie,Polish,female,1911
```

如前面輸出所示，CSV 檔案格式正確。讓我們使用 Python 的內建 csv 模組來先讀取它，然後再以正確的方式建立 CSV 檔案。

CSV、TSV 和列 - 行資料格式

逗號分隔值（CSV）或其定位符分隔表親（TSV），可能是目前最普遍的基於檔案的資料格式，作為資料視覺化工具，這些通常會是您收到可以施展魔法的表格。能夠讀寫 CSV 檔案及其各種古怪的變體是一項基本技能，例如以垂直線或分號來分隔，或使用「、」來代替標準雙引號的變體；Python 的 csv 模組在這裡幾乎能夠完成所有繁重工作。讓我們透過讀取和寫入 nobel_winners 資料來瞭解它：

```python
nobel_winners = [
  {'category': 'Physics',
   'name': 'Albert Einstein',
   'nationality': 'Swiss',
   'gender': 'male',
   'year': 1921},
  ...
]
```

把 nobel_winners 資料（參見範例 3-1）寫入 CSV 檔案是一件非常簡單的事情。csv 有一個專用的 DictWriter 類別，可以將我們的詞典轉換為 CSV 列，唯一需要做的明確簿記是把標題寫入 CSV 檔案，並使用字典的鍵作為欄位（也就是 "category、name、nationality、gender"）：

```python
import csv

with open('data/nobel_winners.csv', 'w') as f:
    fieldnames = nobel_winners[0].keys() ❶
    fieldnames = sorted(fieldnames) ❷
    writer = csv.DictWriter(f, fieldnames=fieldnames)
    writer.writeheader() ❸
    for w in nobel_winners:
        writer.writerow(w)
```

❶ 您需要明確告訴寫入器要使用哪些欄位名（在本例中為 'category'、'name' 等鍵）。

❷ 為了便於閱讀，按字母順序排序 CSV 標頭欄位。

❸ 寫入 CSV 檔案標頭（ "category、name……" ）。

您可能會比較常讀取 CSV 檔案而不是寫入它們[1]。讓我們讀回剛剛寫入的 *nobel_winners.csv* 檔案。

---

[1] 我建議使用 JSON 而不是 CSV 來作為首選資料格式。

如果您只是想將 csv 用作高級且適應性極強的檔案行讀取器,那麼幾行就可以產生一個方便的迭代器,它可以將您的 CSV 列作為字串串列來提供:

```
with open('data/nobel_winners.csv') as f:
    reader = csv.reader(f)
    for row in reader: ❶
        print(row)

Out:
['category', 'name', 'nationality', 'gender', 'year']
['Physics', 'Albert Einstein', 'Swiss', 'male', '1921']
['Physics', 'Paul Dirac', 'British', 'male', '1933']
['Chemistry', 'Marie Curie', 'Polish', 'female', '1911']
```

❶ 遍歷 reader 物件,使用檔案中的行。

請注意,數字是以字串形式讀取的。如果您想以數字方式操作它們,則需要將任何數字行轉換為它們各自的型別,在本例中為整數的年分。

使用 CSV 資料更方便的方法是把列轉換為 Python 字典。這個記錄(*record*)形式也是用來作為轉換目標的形式(dict 的 list)。csv 有一個方便的 DictReader 就是為了這個目的:

```
import csv

with open('data/nobel_winners.csv') as f:
    reader = csv.DictReader(f)
    nobel_winners = list(reader) ❶

nobel_winners

Out:
[OrderedDict([('category', 'Physics'),
              ('name', 'Albert Einstein'),
              ('nationality', 'Swiss'),
              ('gender', 'male'),
              ('year', '1921')]),
 OrderedDict([('category', 'Physics'),
              ('name', 'Paul Dirac'),
              ('nationality', 'British'),
              ... ])]
```

❶ 將所有 reader 項目插入到串列中。

如輸出所示，只需要把 dict 的年分屬性轉換為整數，即可讓 nobel_winners 符合本章的目標資料（範例 3-1），因此：

```
for w in nobel_winners:
    w['year'] = int(w['year'])
```

為了更具靈活性，我們可以輕鬆地從年分行建立一個 Python datetime：

```
from datetime import datetime

dt = datetime.strptime('1947', '%Y')
dt
# datetime.datetime(1947, 1, 1, 0, 0)
```

csv 的讀取器不會從您的檔案中推斷資料型別，而是把所有內容解讀為字串。pandas 是 Python 卓越的資料駭客程式庫，它會嘗試猜測資料行的正確型別，而且通常會成功。我們將在後面的 pandas 章節中看到這一點。

csv 有一些有用的引數來幫助解析 CSV 家族的成員：

dialect

預設值為 'excel'；指明一組特定於方言的參數。excel-tab 是一種有時會使用的替代方案。

delimiter

檔案通常以逗號分隔，但也可以使用 |、: 或 ' ' 來代替。

quotechar

預設情況下會使用雙引號，但您偶爾會以 | 或 ` 來代替。

您可以在線上 Python 文件（*https://oreil.ly/9zZvt*）中找到完整的 csv 參數集。

現在我們已經使用 csv 模組成功寫入和讀取目標資料，讓我們將 CSV 衍生的 nobel_winners dict 傳遞給 json 模組。

JSON

本節將使用 Python 的 json 模組來寫入和讀取我們的 nobel_winners 資料。讓我們提醒自己一下正在使用的資料：

```
nobel_winners = [
 {'category': 'Physics',
  'name': 'Albert Einstein',
  'nationality': 'Swiss',
  'gender': 'male',
  'year': 1921},
  ...
]
```

對於字串、整數和浮點數等資料原語（primitive），Python 字典可以使用 json 模組來輕鬆儲存到 JSON 檔案中，用 JSON 術語就是「傾印」（dump）。dump 方法會接受一個 Python 容器和一個檔案指標，將前者儲存到後者：

```
import json

with open('data/nobel_winners.json', 'w') as f:
    json.dump(nobel_winners, f)

open('data/nobel_winners.json').read()
Out: '[{"category": "Physics", "name": "Albert Einstein",
"gender": "male", "year": 1921,
"nationality": "Swiss"}, {"category": "Physics",
"nationality": "British", "year": 1933, "name": "Paul Dirac",
"gender": "male"}, {"category": "Chemistry", "nationality":
"Polish", "year": 1911, "name": "Marie Curie", "gender":
"female"}]'
```

讀取（或載入）JSON 檔案同樣簡單，就是將開啟的 JSON 檔案傳遞給 json 模組的 load 方法：

```
import json

with open('data/nobel_winners.json') as f:
    nobel_winners = json.load(f)

nobel_winners
Out:
[{'category': 'Physics',
  'name': 'Albert Einstein',
  'nationality': 'Swiss',
  'gender': 'male',
  'year': 1921}, ❶
... }]
```

❶ 請注意，不像我們的 CSV 檔案轉換，年分行的整數型別會保留下來。

json 有 loads 和 dumps 方法，它們和檔案的存取方法相對應，會把 JSON 字串載入到 Python 容器，並把 Python 容器傾印到 JSON 字串。

處理日期和時間

嘗試把 datetime 物件傾印到 json 會產生 TypeError：

```
from datetime import datetime

json.dumps(datetime.now())
Out:
...
TypeError: datetime.datetime(2021, 9, 13, 10, 25, 52, 586792)
is not JSON serializable
```

在序列化簡單資料型別（如字串或數字）時，預設的 json 編碼器和解碼器就夠了。但是對於日期等更專業的資料，您需要自己編碼和解碼。這並不像聽起來那麼難，而且很快就會成為例行工作。讓我們首先看看要怎麼把 Python 的 datetime（*https://oreil.ly/aHI4h*）編碼為合理的 JSON 字串。

對包含 datetime 的 Python 資料編碼的最簡單方法，是建立一個客製化編碼器，如範例 3-2 中所示，它被當作是 cls 引數提供給 json.dumps 方法。此編碼器依次應用於資料中的每個物件，並將日期或日期時間轉換為其 ISO 格式字串（請參閱第 76 頁的「處理日期、時間和複雜資料」）。

範例 3-2　將 *Python datetime* 編碼為 *JSON*

```
import datetime
import json


class JSONDateTimeEncoder(json.JSONEncoder):  ❶
    def default(self, obj):
        if isinstance(obj, (datetime.date, datetime.datetime)):  ❷
            return obj.isoformat()
        else:
            return json.JSONEncoder.default(self, obj)

def dumps(obj):
    return json.dumps(obj, cls=JSONDateTimeEncoder)  ❸
```

❶ 對 JSONEncoder 進行子類別化以建立客製化的日期處理編碼器。

❷ 測試 datetime 物件，如果為真，則傳回任何日期或日期時間的 isoformat（例如，2021-11-16T16:41:14.650802）。

❸ 使用 cls 引數來設定客製化日期編碼器。

讓我們看看新傾印方法如何處理一些日期時間資料：

```
now_str = dumps({'time': datetime.datetime.now()})
now_str
Out:
'{"time": "2021-11-16T16:41:14.650802"}'
```

time 欄位已正確轉換為 ISO 格式的字串，可以解碼為 JavaScript Date 物件（示範請參見第 76 頁的「處理日期、時間和複雜資料」）。

雖然您可以編寫通用解碼器來處理任意 JSON 檔案中的日期字串[2]，但並不建議採取這種做法。日期字串有許多奇怪而奇妙的變體，因此最好在幾乎總是已知的資料集上手工完成這項工作。

古老的 strptime 方法是 datetime.datetime 套件的一部分，非常適合把已知格式的時間字串轉換為 Python datetime 實例：

```
In [0]: from datetime import datetime

In [1]: time_str = '2021/01/01 12:32:11'

In [2]: dt = datetime.strptime(time_str, '%Y/%m/%d %H:%M:%S')  ❶

In [3]: dt
Out[2]: datetime.datetime(2021, 1, 1, 12, 32, 11)
```

❶ strptime 嘗試使用各種指令來匹配時間字串與格式字串，例如 %Y（帶有世紀的年分）和 %H（以 0 填充的十進位數字來表達小時）。如果成功，它會建立一個 Python datetime 實例。有關可用指令的完整列表，請參閱 Python 說明文件（*https://oreil.ly/Fi40k*）。

如果給 strptime 的時間字串與其格式不匹配，它會拋出一個方便的 ValueError：

```
dt = datetime.strptime('1/2/2021 12:32:11', '%Y/%m/%d %H:%M:%S')
---------------------------------------------------------
ValueError                Traceback (most recent call last)
<ipython-input-111-af657749a9fe> in <module>()
```

---

2 Python 模組 dateutil 有一個剖析器（parser），可以合理地剖析大多數日期和時間，這可能是一個很好的基礎。

```
----> 1 dt = datetime.strptime('1/2/2021 12:32:11',\
        '%Y/%m/%d %H:%M:%S')
...
ValueError: time data '1/2/2021 12:32:11' does not match
            format '%Y/%m/%d %H:%M:%S'
```

因此，要為字典的 **data** 串列將已知格式的日期欄位轉換為 **datetime**，您可以這樣做：

```
data = [
    {'id': 0, 'date': '2020/02/23 12:59:05'},
    {'id': 1, 'date': '2021/11/02 02:32:00'},
    {'id': 2, 'date': '2021/23/12 09:22:30'},
]

for d in data:
    try:
        d['date'] = datetime.strptime(d['date'],\
            '%Y/%m/%d %H:%M:%S')
    except ValueError:
        print('Oops! - invalid date for ' + repr(d))
# Out:
# Oops! - invalid date for {'id': 2, 'date': '2021/23/12 09:22:30'}
```

現在我們已經處理了兩種最流行的資料檔案格式，讓我們轉向真正的主角，看看如何從 SQL 和 NoSQL 資料庫讀取資料，以及將資料寫入 SQL 和 NoSQL 資料庫。

SQL

說到與 SQL 資料庫的互動，SQLAlchemy 是其中最流行的 Python 程式庫，在我看來也是最好的。如果速度和效率有問題時，它允許您使用原始 SQL 指令，而且還提供強大的物件關係映射（object-relational mapping, ORM），允許您使用高階 Pythonic API 對 SQL 表進行操作，並將它們在本質上視為 Python 類別。

要使用 SQL 來讀取和寫入資料，同時又允許使用者把該資料視為 Python 容器是一個複雜的過程，儘管對使用者來說，SQLAlchemy 比低階 SQL 引擎更友善，但它仍然是一個相當複雜的程式庫。我將在這裡介紹基礎知識，使用我們的資料作為標的，但鼓勵您花一點時間閱讀一些關於 SQLAlchemy 的相當優秀的說明文件（*https://oreil.ly/mCHr8*）。讓我們提醒自己一下要寫入和讀取的 **nobel_winners** 資料集：

```
nobel_winners = [
 {'category': 'Physics',
  'name': 'Albert Einstein',
  'nationality': 'Swiss',
```

```
        'gender': 'male',
        'year': 1921},
    ...
]
```

首先使用 SQLAlchemy 將目標資料寫入 SQLite 檔案，從建立資料庫引擎開始。

建立資料庫引擎

啟動 SQLAlchemy 會話期時，您需要做的第一件事是建立資料庫引擎（database engine）。該引擎將與相關資料庫建立連接，並對 SQLAlchemy 產生的通用 SQL 指令和傳回的資料，執行任何所需的轉換。

幾乎每個流行的資料庫都有引擎，還有一個記憶體（*memory*）選項，它會將資料庫儲存在 RAM 中，允許快速存取以測試。[3] 這些引擎的優點在於它們可以互換，這意味著您可以開發自己的程式碼，然後使用方便的基於檔案的 SQLite 資料庫，接著在生產過程中透過更改單一配置字串，來切換到更工業化的資料庫，例如 PostgreSQL。請查看 SQLAlchemy（*https://oreil.ly/QmIj6*）以獲得可用引擎的完整列表。

指定資料庫 URL 的形式是：

```
dialect+driver://username:password@host:port/database
```

因此，要連接到在本地主機上執行的 'nobel_winners' MySQL 資料庫，需要執行以下操作。請注意，此時 create_engine 實際上並未發出任何 SQL 請求，而只是設定可以做這件事的框架[4]：

```
engine = create_engine(
        'mysql://kyran:mypsswd@localhost/nobel_winners')
```

我們將使用基於檔案的 SQLite 資料庫，將 echo 引數設定為 True，這會輸出 SQLAlchemy 產生的任何 SQL 指令。注意在冒號後所使用的三個反斜線：

```
from sqlalchemy import create_engine

engine = create_engine(
        'sqlite:///data/nobel_winners.db', echo=True)
```

3　需要注意的是，為測試和生產使用不同的資料庫配置可能不是一個好主意。
4　詳見 SQLAlchemy（*https://oreil.ly/winYu*）的惰性初始化（*lazy initialization*）。

SQLAlchemy 提供多種方式來處理資料庫，但我建議使用更新的宣告式（declarative）風格，除非有充分理由要使用更底層和更細粒度的東西。從本質上來說，透過宣告式映射，您可以從基底類別中建立 Python SQL 表類別這個子類別，SQLAlchemy 會自我檢視它們的結構和關係。詳細資訊請參閱 SQLAlchemy（*https://oreil.ly/q3IZf*）。

定義資料庫表

我們首先使用 declarative_base 來建立一個 Base 類別。這個基底將用於建立表類別，SQLAlchemy 將從中建立資料庫的表綱要（schema）。您可以使用這些表類別以相當 Python 的方式來和資料庫互動：

```
from sqlalchemy.ext.declarative import declarative_base

Base = declarative_base()
```

請注意，大多數 SQL 程式庫都要求您正式定義表綱要，這與 MongoDB 這樣的無綱要 NoSQL 變體形成對比。我們將在本章稍後介紹 Dataset 程式庫，它支援無綱要 SQL。

使用這個 Base 可以定義各種表——在我們的例子中，就是一個 Winner 表。範例 3-3 顯示了如何繼承 Base 並使用 SQLAlchemy 的資料型別來定義表綱要。請注意 __tablename__ 成員，它將用來命名 SQL 表並作為檢索它的關鍵字，還有可選的客製化 __repr__ 方法，它會在列印表中的列時使用。

範例 3-3　定義 SQL 資料庫表

```
from sqlalchemy import Column, Integer, String, Enum
// ...

class Winner(Base):
    __tablename__ = 'winners'
    id = Column(Integer, primary_key=True)
    category = Column(String)
    name = Column(String)
    nationality = Column(String)
    year = Column(Integer)
    gender = Column(Enum('male', 'female'))
    def __repr__(self):
        return "<Winner(name='%s', category='%s', year='%s')>"\
%(self.name, self.category, self.year)
```

在範例 3-3 中宣告 Base 子類別後，將其 `metadata create_all` 方法提供給資料庫引擎以建立資料庫 [5]。因為我們在建立引擎時將 echo 參數設定為 True，所以可以從命令行看到 SQLAlchemy 產生的 SQL 指令：

```
Base.metadata.create_all(engine)

2021-11-16 17:58:34,700 INFO sqlalchemy.engine.Engine BEGIN (implicit)
...
CREATE TABLE winners (
        id INTEGER NOT NULL,
        category VARCHAR,
        name VARCHAR,
        nationality VARCHAR,
        year INTEGER,
        gender VARCHAR(6),
        PRIMARY KEY (id)
)...
2021-11-16 17:58:34,742 INFO sqlalchemy.engine.Engine COMMIT
```

宣告新的 winners 表後，就可以開始向其中添加獲勝者實例。

使用會話期來添加實例

現在資料庫已經建立好了，需要一個會話期來互動：

```
from sqlalchemy.orm import sessionmaker

Session = sessionmaker(bind=engine)
session = Session()
```

現在可以使用 Winner 類別來建立實例和表的列，並把它們添加到會話期中：

```
albert = Winner(**nobel_winners[0]) ❶
session.add(albert)
session.new ❷
Out:
IdentitySet([<Winner(name='Albert Einstein', category='Physics',
            year='1921')>])
```

❶ Python 方便的 ** 運算子將第一個 nobel_winners 成員解開為鍵值對：(name='Albert Einstein', category='Physics'...)。

❷ new 是已添加到此會話期的任何項目的集合。

5　這假定資料庫尚不存在。如果它存在的話，Base 將用於建立新的插入和解讀檢索。

請注意，所有資料庫插入和刪除操作都在 Python 中進行。只有當我們使用 commit 方法時，資料庫才會被更改。

 使用最少的提交（commit）來讓 SQLAlchemy 在幕後發揮它的魔力。當您提交時，您的各種資料庫操作應該由 SQLAlchemy 來總結，並以有效率的方式通訊。提交涉及建立資料庫交握（handshake）和協商交易，這通常是一個緩慢的過程，您會希望盡可能地限制它，並充分利用 SQLAlchemy 的簿記功能。

正如 new 方法所示，我們已將 Winner 添加到會話期中，可以使用 expunge 來刪除物件，留下一個空的 IdentitySet：

```
session.expunge(albert) ❶
session.new
Out:
IdentitySet([])
```

❶ 從會話期中刪除實例（有一個 expunge_all 方法可以刪除添加到會話期中的所有新物件）。

此時還沒有發生任何的資料庫插入或刪除。讓我們將 nobel_winners 串列的所有成員添加到會話期中，並將它們提交到資料庫：

```
winner_rows = [Winner(**w) for w in nobel_winners]
session.add_all(winner_rows)
session.commit()
Out:
INFO:sqlalchemy.engine.base.Engine:BEGIN (implicit)
...
INFO:sqlalchemy.engine.base.Engine:INSERT INTO winners (name,
category, year, nationality, gender) VALUES (?, ?, ?, ?, ?)
INFO:sqlalchemy.engine.base.Engine:('Albert Einstein',
'Physics', 1921, 'Swiss', 'male')
...
INFO:sqlalchemy.engine.base.Engine:COMMIT
```

現在已經將 nobel_winners 資料提交到資料庫中，來看看可以用它做什麼，以及如何在範例 3-1 中重新建立目標串列。

查詢資料庫

要存取資料，您可以使用 session 的 query 方法，其結果可以過濾、分組和交集（intersect），從而允許全方位的標準 SQL 資料檢索。您可以在 SQLAlchemy 說明文件

（*https://oreil.ly/2rEB4*）中查看可用的查詢方法。現在，我將快速瀏覽諾貝爾獎資料集上一些最常見的查詢。

首先計算得獎者表中的列數：

```
session.query(Winner).count()
Out:
3
```

接下來，檢索所有瑞士得獎者：

```
result = session.query(Winner).filter_by(nationality='Swiss') ❶
list(result)
Out:
[<Winner(name='Albert Einstein', category='Physics',\
  year='1921')>]
```

❶ filter_by 使用關鍵字運算式；它的 SQL 運算式對應項是 filter— 例如，filter(Winner.nationality == *Swiss*)。注意 filter 中使用的布林等價運算子 ==。

現在讓我們獲得所有非瑞士的物理學獎得主：

```
result = session.query(Winner).filter(\
            Winner.category == 'Physics', \
            Winner.nationality != 'Swiss')
list(result)
Out:
[<Winner(name='Paul Dirac', category='Physics', year='1933')>]
```

以下是根據 ID 號碼來獲取列的方法：

```
session.query(Winner).get(3)
Out:
<Winner(name='Marie Curie', category='Chemistry', year='1911')>
```

現在讓我們檢索按年分排序的獲獎者：

```
res = session.query(Winner).order_by('year')
list(res)
Out:
[<Winner(name='Marie Curie', category='Chemistry',\
year='1911')>,
 <Winner(name='Albert Einstein', category='Physics',\
year='1921')>,
 <Winner(name='Paul Dirac', category='Physics', year='1933')>]
```

在將會話期查詢傳回的 Winner 物件轉換為 Python dict 時，重建我們的目標串列需要一些努力。讓我們寫一個小函數來從 SQLAlchemy 類別建立一個 dict。我們將使用一點表內省（introspection）來獲取行的標籤（參見範例 3-4）。

範例 3-4　將 *SQLAlchemy* 實例轉換為 *dict*

```python
def inst_to_dict(inst, delete_id=True):
    dat = {}
    for column in inst.__table__.columns:  ❶
        dat[column.name] = getattr(inst, column.name)
    if delete_id:
        dat.pop('id')  ❷
    return dat
```

❶ 存取實例的表類別來獲取行物件的串列。

❷ 如果 delete_id 為真，則刪除 SQL 主 ID 欄位。

可以使用範例 3-4 來重構 nobel_winners 目標串列：

```python
winner_rows = session.query(Winner)
nobel_winners = [inst_to_dict(w) for w in winner_rows]
nobel_winners
Out:
[{'category': 'Physics',
  'name': 'Albert Einstein',
  'nationality': 'Swiss',
  'gender': 'male',
  'year': 1921},
  ...
]
```

您可以透過更改其反映物件的屬性，來輕鬆更新資料庫列：

```python
marie = session.query(Winner).get(3)  ❶
marie.nationality = 'French'
session.dirty  ❷
Out:
IdentitySet([<Winner(name='Marie Curie', category='Chemistry',
year='1911')>])
```

❶ 擷取居禮夫人（Marie Curie），波蘭籍。

❷ dirty 顯示任何尚未提交到資料庫的已更改實例。

讓我們提交 Marie 的更改，並檢查她的國籍是否已從波蘭更改為法國：

```
session.commit()
Out:
INFO:sqlalchemy.engine.base.Engine:UPDATE winners SET
nationality=? WHERE winners.id = ?
INFO:sqlalchemy.engine.base.Engine:('French', 3)
...

session.dirty
Out:
IdentitySet([])

session.query(Winner).get(3).nationality
Out:
'French'
```

除了更新資料庫列之外，您還可以刪除查詢結果：

```
session.query(Winner).filter_by(name='Albert Einstein').delete()
Out:
INFO:sqlalchemy.engine.base.Engine:DELETE FROM winners WHERE
winners.name = ?
INFO:sqlalchemy.engine.base.Engine:('Albert Einstein',)
1

list(session.query(Winner))
Out:
[<Winner(name='Paul Dirac', category='Physics', year='1933')>,
 <Winner(name='Marie Curie', category='Chemistry',\
 year='1911')>]
```

如果需要，您還可以使用宣告類別的 __table__ 屬性來刪除整張表：

```
Winner.__table__.drop(engine)
```

在本節中，我們處理了單一 winners 表，沒有任何外部鍵（foreign key）或與任何其他表的關聯，類似於 CSV 或 JSON 檔案。SQLAlchemy 透過為 query 方法提供多個表類別或外顯式使用查詢的 join 方法，在處理多對一、一對多和其他資料庫表關聯時增加了和使用內隱式相接（join）的基本查詢相同等級的便利性。請查看 SQLAlchemy 說明文件（*https://oreil.ly/6KFCf*）中的範例，以瞭解更多詳細資訊。

使用 Dataset 之更簡單的 SQL

我發現自己最近使用的一個程式庫是 Dataset（*https://oreil.ly/aGqTL*），該模組旨在讓 SQL 資料庫的使用更容易一些，並且比 SQLAlchemy 等現有的強大工具更具 Python 風格 [6]。Dataset 嘗試透過刪除許多正式的樣版檔案，例如更傳統的程式庫所需的綱要定義，提供與使用無綱要 NoSQL 資料庫（如 MongoDB）時所能獲得的相同程度便利性。Dataset 建立在 SQLAlchemy 之上，這意味著它幾乎可以和所有主要資料庫一起使用，並且可以利用此同類間最佳程式庫的強大功能、強固性和成熟度。讓我們看看它如何處理讀取和寫入我們的目標資料集（來自範例 3-1）。

使用剛剛建立的 SQLite *nobel_winners.db* 資料庫來測試 Dataset。首先，連接到 SQL 資料庫，使用與 SQLAlchemy 相同的 URL/ 檔案格式：

```
import dataset

db = dataset.connect('sqlite:///data/nobel_winners.db')
```

為了獲得獲獎者名單，我們從 db 資料庫中獲取一個表、使用其名稱作為鍵，然後使用不帶引數的 find 方法來傳回所有獲獎者：

```
wtable = db['winners']
winners = wtable.find()
winners = list(winners)
winners
#Out:
#[OrderedDict([(u'id', 1), ('name', 'Albert Einstein'),
# ('category', 'Physics'), ('year', 1921), ('nationality',
# 'Swiss'), ('gender', 'male')]), OrderedDict([('id', 2),
# ('name', 'Paul Dirac'), ('category', 'Physics'),
# ('year', 1933), ('nationality', 'British'), ('gender',
# 'male')]), OrderedDict([('id', 3), ('name', 'Marie
# Curie'), ('category', 'Chemistry'), ('year', 1911),
# ('nationality', 'Polish'), ('gender', 'female')])]
```

請注意，Dataset 的 find 方法傳回實例是 OrderedDict。這些有用的容器是 Python 的 dict 類別的擴展，除了它們會記住插入之項目的順序外，它們的行為就像字典，這意味著您可以保證迭代的結果、取出插入的最後一個項目等等。這是一個非常方便的附加功能。

6　Dataset 的官方座右銘是「懶人的資料庫」。它不是標準 Anaconda 套件的一部分，因此您需要從命令行使用 pip 安裝它：$ pip install dataset。

用於資料操作器最有用的 Python「電池」之一是 collections，這就是 Dataset 的 OrderedDict 的來源。其中 defaultdict 和 Counter 類別特別有用。請查看 Python 說明文件（*https://oreil.ly/Vh4EF*）中的可用內容。

讓我們用 Dataset 重新建立 winners 表，首先刪除現有的：

```
wtable = db['winners']
wtable.drop()

wtable = db['winners']
wtable.find()
#Out:
#[]
```

要重新建立我們丟棄的 winners 表，不需要像 SQLAlchemy 那樣定義綱要（請參閱第 64 頁的「定義資料庫表」）。Dataset 將從我們添加的資料中推斷出這一點，內隱式地建立所有 SQL。這是人們在使用基於集合的 NoSQL 資料庫時所習慣的一種便利性。讓我們使用 nobel_winners 資料集（範例 3-1）來插入一些得獎者字典。我們使用資料庫交易和 with 敘述來有效率地插入物件，然後提交它們[7]：

```
with db as tx: ❶
    tx['winners'].insert_many(nobel_winners)
```

❶ 使用 with 敘述保證交易 tx 會被提交到資料庫。

檢查一切是否順利：

```
list(db['winners'].find())
Out:
[OrderedDict([('id', 1), ('name', 'Albert Einstein'),
('category', 'Physics'), ('year', 1921), ('nationality',
'Swiss'), ('gender', 'male')]),
...
]
```

得獎者已被正確插入，他們的插入順序由 OrderedDict 來保存。

Dataset 非常適合基於 SQL 的基本工作，尤其是去檢索您可能希望處理或視覺化的資料。對於更進階的操作，它允許您使用 query 方法進入 SQLAlchemy 的核心 API。

現在我們已經介紹了使用 SQL 資料庫的基礎知識，讓我們看看 Python 如何讓使用最流行的 NoSQL 資料庫變得輕鬆。

7　請參閱此說明文件（*https://oreil.ly/vqvbv*），瞭解有關使用交易以更新分組的更多詳細資訊。

MongoDB

像 MongoDB 這樣以文件為中心的資料儲存庫為資料管理員提供很多便利性。和所有工具一樣，NoSQL 資料庫也有好的和壞的使用案例。如果您的資料已經過精煉和處理，並且預計並不需要基於已優化表相接（table join）的 SQL 強大查詢語言，那麼 MongoDB 一開始時可能會更容易使用。MongoDB 特別適合 Web 資料視覺化，因為它使用二進位 JSON（binary JSON, BSON）作為其資料格式。作為 JSON 的擴展，BSON 可以處理二進位資料和 datetime 物件，並且和 JavaScript 配合良好。

讓我們提醒自己要寫入和讀取的目標資料集：

```
nobel_winners = [
 {'category': 'Physics',
  'name': 'Albert Einstein',
  'nationality': 'Swiss',
  'gender': 'male',
  'year': 1921},
  ...
]
```

使用 Python 來建立 MongoDB 集合只需幾行程式碼：

```
from pymongo import MongoClient

client = MongoClient() ❶
db = client.nobel_prize ❷
coll = db.winners ❸
```

❶ 使用預設主機和連接埠建立 Mongo 客戶端。

❷ 建立或存取 nobel_prize 資料庫。

❸ 如果 winners 集合存在，就會檢索它；否則在此案例中，它會建立它。

使用常數存取 MongoDB

使用 Python 來存取和建立 MongoDB 資料庫涉及相同的運算，使用點標記法和方括號鍵存取：

```
db = client.nobel_prize
db = client['nobel_prize']
```

這一切都非常方便，但這意味著單一拼寫錯誤（例如 noble_prize）可能會建立不需要的資料庫，並導致未來的運算無法更新正確的資料庫。出於這個原因，我建議使用常數字串來存取您的 MongoDB 資料庫和集合：

```
DB_NOBEL_PRIZE = 'nobel_prize'
COLL_WINNERS = 'winners'

db = client[DB_NOBEL_PRIZE]
coll = db[COLL_WINNERS]
```

預設情況下，MongoDB 資料庫會在本地主機連接埠 27017 上執行，但它也可以在 Web 上的任何位置執行。它們還可以採用可選的使用者名稱和密碼。範例 3-5 顯示如何建立一個簡單的工具程式函數來存取我們的資料庫，並使用標準預設值。

範例 3-5　存取 MongoDB 資料庫

```
from pymongo import MongoClient

def get_mongo_database(db_name, host='localhost',\
                       port=27017, username=None, password=None):
    """ Get named database from MongoDB with/out authentication """
    # make Mongo connection with/out authentication
    if username and password:
        mongo_uri = 'mongodb://%s:%s@%s/%s'%\ ❶
        (username, password, host, db_name)
        conn = MongoClient(mongo_uri)
    else:
        conn = MongoClient(host, port)

    return conn[db_name]
```

❶ 我們在 MongoDB URI（Uniform Resource Identifier，統一資源標識符）中指定資料庫名稱，因為使用者可能沒有資料庫的一般權限。

我們現在可以建立一個諾貝爾獎資料庫，並添加目標資料集（範例 3-1）。讓我們首先獲取一個 winners 集合，使用字串常數來進行存取：

```
db = get_mongo_database(DB_NOBEL_PRIZE)
coll = db[COLL_WINNERS]
```

要插入諾貝爾獎資料集非常簡單：

```
coll.insert_many(nobel_winners)
coll.find()
Out:
[{'_id': ObjectId('61940b7dc454e79ffb14cd25'),
  'category': 'Physics',
  'name': 'Albert Einstein',
  'nationality': 'Swiss',
  'year': 1921,
  'gender': 'male'},
 {'_id': ObjectId('61940b7dc454e79ffb14cd26'), ... }
 ...]
```

產生的 `ObjectId` 陣列可用於將來的檢索，但 MongoDB 已經在我們的 nobel_winners 串列中留下了自己的印記，添加了一個隱藏的 id 屬性[8]。

> MongoDB 的 `ObjectIds` 有相當多的隱藏功能，不僅僅是一個簡單的隨機標識符。例如，您可以獲取 ObjectId 的產生時間，這使您可以存取方便的時間戳：
>
> ```
> import bson
> oid = bson.ObjectId()
> oid.generation_time
> Out: datetime.datetime(2015, 11, 4, 15, 43, 23...
> ```
>
> 您可以在 MongoDB BSON 說明文件（*https://oreil.ly/NBwsk*）中找到完整的詳細資訊。

現在我們在 winners 集合中有了一些項目，MongoDB 使查找它們變得非常容易，它的 find 方法採用了字典查詢：

```
res = coll.find({'category':'Chemistry'})
list(res)
Out:
[{'_id': ObjectId('55f8326f26a7112e547879d6'),
  'category': 'Chemistry',
  'name': 'Marie Curie',
  'nationality': 'Polish',
  'gender': 'female',
  'year': 1911}]
```

有許多特殊的美元符號字首運算子可以進行複雜的查詢。讓我們使用 $gt（大於）運算子來找出 1930 年之後的所有得獎者：

---

8 MongoDB 的一大優點是 `ObjectId` 是在客戶端產生的，因此無需為它們查詢資料庫。

```
res = coll.find({'year': {'$gt': 1930}})
list(res)
Out:
[{'_id': ObjectId('55f8326f26a7112e547879d5'),
  'category': 'Physics',
  'name': 'Paul Dirac',
  'nationality': 'British',
  'gender': 'male',
  'year': 1933}]
```

您還可以使用布林運算式來查找,例如,1930 年之後的所有獲獎者或所有女性獲獎者:

```
res = coll.find({'$or':[{'year': {'$gt': 1930}},\
{'gender':'female'}]})
list(res)
Out:
[{'_id': ObjectId('55f8326f26a7112e547879d5'),
  'category': 'Physics',
  'name': 'Paul Dirac',
  'nationality': 'British',
  'gender': 'male',
  'year': 1933},
 {'_id': ObjectId('55f8326f26a7112e547879d6'),
  'category': 'Chemistry',
  'name': 'Marie Curie',
  'nationality': 'Polish',
  'gender': 'female',
  'year': 1911}]
```

您可以在 MongoDB 說明文件(*https://oreil.ly/1D2Sr*)中找到可用的查詢運算式的完整列表。

最後的測試,讓我們將新的 winners 集合轉回 Python 字典的串列,為任務建立一個工具程式函數:

```
def mongo_coll_to_dicts(dbname='test', collname='test',\
                        query={}, del_id=True, **kw): ❶

    db = get_mongo_database(dbname, **kw)
    res = list(db[collname].find(query))

    if del_id:
        for r in res:
            r.pop('_id')

    return res
```

❶ query dict {} 將查找集合中的所有文件。del_id 是一個旗標，預設情況下從項目中刪除 MongoDB 的 ObjectId。

現在可以建立目標資料集了：

```
mongo_coll_to_dicts(DB_NOBEL_PRIZE, COLL_WINNERS)
Out:
[{'category': 'Physics',
  'name': 'Albert Einstein',
  'nationality': 'Swiss',
  'gender': 'male',
  'year': 1921},
 ...
]
```

MongoDB 的無綱要資料庫非常適合在單獨工作或小型團隊中快速製作原型。當正式綱要成為有用的參考和健全性檢查時，特別是對於大型程式碼庫，可能會出現一個點；當您選擇資料模型時，可以輕鬆調整文件形式是一種加分。能夠將 Python 字典作為查詢傳遞給 PyMongo，並存取客戶端所產生的 ObjectId，則是一些其他的便利性。

我們現在已經透過所有需要的檔案格式和資料庫，傳遞了範例 3-1 中的 nobel_winners 資料。在總結之前，讓我們考慮處理日期和時間的特殊情況。

處理日期、時間和複雜資料

輕鬆處理日期和時間的能力是資料視覺化工作的基礎，但也可能非常棘手。有多種方法可以把日期或日期時間表達為字串，每種方法都需要分別的編碼或解碼。出於這個原因，最好在自己的作品中選擇一種格式並鼓勵其他人也這樣做。我建議使用國際標準組織（International Standard Organization, ISO）8601 時間格式（*https://oreil.ly/HePpN*）來作為日期和時間的字串表達法，並使用協調世界時（Coordinated Universal Time, UTC）格式（*https://oreil.ly/neP2I*）[9]。以下是 ISO 8601 日期和日期時間字串的幾個範例：

2021-09-23	A date (Python/C format code `'%Y-%m-%d'`)
2021-09-23T16:32:35Z	A UTC (Z after time) date and time (`'T%H:%M:%S'`)
2021-09-23T16:32+02:00	A positive two-hour (+02:00) offset from UTC (e.g., Central European Time)

9　要從 UTC 獲取實際本地時間，您可以儲存時區偏移量，或者更理想的是，從地理坐標中推衍它；這是因為時區並沒有非常精確地遵循經線。

請注意準備好應對不同時區的重要性。它們並不總是在經線上（可參閱維基百科時區條目：*https://oreil.ly/NZyE4*），而且通常要獲得準確時間的最佳方法，是使用 UTC 時間加上地理位置。

ISO 8601 是 JavaScript 使用的標準，在 Python 中也很容易使用。作為 Web 資料視覺化工具，我們的重點在建立一個字串表達法，該表達法可以使用 JSON 在 Python 和 JavaScript 之間傳遞，並在兩端都能輕鬆編碼和解碼。

讓我們以 Python datetime 的形式來獲取日期和時間、將其轉換為字串、然後看看 JavaScript 如何使用該字串。

首先，產生 Python datetime：

```
from datetime import datetime

d = datetime.now()
d.isoformat()
Out:
'2021-11-16T22:55:48.738105'
```

然後將該字串儲存為 JSON 或 CSV、由 JavaScript 讀取、並用於建立 Date 物件：

```
// JavaScript
d = new Date('2021-11-16T22:55:48.738105')
> Tue Nov 16 2021 22:55:48 GMT+0000 (Greenwich Mean Time)
```

使用 toISOString 方法來把日期時間返回到 ISO 8601 字串形式：

```
// JavaScript
d.toISOString()
> '2021-11-16T22:55:48.738Z'
```

最後，把字串讀回 Python。

如果您知道您正在處理一個 ISO 格式的時間字串，Python 的 dateutil 模組應該可以完成這件工作[10]。但您可能想要完整檢查一下結果：

```
from dateutil import parser

d = parser.parse('2021-11-16T22:55:48.738Z')
d
```

---

10 要安裝，只需執行 pip install python-dateutil。dateutil 是 Python 的 datetime 的一個非常強大的擴充；請查看 Read the Docs（*https://oreil.ly/y6YWS*）。

```
Out:
datetime.datetime(2021, 11, 16, 22, 55, 48, 738000,\
tzinfo=tzutc())
```

請注意，在從 Python 到 JavaScript 再傳回的過程中，我們失去了一些解析度，因為後者以毫秒為單位，而不是微秒。這在任何資料視覺化工作中都不會是個大問題，但最好記住，以避免出現一些奇怪的時間錯誤。

總結

本章旨在讓您輕鬆地使用 Python，在資料視覺化人員可能會遇到的各種檔案格式和資料庫中移動資料。有效且高效率地使用資料庫是一項需要一段時間才能學會的技能，但您現在應該能夠熟練地掌握大多數資料視覺化使用案例的基本讀寫。

現在已經為 dataviz 工具鏈提供重要的潤滑劑，讓我們從頭開始學習後續章節所需的基本 Web 開發技能。

## 第四章

Webdev 101

本章會介紹核心 Web 開發知識，您需要這些知識才能理解那些為了資料而爬取的網頁，以及建構您想要作為 JavaScript 視覺化骨幹而交付的網頁。正如您將看到的，在現代 Web 開發中掌握一點知識會大有幫助，尤其是當您的重點是建構獨立的視覺化而不是整個網站時（有關更多詳細資訊，請參見第 80 頁的「單頁應用程式」）。

之前說過的話在此也適用：本章部分是參考、部分是教程。這裡可能有您已經知道的內容，因此請隨意跳過它並獲取新材料。

大方向

最基本的網頁，也就是一般人使用的網際網路全球資訊網（World Wide Web, WWW）的組成部分，是由各種類型的檔案所建構而成。除了多媒體檔案如影像、視訊、聲音等之外，關鍵元素是文本，包括超文本標記語言（Hypertext Markup Language, HTML）、層疊樣式表（Cascading Style Sheets, CSS）和 JavaScript。這三者連同任何必要的資料檔案，使用了超文本傳輸協定（Hypertext Transfer Protocol, HTTP）傳送，用於建構您在瀏覽器視窗中看到並與之互動的頁面，該頁面是由文件物件模型（Document Object Model, DOM）描述，它是您的內容所掛在的階層式樹。基本瞭解這些元素如何互動對於建構現代 Web 視覺化至關重要，本章的目的是讓您快速上手。

Web 開發是一個很宏大的領域，這裡的目的不是要將您變成一個成熟的 Web 開發人員。我假設您會想要盡可能地減少您必須要做的 webdev 工作量，只聚焦在建構現代視覺化所必需的那部分。為了建構在 *d3js.org* 上展示的那種視覺化效果、在*紐約時報*（*New York Times*）上發表、或者結合到基本的互動式資料儀表板中，您實際上需要的 webdev 少得驚人。專門從事這項工作的人，應該可以很輕鬆地將您的努力成果添加到更大的網站上；而對於小型個人網站來說，您自己就可以容易地結合視覺化效果。

單頁應用程式

單頁應用程式（*Single-page application, SPA*）是使用 JavaScript 動態組裝的 Web 應用程式（或整個網站），通常建構在可以使用類別和 ID 屬性來動態應用的輕量級 HTML 主幹和 CSS 樣式之上。許多現代資料視覺化都符合這種描述，包括本書建構的諾貝爾獎視覺化。

SPA 的根資料夾通常是獨立的，可以容易地合併到現有網站或獨立應用，只需要一個像是 Apache 或 NGINX 的 HTTP 伺服器。

從 SPA 的角度考量我們的資料視覺化，能消除 JavaScript 視覺化的 webdev 方面的大量認知額外負擔，而專注於程式設計挑戰。將視覺化放到 Web 上所需的技能仍然是相當基礎的，並且很快就會被吸收。通常這會是別人的工作。

整裝待發

正如您將看到的，進行現代資料視覺化所需的 webdev，是一個還不錯的文本編輯器、現代瀏覽器、和一個終端機（圖 4-1）。我將介紹我認為的 Webdev 就緒編輯器最低要求，以及非必要但值得擁有的功能。

我選擇的瀏覽器開發工具是 Chrome 的網路開發工具套件（*https://oreil.ly/52Z3e*），它可在所有平台上免費獲得。它有很多頁籤（tab）界定的功能，本章會一一介紹：

- *Elements* 頁籤，可讓您探索網頁的結構、HTML 內容、CSS 樣式和 DOM 表達法

- *Sources* 頁籤，大部分 JavaScript 除錯將在這裡進行

您需要一個輸出終端機、啟動您的本地網路伺服器、也許還需要用 IPython 直譯器來勾勒出想法。我最近傾向於使用基於瀏覽器的 Jupyter notebooks（*https://jupyter.org*）作為 Python dataviz 畫板（*sketchpad*）——其中一個主要優勢是會話期會以筆記本（*.ipynb*）檔案的形式持續存在，可以用來在之後重新啟動會話期；還可以使用嵌入式圖表來迭代式的探索資料。本書第三部分會充分利用這個功能。

編輯器
- 多語言軟體
- 語法突顯
- 程式碼錯誤標記
- 易用

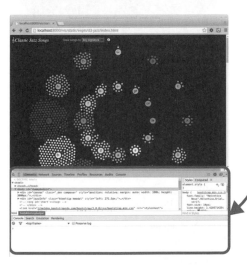

瀏覽器
- 現代
- 好的 JS 引擎
- 強大的除錯器
- 符合 SVG 標準
- 好的 WebGL 會加分

控制台
- 伺服器日誌記錄
- 從 Python 模組進行
  輸出／日誌記錄

圖 4-1　主要的網路開發工具

在處理您確實需要的東西之前，讓我們先處理一些您在出發時不需要的東西，在途中丟下幾個迷思。

IDE、框架和工具的迷思

未來的 JavaScripter 有一個共同的假設，也就是為了 Web 程式設計需要一個複雜的工具集，主要是一個智能開發環境（Intelligent Development Environment, IDE），企業和其他地方的程式設計人員都在使用它。這可能會很昂貴，並且呈現出另一條學習曲線。好消息是，您只需使用還不錯的文本編輯器就可以建立專業級的 Web 資料視覺化。事實上，在您開始處理現代 JavaScript 框架之前（我會在您站穩 webdev 的時候暫緩），IDE 不會提供太多優勢，而且通常效能較低。更好的消息是，免費的輕量級 Visual Studio Code IDE（VSCode，*https://code.visualstudio.com*）已成為 Web 開發的業界標準。如果您已經在使用 VSCode 或者想要更多的功能，那麼它是學習本書的好幫手。

還有一個普遍的誤解，也就是如果不使用某種框架，就無法在 JavaScript 中高效率地工作[1]。目前，許多此類框架正在爭奪 JS 生態系統的控制權，其中大部分是由建立它們的各種大公司贊助的。這些框架以令人眼花繚亂的速度來來去去，我對任何剛開始使用 JavaScript 的人的建議是，在您發展核心技能時完全忽略它們。使用小型的、有針對性的程式庫，例如那些在 jQuery 生態系統或 Underscore 的函數式程式設計擴展中的程式庫，看看在您需要不聽我的就滾蛋的框架之前能走多遠。只在滿足明確和當前的需求之下把自己鎖定在一個框架中，而不是因為目前的 JS 群體認為它有多棒。[2]另一個重要的考慮因素是主要的 web dataviz 程式庫 D3，它不能和任何我所知道的更大框架相得益彰，尤其是那些想要控制 DOM 的框架。使 D3 與框架相容是一項進階技能。

如果您在 webdev 論壇、Reddit 討論串和 Stack Overflow 閒逛，您會發現另一件事是，有大量工具不斷想引起人們關注。有 JS+CSS 壓縮器和觀察器，可以在開發過程中自動偵測檔案更改和重新載入網頁等。雖然其中一些有它們的用武之地，但根據我的經驗，有很多不穩定的工具可能會讓您花費更多的時間在扯頭髮上，而不是提高生產力。重申一下，如果沒有這些東西，您也可以非常有效率，而且應該只會伸手去抓一下目前很癢的地方。有些是一直需要的，但對資料視覺化工作很少是非誰不可。

1　目前引起轟動的成熟框架有一些有趣的替代品，例如 Alpine.js 和 htmx（*https://oreil.ly/daXEB*），它們與 Python 的 Web 伺服器 Django 和 Flask（*https:/ /oreil.ly/3zlEU*）運作的很好。

2　我吃過虧，所以您不必。

文本編輯主力軍

在 webdev 工具中，首先也是最重要的是一個您熟悉的文本編輯器，它至少可以為多種語言進行語法突顯（syntax highlighting），以我們的例子來說是 HTML、CSS、JavaScript 和 Python。您可以使用普通的、不會突顯的編輯器，但從長遠來看，這樣會很痛苦。語法突顯、程式碼檢查、智慧型縮格等東西會從程式設計過程中消除巨大認知負擔，以至於我認為它們的缺乏會是一個限制因素。以下是我對文本編輯器的最低要求：

- 為您使用的所有語言進行語法突顯

- 語言的可配置縮格等級和類型（例如，Python 4 軟性定位符、JavaScript 2 軟性定位符）

- 可輕鬆導航您的程式碼庫的多個視窗 / 窗格 / 頁籤

- 一個不錯的程式碼檢查器（linter）（*https://oreil.ly/6BOEU*）（見圖 4-2）

如果您使用的是相對進階的文本編輯器，以上所有內容都應該是標準配備，除了程式碼檢查之外，因為它可能需要一些配置。

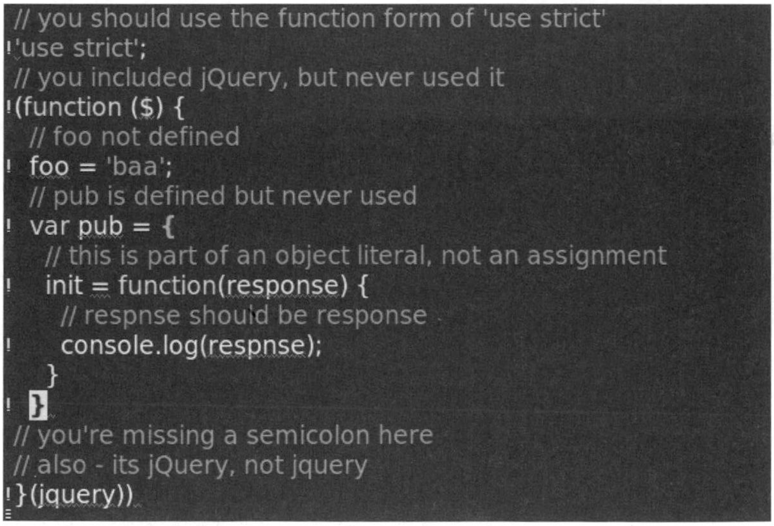

```javascript
// you should use the function form of 'use strict'
'use strict';
// you included jQuery, but never used it
(function ($) {
  // foo not defined
  foo = 'baa';
  // pub is defined but never used
  var pub = {
    // this is part of an object literal, not an assignment
    init = function(response) {
      // respnse should be response
      console.log(respnse);
    }
  }
  // you're missing a semicolon here
  // also - its jQuery, not jquery
}(jquery))
```

圖 4-2 正在執行的程式碼檢查器會持續分析 JavaScript，以紅色突顯語法錯誤並在違規行的左側添加一個！

帶有開發工具的瀏覽器

成熟的 IDE 在現代 webdev 中不那麼重要的原因之一是，進行除錯的最佳位置是在 web 瀏覽器本身中，這就是變化的步伐，任何試圖模擬該上下文的 IDE 都會讓它適合從事這項工作。除此之外，現代網路瀏覽器已經發展出一套強大的除錯和開發工具。其中最好的是 Chrome DevTools（*https://oreil.ly/jBLc9*），它提供大量功能，對 Python 愛好者而言來說當然是複雜的除錯，如參數斷點、變數監視等，到記憶體和處理器優化效能分析、設備模擬，也就是您的網頁在智慧型手機或平板電腦上呈現的樣子，以及其他等等。我將在本書選擇使用 Chrome DevTools 是的除錯器，而且就像本書涵蓋的所有內容一樣，它是免費的。

終端機或命令提示符

終端機或命令行是您啟動各種伺服器並可能輸出有用的日誌資訊的地方。它也是您嘗試 Python 模組或執行 Python 直譯器的地方（IPython 在許多方面都是最好的）。

建立網頁

典型的網路視覺化有四個要素：

- 一個 HTML 骨架，帶有用於程式化視覺化的占位符
- 層疊樣式表（CSS），用來定義外觀，例如，邊框寬度、顏色、字體大小、內容區塊的位置等
- 用於建構視覺化的 JavaScript
- 要轉換的資料

其中前三個只是文本檔案，是使用我們最喜歡的編輯器建立，並由 Web 伺服器傳送到瀏覽器（參見第 12 章）。讓我們依序檢查每一個。

使用 HTTP 服務頁面

用於製作特定網頁（以及任何相關資料檔案、多媒體等）的 HTML、CSS 和 JS 檔案的交付，是在伺服器和瀏覽器之間使用超文本傳輸協定（HTTP）進行協商的。HTTP 提供了許多方法，最常用的是 GET，它會請求 Web 資源，如果一切順利的話會從伺服器檢索資料，否則會拋出錯誤。第 6 章將使用 GET 以及 Python 的 `requests` 模組來爬取一些網頁內容。

要協商瀏覽器產生的 HTTP 請求，您需要一個伺服器。在開發過程中，您可以使用
Python 的內建網路伺服器（它的其中一塊內附電池）在本地執行一個小伺服器，它
是 http 模組的一部分。您可以在命令行啟動伺服器，並使用可選的連接埠號（預設為
8000），如下所示：

```
$ python -m http.server 8080
Serving HTTP on 0.0.0.0 port 8080 (http://0.0.0.0:8080/) ...
```

該伺服器現在會在連接埠 8080 上以本地方式提供內容。您可以透過在瀏覽器中存取
URL *http://localhost:8080* 來存取它提供的網站。

http.server 模組是一個不錯的東西，可以用於示範等工作，但它缺少很多基本功能。出
於這個原因，正如我們將在第四部分中看到的，最好能掌握適當的開發（和生產）伺服
器的使用，如本書選擇的伺服器 Flask。

DOM

您透過 HTTP 發送的 HTML 檔案在瀏覽器端被轉換為文件物件模型（或 DOM），它又
可以被 JavaScript 修改，因為這種程式化的 DOM 是 D3 等資料視覺化程式庫的基礎。
DOM 是一種樹狀結構，由階層式節點表達，而頂端節點是主要網頁或文件。

本質上，您使用模板來編寫或產生的 HTML 會由瀏覽器轉換為節點的樹狀階層式結構，
每個節點代表一個 HTML 元素。頂端節點被稱為**文件物件**（*Document Object*），所有其
他節點都以父子方式往下遞降。以程式化方式操作 DOM 是 jQuery 和強大的 D3 等程式
庫的核心，因此對正在發生的事情保有敏感度相當重要。感受 DOM 的一種好方法是使
用網路工具，例如 *Chrome DevTools*（我推薦的工具集）來檢查樹的分支。

無論您在網頁上看到什麼，物件狀態（顯示或隱藏、矩陣轉換等）的簿記都是透過
DOM 完成的。D3 強大的創新是將資料直接附加到 DOM 並使用它來驅動視覺變化（資
料驅動文件（Data-Driven Document））。

HTML 骨架

典型的 Web 視覺化使用了 HTML 骨架，並使用 JavaScript 在其之上建構視覺化。

HTML 是用於描述網頁內容的語言。它由物理學家 Tim Berners-Lee 於 1980 年在瑞士歐
洲核子研究中心（CERN）粒子加速器中心工作時首次提出。它使用 <div>、<img> 和 <h>

等標記來建構頁面內容，而 CSS 則用於定義外觀和感覺。[3] HTML5 的出現大大減少了樣版，但它的本質三十多年來基本保持不變。

完全符合規範的 HTML 過去常常涉及很多相當混亂的標頭標記，但是在 HTML5 中對使用者更加友善的極簡主義中放入一些想法。這裡幾乎是對起始模板的最低要求[4]：

```
<!DOCTYPE html>
<meta charset="utf-8">
<body>
    <!-- 頁面內容 -->
</body>
```

所以我們只需要宣告文件 HTML、字元集為 8 位元 Unicode、和一個 <body> 標記，並在標記下面添加頁面內容。這是對之前所需簿記的重大改進，並且對建立將會變成網頁的文件而言，這提供了非常低的進入門檻。請注意註解標記形式：<!-- comment -->。

更現實地說，我們可能想要添加一些 CSS 和 JavaScript。您可以使用 <style> 和 <script> 標記來將兩者直接添加到 HTML 文件中，如下所示：

```
<!DOCTYPE html>
<meta charset="utf-8">
<style>
/* CSS */
</style>
<body>
    <!-- 頁面內容 -->
    <script>
    // JavaScript...
    </script>
</body>
```

這種單頁 HTML 形式經常用於範例中，例如 *d3js.org* 上的視覺化。在示範程式碼或追蹤檔案時處理單一頁面很方便，但通常我建議將 HTML、CSS 和 JavaScript 元素分離到單獨的檔案中。這裡最大的好處是，除了隨著程式碼庫變大而更容易導航之外，您還可以充分利用編輯器的特定語言增強功能，例如可靠的語法突顯和程式碼檢查（本質上是即時語法檢查）。雖然一些編輯器和程式庫聲稱可以處理嵌入式 CSS 和 JavaScript，但我還沒有找到合適的。

3　您可以使用 style 屬性在 HTML 標記中編寫樣式，但這通常不是一個好方法，最好使用 CSS 中定義的類別和 ID。

4　正如 Mike Bostock（*https://oreil.ly/MgWtS*）所展示的，並向 Paul Irish 致敬。

要使用 CSS 和 JavaScript 檔案，我們只需使用 <link> 和 <script> 標記將它們包含在 HTML 中，如下所示：

```
<!DOCTYPE html>
<meta charset="utf-8">
<link rel="stylesheet" href="style.css" />
<body>
    <!-- 頁面內容 -->
    <script type="text/javascript" src="script.js"></script>
</body>
```

標記內容

視覺化通常只使用了可用的 HTML 標記的一小部分，一般會透過將元素附加到 DOM 樹來以程式設計方式建構頁面。

最常見的標記是 <div>，用來標記一塊內容。<div> 可以包含其他 <div>，允許樹狀階層，其分支用於元素選擇和傳播使用者介面（UI）事件，例如滑鼠點擊。這裡是一個簡單的 <div> 階層：

```
<div id="my-chart-wrapper" class="chart-holder dev">
    <div id="my-chart" class="bar chart">
        this is a placeholder, with parent #my-chart-wrapper
    </div>
</div>
```

注意 id 和 class 屬性的使用。當您選擇 DOM 元素和應用 CSS 樣式時會用到它們。ID 是唯一性標識符；每個元素應該只有一個，並且任何特定的 ID 在每頁只能出現一次。類別可以應用於多個元素，允許批量選擇，而且每個元素可以有多個類別。

對於文本內容，主要標記是 <p>、<h*> 和
。您會經常使用它們。以下程式碼產生了圖 4-3：

```
<h2>A Level-2 Header</h2>
<p>A paragraph of body text with a line break here..</br>
and a second paragraph...</p>
```

A Level-2 Header

A paragraph of body-text with a line-break here..
and a second paragraph...

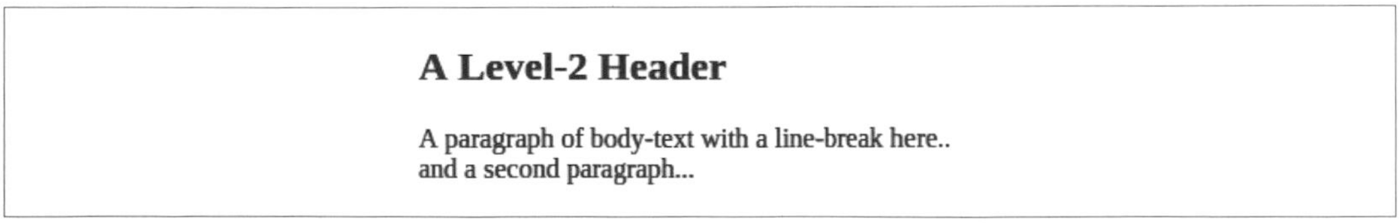

圖 4-3　h2 標頭和文本

標頭標記從最大的 <h1> 依大小反序排列。

<div>、<h*> 和 <p> 是所謂的**區塊元素**（*block element*）。它們通常會以新行來開始和結束。另一類的標記是**內聯元素**（*inline element*），它顯示時沒有換行符。影像 <img>、超連結 <a> 和表格單元格 <td> 都屬於這類，其中包括內聯文本（inline text）的 <span>標記：

```
<div id="inline-examples">
    <img src="path/to/image.png" id="prettypic"> ❶
    <p>This is a <a href="link-url">link</a> to
        <span class="url">link-url</span></p> ❷
</div>
```

❶ 請注意，我們不需要影像的結束標記。

❷ 跨度（span）和連結在文本中是連續的。

其他有用的標記包括清單（list），其中包含有序的 <ol> 和無序的 <ul>：

```
<div style="display: flex; gap: 50px"> ❶
  <div>
    <h3>Ordered (ol) list</h3>
    <ol>
      <li>First Item</li>
      <li>Second Item</li>
    </ol>
  </div>
  <div>
    <h3>Unordered (ul) list</h3>
    <ul>
      <li>First Item</li>
      <li>Second Item</li>
    </ul>
  </div>
</div>
```

❶ 這裡我們直接（內聯）在 div 標記上應用 CSS 樣式。有關 flex 顯示屬性的介紹，請參見第 98 頁的「使用 Flex 定位和調整容器大小」。

圖 4-4 顯示了呈現的清單。

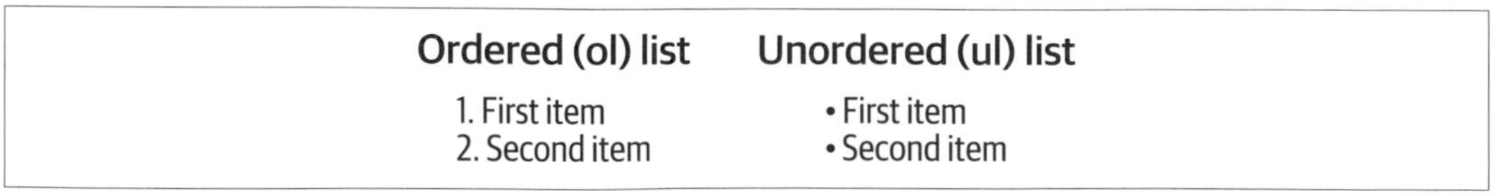

Ordered (ol) list	**Unordered (ul) list**
1. First item	• First item
2. Second item	• Second item

圖 4-4　HTML 清單

HTML 也有一個專用的 <table> 標記，如果想在您的視覺化中呈現原始資料，這很有用。此 HTML 會產生圖 4-5 中的標題和列：

```
<table id="chart-data">
  <tr> ❶
    <th>Name</th>
    <th>Category</th>
    <th>Country</th>
  </tr>
  <tr> ❷
    <td>Albert Einstein</td>
    <td>Physics</td>
    <td>Switzerland</td>
  </tr>
</table>
```

❶ 標題列

❷ 第一列資料

Name	Category	Country
Albert Einstein	Physics	Switzerland

圖 4-5　一個 HTML 表格

在做網頁視覺化的時候，前面所提到的標記中最常使用的是文本標記，它可以用來提供說明、資訊框等。但是我們 JavaScript 工作的主要內容可能會致力於建構以可縮放向量圖形（SVG）的 <svg>，和 <canvas> 標記為基礎的 DOM 分支上。在大多數現代瀏覽器上，<canvas> 標記還支援 3D *WebGL* 上下文，允許將 *OpenGL* 視覺化嵌入到頁面中[5]。

我們將在第 105 頁的「可縮放向量圖形」中處理 SVG，它是本書的重點和強大的 D3 程式庫所使用的格式。現在讓我們看看如何向我們的內容區塊添加樣式。

CSS

CSS 是 Cascading Style Sheets 的縮寫，是一種描述網頁外觀的語言。儘管您可以將樣式屬性硬編碼到 HTML 中，但通常認為這是一種不好的做法[6]。用 id 或 class 來貼上標記並使用它們在樣式表中應用樣式會好得多。

5　OpenGL（Open Graphics Language）及其 Web 對應物 WebGL 是用於呈現 2D 和 3D 向量圖形的跨平台 API。詳細資訊請參見維基百科頁面（*https://oreil.ly/eytfV*）。

6　這和以程式設計方式設定樣式不同，後者是一種非常強大的技術，可以讓樣式根據使用者互動來調整。

CSS 中的關鍵詞是層疊（*cascading*）。CSS 會遵循優先規則，因此在發生衝突的情況下，最新的樣式會覆蓋較早的樣式。這意味著樣式表的包含順序很重要。通常，您希望樣式表會最後載入，以便您可以覆寫瀏覽器預設值和正在使用的任何程式庫所定義的樣式。

圖 4-6 顯示了如何使用 CSS 來把樣式應用到 HTML 元素。首先，您使用井字號 (#) 來選擇元素以指出唯一的 ID，並使用點 (.) 來選擇類別的成員。然後定義一個或多個屬性 / 值對。請注意，`font-family` 屬性可以是後備字型（fallback）的串列，按優先順序排列。在這裡，我們希望用更現代的 `sans-serif` 字型來替換瀏覽器預設的 `font-family` `serif`（帶帽筆劃（capped stroke）），並以 `Helvetica Neue` 作為我們的首選。

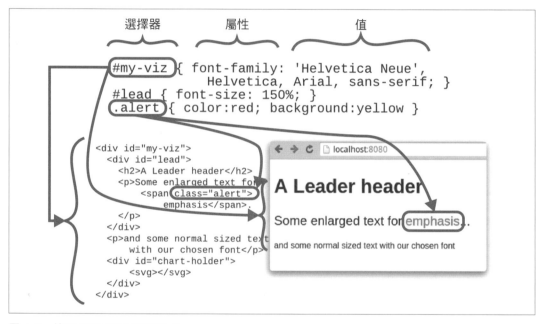

圖 4-6　使用 CSS 設計頁面樣式

瞭解 CSS 優先級規則是成功應用樣式的關鍵。簡而言之，順序是：

1. CSS 屬性之後的 `!important` 勝過一切。

2. 越具體越好（也就是 ID 覆寫類別）。

3. 宣告順序：最後宣告者為準，在 *1*、*2* 之下。

因此，例如，假設有一個類別 alert 的 <span>：

```
<span class="alert" id="special-alert">
something to be alerted to</span>
```

將以下內容放入 *style.css* 檔案將使警告文本變為紅色和粗體：

```
.alert { font-weight:bold; color:red }
```

如果隨後將其添加到 *style.css*，ID 的顏色黑色將覆蓋類別的顏色紅色，而類別 font-weight 維持為粗體：

```
#special-alert {background: yellow; color:black}
```

要為警報強制使用紅色，可以使用 !important 指令[7]：

```
.alert { font-weight:bold; color:red !important }
```

如果在 *style.css* 之後添加另一個樣式表 *style2.css*：

```
<link rel="stylesheet" href="style.css" type="text/css" />
<link rel="stylesheet" href="style2.css" type="text/css" />
```

其中 *style2.css* 包含以下內容：

```
.alert { font-weight:normal }
```

則警報的字體粗細將恢復為 normal，因為新的類別樣式是最後宣告的。

JavaScript

JavaScript 是唯一基於瀏覽器的程式語言，所有現代瀏覽器都包含了一個直譯器。為了做任何遠端進階的事情（包括所有現代網路視覺化），您應該要具備 JavaScript 基礎知識。TypeScript（*https://www.typescriptlang.org*）是 JavaScript 的超集合，可提供強型別，而它目前正獲得廣泛關注。TypeScript 會編譯成 JavaScript 並預設具有 JavaScript 的能力。

99% 的編寫的 Web 視覺化範例（您應該會打算要從中學習的範例）都是用 JavaScript 編寫的，而時髦的替代品會隨著時間而逐漸失色。從本質上講，良好的 JavaScript 能力（如果不是精通的話）是有趣的 Web 視覺化先決條件。

---

[7]　一般認為這不是多好的做法，通常代表 CSS 結構不佳。使用時要格外小心，因為它會使程式碼開發人員的日子更加難熬。

對於 Python 愛好者來說，好消息是一旦您馴服了 JavaScript 一些更笨拙的怪癖，它實際上是一種相當不錯的語言 [8]。正如我在第 2 章中展示的那樣，JavaScript 和 Python 有很多共同點，而且通常很容易互相翻譯。

資料

為 Web 視覺化提供燃料所需的資料，將由 Web 伺服器作為靜態檔案（例如 JSON 或 CSV 檔案）或動態地透過某種 Web API（例如 RESTful API（*https://oreil.ly/RwvhM*））來提供，通常從伺服器端資料庫中檢索資料。我們將在第四部分介紹所有這些形式。

儘管許多資料過去以 XML 格式（*https://oreil.ly/2IvEi*）提供，但現代 Web 視覺化主要由 JSON 主宰，少部分是 CSV 或 TSV 檔案。

JSON（JavaScript Object Notation，*https://oreil.ly/kCBDk*）是業界的 Web 視覺化資料標準，我建議您學會愛上它。它顯然與 JavaScript 配合得很好，但它的結構對於 Python 愛好者來說也很熟悉。正如我們在第 58 頁的「JSON」中看到的那樣，使用 Python 來讀取和寫入 JSON 資料非常容易。下面是一些 JSON 資料的小例子：

```
{
  "firstName": "Groucho",
  "lastName": "Marx",
  "siblings": ["Harpo", "Chico", "Gummo", "Zeppo"],
  "nationality": "American",
  "yearOfBirth": 1890
}
```

Chrome DevTools

近年來，JavaScript 引擎的軍備競賽帶來了效能的巨大提升，與之相匹配的是各種瀏覽器中內建越來越複雜的開發工具。Firefox 的 Firebug 領先了一段時間，但 Chrome DevTools（*https://oreil.ly/djHBp*）已經超越它，並且一直在增加功能。現在您可以使用 Chrome 的頁籤工具做很多事情，但在這裡我將介紹兩個最有用的頁籤，也就是以 HTML+CSS 為焦點的 *Elements* 和以 JavaScript 為焦點的 *Sources*。這兩者都是對 Chrome 開發者控制台的補充，有在第 13 頁的「JavaScript」小節中進行了示範。

---

8 這些在 Douglas Crockford 的著作 *JavaScript：The Good Parts* (O'Reilly) 中曾短暫討論。

Elements 頁籤

要存取 Elements 頁籤,請從右側選項(option)選單中選擇「更多工具」→「開發人員工具」,或使用 Ctrl-Shift-I 鍵盤快捷鍵(Mac 中為 Cmd-Option-I)。

圖 4-7 顯示了正在運作的 Elements 頁籤。您可以使用左側的放大鏡來選擇頁面上的 DOM 元素,並在左側面板中查看它們的 HTML 分支。右側面板允許您查看應用於元素的 CSS 樣式,並查看附加的任何事件偵聽器或 DOM 屬性。

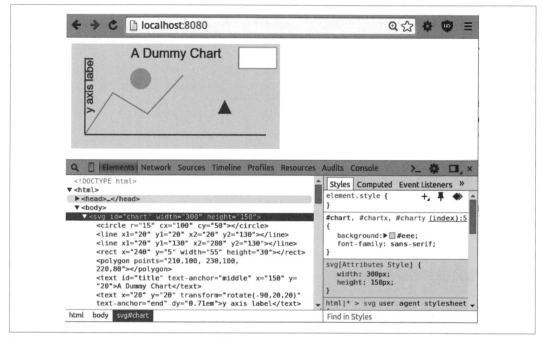

圖 4-7　Chrome DevTools Elements 頁籤

Elements 頁籤一個非常酷的功能,是您可以互動式地更改 CSS 樣式和屬性的元素樣式[9]。這是改進資料視覺化外觀和感覺的好方法。

Chrome 的 Elements 頁籤提供了一種很好的方式來探索頁面的結構,並找出不同元素的位置,這是讓您瞭解使用 `position` 和 `float` 屬性來定位內容區塊的好方法。看看專業人士如何應用 CSS 樣式是提高您的水平和學習一些有用技巧的好方法。

---

[9]　嘗試要使用可縮放向量圖形(SVG)時,能夠調整屬性會特別有用。

Sources 頁籤

Sources 頁籤允許您查看頁面中所包含的任何 JavaScript。圖 4-8 顯示了運作中的頁籤。在左側面板中，您可以選擇帶有嵌入 `<script>` 標記的 JavaScript 的腳本或 HTML 檔案。如圖所示，您可以在程式碼中放置斷點、載入頁面、並在中斷時查看呼叫堆疊和任何作用域變數或全域變數。這些斷點是參數化的，因此您可以為它們設定觸發條件，這在您想要捕獲並單步執行特定配置時非常方便。中斷時，您可以進行標準的進入（step in）、退出（step out）和超越（step over）功能等。

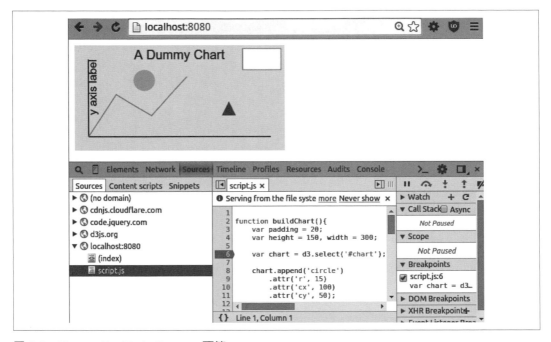

圖 4-8　Chrome DevTools Sources 頁籤

Sources 頁籤是一個很棒的資源，它能有效減少在嘗試除錯 JavaScript 時對控制台日誌記錄[10]的需求。事實上，JS 除錯曾經是一個主要的痛點，但現在幾乎是一種樂趣。

其他工具

Chrome DevTools 頁籤中有大量的功能，而且它們幾乎每天都在更新。您可以執行記憶體和 CPU 時間軸以及效能分析、監控您的網路下載、並針對不同的形式規格測試您的頁面。但是身為資料視覺化人士，您會把大部分時間花在 Elements 和 Sources 頁籤上。

---

10 日誌記錄是追蹤流您的應用程式資料的好方法。我建議您在這裡採用一致的方法。

帶有占位符的基本頁面

現在我們已經涵蓋了網頁的主要元素，讓我們將它們放在一起。大多數 Web 視覺化以 HTML 和 CSS 框架開始，其中的占位符元素已經準備好要用少量 JavaScript 和資料來充實內容（參見第 80 頁的「單頁應用程式」）。

我們首先需要 HTML 框架，使用了範例 4-1 中的程式碼。它是由定義三個圖表元素的 `<div>` 內容區塊的樹所組成：這些元素為標題（header）、主要（main）和側邊欄（sidebar）部分。我們將把這個檔案儲存為 *index.html*。

範例 4-1　檔案 index.html，我們的 HTML 骨架

```
<!DOCTYPE html>
<meta charset="utf-8">

<link rel="stylesheet" href="style.css" type="text/css" />

<body>

  <div id="chart-holder" class="dev">
    <div id="header">
      <h2>A Catchy Title Coming Soon...</h2>
      <p>Some body text describing what this visualization is all
      about and why you should care.</p>
    </div>
    <div id="chart-components">
      <div id="main">
        A placeholder for the main chart.
      </div><div id="sidebar">
        <p>Some useful information about the chart,
          probably changing with user interaction.</p>
      </div>
    </div>
  </div>

  <script src="script.js"></script>
</body>
```

有了 HTML 骨架之後，可以使用一些 CSS 來設計它的樣式。這會使用內容區塊的類別和 ID 來調整大小、位置、背景顏色等。為了應用 CSS，在範例 4-1 中匯入一個 *style.css* 檔案，如範例 4-2 所示。

範例 4-2 *style.css* 檔案，提供我們的 CSS 樣式

```css
body {
    background: #ccc;
    font-family: Sans-serif;
}

div.dev { ❶
    border: solid 1px red;
}

div.dev div {
    border: dashed 1px green;
}

div#chart-holder {
    width: 600px;
    background :white;
    margin: auto;
    font-size :16px;
}

div#chart-components {
    height :400px;
    position :relative; ❷
}

div#main, div#sidebar {
    position: absolute; ❸
}

div#main {
    width: 75%;
    height: 100%;
    background: #eee;
}

div#sidebar {
    right: 0; ❹
    width: 25%;
    height: 100%;
}
```

❶ 這個 dev 類別是查看任何視覺區塊邊界的便捷方式，對視覺化工作來說很有用。

❷ 使 chart-components 成為相對父級。

❸ 建立相對於 chart-components 的 main 和 sidebar 位置。

❹ 將此區塊與 chart-components 的右牆對齊。

我們使用了主圖表元素和側邊欄圖表元素的絕對定位（範例 4-2）。有多種方法可以使用 CSS 來定位內容區塊，但絕對定位可以讓您明確控制它們的位置，如果您想讓外觀恰到好處，這是必須的。

指定 chart-components 容器的大小後，main 和 sidebar 子元素的大小和位置是使用其父元素的百分比來表達的。這意味著對 chart-components 大小的任何更改都將反映在其子元件中。

定義了 HTML 和 CSS 後，可以透過在包含範例 4-1 和 4-2 中定義的 *index.html* 和 *style. css* 檔案的專案目錄中啟動 Python 的單行 HTTP 伺服器來檢查骨架，如下所示：

```
$ python -m http.server 8000
Serving HTTP on 0.0.0.0 port 8000 ...
```

圖 4-9 顯示了 Elements 頁籤開啟的結果頁面，其中顯示了頁面的 DOM 樹。

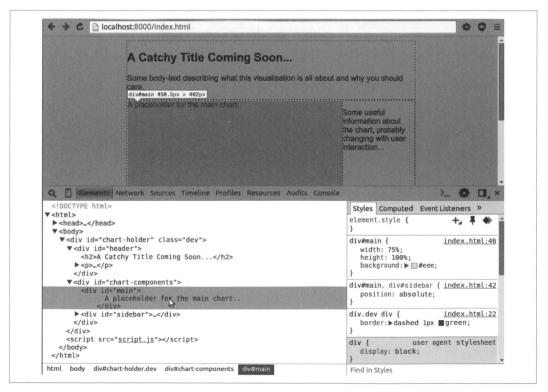

圖 4-9　建構基本網頁

圖表的內容區塊現在已正確定位和調整大小，可以讓 JavaScript 添加一些引人入勝的內容了。

使用 Flex 定位和調整容器大小

從歷史上看，使用 CSS 來定位和調整內容（通常是 \<div\> 容器）是一種黑暗藝術。很多跨瀏覽器的不相容性和關於是什麼構成補白（padding）或邊距（margin）的分歧更於事無補。但即使允許這一點，所使用的 CSS 屬性似乎也很隨意。通常達成看似完美合理的定位或大小調整的野心最終會涉及神祕的 CSS 知識，而這些知識隱藏在 Stack Overflow 討論串的深處。一個範例是將 div 在水平和垂直方向置中 [11]。隨著 CSS 伸縮框（flex-box）的出現，這一切都發生了變化，它使用一些強大的新 CSS 屬性來提供您需要的幾乎所有大小調整和定位。

伸縮框並不是一個全功能的 CSS 屬性——上一節中展示的絕對定位仍然占有一席之地，尤其是資料視覺化方面——但它們是一組非常強大的屬性，通常情況下，代表達成特定放置 / 調整大小任務的最簡單，有時也是唯一的方法。過去需要 CSS 專業知識的效果現在已經在新手的掌握範圍內，錦上添花的是伸縮框很能適應可變螢幕比例——伸縮（flex）的威力。考慮到這一點，讓我們看看使用基本的伸縮屬性集可以做的事。

首先，使用一些 HTML 來建立一個包含三個子 div（框）的容器 div。子框將屬於帶有 ID 的 box 類別，以便應用特定的 CSS：

```
<div class="container" id="top-container">
  <div class="box" id="box1">box 1</div>
  <div class="box" id="box2">box 2</div>
  <div class="box" id="box3">box 3</div>
</div>
```

初始的 CSS 為容器提供紅色邊框、寬度、和高度（600×400）。這些框的寬度和高度均為 100 像素（80 像素加上 10 像素補白），並帶有綠色邊框。一個新穎的 CSS 屬性是容器的 display: flex，它建立了一個伸縮顯示上下文。其結果可以在圖 4-10（display: flex）中看到，它在一列而不是預設的行中顯示框，其中的每個框都自成一列：

```
.container {
  display: flex;
  width: 600px;
  height: 400px;
  border: 2px solid red;
```

---

11 這裡有一個討論串顯示該問題的各式各樣解決方案（*https://oreil.ly/casbD*），但沒有一個稱得上優雅。

```
}

.box {
  border: 2px solid green;
  font-size: 28px;
  padding: 10px;
  width: 80px;
  height: 80px;
}
```

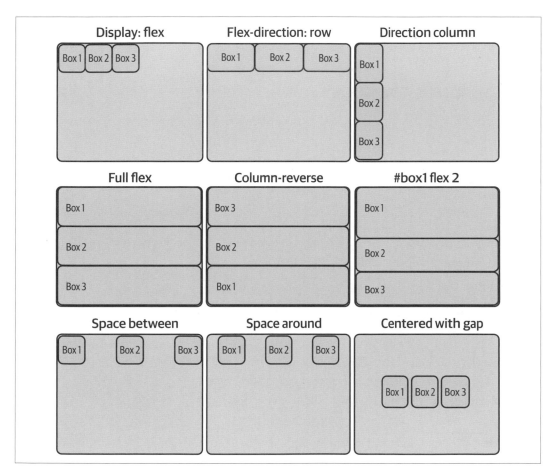

圖 4-10　使用 flex-box 來定位和調整大小

伸縮顯示透過擴展其大小以適配可用空間來回應具有 flex 屬性的子項目。如果我們使框可伸縮，它們會透過擴展來填充容器列。圖 4-10（flex-direction: row）顯示了結果。請注意，flex 屬性覆寫了框的寬度屬性，允許它們擴展：

```
.box {
  /* ... */
  flex: 1;
}
```

flex-direction 屬性預設為 row。透過將其設定為 column，框會被以行的方式放置，並且覆寫高度屬性以允許它們擴展來適應容器的高度。結果如圖 4-10（direction column）所示：

```
.container {
  /* ... */
  flex-direction: column;
}
```

從框中刪除或註解掉寬度和高度屬性使它們完全伸縮，能夠在水平和垂直方向擴展，產生圖 4-10（full flex）：

```
.box {
  /* ... */
  /* 寬度： 80px;
  高度： 80px; */
  flex: 1;
}
```

如果您想反轉 flex-box 的順序，有一個 row-reverse 和 column-reverse flex-direction。圖 4-10（column reverse）顯示了反轉行的結果：

```
.container {
  /* ... */
  flex-direction: column-reverse;
}
```

框的 flex 屬性的值表示大小調整的權重。最初所有框的權重都是 1，這會讓它們大小相等。如果給第一個框的權重為 2，它會在指定的列或行方向上占據一半（2 / (1 + 1 + 2)）的可用空間。圖 4-10（#box1 flex 2）顯示了增加 box1 的 flex 值的結果：

```
#box1 {
  flex: 2;
}
```

如果將 100 像素的高度和寬度（包括補白）的限制傳回到框並刪除它們的 flex 屬性，我們就可以展示伸縮顯示定位的強大功能。我們還需要從 box1 中刪除縮指令：

```
.box {
  width: 80px;
  height: 80px;
```

```
  /* flex: 1; */
}

#box1 {
  /* flex: 2; */
}
```

對於固定大小的內容，伸縮顯示具有許多能夠精確放置內容的屬性。這種操作過去常常涉及各種棘手的 CSS 駭客技巧。首先，讓我們使用基於列的間距來把框均勻分布在它們的容器中。神奇的屬性是值為 space-between 的 justify-content；圖 4-10（space between）顯示了結果：

```
.container {
  /* ... */
  flex-direction: row;
  justify-content: space-between;
}
```

space-between 有一個 space-around 互補值，它透過向左右添加相等的補白來分隔內容。結果如圖 4-10（space around）所示：

```
.container {
  /* ... */
  justify-content: space-around;
}
```

透過組合 justify-content 和 align-items 屬性，我們可以達到 CSS 定位的聖杯，把內容在垂直和水平方向置中。我們將使用伸縮顯示的 gap 屬性在框之間添加 20 像素的間隙：

```
.container {
  /* ... */
    gap: 20px;
    justify-content: center;
    align-items: center;
}
```

圖 4-10（centered with gap）顯示我們的內容正好位於其容器的中間。

伸縮顯示的另一個優點是它是完全遞迴的（recursive）。div 既可以具有伸縮顯示屬性又可以是伸縮內容，這使得達成複雜的內容布局輕而易舉。讓我們看一下巢套伸縮框的一些示範以闡明這一點。

首先使用一些 HTML 來建構一個巢套的框（包括主容器框）的樹狀結構，給每個框和容器一個 ID 和類別：

```
<div class="main-container">

  <div class="container" id="top-container">
    <div class="box" id="box1">box 1</div>
    <div class="box" id="box2">box 2</div>
  </div>

  <div class="container" id="middle-container">
    <div class="box" id="box3">box 3</div>
  </div>

  <div class="container" id="bottom-container">
    <div class="box" id="box4">box 4</div>
    <div class="box" id="box5">
      <div class="box" id="box6">box 6</div>
      <div class="box" id="box7">box 7</div>
    </div>
  </div>

</div>
```

下面的 CSS 給了主容器一個 800 像素的高度（預設情況下它會填滿可用寬度）、一個伸縮顯示、和一個 flex-direction 行，讓它可以堆疊其伸縮內容。

有三個容器需要堆疊，它們既靈活又可以伸縮顯示內容。這些框有紅色邊框並且完全可伸縮（未指定寬度或高度）。預設情況下，所有框的伸縮權重均為 1。

中間容器有一個固定寬度的框（寬度 66%）並使用 justify-content: center 來把它置中。

底部容器的伸縮值為 2，使其成為其兄弟高度的兩倍。它有兩個權重相等的框，其中一個（box 5）包含兩個堆疊的框（flex-direction: column）。這個相當複雜的布局（參見圖 4-11）是用非常少的 CSS 來達成的，並且可以透過更改一些伸縮顯示屬性來輕鬆調整：

```
.main-container {
  height: 800px;
  padding: 10px;
  border: 2px solid green;
  display: flex;
  flex-direction: column;
}

.container {
  flex: 1;
  display: flex;
```

```
  }

.box {
  flex: 1;
  border: 2px solid red;
  padding: 10px;
  font-size: 30px;
}

#middle-container {
  justify-content: center;
}

#box3 {
  width: 66%;
  flex: initial;
}

#bottom-container {
  flex: 2;
}

#box5 {
  display: flex;
  flex-direction: column;
}
```

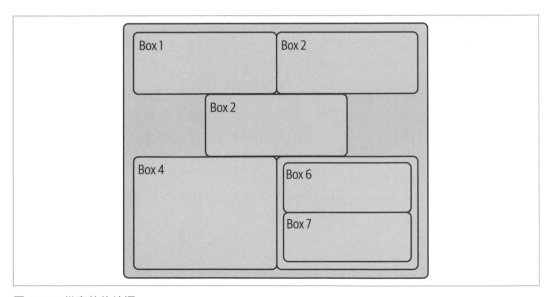

圖 4-11　巢套的伸縮框

伸縮框為您的 HTML 內容提供了一個非常強大的大小調整和定位上下文能力，可以回應容器大小並且可以輕鬆調整。如果您希望您的內容在一行而不是一列中，那麼只需更改一個屬性即可。要獲得更精確的定位和大小控制，可以使用 CSS 網格布局（grid layout，*https://oreil.ly/lVilF*），但我建議您將一開始的精力集中在伸縮顯示上──它代表了現在您在 CSS 上的學習投資的最佳回報。

有關更多範例，請參閱關於伸縮框的 CSS-Tricks 文章（*https://oreil.ly/JJgbG*）和這個方便的備忘單（*https://flexboxsheet.com*）。

用內容填充占位符

透過在 HTML 中定義並使用 CSS 定位的內容區塊，現代資料視覺化使用 JavaScript 來建構其互動式圖表、選單、表格等。在現代瀏覽器中建立視覺內容（除了影像或多媒體標記）的方法有很多，主要有：

- 使用特殊 HTML 標記的可縮放向量圖形（SVG）

- 繪製到 2D canvas 上下文

- 繪製到 3D canvas WebGL 上下文，允許一部分 OpenGL 命令

- 使用現代 CSS 建立動畫、圖形基元（primitive）等

因為 SVG 是 D3 的首選語言，而 D3 在許多方面是最大的 JavaScript dataviz 程式庫，您看到的許多很酷的 Web 資料視覺化，例如*紐約時報*的那些，都是使用它建構的。從廣義上講，除非您預計在視覺化中會有大量（>1,000）的移動元素，或需要使用特定的基於 canvas 的程式庫，否則 SVG 可能是最佳選擇。

透過使用向量而不是像素來表示其基元，SVG 通常會產生更清晰的圖形，從而平滑地回應縮放運算。它在處理文本方面也會更好，這是許多視覺化的重要考慮因素。SVG 的另一個關鍵優勢是使用者互動（例如，滑鼠懸停或單擊）是瀏覽器的原生操作，是屬於標準 DOM 事件處理的一部分 [12]。對它有利的最後一點是，因為圖形元件建構在 DOM 上，您可以使用瀏覽器的開發工具來檢查和調整它們（請參閱第 92 頁的「Chrome DevTools」）。和嘗試在 canvas 的相對黑盒子中查找錯誤相比，這可以讓除錯和改進視覺化效果這些事容易得多。

---

12 對於 canvas 圖形上下文，您通常必須設計自己的事件處理。

當您需要超越簡單的圖形基元（如圓圈和直線）時，例如在合併 PNG 和 JPG 等影像時，canvas 圖形上下文就派上用場了。canvas 通常比 SVG 的效能要好得多，所以任何具有很多移動元素 [13] 的東西最好渲染到畫布上。如果您真的想要雄心勃勃或超越 2D 圖形，您甚至可以透過使用一種特殊形式的 canvas 上下文（基於 OpenGL 的 WebGL 上下文）來釋放現代繪圖卡的強大功能。請記住，與 SVG 的簡單使用者互動（例如，單擊視覺元素）通常必須手動從滑鼠座標衍生，這增加了一層棘手的複雜性。

本書工具鏈最後實現的諾貝爾獎資料視覺化主要是用 D3 建構的，所以 SVG 圖形是本書的重點。熟悉 SVG 是現代基於 Web 的資料視覺化的基礎，所以讓我們來探索一下入門知識。

可縮放向量圖形

所有 SVG 建立都以 `<svg>` 根標記來開頭。所有圖形元素，例如圓和線，以及它們的群組，都在 DOM 樹的這個分支上定義。範例 4-3 顯示了我們將在接下來的示範，也就是一個帶有 ID chart 的淺灰色矩形中使用的一個小小 SVG 上下文，並包括從 *d3js.org* 載入的 D3 程式庫和專案資料夾中的 *script.js* JavaScript 檔案。

範例 *4-3* 一個基本的 *SVG* 上下文

```
<!DOCTYPE html>
<meta charset="utf-8">
<!-- 一些 CSS 樣式規則 -->
<style>
  svg#chart {
  background: lightgray;
  }
</style>

<svg id="chart" width="300" height="225">
</svg>

<!-- 第三方程式庫和我們的 JS 腳本。-->
<script src="http://d3js.org/d3.v7.min.js"></script>
<script src="script.js"></script>
```

現在已經有了小 SVG 畫布，可以開始做一些繪圖。

---

13 這個數字會隨著時間和相關瀏覽器的變化而變化，但根據粗略的經驗，SVG 通常會在幾千時開始緊張。

<g> 元素

可以使用群組 <g> 元素來對 <svg> 元素中的形狀進行分組。正如在第 114 頁的「使用群組」中所言，群組中包含的形狀可以一起處理，包括更改它們的位置、比例或不透明度。

圓

建立 SVG 視覺化，從最不起眼的小靜態直條圖到成熟的互動式地理傑作，涉及把來自相當小的一組圖形基元（例如直線、圓和非常強大的路徑）的元素組合在一起。這些元素中的每一個都有自己的 DOM 標記，該標記會隨著它的變化而更新 [14]。例如，它的 x 和 y 屬性會發生變化以反映其 <svg> 或群組（<g>）上下文內的任何平移（translation）。

讓我們在 <svg> 上下文中添加一個圓來作為示範：

```
<svg id="chart" width="300" height="225">
  <circle r="15" cx="100" cy="50"></circle>
</svg>
```

用一點 CSS 來提供圓的填充顏色：

```
#chart circle{ fill: lightblue }
```

這會產生圖 4-12。請注意，y 坐標是從 <svg> '#chart' 容器頂部開始測量的，這是一種常見的圖形慣例。

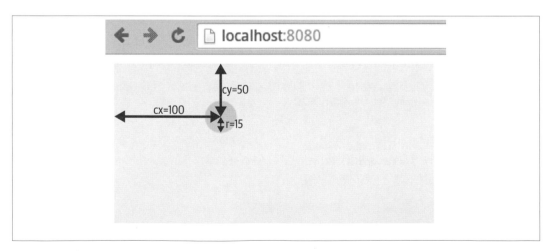

圖 4-12　一個 SVG 圓

---

14 您應該能夠使用瀏覽器的開發工具即時查看標記屬性更新。

現在讓我們看看如何將樣式應用於 SVG 元素。

應用 CSS 樣式

圖 4-12 中的圓是使用 CSS 樣式規則來填充為淺藍色：

```
#chart circle{ fill: lightblue }
```

在現代瀏覽器中，您可以使用 CSS 來設定大多數視覺 SVG 樣式，包括 fill、stroke、stroke-width、和 opacity。因此，如果想要一條粗的、半透明的綠色直線（帶有 ID total），可以使用以下 CSS：

```
#chart line#total {
    stroke: green;
    stroke-width: 3px;
    opacity: 0.5;
}
```

您還可以將樣式設定為標記的屬性，但通常我們更喜歡 CSS：

```
<svg>
  <circle r="15" cx="100" cy="50" fill="lightblue"></circle>
</svg>
```

 哪些 SVG 特徵可以由 CSS 設定而哪些不能，是一些混亂和大量問題的根源。SVG 規範區分了元素特性（property）（*https://oreil.ly/K0enr*）和屬性（attribute），前者更可能出現在有效的 CSS 樣式中。您可以使用 Chrome 的 Elements 頁籤及其自動完成功能來調查有效的 CSS 特性。另外，還有一些讓人驚訝的事，例如，SVG 文本是由 fill 而不是 colo 特性來著色。

對於 fill 和 stroke，您可以使用各種顏色慣例：

- 命名的 HTML 顏色，例如淺藍色（lightblue）
- 使用 HTML 十六進位碼 (#RRGGBB)；例如，白色是 #FFFFFF
- RGB 值；例如，紅色 = rgb(255, 0, 0)
- RGBA 值，其中 A 是 alpha 頻道 (0–1)；例如，半透明藍色是 rgba(0, 0, 255, 0.5)

除了使用 RGBA 來調整顏色的 alpha 頻道外，您還可以使用 SVG 元素的 opacity 特性來淡化 SVG 元素。D3 動畫會大量使用不透明度。

預設情況下，筆劃寬度是以像素為單位，但也可以使用點。

直線、矩形和多邊形

向圖表中添加更多元素以產生圖 4-13。

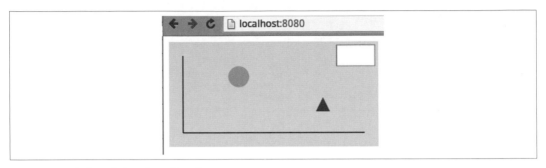

圖 4-13　在虛擬圖表中添加一些元素

首先，使用 `<line>` 標記向圖表添加幾條簡單的軸線。線位置由起始坐標 (x1, y1) 和結束坐標 (x2, y2) 來定義：

```
<svg>
  <line x1="20" y1="20" x2="20" y2="130"></line>
  <line x1="20" y1="130" x2="280" y2="130"></line>
</svg>
```

我們還將使用 SVG 矩形在右上角添加一個虛擬的圖例（legend）框。矩形由相對於其父容器的 x 和 y 坐標以及寬度和高度定義：

```
<svg>
  <rect x="240" y="5" width="55" height="30"></rect>
</svg>
```

您可以使用 `<polygon>` 標記來建立不規則多邊形，該標記會接受一串坐標對。讓我們在圖表的右下角做一個三角形的標示符號：

```
<svg>
  <polygon points="210,100, 230,100, 220,80"></polygon>
</svg>
```

使用一些 CSS 來設定元素的樣式：

```
#chart circle {fill: lightblue}
#chart line {stroke: #555555; stroke-width: 2}
#chart rect {stroke: red; fill: white}
#chart polygon {fill: green}
```

現在已經有一些圖形基元，讓我們看看如何將一些文本添加到虛擬圖表中。

文本

SVG 相對於點陣化（rasterized），canvas 上下文的主要優勢之一是它處理文本的方式。基於向量的文本往往比像素化文本看起來更清晰，並且也受益於平滑的縮放。您還可以像任何 SVG 元素一樣來調整筆劃（stroke）和填充（fill）屬性。

在虛擬圖表添加一些文本：標題和標記的 y 軸（見圖 4-14）。

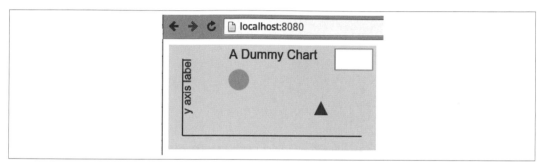

圖 4-14　一些 SVG 文本

使用 x 和 y 坐標來放置文本。一個重要的屬性是 text-anchor，它規定了文本相對於其 x 位置的放置位置。可用的選項有 start、middle、和 end；預設為 start。

使用 text-anchor 屬性來讓圖表標題置中。將 x 坐標設定為圖表寬度的一半，然後將 text-anchor 設定為 middle：

```
<svg>
  <text id="title" text-anchor="middle" x="150" y="20">
    A Dummy Chart
  </text>
</svg>
```

和所有 SVG 基元一樣，我們可以對文本應用縮放和旋轉轉換。為了標記 y 軸，需要將文本旋轉到垂直方向（範例 4-4）。按照慣例，旋轉是按順時針方向進行的，因此需要逆時針旋轉 –90 度。預設情況下，旋轉是圍繞著元素容器（<svg> 或群組 <g>）的 (0,0) 點來進行的。我們想圍繞它自己的位置來旋轉文本，所以首先使用 rotate 函數的額外引數來平移旋轉點。我們還想先將 text-anchor 設定到 y axis label 字串的末尾，以圍繞其端點旋轉。

```svg
<svg>
  <text x="20" y="20" transform="rotate(-90,20,20)"
      text-anchor="end" dy="0.71em">y axis label</text>
</svg>
```

範例 4-4 使用了文本的 dy 屬性，它和 dx 一起可以用來對文本的位置進行微調。在此案例中，我們想要降低它，以便在逆時針旋轉時它會位於 y 軸的右側。

SVG 文本元素也可以使用 CSS 來設定樣式。這裡將圖表的 font-family 設定為 sans-serif、將 font-size 設定為 16px、並使用 title ID 來讓它更大一些：

```css
#chart {
background: #eee;
font-family: sans-serif;
}
#chart text{ font-size: 16px }
#chart text#title{ font-size: 18px }
```

請注意，text 元素從圖表的 CSS 繼承了 font-family 和 font-size；您不必指明 text 元素。

路徑

路徑（path）是最複雜和最強大的 SVG 元素，可以建立可以閉合和填充的多線、多曲線元件路徑，幾乎可以用來建立您想要的任何形狀。一個簡單的例子是在我們的虛擬圖表中添加一條圖表線來產生圖 4-15。

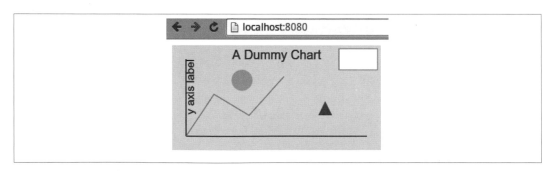

圖 4-15　來自圖表軸的紅線路徑

圖 4-15 中的紅色路徑由以下 SVG 產生：

```
<svg>
  <path d="M20 130L60 70L110 100L160 45"></path>
</svg>
```

路徑的 d 屬性指明製作紅線所需的一系列運算。讓我們把它分解一下：

- "M20 130"：移動到坐標 (20, 130)

- "L60 70"：畫一條線到 (60, 70)

- "L110 100"：畫一條線到 (110, 100)

- "L160 45"：畫一條線到 (160, 45)

您可以把 d 想像成一組指令，讓一支筆移動到一個點，而 M 會把筆從畫布上拿起。

這裡需要一點 CSS 樣式。注意 fill 設定為 none；否則，要建立一個填充區域，路徑會被關閉，會從它的終點到起點畫一條線，然後任何封閉的區域都會用預設的顏色黑色來填充：

```
#chart path {stroke: red; fill: none}
```

除了 moveto 'M' 和 lineto 'L' 之外，路徑還有許多其他命令來繪製弧線、貝塞爾曲線（Bézier curv）等。SVG 弧線和曲線常用於資料視覺化工作，許多 D3 的程式庫都在使用它們[15]。圖 4-16 顯示了一些由以下程式碼建立的 SVG 橢圓弧線：

```
<svg id="chart" width="300" height="150">
  <path d="M40 40
          A30 40      ❶
          0 0 1       ❷
          80 80
          A50 50  0 0 1  160  80
          A30 30  0 0 1  190  80
">
</svg>
```

❶ 移動到位置 (40, 40) 後，繪製一條 x 半徑為 30、y 半徑為 40 且端點為 (80, 80) 的橢圓弧線。

❷ 第一個旗標 (0) 設定 x 軸旋轉，在本例中為傳統的零。請參閱 Mozilla 開發人員網站（*https://oreil.ly/KGCDZ*）以獲取視覺化示範。最後兩個旗標 (0, 1) 是 large-arc-flag，指明要使用橢圓的哪條弧、以及 sweep-flag，它指明要使用兩個由起點和終點所定義的可能橢圓中的哪一個。

---

15 Mike Bostock 的和弦圖（chord diagram，*https://oreil.ly/ujCxf*）就是一個很好的例子，它使用 D3 的 chord 功能。

圖 4-16　一些 SVG 橢圓弧線

橢圓弧線中使用的關鍵旗標（large-arc-flag 和 sweep-flag）與大多數幾何事物一樣，展示效果比描述清楚。圖 4-17 顯示了為相同的相對起點和終點更改旗標的效果，如下所示：

```
<svg id="chart" width="300" height="150">
  <path d="M40 80
          A30 40  0 0 1  80 80
          A30 40  0 0 0  120  80
          A30 40  0 1 0  160  80
          A30 40  0 1 1  200  80
">
</svg>
```

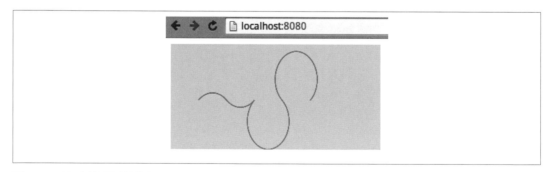

圖 4-17　更改橢圓弧線旗標

除了直線和弧線，path 元素還提供許多貝塞爾曲線，包括二次曲線、三次曲線、和兩者的複合曲線。透過一些工作，用它們可以建立您想要的任何線路徑。SitePoint（*https://oreil.ly/PRdVF*）上有一個很好的示範，並配有很好的插圖。

有關 path 元素及其參數的最終列表，請參閱全球資訊網聯盟（World Wide Web Consortium, W3C）來源（*https://oreil.ly/s7YSY*）。如需全面瞭解，請參閱 Jakob Jenkov 的介紹（*https://oreil.ly/fdERF*）。

縮放和旋轉

由於它們的向量本質，所有 SVG 元素都可以透過幾何運算來轉換。最常用的是 rotate、translate、和 scale，但您也可以使用 skewX 和 skewY 來應用傾斜，或使用功能強大的多用途矩陣（*matrix*）變換。

讓我們使用一組相同的矩形來示範最流行的轉換。圖 4-18 中轉換後的矩形是這樣達成的：

```
<svg id="chart" width="300" height="150">
  <rect width="20" height="40" transform="translate(60, 55)"
      fill="blue"/>
  <rect width="20" height="40" transform="translate(120, 55),
      rotate(45)" fill="blue"/>
  <rect width="20" height="40" transform="translate(180, 55),
      scale(0.5)" fill="blue"/>
  <rect width="20" height="40" transform="translate(240, 55),
      rotate(45),scale(0.5)" fill="blue"/>
</svg>
```

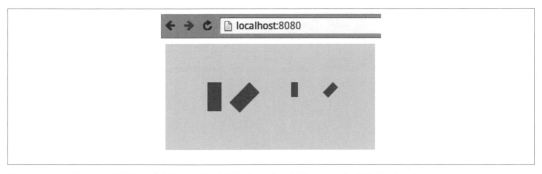

圖 4-18　一些 SVG 轉換：旋轉（45）、縮放（0.5）、縮放（0.5）後旋轉（45）

　應用轉換的順序很重要。順時針旋轉 45 度然後沿 x 軸平移將看到元素向東南方向移動，而反向操作會將其向左移動然後旋轉。

使用群組

通常，當您建構視覺化時，將視覺元素分組會很有幫助。一些特殊用途是：

- 當您需要區域性坐標方案時（例如，如果您有一個圖示的文本標記並且想指明它相對於圖示的位置，而不是整個 `<svg>` 畫布）。

- 如果您想對視覺元素的子集合應用縮放和 / 或旋轉轉換。

SVG 為此有一個群組 `<g>` 標記，您可以將其視為 `<svg>` 畫布中的迷您畫布。群組可以包含群組，允許非常靈活的幾何映射 [16]。

範例 4-5 在畫布的中心對形狀進行分組，產生圖 4-19。請注意，`circle`、`rect` 和 `path` 元素的位置是相對於平移後的群組的。

範例 *4-5* 對 *SVG* 形狀進行分組

```
<svg id="chart" width="300" height="150">
  <g id="shapes" transform="translate(150,75)">
    <circle cx="50" cy="0" r="25" fill="red" />
    <rect x="30" y="10" width="40" height="20" fill="blue" />
    <path d="M-20 -10L50 -10L10 60Z" fill="green" />
    <circle r="10" fill="yellow">
  </g>
</svg>
```

圖 4-19　使用 SVG `<g>` 標記對形狀進行分組

如果現在對群組應用轉換，則其中的所有形狀都會受到影響。圖 4-20 顯示了將圖 4-19 縮放 0.75 倍然後旋轉 90 度的結果，我們是透過調整轉換屬性來達成，如下所示：

---

16 例如，身體群組可以包含手臂群組，手臂群組可以包含手掌群組，手掌群組可以包含手指元素。

```
<svg id="chart" width="300" height="150">
  <g id="shapes",
     transform = "translate(150,75),scale(0.5),rotate(90)">
     ...
</svg>
```

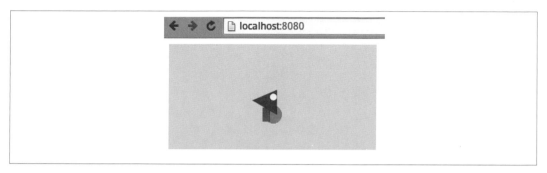

圖 4-20　轉換 SVG 群組

分層和透明度

SVG 元素添加到 DOM 樹的順序很重要，後面的元素優先，層疊在其他元素之上。例如，在圖 4-19 中，三角形路徑遮擋了紅色圓圈和藍色矩形，而它又被黃色圓圈遮擋。

操縱 DOM 順序是 JavaScript 的 dataviz 的重要組成部分（例如，D3 的 insert 方法允許您將 SVG 元素放在現有元素之前）。

我們可以使用 rgba(R,G,B,A) 顏色的 alpha 頻道，或更方便的 opacity 屬性來控制元素的透明度。兩者都可以使用 CSS 進行設定。對於重疊元素，不透明度是累積的，如圖 4-21 中的顏色三角形所示，該圖由以下 SVG 產生：

```
<style>
  #chart circle { opacity: 0.33 }
</style>

<svg id="chart" width="300" height="150">
  <g transform="translate(150, 75)">
    <circle cx="0" cy="-20" r="30" fill="red"/>
    <circle cx="17.3" cy="10" r="30" fill="green"/>
    <circle cx="-17.3" cy="10" r="30" fill="blue"/>
  </g>
</svg>
```

這裡示範的 SVG 元素是用 HTML 手工編碼的，但在資料視覺化工作中，它們幾乎總是以程式設計方式添加的。因此，基本的 D3 工作流程是將 SVG 元素添加到視覺化，並使用資料檔案指定它們的屬性和特性。

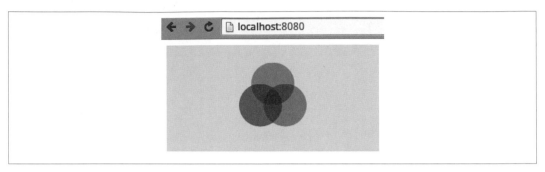

圖 4-21　使用 SVG 操縱不透明度

JavaScript 的 SVG

SVG 圖形由 DOM 標記來描述這一事實，與黑盒子（如 <canvas> 上下文）相比具有許多優勢。例如，它允許非程式設計師建立或修改圖形，並且有利於除錯。

在 web dataviz 中，幾乎所有 SVG 元素都會透過 D3 等程式庫使用 JavaScript 來建立。您可以使用瀏覽器的 Elements 頁籤（請參閱第 92 頁的「Chrome DevTools」）來檢查此腳本的結果，這是改進和除錯您的工作的好方法（例如，修復惱人的視覺差錯）。

有趣的是接下來要發生的事，讓我們使用 D3 在 SVG 畫布上散布幾個紅色圓形。畫布和圓形的尺寸包含在發送到 chartCircles 函數的 data 物件中。

為 <svg> 元素使用一個小的 HTML 占位符：

```
<!DOCTYPE html>
<meta charset="utf-8">

<style>
  #chart { background: lightgray; }
  #chart circle {fill: red}
</style>

<body>
  <svg id="chart"></svg>

  <script src="http://d3js.org/d3.v7.min.js"></script>
  <script src="script.js"></script>
</body>
```

占位符 SVG chart 元素就位後，*script.js* 檔案中的一個小 D3 會用來把一些資料變成散布的圓形（見圖 4-22）：

```javascript
// script.js

var chartCircles = function(data) {

    var chart = d3.select('#chart');
    // 從資料設定圖表高度和寬度
    chart.attr('height', data.height).attr('width', data.width);
    // 使用資料來建立一些圓形
    chart.selectAll('circle').data(data.circles)
        .enter()
        .append('circle')
        .attr('cx', function(d) { return d.x })
        .attr('cy', d => d.y) ❶
        .attr('r', d => d.r);
};

var data = {
    width: 300, height: 150,
    circles: [
        {'x': 50, 'y': 30, 'r': 20},
        {'x': 70, 'y': 80, 'r': 10},
        {'x': 160, 'y': 60, 'r': 10},
        {'x': 200, 'y': 100, 'r': 5},
    ]
};

chartCircles(data);
```

❶ 這是現代簡寫的基於箭頭的匿名函數，相當於上一行的冗長形式。D3 使用了很多這些來存取綁定資料物件的屬性，因此這種新語法是一個巨大的勝利。

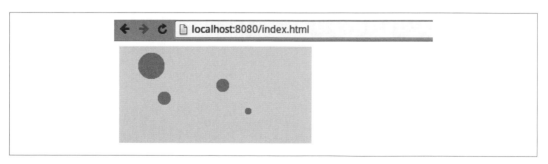

圖 4-22　D3 產生的圓形

我們將在第 17 章中確切地看到 D3 是如何發揮其魔力的。現在，讓我們總結一下本章中學到的內容。

總結

本章為嶄露頭角的資料視覺化工具提供了一套基本的現代 Web 開發技能。它展示了網頁的各種元素：HTML、CSS 樣式表、JavaScript 和媒體檔案，如何透過 HTTP 來傳送，並在被瀏覽器接收後組合成使用者所看到的網頁。我們看到了如何使用 HTML 標記（如 div 和 p）來描述內容區塊，然後使用 CSS 來設定樣式和定位。我們還介紹了 Chrome 的 Elements 和 Sources 頁籤，它們是主要的瀏覽器開發工具。最後，我們初步瞭解 SVG，這是表達大多數現代 Web 資料視覺化的語言。當工具鏈到達它的 D3 視覺化時，就能擴展技能，並且將在內容中引入新的技能。

## 第二部分

獲取資料

本書這一部分將沿著 dataviz 工具鏈展開旅程（見圖 II-1），開始時會用幾章來介紹如何在沒有提供資料的情況下獲取資料。

第 5 章將瞭解如何從 Web 獲取資料，使用 Python 的 Requests 程式庫來獲取基於 Web 的檔案並使用 RESTful API。我們還會看到如何使用幾個 Python 程式庫來包裝更複雜的 Web API，也就是 Twitter（使用 Python 的 Tweepy）和 Google Docs。本章以使用 Beautiful Soup 程式庫進行輕量級 Web 爬取（*https://oreil.ly/fjBEA*）的範例結尾。

第 6 章將使用 Python 的工業級網路爬蟲 Scrapy 來獲取我們將用於網路視覺化的諾貝爾獎資料集。有了這個龐雜資料集，就可以開始閱讀本書的下一部分，也就是第三部分。

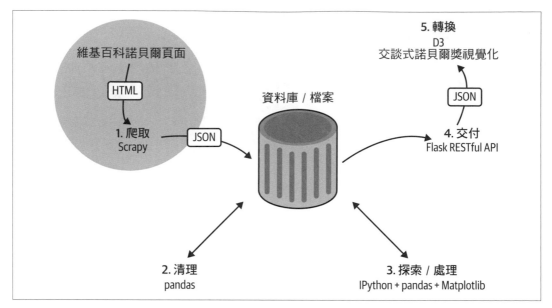

圖 II-1　我們的 dataviz 工具鏈：獲取資料

　您可以在本書的 GitHub 儲存庫（*https://github.com/Kyrand/dataviz-with-python-and-js-ed-2*）中找到本書這一部分的程式碼。

## 第五章

使用 Python 從 Web 獲取資料

資料視覺化技能的一個基本部分是以盡可能乾淨的形式獲得正確的資料集。有時您會得到一個漂亮、乾淨的資料集來分析，但通常您的任務是查找資料和 / 或清理提供的資料。

如今，獲取資料往往涉及網路。有多種方法可以做到這一點，而 Python 提供了一些很棒的程式庫，可以輕鬆地提取資料。

從網路上獲取資料的主要方式有：

- 透過 HTTP 以可識別的資料格式（例如 JSON 或 CSV）來獲取原始資料檔案。
- 使用專用 API 來獲取資料。
- 透過 HTTP 獲取網頁來爬取資料，並在本地解析它們以獲取所需資料。

本章將依次介紹這些方法，但首先讓我們熟悉一下最好的 Python HTTP 程式庫：Requests。

使用 Requests 程式庫獲取 Web 資料

正如第 4 章的內容，Web 瀏覽器用來建構網頁的檔案是透過超文本傳輸協定（HTTP）進行通訊的，該協定首先由 Tim Berners-Lee（*https://oreil.ly/uKF5f*）開發。獲取 Web 內容以解析其中的資料涉及發出 HTTP 請求。

協商 HTTP 請求是任何通用語言的重要組成部分，但使用 Python 來獲取網頁曾經是一件相當令人厭煩的事情。古老的 urllib2 程式庫幾乎沒有使用者友善性，它的 API 非常笨拙。由 Kenneth Reitz 提供的 *Requests*（*https://oreil.ly/6VkKZ*）改變了這一點，使 HTTP 變得相對輕而易舉，並迅速確立了自己作為首選 Python HTTP 程式庫的地位。

Requests 不是 Python 標準程式庫[1]的一部分，而是 Anaconda 套件（*https://oreil.ly/LD0ee*）的一部分（參見第 1 章）。如果您沒有使用 Anaconda，下面的 pip 命令應該可以完成工作：

```
$ pip install requests
Downloading/unpacking requests
...
Cleaning up...
```

如果您使用的是 2.7.9 之前的 Python 版本（我強烈建議盡可能使用 Python 3+），那麼使用 Requests 可能會產生一些安全通訊協定（Secure Sockets Layer, SSL）警告（*https://oreil.ly/8D08s*）。升級到較新的 SSL 程式庫應該可以解決這個問題[2]：

```
$ pip install --upgrade ndg-httpsclient
```

安裝 Requests 後，您已經準備好執行本章開頭提到的第一個任務，並從 Web 上獲取一些原始資料檔案。

透過 Requests 獲取資料檔案

Python 直譯器會話期是讓 Requests 進入狀況的好方法，所以找一個友善的本地命令行、啟動 IPython、並匯入 requests：

```
$ ipython
Python 3.8.9 (default, Apr  3 2021, 01:02:10)
...

In [1]: import requests
```

為了示範，讓我們使用該程式庫來下載維基百科頁面。使用 Requests 程式庫的 get 方法來獲取頁面，並按照慣例把結果指派給 response 物件：

```
response = requests.get(\
"https://en.wikipedia.org/wiki/Nobel_Prize")
```

1　這實際上是開發者有意制定的政策（*https://oreil.ly/WOjdB*）。
2　某些平台的依賴項可能仍會產生錯誤。如果您仍然有問題，可以看看這個 Stack Overflow 討論串（*https://oreil.ly/Zm082*）。

使用 Python 的 dir（*https://oreil.ly/CrJ8h*）方法來獲取 response 物件的屬性串列：

```
dir(response)
Out:
...
['content',
 'cookies',
 'elapsed',
 'encoding',
 'headers',
 ...
 'iter_content',
 'iter_lines',
 'json',
 'links',
 ...
 'status_code',
 'text',
 'url']
```

這些屬性中的大多數都是不言自明的，並且共同提供有關產生的 HTTP 回應的大量資訊。您通常會使用這些屬性的一小部分。首先，讓我們檢查回應的狀態：

```
response.status_code
Out: 200
```

正如所有優秀的最小性 web 開發人員所知，200 是用來表示 OK 的 HTTP 狀態程式碼（*https://oreil.ly/ucEoo*），指出交易成功。除了 200，最常見的狀態碼是：

401（未授權）

　　嘗試未經授權的存取

400（錯誤請求）

　　試圖錯誤地存取網路伺服器

403（禁止）

　　類似於 401 但沒有可用的登錄機會

404（未找到）

　　試圖存取不存在的網頁

500（內部伺服器錯誤）

　　一個通用的、套件羅萬象的錯誤

舉例來說，如果請求出現拼寫錯誤，要求要查看 SNoble_Prize 頁面，就會收到 404（未找到）錯誤：

```
not_found_response = requests.get(\
"http://en.wikipedia.org/wiki/SNobel_Prize")
not_found_response.status_code
Out: 404
```

透過 200 OK 回應，從拼寫正確的請求中，看一下傳回的一些資訊。可以透過 headers 屬性來快速概覽：

```
response.headers
Out: {
  'date': 'Sat, 23 Oct 2021 23:58:49 GMT',
  'server': 'mw1435.eqiad.wmnet',
  'content-encoding': 'gzip', ...
  'last-modified': 'Sat, 23 Oct 2021 17:14:09 GMT', ...
  'content-type': 'text/html; charset=UTF-8'...
  'content-length': '88959'
  }
```

這顯示了傳回的頁面是以 gzip 編碼的、大小為 87 KB、content-type 為 text/html、並使用 Unicode UTF-8 編碼，以及其他資訊。

因為我們知道文本已經傳回，可以使用回應的 text 屬性來查看它：

```
response.text
#Out: u'<!DOCTYPE html>\n<html lang="en"
#dir="ltr" class="client-nojs">\n<head>\n<meta charset="UTF-8"
#/>\n<title>Nobel Prize - Wikipedia, the free
#encyclopedia</title>\n<script>document.documentElement... =
```

這顯示了我們確實擁有帶有一些內聯 JavaScript 的維基百科 HTML 頁面。正如第 135 頁的「爬取資料」所言，為了理解這些內容，我們需要一個剖析器來讀取 HTML 並提供內容區塊。

現在我們已經從網路上爬取了一個原始頁面，來看看如何使用 Requests 來使用網路資料 API。

使用 Python 從 Web API 使用資料

如果您需要的資料檔案不在 Web 上，那麼很可能會有一個應用程式程式設計介面（Application Programming Interface, API）可以為您提供所需的資料。使用這將涉及向適當的伺服器發出請求，來以固定格式或您在請求中所指定的格式檢索資料。

Web API 最流行的資料格式是 JSON 和 XML，儘管還存在著許多深奧的格式。出於 JavaScript 資料視覺化工具的目的，JavaScript 物件標記法（JavaScript Object Notation, JSON）顯然是首選（請參閱第 92 頁的「資料」）。幸運的是，它也開始占據主導地位。

建立 Web API 有不同的方法，幾年來，Web 中三種主要類型的 API 之間的架構發生了小規模的戰爭：

REST（*https://oreil.ly/ujgdJ*）

> REpresentational State Transfer 的縮寫，使用 HTTP 動詞（GET、POST 等）和統一資源標識符（Uniform Resource Identifier, URI；例如 */user/kyran*）的組合來存取、建立和調整資料。

XML-RPC（*https://oreil.ly/ZMQvW*）

> 使用 XML 編碼和 HTTP 傳輸的遠端程序呼叫（emote procedure call, RPC）協定。

SOAP（*https://oreil.ly/l5LVL*）

> 簡單物件存取協定（Simple Object Access Protocol）的縮寫，使用 XML 和 HTTP。

這場戰爭似乎以 RESTful API（*https://oreil.ly/apc1l*）的勝利告終，這是一件非常好的事情。除了 RESTful API 更優雅、更易於使用和實作（參見第 13 章）之外，這裡的一些標準化讓您更有可能識別並快速適應您遇到的新 API。理想情況下，您將能夠重用現有程式碼。GraphQL（*https://oreil.ly/JUGVS*）形式的新玩家出現了，它標榜自己是更好的 REST，但作為資料視覺化工具，您更有可能使用傳統的 RESTful API。

大多數對遠端資料的存取和操作都可以用首字母縮寫詞 CRUD 來概括：建立（create）、檢索（retrieve）、更新（update）和刪除（delete），這最初是為了描述關聯式資料庫中實作的所有主要功能而創造的。HTTP 為 CRUD 對應物提供了 POST、GET、PUT 和 DELETE 動詞，而 REST 抽象化建立在這些動詞的使用之上，作用於通用資源標識符（URI，*https://oreil.ly/xmX1k*）。

關於 RESTful 合適和不合適介面的討論可能會無邊無際，但本質上 URI（例如 *https://example.com/api/items/2*）應該包含執行 CRUD 運算所需的所有資訊。特定運算（例如 GET 或 DELETE）由 HTTP 動詞來指明。這不包括諸如 SOAP 之類的架構，它們將狀態資訊放在請求標頭的元資料（metadata）中。將 URI 想像成資料的虛擬地址，將 CRUD 想像成您可以對其執行的所有運算。

作為熱衷於處理一些有趣的資料集的資料視覺化人員，我們是這裡的狂熱使用者，因此我們選擇的 HTTP 動詞是 GET，接下來的範例將重點介紹使用各種著名的 Web API 來獲取資料。希望會浮現一些樣式。

儘管無狀態 URI 的兩個限制和 CRUD 動詞的使用，對 RESTful API 形狀來說是一個很好的限制，但此主題上仍然有許多變體。

使用 Requests 來使用 RESTful Web API

基於主要的 HTTP 請求動詞，Requests 有相當多的附加功能。有關詳細概述，請參閱 Requests 快速入門（*https://oreil.ly/Bp8VG*）。出於獲取資料的目的，您將幾乎只使用 GET 和 POST，其中 GET 是最常用的動詞。POST 允許您在請求中模擬 Web 表單，包括登錄詳細資訊、欄位值等。對於那些您發現自己使用帶有許多選項選擇器的 Web 表單的情況，Requests 使 POST 自動化變得容易。GET 涵蓋了幾乎所有其他內容，包括無處不在的 RESTful API，它們提供了越來越多的 Web 上可用的格式良好資料。

讓我們看看更複雜的 Requests 用法，也就是獲取帶參數的 URL。經濟合作與發展組織（Organisation for Economic Cooperation and Development, OECD，*https://oreil.ly/QAj3A*）在其網站（*https://data.oecd.org*）上提供了一些有用的資料集。這些資料集主要為其成員國提供經濟措施和統計資料，這些資料可以構成許多有趣的視覺化的基礎。OECD 提供了一些有關它自己的資料，例如允許您比較本國與 OECD 中的其他國家（*https://oreil.ly/aFmUv*）。

這個說明文件（*https://oreil.ly/f5VDc*）中描述了 OECD Web API，查詢是用資料集名稱（dsname）和一些點分隔的維度構造的，每個維度可以是多個由 + 分隔的值。URL 也可以接受由 ? 開始並由 & 分隔的標準 HTTP 參數：

```
<root_url>/<dsname>/<dim 1>.<dim 2>...<dim n>
/all?param1=foo&param2=baa..
<dim 1> = 'AUS'+'AUT'+'BEL'...
```

所以下面是一個有效的 URL：

```
http://stats.oecd.org/sdmx-json/data/QNA      ❶
    /AUS+AUT.GDP+B1_GE.CUR+VOBARSA.Q           ❷
    /all?startTime=2009-Q2&endTime=2011-Q4 ❸
```

❶ 指明 QNA（Quarterly National Accounts，每季國民帳戶）資料集。

❷ 四個維度，按位置、主題、量度和頻率。

❸ 2009 年第二季至 2011 年第四季的資料。

讓我們建構一個小的 Python 函數來查詢 OECD 的 API（範例 5-1）。

範例 5-1　為 OECD API 製作一個 URL

```python
OECD_ROOT_URL = 'http://stats.oecd.org/sdmx-json/data'

def make_OECD_request(dsname, dimensions, params=None, \
root_dir=OECD_ROOT_URL):
    """ Make a URL for the OECD API and return a response """

    if not params:  ❶
        params = {}

    dim_args = ['+'.join(d) for d in dimensions]  ❷
    dim_str = '.'.join(dim_args)

    url = root_dir + '/' + dsname + '/' + dim_str + '/all'
    print('Requesting URL: ' + url)
    return requests.get(url, params=params)  ❸
```

❶ 您不應該為 Python 函數預設值使用可變的值，例如 {}。請參閱此 Python 指南（*https://oreil.ly/Yv6bX*）以解釋此陷阱。

❷ 我們首先使用 Python 串列理解和 join 方法來建立一個維度的串列，其中成員用加號連接（例如，[*USA+AUS, …*]）。然後再次使用 join 將 dim_str 的成員用句點串連起來。

❸ 請注意，requests 的 get 可以將參數字典作為其第二個引數，並使用它來產生 URL 查詢字串。

可以像這樣使用這個函數來獲取美國和澳洲從 2009 年到 2010 年的經濟資料：

```
response = make_OECD_request('QNA',
    (('USA', 'AUS'),('GDP', 'B1_GE'),('CUR', 'VOBARSA'), ('Q')),
    {'startTime':'2009-Q1', 'endTime':'2010-Q1'})

Requesting URL: http://stats.oecd.org/sdmx-json/data/QNA/
    USA+AUS.GDP+B1_GE.CUR+VOBARSA.Q/all
```

現在，要查看資料，我們只需檢查回應是否正常並查看字典鍵：

```
if response.status_code == 200:
    json = response.json()
    json.keys()
Out: [u'header', u'dataSets', u'structure']
```

產生的 JSON 資料採用 SDMX 格式（*https://oreil.ly/HeE7G*），旨在促進統計資料的通訊。它不是最直觀的格式，但在很多情況下資料集的結構會不太理想。好消息是 Python 是一種將資料轉化為形狀的出色語言。對於 Python 的 pandas 程式庫（*https://pandas. pydata.org*）（參見第 8 章）而言，有一個 pandaSDMX（*https://oreil.ly/2PKxZ*），它目前會處理基於 XML 的格式。

OECD API 本質上就是 RESTful，所有查詢都包含在 URL 中，HTTP 動詞 GET 指明了一個獲取運算。如果沒有專門的 Python 程式庫來使用 API（例如，用於 Twitter 的 Tweepy），那麼您可能最終會編寫類似於範例 5-1 的程式碼。Requests 是一個非常友善、設計良好的程式庫，可以處理幾乎所有使用 Web API 所需的操作。

為諾貝爾獎 Dataviz 獲取國家資料

對於我們正在使用的工具鏈建構的諾貝爾獎視覺化，有一些國家統計資料會派上用場。當您視覺化國際獎項及其分布時，人口規模、三字母國際碼（例如 GDR、USA）和地理中心可能會很有用。REST countries（*https://restcountries.com*）是一個方便的 RESTful 網路資源，包含各種國際統計資料。讓我們用它來獲取一些資料。

REST countries 接受以下形式的請求：

```
https://restcountries.com/v3.1/< 欄位 >/< 名稱 >?< 參數 >
```

與 OECD API（參見範例 5-1）一樣，可以建立一個簡單的呼叫函數來輕鬆存取 API 的資料，如下所示：

```
REST_EU_ROOT_URL = "https://restcountries.com/v3.1"

def REST_country_request(field='all', name=None, params=None):
```

```
    headers={'User-Agent': 'Mozilla/5.0'} ❶

    if not params:
        params = {}

    if field == 'all':
        response = requests.get(REST_EU_ROOT_URL + '/all')
        return response.json()

    url = '%s/%s/%s'%(REST_EU_ROOT_URL, field, name)
    print('Requesting URL: ' + url)
    response = requests.get(url, params=params, headers=headers)

    if not response.status_code == 200: ❷
        raise Exception('Request failed with status code ' \
        + str(response.status_code))

    return response.json() # JSON 編碼資料
```

❶ 在請求的標頭中指明有效的 User-Agent 通常是個好主意。否則，某些網站將拒絕該請求。

❷ 在傳回回應之前，確保它有一個 OK (200) HTTP 碼；否則，請使用有用的訊息來引發例外。

借助 REST_country_request 函數，獲取所有使用美元的國家串列：

```
response = REST_country_request('currency', 'usd')
response
Out:
[{u'alpha2Code': u'AS',
  u'alpha3Code': u'ASM',
  u'altSpellings': [u'AS',
  ...
  u'capital': u'Pago Pago',
  u'currencies': [u'USD'],
  u'demonym': u'American Samoan',
  ...
  u'latlng': [12.15, -68.266667],
  u'name': u'Bonaire',
  ...
  u'name': u'British Indian Ocean Territory',
  ...
  u'name': u'United States Minor Outlying Islands',
  ... ]}]
```

REST countries 的完整資料集非常小,因此為了方便起見,我們會把副本儲存為 JSON
檔案並在後面的章節中的探索性和展示性資料視覺化中使用它:

```
import json

country_data = REST_country_request() # 所有的世界資料

with open('data/world_country_data.json', 'w') as json_file:
    json.dump(country_data, json_file)
```

現在我們已經推出了幾個自己的 API 使用者,來看看一些專用程式庫,它們以易於使用
的形式包裝了一些較大的 Web API。

使用程式庫存取 Web API

Requests 能夠與幾乎所有 Web API 協商,但是隨著 API 開始添加身分驗證並且資料結構
變得更加複雜,一個好的包裝器(wrapper)程式庫可以省去很多麻煩並減少繁瑣的簿
記工作。在本節中,我將介紹幾個較為流行的包裝器程式庫(*https://oreil.ly/DBrZ8*),
讓您瞭解工作流程和一些有用的起點。

使用 Google 試算表

如今,在雲端中擁有即時資料集變得越來越普遍。您可能會發現自己需要視覺化
Google 試算表的各個層面,該試算表是一個群組的共享資料池。我的偏好是將這些資料
從 Google 總部(Google-plex)中取出並放入 pandas 中以開始探索它(參見第 11 章),
但是一個好的程式庫將允許您存取和調整適當的資料,並根據需要來協商網路流量。

gspread(*https://oreil.ly/DNKYT*)是用於存取 Google 試算表的最著名 Python 程式庫,
它讓存取相對之下顯得輕而易舉。

您需要 OAuth 2.0(*https://oreil.ly/z3u6y*)憑證才能使用這個 API[3]。最新指南可在 Google
Developers 網站(*https://oreil.ly/tnO3b*)上找到。按照那裡的說明應該會提供一個包含
您的私鑰的 JSON 檔案。

您需要安裝 *gspread* 和最新的 *google-auth* 客戶端程式庫。以下是使用 pip 來執行此操作
的方法:

```
$ pip install gspread
$ pip install --upgrade google-auth
```

---

3 OAuth1 存取最近已被棄用。

根據您的系統，您可能還需要 pyOpenSSL：

```
$ pip install PyOpenSSL
```

請閱讀說明文件（*https://oreil.ly/1xAPm*）以瞭解更多詳細資訊和故障排除。

 Google 的 API 假定您嘗試存取的試算表是由您的 API 帳戶所擁有或共享的，而不是您的個人帳戶。用於共享試算表的電子郵件地址可在您的 Google 開發人員控制台（*https://oreil.ly/z5KyM*）和使用 API 所需的 JSON 憑證密鑰中找到。它應該類似於 *account-1@My Project…iam.gserviceaccount.com*。

安裝了這些程式庫後，您應該只需幾行就可以存取您的任何試算表。我正在使用 Microbe-scope 試算表（*https://oreil.ly/AAj9X*）。範例 5-2 顯示了如何載入試算表。

範例 5-2　開啟 *Google* 試算表

```
import gspread

gc = gspread.service_account(\
                    filename='data/google_credentials.json') ❶

ss = gc.open("Microbe-scope") ❷
```

❶ JSON 憑證檔案是 Google 服務所提供的檔案，通常採用 *My Project-b8ab5e38fd68.json* 格式。

❷ 在這裡，我們依名稱來開啟試算表。備選方案是 open_by_url 或 open_by_id。有關詳細資訊，請參閱 gspread 說明文件（*https://oreil.ly/sa4sa*）。

現在我們已經有了試算表，可以看到它包含的工作表：

```
ss.worksheets()
Out:
[<Worksheet 'bugs' id:0>,
 <Worksheet 'outrageous facts' id:430583748>,
 <Worksheet 'physicians per 1,000' id:1268911119>,
 <Worksheet 'amends' id:1001992659>]

ws = ss.worksheet('bugs')
```

透過從試算表中選擇 bugs 工作表，gspread 允許您存取和更改行、列和單元格值（假設工作表不是唯讀的）。所以可以使用 col_values 命令來獲取第二行中的值：

```
ws.col_values(1)
Out: [None,
 'grey = not plotted',
 'Anthrax (untreated)',
 'Bird Flu (H5N1)',
 'Bubonic Plague (untreated)',
 'C.Difficile',
 'Campylobacter',
 'Chicken Pox',
 'Cholera',...]
```

 如果在使用 gspread 存取 Google 試算表時出現 BadStatusLine 錯誤，可能是因為會話期已過期。重新開啟試算表應該能讓一切恢復正常。這個傑出的 gspread 議題討論（*https://oreil.ly/xTGg9*）提供了更多資訊。

雖然您可以使用 *gspread* 的 API 來直接繪圖，但當在使用像 Matplotlib 這樣的繪圖程式庫時，我更喜歡將整張表發送給 pandas，它是 Python 強大的程式化試算表。這可以透過 gspread 的 get_all_records 輕鬆達成，它會傳回一個項目字典串列。此串列可直接用於初始化 pandas DataFrame（請參閱第 197 頁的「DataFrame」）：

```
df = pd.DataFrame(ws.get_all_records(expected_headers=[]))
df.info()
Out:
<class 'pandas.core.frame.DataFrame'>
Int64Index: 41 entries, 0 to 40
Data columns (total 23 columns):
                                  41 non-null object
average basic reproductive rate   41 non-null object
case fatality rate                41 non-null object
infectious dose                   41 non-null object
...
upper R0                          41 non-null object
viral load in acute stage         41 non-null object
yearly fatalities                 41 non-null object
dtypes: object(23)
memory usage: 7.5+ KB
```

我們將在第 11 章中看到以互動方式探索 DataFrame 資料的方法。

用 Tweepy 來使用 Twitter API

社交媒體的出現產生了大量資料，人們對視覺化社交網路、流行的主題標記（hashtag）和其中包含的媒體風暴產生了興趣。Twitter 的廣播網路可能是炫酷資料視覺化的最豐富來源，它的 API 提供按使用者、主題標記、日期等過濾的推文（tweet）[4]。

Python 的 Tweepy 是一個易於使用的 Twitter 程式庫，它提供了許多有用的功能，例如用於串流式傳輸即時 Twitter 更新的 `StreamListener` 類別。要開始使用它，您需要一個 Twitter 存取符記（token），您可以按照 Twitter 說明文件（*https://oreil.ly/ZkWNf*）中的說明來獲取該符記以建立您的 Twitter 應用程式。建立此應用程式後，您可以透過單擊 Twitter 應用程式頁面（*https://apps.twitter.com*）上的連結，來獲取應用程式的密鑰和存取符記。

Tweepy 通常需要此處顯示的四個授權元素：

```
# 存取 Twitter API 的使用者憑證變數
access_token = "2677230157-Ze3bWuBAw4kwoj4via2dEntU86...TD7z"
access_token_secret = "DxwKAvVzMFLq7WnQGnty49jgJ39Acu...paR8ZH"
consumer_key = "pIorGFGQHShuYQtIxzYWk1jMD"
consumer_secret = "yLc4Hw82G0Zn4vTi4q8pSBcNyHkn35BfIe...oVa4P7R"
```

有了這些定義，存取推文就變得再簡單不過了。這裡可以使用我們的符記和密鑰建立一個 OAuth auth 物件，並使用它來啟動 API 會話期。然後可以從我們的時間軸中獲取最新的推文：

```
In [0]: import tweepy

        auth = tweepy.OAuthHandler(consumer_key,\
                                   consumer_secret)
        auth.set_access_token(access_token, access_token_secret)

        api = tweepy.API(auth)

        public_tweets = api.home_timeline()
        for tweet in public_tweets:
            print(tweet.text)
RT @Glinner: Read these tweets https://t.co/QqzJPsDxUD
Volodymyr Bilyachat https://t.co/VIyOHlje6b +1 bmeyer
#javascript
RT @bbcworldservice: If scientists edit genes to
make people healthier does it change what it means to be
human? https://t.co/Vciuyu6BCx h…
```

---

4 免費 API 目前限制為每小時大約 350 個請求（*https://oreil.ly/LKzJX*）。

```
RT @ForrestTheWoods:
Launching something pretty cool tomorrow. I'm excited. Keep
...
```

Tweepy 的 API 類別提供了很多方便的方法,您可以在 Tweepy 說明文件(*https://oreil. ly/2FTRw*)中查看這些方法。一種常見的視覺化是使用網路圖來顯示 Twitter 子群體中的朋友和關注者的樣式。Tweepy 方法 followers_ids(獲取所有關注中的使用者)和 friends_ids(獲取所有被關注的使用者)可以用來建構這樣一個網路:

```
my_follower_ids = api.get_follower_ids() ❶

followers_tree = {'followers': []}
for id in my_follower_ids:
    # 取得您的跟隨者的跟隨者
    try:
        follower_ids = api.get_follower_ids(user_id=id) ❷
    except tweepy.errors.Unauthorized:
        print("Unauthorized to access user %d's followers"\
                %(id))

    followers_tree['followers'].append(\
        {'id': id, 'follower_ids': follower_ids})
```

❶ 獲取您的關注者 ID 串列(例如,[1191701545, 1554134420, ...])。

❷ follower_ids 的第一個引數可以是使用者 ID 或暱稱。

請注意,如果您嘗試為擁有超過 100 個關注者的任何人建構網路,您可能會遇到速率限制錯誤(有關它的解釋,請參閱此 Stack Overflow 討論串: *https://oreil.ly/1KDH2*)。為了克服這個問題,您需要實施一些基本的速率限制,以將請求計數減少到每 15 分鐘 180 個;或者,您可以向 Twitter 付費以獲得高級帳戶。

透過映射關注者的關注者,您可以建立一個連接網路,該網路可能只是揭示關於圍繞著特定個人或主題而聚集的群體和子群體的一些有趣的事情。Gabe Sawhney 的部落格(*https://oreil.ly/sWH99*)上有一個很好的 Twitter 分析範例。

Tweepy 最酷的功能之一是它的 StreamListener 類別,它可以輕鬆地即時蒐集和處理過濾後的推文。許多令人難忘的視覺化都使用了 Twitter 串流的即時更新,FlowingData(*https://oreil.ly/mNOYX*)和 DensityDesign(*https://oreil.ly/ZpmLq*)中的這些範例可以讓你獲取一些靈感。讓我們設定一個小串流來記錄提及 Python、JavaScript 和 dataviz 的推文。我們只是將結果列印到螢幕上(在 on_data 中),但您通常會將它們快取在檔案或資料庫中(或者使用 SQLite 兩者都做):

```
import json

class MyStream(tweepy.Stream):
    """ 客製化推文串流 """

    def on_data(self, tweet):
        """ 使用推文資料做某些事 ..."""
        print(tweet)

    def on_error(self, status):
        return True # 讓串流保持開啟

stream = MyStream(consumer_key, consumer_secret,\
                    access_token, access_token_secret)
# 使用追蹤關鍵字串列啟動串流
stream.filter(track=['python', 'javascript', 'dataviz'])
```

現在我們已經瞭解了您在搜尋有趣資料時可能會遇到的 API 類型，讓我們看看在通常情況下沒有人以簡潔、使用者友善的形式提供您想要的資料時，您將使用的主要技術：使用 Python 來爬取資料。

爬取資料

爬取主要是一種隱喻，用於獲取那些並非設計來以程式設計方式從網路上使用的資料。這是一個很好的隱喻，因為爬取（scraping，譯注：原意為刮除或削去）通常是在移除太多和太少之間取得平衡。建立從網頁中盡可能乾淨地提取正確資料的過程是一項技巧，而且通常是一項相當混亂的技巧。但回報是可以存取通常無法透過任何其他方式獲得的視覺化資料。若方法正確，爬取甚至可以有一種內在的滿足感。

為什麼需要爬取？

在一個理想的虛擬世界中，線上資料會在圖書館中進行組織，所有內容都透過複雜的杜威十進位系統（Dewey decimal system）為網頁編目。不幸的是，對於敏銳的資料獵手來說，網路已經有機性地發展，對於初出茅廬的資料視覺化者來說，網路往往不受資料應該易於存取這種考慮的限制。所以，在現實中，網路就像一大堆資料，其中一些是乾淨的和可用的，儘管值得慶幸的是，這個百分比正在增加，但大部分的格式和設計仍然不佳，難以提供人類使用。人類能夠剖析相對笨拙的電腦難以處理的那種混亂、格式不正確的資料[5]。

---

[5] 現代機器學習和人工智慧（AI）的大部分研究都致力於建立能夠處理雜亂、具雜訊、模糊、非正式資料的電腦軟體，但截至本書出版時，據我所知還沒有現成的解決方案。

爬取是關於塑造選擇樣式，以獲取想要的資料並過濾掉其餘資料。如果幸運的話，包含資料的網頁會有一些有用的指標，比如命名表格、優先於通用類別的特定標識等。如果運氣不好，這些指標將會丟失，我們將不得不求助於使用其他樣式，或者在最壞的情況下，使用順序性說明符，例如主 *div* 中的第三個表。這些顯然非常脆弱，如果有人在第三個表上方添加一張表，它們就會失效。

本節將處理一個小的爬取任務，以獲取相同的諾貝爾獎得主資料。我們將使用 Python 的同類最佳 Beautiful Soup 來進行這種輕量級的爬取嘗試，並為下一章保留 Scrapy 這門強大的武器。

 資料和影像存在於網路上的這個事實，不代表著它們一定可以免費使用。我們的爬取範例將使用維基百科，它允許在創用 CC（Creative Commons）授權（*https://oreil.ly/jBTaC*）下完全地重用。確保您爬取的任何內容都是可用的會是個好主意，如果有疑問，請聯繫網站維護者。您可能需要至少引用原作者。

Beautiful Soup 和 lxml

Python 的關鍵輕量級爬取工具是 Beautiful Soup 和 lxml，它們的主要選擇語法不同，但令人困惑的是，它們都可以使用對方的剖析器。普遍的共識似乎是 lxml 的剖析器要快得多，但 Beautiful Soup 的剖析器在處理格式不佳的 HTML 時可能更強固。就我個人而言，我發現 lxml 足夠強固，而且它基於 xpaths（*https://oreil.ly/A43cY*）的語法更強大且通常更直觀。我認為對於來自網路開發、熟悉 CSS 和 jQuery 的人來說，基於 CSS 選擇器的選擇要自然得多。根據您的系統，lxml 通常是 Beautiful Soup 的預設剖析器。我們將在以下部分中使用它。

Beautiful Soup 是 Anaconda 軟體套件的一部分（參見第 1 章），可以使用 `pip` 輕鬆安裝：

```
$ pip install beautifulsoup4
$ pip install lxml
```

第一次爬取突擊

有了 Requests 和 Beautiful Soup，讓我們給自己一個小任務來獲取所有諾貝爾獎得主的姓名、年分、類別和國籍。我們將從維基百科諾貝爾獎頁面（*https://oreil.ly/cSFFW*）開始。向下滾動會顯示一個按年分和類別列出所有獲獎者的表格，這是我們最小資料要求的良好開端。

Chrome 網路開發人員的 Elements 頁籤（請參閱第 93 頁的「Elements 頁籤」），是我知道最好的、必備的網路爬取 HTML 資源管理器（explorer）。圖 5-1 顯示了測試網頁結構所涉及的關鍵元素。我們需要知道如何選擇感興趣的資料，如本案例中的維基百科表格，同時避開頁面上的其他元素。製作好的選擇器樣式是有效爬取的關鍵，使用元素檢查器來突顯 DOM 元素為可提供的 CSS 樣式、還可以透過右鍵單擊提供 xpath。後者是一種特別強大的 DOM 元素選擇語法，也是工業級爬取解決方案 Scrapy 的基礎。

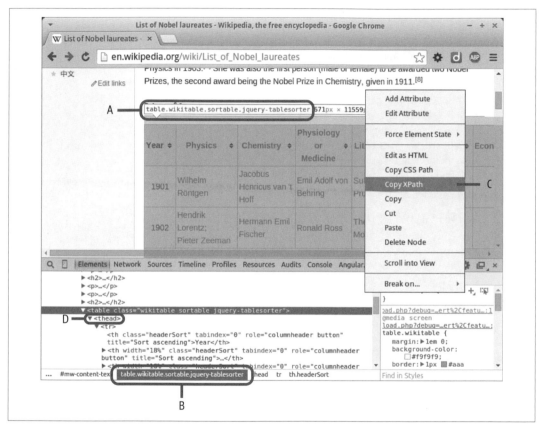

圖 5-1　維基百科的諾貝爾獎主頁：A 和 B 顯示維基表（wikitable）的 CSS 選擇器。單擊右鍵並選擇 C（Copy XPath）會給出表的 xpath（//*[@id="mw-content-text"]/table[1]）。D 顯示了由 jQuery 產生的 thead 標記。

取得 Soup

在爬取感興趣的網頁之前，您需要做的第一件事是使用 Beautiful Soup 來對它進行解析，將 HTML 轉換為標記樹階層或 soup：

```
from bs4 import BeautifulSoup
import requests

BASE_URL = 'http://en.wikipedia.org'
# 除非我們為我們的 http 標頭添加 'User-Agent' 屬性
# 否則維基百科會拒絕我們的要求。
HEADERS = {'User-Agent': 'Mozilla/5.0'}

def get_Nobel_soup():
    """ 傳回我們的諾貝爾獎頁面的剖析後標記樹 """
    # 對諾貝爾頁面提出要求，設定有效的標頭
    response = requests.get(
        BASE_URL + '/wiki/List_of_Nobel_laureates',
        headers=HEADERS)
    # 傳回由 Beautiful Soup 剖析之回應內容
    return BeautifulSoup(response.content, "lxml")  ❶
```

❶ 第二個引數指定我們要使用的剖析器，即 lxml。

有了我們的 soup，來看看要如何找到目標標記。

選擇標記

Beautiful Soup 提供了幾種可以從已剖析的 soup 中來選擇標記的方法，其中的細微差別可能會造成混淆。在示範選擇方法之前，先來獲取我們諾貝爾獎頁面的 soup：

```
soup = get_Nobel_soup()
```

我們的目標表格（見圖 5-1）有兩個定義的類別，`wikitable` 和 `sortable`（頁面上有一些不可排序的表）。我們可以使用 Beautiful Soup 的 `find` 方法找到包含這些類別的第一個表格標記。`find` 會把標記名稱當作是第一個引數，並把帶有類別、ID 和其他標識符的字典作為第二個引數：

```
In[3]: soup.find('table', {'class':'wikitable sortable'})
Out[3]:
<table class="wikitable sortable">
<tr>
<th>Year</th>
...
```

雖然已經成功地透過類別找到了我們的表格，但這種方法不是很可靠。讓我們看看改變 CSS 類別的順序時會發生什麼事：

```
In[4]: soup.find('table', {'class':'sortable wikitable'})
# 什麼都沒有傳回
```

所以 find 關心類別的順序，並使用類別字串來查找標記。如果類別以不同的順序來指明——這很可能在 HTML 編輯期間發生，那麼查找將會失敗。這種脆弱性導致很難推薦 Beautiful Soup 選擇器，例如 find 和 find_all。在進行快速破解時，我發現 lxml 的 CSS 選擇器（*https://lxml.de/cssselect.html*）更簡單且更直觀。

使用 soup 的 select 方法（如果您在建立它時指定了 lxml 剖析器，則可以使用），您可以使用其 CSS 類別、ID 等來指明 HTML 元素。此 CSS 選擇器會被轉換為 lxml 在內部使用的 xpath 語法。[6]

為了獲得 wikitable，只需在 soup 中選擇一個表格，使用點標記法來指出其類別：

```
In[5]: soup.select('table.sortable.wikitable')
Out[5]:
[<table class="wikitable sortable">
 <tr>
 <th>Year</th>
 ...
 ]
```

請注意，select 會傳回一個結果陣列，找到 soup 中所有匹配的標記。如果您只想選擇一個 HTML 元素，lxml 會提供 select_one 便捷方法。抓住我們的諾貝爾獎表格，看看它有什麼標頭：

```
In[8]: table = soup.select_one('table.sortable.wikitable')

In[9]: table.select('th')
Out[9]:
[<th>Year</th>,
 <th width="18%"><a href="/wiki/..._in_Physics..</a></th>,
 <th width="16%"><a href="/wiki/..._in_Chemis..</a></th>,
 ...
 ]
```

作為 select 的簡寫，可以直接在 soup 上呼叫標記；所以這兩個是等價的：

6　使用過 JavaScript jQuery 程式庫（*https://jquery.com*）的任何人都應該熟悉這種 CSS 選擇語法，它也類似於 D3（*https://d3js.org*）所使用的語法。

```
table.select('th')
table('th')
```

透過 lxml 的剖析器，Beautiful Soup 提供了許多不同的過濾器來查找標記，包括剛剛使用的簡單字串名稱、透過正規表示式（regular expression）搜尋（*https://oreil.ly/GeU8Q*）、以及使用標記名稱串列等等。有關詳細資訊，請參閱此詳盡的列表（*https://oreil.ly/iBQwc*）。

除了 lxml 的 select 和 select_one 之外，還有 10 個 Beautful Soup 便捷方法來搜尋已剖析的樹。這些本質上是 find 和 find_all 的變體，指明它們要搜尋樹的哪些部分。例如，find_parent 和 find_parents，不是沿著樹向下尋找後代，而是尋找被搜尋的標記的父標記。Beautiful Soup 官方說明文件（*https://oreil.ly/oPrQl*）中提供了所有 10 種方法。

現在我們知道了如何選擇維基百科表格，並使用了 lxml 的選擇方法，來看看如何設計一些選擇樣式來獲取想要的資料。

製作選擇樣式

成功選擇資料表後，我們現在想要設計一些選擇樣式來爬取所需的資料。使用 HTML 資源管理器，您可以看到個人獲獎者包含在 <td> 單元格中，帶有指向維基百科個人簡介頁面的 href <a> 連結（對於個人而言）。這是一個帶有 CSS 類別的典型目標列，可以把它當作目標來獲取 <td> 單元格中的資料：

```
<tr>
 <td align="center">
  1901
 </td>
 <td>
  <span class="sortkey">
   Röntgen, Wilhelm
  </span>
  <span class="vcard">
   <span class="fn">
    <a href="/wiki/Wilhelm_R%C3%B6ntgen" \
       title="Wilhelm Röntgen">
     Wilhelm Röntgen
    </a>
   </span>
  </span>
 </td>
 <td>
  ...
</tr>
```

如果遍歷這些資料單元格，追蹤它們的列（年分）和行（類別），應該就能夠建立一個獲獎者串列，其中包含指定的除國籍之外的所有資料。

以下的 get_column_titles 函數會從我們的表中爬取諾貝爾獎類別行標頭，並忽略第一個年分的行。維基百科表格中的標頭單元格通常包含一個網路連結的 'a' 標記；所有的諾貝爾獎類別都符合這個模型，指向它們各自的維基百科頁面。如果標題不可點擊，我們會儲存它的文本和一個空的 href：

```
def get_column_titles(table):
    """ 自表格標頭取得諾貝爾獎類別 """
    cols = []
    for th in table.select_one('tr').select('th')[1:]: ❶
        link = th.select_one('a')
        # 儲存類別名稱以及任何它有的維基百科連結
        if link:
            cols.append({'name':link.text,\
                        'href':link.attrs['href']})
        else:
            cols.append({'name':th.text, 'href':None})
    return cols
```

❶ 遍歷表頭，忽略第一個年分行（[1:]）。這會選擇圖 5-2 中所示的行標頭。

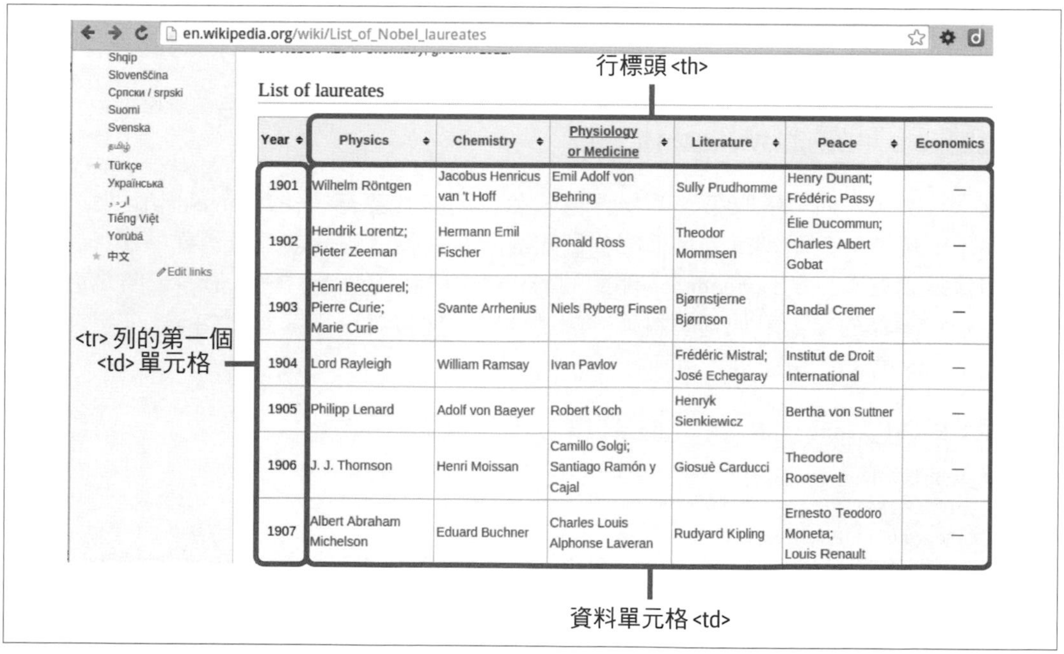

圖 5-2　維基百科的諾貝爾獎得主表格

確保 get_column_titles 給了我們想要的東西：

```
get_column_titles(table)
Out:
[{'name': 'Physics', \
  'href': '/wiki/List_of_Nobel_laureates_in_Physics'},
 {'name': 'Chemistry',\
  'href': '/wiki/List_of_Nobel_laureates_in_Chemistry'},...
]

def get_Nobel_winners(table):
    cols = get_column_titles(table)
    winners = []
    for row in table.select('tr')[1:-1]: ❶
        year = int(row.select_one('td').text) # Gets 1st <td>
        for i, td in enumerate(row.select('td')[1:]): ❷
            for winner in td.select('a'):
                href = winner.attrs['href']
                if not href.startswith('#endnote'):
                    winners.append({
                        'year':year,
                        'category':cols[i]['name'],
                        'name':winner.text,
                        'link':winner.attrs['href']
                    })
    return winners
```

❶ 獲取所有年分列，從第二列開始，對應於圖 5-2 中的行。

❷ 查找圖 5-2 中所示的 <td> 資料單元格。

遍歷年分（Year）列，獲取第一個年分行，然後遍歷其餘行，使用 enumerate 來追蹤索引，該索引將映射到類別行的名稱。我們知道所有獲獎者的名字都包含在一個 <a> 標記中，但偶爾會有額外的以 #endnote 開頭的 <a> 標記，我們會過濾它。最後，將年分、類別、名稱和連結的字典附加到資料陣列。請注意，獲勝者選擇器有一個 attrs 字典，其中包含了 <a> 標記的 href。

確認 get_Nobel_winners 提供了一份諾貝爾獎得主的詞典串列：

```
get_Nobel_winners(table)
[{'year': 1901,
  'category': 'Physics',
  'name': 'Wilhelm Röntgen',
  'link': '/wiki/Wilhelm_R%C3%B6ntgen'},
 {'year': 1901,
  'category': 'Chemistry',
  'name': "Jacobus Henricus van 't Hoff",
```

```
    'link': '/wiki/Jacobus_Henricus_van_%27t_Hoff'},
   {'year': 1901,
    'category': 'Physiologyor Medicine',
    'name': 'Emil Adolf von Behring',
    'link': '/wiki/Emil_Adolf_von_Behring'},
   {'year': 1901,
   ...}]
```

現在有了諾貝爾獎得主的完整名單和他們的維基百科頁面連結，我們可以使用這些連結從個人傳記中爬取資料。這將涉及發出大量請求，而且我們真的不想再做一次。明智且令人尊重[7]的事情是快取我們爬取的資料，就可以在不回到維基百科的情況下嘗試各種爬取實驗。

快取網頁

在 Python 中快速建立一個快取器很容易，但通常情況下，找到由其他人所編寫的更好解決方案並捐贈給開源社群會更容易。Requests 有一個很好的外掛程式，叫做 requests-cache，只需幾行配置，就可以滿足您所有的基本快取需求。

首先，使用 pip 來安裝外掛程式：

```
$ pip install --upgrade requests-cache
```

requests-cache 使用猴子修補（monkey patching，*https://oreil.ly/8IklZ*）來在執行時動態地替換部分 requests API。這意味著它可以透明地工作。您只需安裝它的快取、然後像往常一樣使用 requests、並處理所有快取。這裡是使用 requests-cache 的最簡單方法：

```
import requests
import requests_cache

requests_cache.install_cache()
# 像平常一樣使用 requests...
```

install_cache 方法有許多有用的選項，包括允許您指定快取 backend（sqlite、memory、mongdb 或 redis），或在快取上設定以秒為單位的過期時間（expiry_after）。因此，以下程式碼建立了一個名為 nobel_pages 的快取，它具有一個 sqlite 後端和兩個小時（7,200秒）後過期的頁面：

```
requests_cache.install_cache('nobel_pages',\
                          backend='sqlite', expire_after=7200)
```

---

7 爬取時，您正在使用其他人的網路頻寬，這最終會讓他們付出金錢。嘗試限制您的請求數量是一種基本禮貌。

requests-cache 將滿足您的大部分快取需求,並且使用起來再簡單不過了。有關詳細資訊,請參閱官方說明文件(*https://oreil.ly/d67bK*),您還可以在其中找到一個請求調節(request throttling)的小範例,這在進行批次爬取時非常有用。

爬取獲獎者的國籍

快取到位後,讓我們嘗試獲取獲獎者的國籍,把前 50 個用於我們的實驗。一個小的 get_winner_nationality() 函數將使用我們之前儲存的獲獎者連結來爬取他們的頁面,然後使用圖 5-3 中所示的資訊框來獲取 Nationality 屬性。

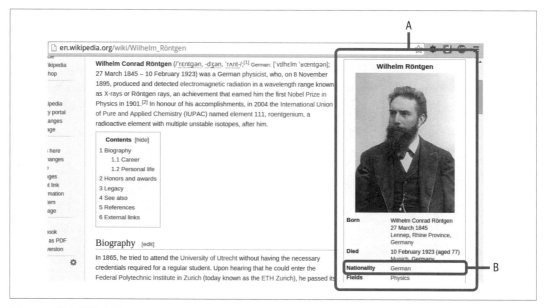

圖 5-3　爬取獲獎者的國籍

爬取時,您正在尋找可靠的樣式和具有有用資料的重複元素。正如我們將看到的,個人的維基百科資訊框並不是一個可靠的來源,但點擊一些隨機連結肯定會給人這樣的印象。根據資料集的大小,最好執行一些實驗性完整性檢查。您可以手動執行此操作,但如本章開頭所述,這不會擴展或提高您的工藝技能。

範例 5-3 採用我們之前爬取的獲獎者字典之一,如果找到的話則會傳回一個帶有 Nationality 鍵,以名稱標記的字典。讓我們對前 50 名獲獎者執行它,看看 Nationality 屬性漏失的頻率。

範例 5-3　從他們的傳記頁面中爬取獲獎者的國家

```python
HEADERS = {'User-Agent': 'Mozilla/5.0'}

def get_winner_nationality(w):
    """ scrape biographic data from the winner's wikipedia page """
    response = requests.get('http://en.wikipedia.org' \
                            + w['link'], headers=HEADERS)
    content = response.content.decode('utf-8')
    soup = BeautifulSoup(content)
    person_data = {'name': w['name']}
    attr_rows = soup.select('table.infobox tr')     ❶
    for tr in attr_rows:                            ❷
        try:
            attribute = tr.select_one('th').text
            if attribute == 'Nationality':
                person_data[attribute] = tr.select_one('td').text
        except AttributeError:
            pass

    return person_data
```

❶　使用 CSS 選擇器來查找具有類別 infobox 的表的所有 `<tr>` 列。

❷　循環每一列來查找國籍欄位。

範例 5-4 顯示，前 50 位獲獎者中有 14 位未能成功獲取他們的國籍。Institut de Droit International 這個得獎者是機構，所以沒有國籍，但 Theodore Roosevelt 就是不折不扣的美國人了。單擊其中幾個名字會出現問題（請參見圖 5-4）。缺乏標準化的傳記格式意味著國籍（*Nationality*）的同義詞會經常被使用，例如居禮夫人的**公民身分**（*Citizenship*）；有時沒有提及，例如 Niels Finsen；而 Randall Cremer 在他的資訊框裡只有一張照片。我們可以放棄將資訊框作為獲獎者國籍的可靠來源，但是，由於它們似乎是唯一的固定資料來源，這就回到了原點，下一章，我們將看到使用 Scrapy 和不同起始頁的成功方法。

範例 5-4　測試被爬取的國籍

```python
wdata = []
# 測試前 50 位獲獎者
for w in winners[:50]:
    wdata.append(get_winner_nationality(w))
missing_nationality = []
for w in wdata:
    # 如果漏失 'Nationality' 則添加到串列中
    if not w.get('Nationality'):
```

```
        missing_nationality.append(w)
# 輸出串列
missing_nationality

[{'name': 'Theodor Mommsen'},
 {'name': 'Élie Ducommun'},
 {'name': 'Charles Albert Gobat'},
 {'name': 'Pierre Curie'},
 {'name': 'Marie Curie'},
 {'name': 'Niels Ryberg Finsen'},
 ...
 {'name': 'Theodore Roosevelt'}, ... ]
```

圖 5-4　沒有登記國籍的獲獎者

由於維基百科是相對免費、自動生產，而且為人類使用而設計的資料，可想而知缺乏嚴謹性。許多網站都有類似的陷阱，並且隨著資料集變得越來越大，可能需要進行更多測試才能找到蒐集樣式中的缺陷。

儘管我們的第一個爬取練習為了介紹工具而有些做作，但我希望它能捕捉到 Web 爬取那略微凌亂的精神。為諾貝爾獎資料集尋找可靠的國籍欄位最終失敗，但可以透過一些網頁瀏覽和手動 HTML 原始碼翻查來阻止。然而，如果資料集明顯更大並且故障率更小，那麼，程式化偵測會隨著您熟悉爬取模組而變得越來越容易，並且會真正開始有效。

這個小的爬取測試旨在介紹 Beautiful Soup，並展示蒐集我們尋找的資料需要更多的思考，而這經常就是爬取面臨的情況。在下一章中，我們將推出重量級 Scrapy，並利用在本節中學到的知識，蒐集諾貝爾獎視覺化所需的資料。

總結

本章中已經看到將資料從網路中提取到 Python 容器、資料庫或 pandas 資料集中的最常見方法範例。Python 的 Requests 程式庫是 HTTP 協商的真正主力，也是資料視覺化工具鏈中的基本工具。對於較為簡單的 RESTful API 來說，使用 Requests 來使用資料只需幾行的 Python；而更笨拙的 API，例如那些認證可能很複雜的 API，像 Tweepy（用於 Twitter）這樣的包裝程式庫可以省去很多麻煩。還不錯的包裝器還可以追蹤存取率，並在必要時調節您的請求。這是一個關鍵的考慮因素，尤其是當有可能將不友善的使用者列入黑名單時。

我們還第一次嘗試資料爬取，這通常是在不存在著 API，且資料是供人類使用情況下的必要後備。下一章將使用一個工業級資料爬取程式庫，Python 的 Scrapy 來獲取本書視覺化所需的所有諾貝爾獎資料。

使用 Scrapy 進行
重量級爬取

隨著您的爬取目標顯得更加雄心壯志,使用 Beautiful Soup 和 Requests 的駭客解決方案可能會很快變得非常混亂。在請求會產生更多請求時管理爬取的資料會變得棘手,而且如果您是同步發出請求,一切就會迅速變慢。一大堆您可能沒有預料到的問題都會浮現。正是因為這樣,您會想要求助於一個功能強大、強固的程式庫來解決所有這些問題以及更多問題。這就是 Scrapy 的用武之地。

Beautiful Soup 是一把非常方便的小鉛筆刀,用於快速和骯髒的資料爬取,而 Scrapy 是一個 Python 程式庫,可以輕鬆地進行大規模資料爬取。它具有您期望的所有功能,例如內建快取(帶有過期時間)、透過 Python 的 Twisted Web 框架進行的非同步請求、user-agent 隨機化等等。所有這些功能的代價是一個相當陡峭的學習曲線,本章旨在透過一個簡單的範例讓這個曲線平滑一些。我認為 Scrapy 是對任何資料視覺化工具套件的強大補充,真正為網路資料蒐集開闢了可能性。

在第 135 頁的「爬取資料」中,我們設法爬取了一個資料集,其中包含所有諾貝爾獎得主的姓名、年分和類別。我們對獲獎者的連結傳記頁面進行了推測性爬取,而這展示了提取國籍會很困難。在本章中,我們將對諾貝爾獎資料設定更高的標準,旨在爬取範例 6-1 中所示形式的物件。

範例 6-1 我們的目標 Nobel JSON 物件

```
{
  "category": "Physiology or Medicine",
  "country": "Argentina",
  "date_of_birth": "8 October 1927",
```

```
        "date_of_death': "24 March 2002",
        "gender": "male",
        "link": "http:\/\/en.wikipedia.org\/wiki\/C%C3%A9sar_Milstein",
        "name": "C\u00e9sar Milstein",
        "place_of_birth": "Bah\u00eda Blanca ,  Argentina",
        "place_of_death": "Cambridge , England",
        "text": "C\u00e9sar Milstein , Physiology or Medicine, 1984",
        "year": 1984
    }
```

除了這些資料之外,我們的目標是蒐集獲獎者的照片(如果適用)和一些個人傳記資料(見圖 6-1)。我們將使用照片和正文為諾貝爾獎視覺化添加一點特色。

圖 6-1　獲獎者頁面要爬取的目標

設定 Scrapy

Scrapy 應該是 Anaconda 套件之一(見第 1 章),所以您應該已經準備好了;還沒有的話,則可以使用以下 conda 命令行來安裝它:

```
$ conda install -c https://conda.anaconda.org/anaconda scrapy
```

如果您不使用 Anaconda,快速的 pip 安裝就可以完成這項工作[1]:

```
$ pip install scrapy
```

---

1 有關平台特定的詳細資訊,請參閱 Scrapy 安裝說明文件 (*https://oreil.ly/LamAt*)。

安裝 Scrapy 後，您應該可以使用 scrapy 命令。與絕大多數 Python 程式庫不同，Scrapy 設計來在爬取專案的上下文中從命令行驅動，由配置檔案、爬取爬蟲程式、管道（pipeline）等定義。讓我們使用 startproject 選項為諾貝爾獎爬取產生一個新專案。這將產生一個專案資料夾，因此請確保從合適的工作目錄執行它：

```
$ scrapy startproject nobel_winners
New Scrapy project 'nobel_winners' created in:
    /home/kyran/workspace/.../scrapy/nobel_winners

You can start your first spider with:
    cd nobel_winners
    scrapy genspider example example.com
```

正如 startproject 的輸出所說，您需要切換到 *nobel_winners* 目錄以開始駕馭 Scrapy。

讓我們看一下專案的目錄樹：

```
nobel_winners
├── nobel_winners
│   ├── __init__.py
│   ├── items.py
│   ├── middlewares.py
│   ├── pipelines.py
│   ├── settings.py
│   └── spiders
│       └── __init__.py
└── scrapy.cfg
```

如圖所示，專案目錄下有一個同名的子目錄和一個配置檔案 *scrapy.cfg*。*nobel_winners* 子目錄是一個 Python 模組（包含一個 __init__.py 檔案）和一些骨架檔案及一個 *spiders* 目錄，其中將包含您的爬蟲程式。

建立目標

在第 135 頁的「爬取資料」中，我們試圖從傳記頁面中爬取諾貝爾獎得主的國籍，但發現在許多情況下它們會漏失或標記的不一致（見第 5 章）。與其間接獲取國家資料，不如在維基百科上稍微搜尋一下，就可以找到一條出路。有一個頁面（*https://oreil.ly/p6pXm*）按國家列出獲獎者，以帶標題的有序串列而不是表格形式（見圖 6-2）顯示，這使得要回復基本的姓名、類別和年分資料有點困難。資料組織也不理想，例如國家標頭和獲獎者串列沒有在有用且單獨的區塊中。正如即將所見，一些結構良好的 Scrapy 查詢會很容易地為我們提供所需的資料。

圖 6-2 顯示了第一個爬蟲程式的起始頁面以及它將定位的關鍵元素。國家名稱標題列表（A），後面是獲得諾貝爾獎公民的有序串列（B）。

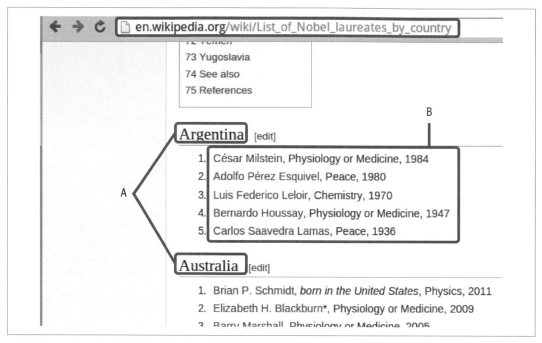

圖 6-2　按國籍爬取維基百科的諾貝爾獎

為了爬取串列資料，我們需要啟動 Chrome 瀏覽器的 DevTools（請參閱第 93 頁的「Elements 頁籤」）並使用 Elements 頁籤及其檢查器（放大鏡）來檢查目標元素。圖 6-3 顯示第一個爬蟲程式的關鍵 HTML 目標：標頭標題（h2）包含一個國家名稱，後面是獲獎者（li）的有序串列（ol）。

圖 6-3　尋找 wikilist 的 HTML 目標

使用 Xpaths 來定位 HTML

Scrapy 使用 xpaths（*https://oreil.ly/Y67BF*）來定義它的 HTML 目標。Xpath 是一種用於描述 X（HT）ML 文件的各個部分的語法，雖然它可能變得相當複雜，但其基礎很簡單，通常足以解決您手頭上的工作。

您可以透過使用 Chrome 的 Elements 頁籤並將滑鼠懸停在原始碼上，然後單擊右鍵並選擇 Copy XPath 來獲取 HTML 元素的 xpath。例如，在諾貝爾獎 wikilist 的國家名稱下（圖 6-3 中的 h3），選擇第一個國家阿根廷的 xpath，會得到以下結果：

```
//*[@id="mw-content-text"]/div[1]/h3[1]
```

使用以下 xpath 規則對其解碼：

//E

文件任何位置上的元素 <E>（例如，//img 會取得頁面所有影像）

//E[@id="foo"]

選擇具有 ID foo 的元素 <E>

```
//*[@id="foo"]
```

選擇任何具有 ID foo 的元素

```
//E/F[1]
```

元素 <E> 的第一個子級元素 <F>

```
//E/*[1]
```

元素 <E> 的第一個子級元素

遵循這些規則展示了阿根廷標題 //*[@id="mw-content-text"]/div[1]/h3[1] 是具有 ID mw-content-text 的 DOM 元素，之中的第一個 div 的第一個標題（h2）子級（child）元素。這等效於以下 HTML：

```
<div id="mw-content-text">
  <div>
    <h2>
        ...
    </h2>
  </div>
  ...
</div>
```

請注意，與 Python 不同，xpath 不使用從零開始的索引，而是將第一個成員設為 1。

使用 Scrapy Shell 測試 Xpath

獲得正確的 xpath 目標對於良好的爬取至關重要，並且可能涉及一定程度的迭代。Scrapy 透過提供一個命令行殼層（shell）來讓這個過程變得更加容易，它會接受一個 URL 並建立一個回應上下文，您可以在其中嘗試您的 xpath，如下所示：

```
$ scrapy shell
  https://en.wikipedia.org/wiki/List_of_Nobel_laureates_by_country

2021-12-09 14:31:06 [scrapy.utils.log] INFO: Scrapy 2.5.1 started
(bot: nobel_winners)
...

2021-12-09 14:31:07 [scrapy.core.engine] INFO: Spider opened
2021-12-09 14:31:07 [scrapy.core.engine] DEBUG: Crawled (200)
<GET https://en.wikip...List_of_Nobel_laureates_by_country>
(referer: None)
[s] Available Scrapy objects:
```

```
[s]   crawler   <scrapy.crawler.Crawler object at 0x3a8f510>
[s]   item {}
[s]   request   <GET https://...Nobel_laureates_by_country>
[s]   response  <200 https://...Nobel_laureates_by_country>
[s]   settings  <scrapy.settings.Settings object at 0x34a98d0>
[s]   spider    <DefaultSpider 'default' at 0x3f59190>

[s] Useful shortcuts:
[s]   shelp()   Shell help (print this help)
[s]   fetch(url[, redirect=True]) Fetch URL and update local objects
(by default, redirects are followed)
[s]   fetch(req)                  Fetch a scrapy.Request and update
[s]   view(response)    View response in a browser

In [1]:
```

現在我們有了一個基於 IPython 的殼層，它具有程式碼完成和語法突顯功能，可以在其中嘗試 xpath 定位。讓我們爬取 wiki 頁面上的所有 **<h3>** 標頭：

```
In [1]: h3s = response.xpath('//h3')
```

產生的 **h3s** 是一個 SelectorList（*https://oreil.ly/zpbqa*），一個專門的 Python list 物件。來看看有多少個標頭：

```
In [2]: len(h3s)
Out[2]: 91
```

我們可以獲取第一個 Selector 物件（*https://oreil.ly/uBhdU*），並在 Scrapy 殼層中透過在附加一個點後按 Tab 來查詢它的方法和屬性：

```
In [3] h3 = h3s[0]
In [4] h3.
attrib              get             re              remove            ...
css                 getall          re_first        remove_namespaces ...
extract             namespaces      register_namespace response       ...
```

您會經常使用 extract 方法來獲取 xpath 選擇器的原始結果：

```
In [5]: h3.extract()
Out[6]:
u'<h3>
  <span class="mw-headline" id="Argentina">Argentina</span>
  <span class="mw-editsection">
  <span class="mw-editsection-bracket">
  ...
  </h3>'
```

這說明國家標頭是從第一個 <h3> 開始，並包含一個帶有 mw-headline 類別的 span。可以使用 mw-headline 類別的存在作為國家標頭的過濾器，並將其內容作為國家的標籤。現在嘗試一個 xpath，使用選擇器的 text 方法來從 mw-headline 跨度（span）中提取文本。請注意，我們使用了 <h3> 選擇器的 xpath 方法，它會使 xpath 查詢相對於該元素：

```
In [7]: h3_arg = h3
In [8]: country = h3_arg.xpath(\
                        'span[@class="mw-headline"]/text()')\
.extract()
In [9]: country
Out[9]: ['Argentina']
```

extract 方法會傳回可能匹配的串列，在我們的案例中是單一 'Argentina' 字串。透過遍歷 h3s 串列，現在可以獲得國家名稱。

假設有一個國家的 <h3> 標題，現在需要獲取其後的諾貝爾獎得主的 <ol> 有序串列（圖 6-2 B）。xpath following-sibling 選擇器可以方便的做到這一點。讓我們獲取阿根廷標頭後的第一個有序串列：

```
In [10]: ol_arg = h3_arg.xpath('following-sibling::ol[1]')
Out[10]: ol_arg
[<Selector xpath='following-sibling::ol[1]' data=u'<ol><li>
<a href="/wiki/C%C3%A9sar_Milst'>]
```

查看 ol_arg 的截尾（truncated）資料顯示了我們選擇了一個有序串列。請注意，即使只有一個 Selector，xpath 仍會傳回一個 SelectorList。為了方便起見，您通常會直接選擇第一個成員：

```
In [11]: ol_arg = h2_arg.xpath('following-sibling::ol[1]')[0]
```

現在已經得到了有序串列，讓我們得到它的成員 <li> 元素的串列（截至 2022 年中之資料）：

```
In [12]: lis_arg = ol_arg.xpath('li')
In [13]: len(lis_arg)
Out[13]: 5
```

使用 extract 來檢查其中一個串列元素。作為第一個測試，我們希望爬取獲獎者的名字並捕獲串列元素的文本：

```
In [14]: li = lis_arg[0] # select the first list element
In [15]: li.extract()
Out[15]:
```

```
'<li><a href="/wiki/C%C3%A9sar_Milstein"
       title="C\xe9sar Milstein">C\xe9sar Milstein</a>,
       Physiology or Medicine, 1984</li>'
```

提取串列元素顯示了一個標準樣式：指向獲獎者維基百科頁面的超連結名稱，後面跟著以逗號分隔的獲獎類別和年分。獲得獲獎姓名的可靠方法是僅選擇串列元素第一個 `<a>` 標記的文本：

```
In [16]: name = li.xpath('a//text()')[0].extract()
In [17]: name
Out[17]: 'César Milstein'
```

獲取（例如）一個串列元素中所有文本通常很有用，並且去除各種 HTML `<a>`、`<span>` 和其他標記。`descendant-or-self` 提供了一種方便的方法，產生後代文本的串列：

```
In [18]: list_text = li.xpath('descendant-or-self::text()')\
.extract()
In [19]: list_text
Out[19]: ['César Milstein', '*', Physiology or Medicine, 1984']
```

可以透過將串列元素連接在一起來獲得全文：

```
In [20]: ' '.join(list_text)
Out[20]: 'César Milstein *, Physiology or Medicine, 1984'
```

請注意，`list_text` 的第一個項目是獲獎者的姓名，這提供了另一種存取它的方式，例如當它缺少超連結時。

現在已經為爬取目標：諾貝爾獎得主的名字和連結文本，建立了 xpath，讓我們將它們合併到我們的第一個 Scrapy 爬蟲程式中。

使用相對 Xpath 來選擇

正如剛才所示，Scrapy xpath 的選擇會傳回選擇器串列，而這些選擇器又具有自己的 xpath 方法。使用 xpath 方法時，重要的是要弄清楚相對和絕對選擇。讓我們以諾貝爾獎頁面的目錄為例來明確區分它們。

目錄具有以下結構：

```
<div id='toc'... >
 ...
  <ul ... >
    <li ... >
      <a href='Argentina'> ... </a>
    </li>
```

```
        ...
      </ul>
    ...
  </div>
```

可以對回應使用標準的 xpath 查詢來選擇諾貝爾獎維基頁面的目錄，並獲取 ID 為 toc 的 div：

```
In [21]: toc = response.xpath('//div[@id="toc"]')[0]
```

如果想要獲取所有國家的 `<li>` 串列標記，可以在選定的 toc div 上使用相對 xpath。查看圖 6-3 中的 HTML 可以看出，國家的無序串列 ul 是目錄頂部串列的第二個串列項目的第一個串列成員。這個串列可以透過以下等價的 xpath 來選擇，兩者都相對地選擇目前 toc 選擇的子項目：

```
In [22]: lis = toc.xpath('.//ul/li[2]/ul/li')
In [23]: lis = toc.xpath('ul/li[2]/ul/li')
In [24]: len(lis)
Out[24]: 81 # the number of countries in the table of contents (July 2022)
```

一個常見的錯誤是在目前的選擇上使用非相對 xpath 選擇器，它會從整個文件中選擇，在這種案例中會得到所有無序（`<ul>`）`<li>` 標記：

```
In [25]: lis = toc.xpath('//ul/li')
In [26]: len(lis)
Out[26]: 271
```

由於混淆相對查詢和非相對查詢而導致的錯誤在論壇中經常出現，因此最好能搞清楚其中的區別，並注意到這件事。

 為您的目標元素獲取正確的 xpath 運算式可能有點棘手，那些困難的邊緣情況可能需要複雜的子句巢套。使用寫得很好的備忘單在這裡會有很大的幫助，幸運的是有很多好的 xpath 備忘單，可以在 devhints.io（*https://devhints.io/xpath*）找到非常好的選擇。

第一個 Scrapy 爬蟲程式

有了一點 xpath 知識之後，就可以製作第一個爬蟲，目標是獲取獲獎者的國家和連結文本（圖 6-2 A 和 B）。

Scrapy 把它的爬蟲稱為*爬蟲程式*（*spider*），每一個爬蟲程式都是一個放置在專案 *spiders* 目錄之下的 Python 模組。我們將呼叫第一個爬蟲程式 *nwinner_list_spider.py*：

```
.
├── nobel_winners
│   ├── __init__.py
│   ├── items.py
│   ├── middlewares.py
│   ├── pipelines.py
│   ├── settings.py
│   └── spiders
│       ├── __init__.py
│       └── nwinners_list_spider.py <---
└── scrapy.cfg
```

爬蟲程式是 scrapy.Spider 類別的子類別，任何放置在 *spiders* 目錄中的東西都會被 Scrapy 自動偵測到，並且可以透過名稱被 scrapy 命令存取。

範例 6-2 中顯示的基本 Scrapy 爬蟲程式遵循您將在大多數爬蟲程式中使用的樣式。首先，您將一個 Scrapy item 子類別化來為爬取資料建立欄位（範例 6-2 中的 A 部分）。然後透過子類別化 scrapy.Spider 來建立一個命名的爬蟲程式（範例 6-2 中的 B 部分）。從命令行呼叫 scrapy 時，您將使用爬蟲程式的名稱。每個爬蟲程式都有一個 parse 方法，它會處理包含在 start_url 類別屬性中的起始 URL 串列的 HTTP 請求。在我們的案例中，起始 URL 是按國家列出的諾貝爾獎得主的維基百科頁面。

範例 6-2 第一個 Scrapy 爬蟲程式

```python
# nwinners_list_spider.py

import scrapy
import re
# A 定義要爬取的資料
class NWinnerItem(scrapy.Item):
    country = scrapy.Field()
    name = scrapy.Field()
    link_text = scrapy.Field()


# B 建立命名的爬蟲程式
class NWinnerSpider(scrapy.Spider):
    """ 爬取諾貝爾獎得主的國家和連結文本。"""

    name = 'nwinners_list'
    allowed_domains = ['en.wikipedia.org']
    start_urls = [
        "http://en.wikipedia.org ... of_Nobel_laureates_by_country"
    ]
    # C 用來處理 HTTP 回應的剖析方法
    def parse(self, response):
```

```
        h3s = response.xpath('//h3') ❶

        for h3 in h3s:
            country = h3.xpath('span[@class="mw-headline"]'\
            'text()').extract() ❷
            if country:
                winners = h2.xpath('following-sibling::ol[1]') ❸
                for w in winners.xpath('li'):
                    text = w.xpath('descendant-or-self::text()')\
                    .extract()
                    yield NWinnerItem(
                        country=country[0], name=text[0],
                        link_text = ' '.join(text)
                        )
```

❶ 獲取頁面上的所有 `<h3>` 標題，其中大部分將是我們的目標國家標題。

❷ 在可能的情況下，獲取 `<h3>` 元素具有類別 `mw-headline` 的子 `<span>` 的文本

❸ 獲取獲獎者的國家名單。

範例 6-2 中的 parse 方法會接收來自對維基百科諾貝爾獎頁面的 HTTP 請求的回應，並產生 Scrapy 項目，然後將其轉換為 JSON 物件並附加到輸出檔案，即 JSON 物件陣列。

執行第一個爬蟲程式，以確保正確地剖析和爬取諾貝爾獎資料。首先，導航到爬取專案的 *nobel_winners* 根目錄（包含 *scrapy.cfg* 檔案），看看有哪些進行爬取的爬蟲程式可用：

```
$ scrapy list
nwinners_list
```

正如預期的那樣，*spiders* 目錄中有一個 nwinners_list 爬蟲程式。要開始爬取，可使用 crawl 命令並將輸出定向到 *nwinners.json* 檔案。預設情況下，會在爬取過程中獲得大量 Python 日誌記錄資訊：

```
$ scrapy crawl nwinners_list -o nobel_winners.json
2021- ... [scrapy] INFO: Scrapy started (bot: nobel_winners)
...
2021- ... [nwinners_list] INFO: Closing spider (finished)
2021- ... [nwinners_list] INFO: Dumping Scrapy stats:
        {'downloader/request_bytes': 1147,
         'downloader/request_count': 4,
         'downloader/request_method_count/GET': 4,
         'downloader/response_bytes': 66459,
         ...
         'item_scraped_count': 1169, ❶
2021- ...  [scrapy.core.engine] INFO: Spider closed (finished)
```

❶ 從頁面上爬取了 1,169 位諾貝爾獎得主。

scrapy crawl 的輸出顯示成功爬取了 1,169 個項目。來看看 JSON 輸出檔案，以確保一切按計畫進行：

```
$ head nobel_winners.json
[{"country": "Argentina",
  "link_text": "C\u00e9sar Milstein , Physiology or Medicine,"\
  " 1984",
  "name": "C\u00e9sar Milstein"},
 {"country": "Argentina",
  "link_text": "Adolfo P\u00e9rez Esquivel , Peace, 1980",
  "name": "Adolfo P\u00e9rez Esquivel"},
 ...
```

如您所見，我們有一個 JSON 物件陣列，其中的四個關鍵欄位都存在且正確。

現在我們有一個爬蟲程式，成功地爬取了頁面上所有諾貝爾獎得主的串列資料，讓我們開始改進它，以爬取我們為諾貝爾獎視覺化而鎖定的所有資料（參見範例 6-1 和圖 6-1）。

首先，將計畫爬取的所有資料作為欄位添加到 scrapy.Item 中：

```
...
class NWinnerItem(scrapy.Item):
    name = scrapy.Field()
    link = scrapy.Field()
    year = scrapy.Field()
    category = scrapy.Field()
    country = scrapy.Field()
    gender = scrapy.Field()
    born_in = scrapy.Field()
    date_of_birth = scrapy.Field()
    date_of_death = scrapy.Field()
    place_of_birth = scrapy.Field()
    place_of_death = scrapy.Field()
    text = scrapy.Field()
...
```

稍微簡化程式碼並使用專用函數 process_winner_li 來處理獲獎者的連結文本，也是一件明智的事情。我們將向它傳遞一個連結選擇器和國家名稱，並傳回一個包含爬取資料的字典：

```
...

def parse(self, response):
```

```
h3s = response.xpath('//h3')

for h3 in h3s:
    country = h3.xpath('span[@class="mw-headline"]/text()')\
    .extract()
    if country:
        winners = h3.xpath('following-sibling::ol[1]')
        for w in winners.xpath('li'):
            wdata = process_winner_li(w, country[0])
            ...
```

擁抱正規表示式（regex）

有些人在遇到問題時會想說，「我知道，我會用正規表示式來解決。」然後他們就有兩個問題了。

—Jamie Zawinskie

前面的引述是一個老生常談，但確實總結許多人對正規表示式（regex）的看法（*https://oreil.ly/OfQls*）。正規表示式使用一系列字元來定義用於字串匹配的搜尋運算式。Python 和 JavaScript 都內建了對它們的處理。

在 Python 中，re 模組提供了許多正規表示式方法。一個常見的任務可能是查找文件中的所有電子郵件地址，透過 *foo@bar.com* 形式識別電子郵件字串。讓我們建立一個正規表示式來查找它們，過程分解如下 [2]：

```
In [12]: txt = 'Feel free to contact me at '\
' pyjdataviz@kyrandale.com with any feedback.'

In [13]: re.findall(r'[\w\.-]+@[\w\.-]+', txt)
Out[13]: ['pyjdataviz@kyrandale.com']
```

findall 方法把正規表示式字串（前面帶有 *r*）作為第一個引數，並把要搜尋的文本作為第二個引數。電子郵件搜尋樣式使用以下規則：

---

[2] 有一些方便的線上工具可用於測試正規表示式，其中一些特定於程式設計語言。Pyregex (*http://www.pyregex.com*) 是一個很好的 Python 工具，包含一個方便的備忘單。

\w	匹配包含數字和大小寫字母的文數字（alphanumeric）字串（正規表示式簡寫為 [0-9a-zA-Z_]）
\	逸出（escape）一特殊字元
\.	匹配一個點
-	匹配一個連字號（hyphen）
+	匹配一個或多個方括號字串

總而言之，這些規則會匹配由 @ 連接，並包含文數字字元或點或連字號的任何兩個字串。這顯然是一個非常廣泛的樣式（例如，.@. 也會被匹配），您可能想要對其精煉。例如，如果您只搜尋 Gmail 地址，則可以使用 r'[\w\.-]@gmail.com。

雖然正規表示式的語法一開始可能極具挑戰性，但事實上，網路爬取通常需要對混亂和未指定的資料進行樣式匹配，而正規表示式幾乎可以為這許多突然冒出來的工作而量身定做。您或許可以繞過它們，但稍微擁抱它們會讓您的生活變得更輕鬆，好消息是一點點就夠了。請參見範例 6-3。

process_winner_li 方法如範例 6-3 所示。wdata 字典中充滿了從獲獎者的 li 標記中提取的資訊，其中使用了幾個正規表示式來查找獲獎年分和類別。

範例 6-3　處理獲獎者串列項目

```
# ...
import re
BASE_URL = 'http://en.wikipedia.org'
# ...

def process_winner_li(w, country=None):
    """
    處理獲獎者的 <li> 標記，若適用時， adding country of birth or
    添加出生國家或國籍。
    """
    wdata = {}
    # 從 <a> 標記取得 href 連結位址
    wdata['link'] = BASE_URL + w.xpath('a/@href').extract()[0]  ❶

    text = ' '.join(w.xpath('descendant-or-self::text()')\
        .extract())
    # 取得以逗號分隔的姓名並且去除尾部空白
    wdata['name'] = text.split(',')[0].strip()
```

```
    year = re.findall('\d{4}', text) ❷
    if year:
        wdata['year'] = int(year[0])
    else:
        wdata['year'] = 0
        print('Oops, no year in ', text)

    category = re.findall(
            'Physics|Chemistry|Physiology or Medicine|Literature|'\
            'Peace|Economics',
                text) ❸
    if category:
        wdata['category'] = category[0]
    else:
        wdata['category'] = ''
        print('Oops, no category in ', text)

    if country:
        if text.find('*') != -1: ❹
            wdata['country'] = ''
            wdata['born_in'] = country
        else:
            wdata['country'] = country
            wdata['born_in'] = ''
    # 儲存連結的文本字串副本以進行任何手動修正
    wdata['text'] = text
    return wdata
```

❶ 從串列項目的 `<a>` 標記（`<li><a href=/wiki…>[winner name]</a>`…）中擷取 href 屬性，我們使用了 xpath 屬性參照 @。

❷ 這裡使用的是 Python 內建的正規表示式程式庫 re 來查找串列項目文本中的四位數年分字串。

❸ 再一次使用正規表示式程式庫來查找文本中的諾貝爾獎類別。

❹ 獲獎者姓名後面的星號用於表示獲獎者出生時的國家，不一定是國籍（例如，澳大利亞名單中的 "William Lawrence Bragg*, Physics, 1915"）。

範例 6-3 傳回維基百科諾貝爾獎主頁面上所有可用的獲獎者資料——即姓名、年分、類別、國家（出生國或獲獎時的國籍），以及指向個人獲獎者頁面。我們需要使用最後的資訊來獲取這些傳記頁面，並使用它們來爬取剩餘的目標資料（參見範例 6-1 和圖 6-1）。

爬取個人傳記頁面

主要的維基百科依國家排列之諾貝爾獎得主頁面，提供了很多目標資料，但獲獎者的出生日期、死亡日期（如適用）和性別仍有待爬取。希望這些資訊可以在他們的傳記頁面上以隱含或明確的方式來提供，尤其是非組織獲獎者。現在是啟動 Chrome 的 Elements 頁籤，並查看這些頁面以瞭解將如何提取所需資料的好時機。

從第 5 章可知，個人頁面上可見的資訊框並不是可靠的資訊來源，而且經常完全漏失。直到最近，[3] 一個隱藏的 persondata 表（參見圖 6-4）讓我們可以相當可靠的存取諸如出生地、死亡日期等資訊。不幸的是，這個方便的資源已被棄用。[4] 好消息是，這是改進傳記資訊分類的嘗試的一部分，藉由在維基百科的維基資料（Wikidata，*https://oreil.ly/ICbBi*）中為其提供專用空間，來儲存其結構化資料。

```
    </table>
    <table id="persondata" class="persondata noprint" style="border:1px solid #a
    <tr>
    <th colspan="2"><a href="/wiki/Wikipedia:Persondata" title="Wikipedia:Person
    </tr>
    <tr>
    <td class="persondata-label" style="color:#aaa;">Name</td>
    <td>Röntgen, Wilhelm</td>
    </tr>
    <tr>
    <td class="persondata-label" style="color:#aaa;">Alternative names</td>
    <td>Conrad</td>
    </tr>
```

圖 6-4　一位諾貝爾獎得主的隱藏 persondata 表

使用 Chrome 的 Elements 頁籤來檢查維基百科的傳記頁面，會顯示一個指向相關維基資料項目的連結（見圖 6-5），它會將您帶到 *https://www.wikidata.org* 上的傳記資料。點擊這個連結，可以爬取在那裡找到的任何東西，希望這將是我們目標資料的主體——重要的日期和地點（見範例 6-1）。

3　作者因這次刪除而受到傷害。

4　有關解釋，請參閱維基百科（*https://oreil.ly/pLVcE*）。

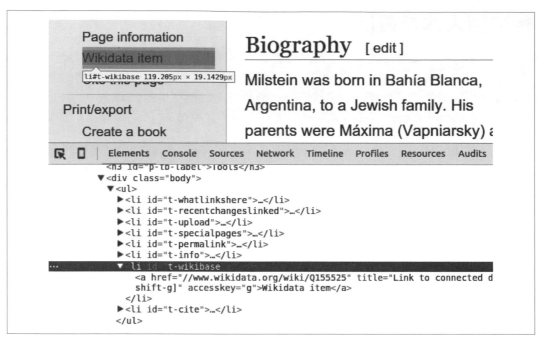

圖 6-5　超連結到獲獎者的維基資料

連結到維基資料後會顯示一個頁面，其中包含我們正在尋找的資料欄位，例如獲獎者的出生日期。如圖 6-6 所示，屬性被嵌入在電腦產生的 HTML 的巢套中，帶有相關編碼，可以將其用作爬取時的標識符（例如，出生日期的編碼為 P569）。

如圖 6-7 所示，我們需要的實際資料（在本案例中為日期字串）包含在 HTML 的進一步巢套的分支中，位於其各自的屬性標記中。透過選擇 div 並單擊右鍵，可以儲存元素的 xpath，並使用它來告訴 Scrapy 如何獲取它包含的資料。

找到爬取目標所需的 xpath 後，讓我們把它們放在一起來看看 Scrapy 是如何鏈接請求，以允許複雜的多頁爬取運算。

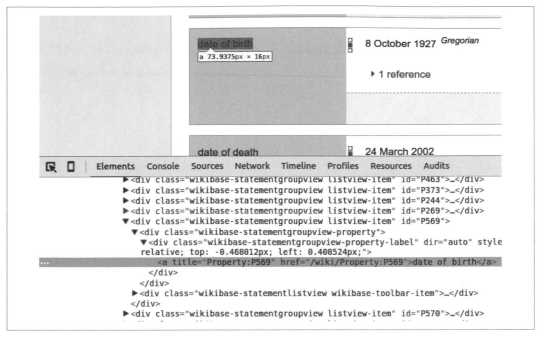

圖 6-6　維基資料的傳記屬性

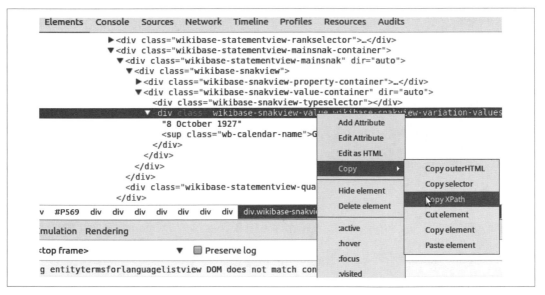

圖 6-7　獲取維基資料屬性的 xpath

鏈接請求和產生資料

本節將看到如何鏈接 Scrapy 請求，讓我們可以跟隨超連結去那裡爬取資料。首先，啟用 Scrapy 的頁面快取。在試驗 xpath 目標時，我們希望限制對 Wikipedia 的呼叫次數，這是一種儲存獲取頁面的有禮貌行為。與現有的一些資料集不同，諾貝爾獎得主每年只更新一次[5]。

快取頁面

如您所料，Scrapy 有一個複雜的快取系統（*https://oreil.ly/ytYWP*），可以讓您對頁面快取進行細粒度控制，例如，允許您在資料庫或檔案系統儲存區後端之間選擇、您的頁面還有多久會過期等。它被實作為我們專案的 settings.py 模組中啟用的中介軟體（middleware，*https://oreil.ly/w8v7c*）。有多種選項可用，但出於我們的諾貝爾獎爬取目的，只需將 HTTPCACHE_ENABLED 設定為 True 就足夠了：

```
# -*- coding: utf-8 -*-

# 用於 nobel_winners 專案的 Scrapy 設定
#
# 本檔案只包含最重要的預設設定。
# 其他的所有設定的說明文件如下：
#
#     http://doc.scrapy.org/en/latest/topics/settings.html
#

BOT_NAME = 'nobel_winners'

SPIDER_MODULES = ['nobel_winners.spiders']
NEWSPIDER_MODULE = 'nobel_winners.spiders'

# 透過在 user-agent 識別自己 ( 以及您的網站 )
# 來負責的爬取
#USER_AGENT = 'nobel_winners (+http://www.yourdomain.com)'

HTTPCACHE_ENABLED = True
```

在 Scrapy 的說明文件（*https://oreil.ly/9CMc4*）中查看全系列的 Scrapy 中介軟體。

勾選快取框後，讓我們看看如何鏈接 Scrapy 請求。

5　嚴格來說，維基百科社群會不斷編輯，但基本細節在下一組獎項公布之前應該是穩定的。

產生請求

現有的爬蟲程式 parse 方法會循環地遍歷諾貝爾獎得主，並使用 process_winner_li 方法來爬取國家、姓名、年分、類別和傳記超連結欄位。我們現在想使用傳記超連結產生一個 Scrapy 請求，該請求會獲取傳記頁面並把它們發送到客製化方法來進行爬取。

Scrapy 實作了一種用於鏈接請求的 Python 式樣式，使用了 Python 的 yield 敘述來建立一個產生器，[6] 允許 Scrapy 輕鬆地使用我們發出的任何額外頁面請求。範例 6-4 顯示了該樣式的實際應用。

範例 6-4　使用 Scrapy 產生請求

```python
class NWinnerSpider(scrapy.Spider):
    name = 'nwinners_full'
    allowed_domains = ['en.wikipedia.org']
    start_urls = [
        "https://en.wikipedia.org/wiki/List_of_Nobel_laureates" \
        "_by_country"
    ]
    def parse(self, response):

        h3s = response.xpath('//h3')
        for h3 in h3s:
            country = h3.xpath('span[@class="mw-headline"]/text()')
                    .extract()
            if country:
                winners = h2.xpath('following-sibling::ol[1]')
                for w in winners.xpath('li'):
                    wdata = process_winner_li(w, country[0])
                    request = scrapy.Request(  ❶
                        wdata['link'],
                        callback=self.parse_bio,  ❷
                        dont_filter=True)
                    request.meta['item'] = NWinnerItem(**wdata)  ❸
                    yield request  ❹

    def parse_bio(self, response):
        item = response.meta['item']  ❺
        ...
```

❶ 使用從 process_winner_li 爬取的連結（wdata[*link*]）向獲獎者的傳記頁面發出請求。

6　請參閱 Jeff Knupp 的部落格 "Everything I Know About Python"（*https://oreil.ly/qgku4*），以瞭解 Python 產生器和 yield 的使用。

❷ 設定回呼函數來處理回應。

❸ 建立一個 Scrapy Item 來保存諾貝爾獎資料，並使用剛剛從 process_winner_li 中爬取的資料來對它進行初始化。此 Item 資料會被附加到請求的元資料以允許任何回應存取它。

❹ 透過產生請求，使 parse 方法成為可使用請求的產生器。

❺ 此方法處理來自傳記連結請求的回呼。為了將爬取資料添加到 Scrapy Item 中，我們首先從 response 元資料中檢索它。

第 165 頁的「爬取個人傳記頁面」中對維基百科頁面的調查顯示，我們需要從他們的傳記頁面找到獲獎者的維基資料連結，並使用它來產生請求。然後我們將從回應中爬取日期、地點和性別資料。

範例 6-5 顯示了 parse_bio 和 parse_wikidata，這兩種方法是用來爬取獲獎者的傳記資料。parse_bio 使用爬取的 Wikidata 連結來請求 Wikidata 頁面，產生 request，而它又在 parse 方法中產生。在請求鏈的末尾，parse_wikidata 會檢索項目並填入 Wikidata 可用的任何欄位，最終將項目產生給 Scrapy。

範例 6-5　剖析獲獎者的傳記資料

```
# ...

    def parse_bio(self, response):

        item = response.meta['item']
        href = response.xpath("//li[@id='t-wikibase']/a/@href")  ❶
            .extract()
        if href:
            url = href[0]  ❷
            wiki_code = url.split('/')[-1]
            request = scrapy.Request(href[0],\
                        callback=self.parse_wikidata,\  ❸
                        dont_filter=True)
            request.meta['item'] = item
            yield request

    def parse_wikidata(self, response):

        item = response.meta['item']
        property_codes = [  ❹
            {'name':'date_of_birth', 'code':'P569'},
            {'name':'date_of_death', 'code':'P570'},
            {'name':'place_of_birth', 'code':'P19', 'link':True},
```

```
                    {'name':'place_of_death', 'code':'P20', 'link':True},
                    {'name':'gender', 'code':'P21', 'link':True}
                ]

        for prop in property_codes:

            link_html = ''
            if prop.get('link'):
                link_html = '/a'
            # 選擇具有屬性碼 id 的 div
            code_block = response.xpath('//*[@id="%s"]'%(prop['code']))
            # 若 code_block 存在則繼續
            if code_block:
            # 我們可以使用 css 選擇器，它具有較佳的類別選擇
                values = code_block.css('.wikibase-snakview-value')
            # 對應於代碼屬性的第一個值 \
            # ( 例如， '10 August 1879')
                value = values[0]
                prop_sel = value.xpath('.%s/text()'%link_html)
                if prop_sel:
                    item[prop['name']] = prop_sel[0].extract()

        yield item ❺
```

❶ 提取圖 6-5 中標識的 Wikidata 連結。

❷ 從 URL 中提取 wiki_code，例如 *http://wikidata.org/wiki/Q155525* → Q155525。

❸ 使用維基資料連結產生一個請求，並以爬蟲程式的 parse_wikidata 作為回呼來處理回應。

❹ 這些是之前找到的屬性碼（見圖 6-6），名稱對應於 Scrapy 項目 NWinnerItem 中的欄位。具有 True link 屬性的連結包含在 <a> 標記中。

❺ 最後產生該項目，此時它應該具有維基百科上可用的所有目標資料。

有了請求鏈，讓我們檢查爬蟲程式是否正在爬取所需資料：

```
$ scrapy crawl nwinners_full
2021-... [scrapy] ... started (bot: nobel_winners)
...
2021-... [nwinners_full] DEBUG: Scraped from
        <200 https://www.wikidata.org/wiki/Q155525>
  {'born_in': '',
   'category': u'Physiology or Medicine',
   'date_of_birth': u'8 October 1927',
   'date_of_death': u'24 March 2002',
```

```
        'gender': u'male',
        'link': u'http://en.wikipedia.org/wiki/C%C3%A9sar_Milstein',
        'name': u'C\xe9sar Milstein',
        'country': u'Argentina',
        'place_of_birth': u'Bah\xeda Blanca',
        'place_of_death': u'Cambridge',
        'text': u'C\xe9sar Milstein , Physiology or Medicine, 1984',
        'year': 1984}
2021-... [nwinners_full] DEBUG: Scraped from
        <200 https://www.wikidata.org/wiki/Q193672>
  {'born_in': '',
   'category': u'Peace',
   'date_of_birth': u'1 November 1878',
   'date_of_death': u'5 May 1959',
   'gender': u'male',
   'link': u'http://en.wikipedia.org/wiki/Carlos_Saavedra_Lamas',
   ...
```

事情進展得不錯。除了 born_in 欄位，它依賴於主要維基百科諾貝爾獎得主名單中帶有星號的名字，我們正在獲取所針對的所有資料。該資料集現在已準備就緒，好在下一章由 pandas 來清理。

爬取諾貝爾獎得主的基本傳記資料後，讓我們爬取剩餘目標，一些傳記正文、以及這些偉大人物的照片（如果有的話）。

爬取生產線

為了替諾貝爾獎視覺化添加一點個性，最好有一點傳記文本和獲獎者的影像。維基百科的傳記頁面通常會提供這些東西，所以讓我們開始爬取。

到目前為止，我們爬取的資料都是文本字串。為了以各種格式爬取影像，我們需要使用 Scrapy 生產線（*pipeline*）。生產線（*https://oreil.ly/maUyE*）提供了一種對爬取項目進行後置處理的方法，您可以定義任意數量的生產線。您可以自己編寫或利用 Scrapy 固有工具，例如我們即將使用的 ImagesPipeline。

在最簡單的形式中，生產線只需要定義一個 process_item 方法。這會接收爬取項目和爬蟲程式物件。讓我們寫一個小生產線，使用現有的 nwinners_full 爬蟲程式來交付項目，以拒絕無性別的諾貝爾獎得主，這樣就可以省略頒給組織而非個人的獎項。首先，在專案的 pipelines.py 模組中添加一個 DropNonPersons 生產線：

```python
# nobel_winners/nobel_winners/pipelines.py

# 在此定義您的項目生產線
#
# 別忘了將您的生產線添加到 ITEM_PIPELINES 設定中
# 參見：http://doc.scrapy.org/en/latest/topics/item-pipeline.html

from scrapy.exceptions import DropItem

class DropNonPersons(object):
    """ 移除非人類獲獎者 """

    def process_item(self, item, spider):
        if not item['gender']:                      ❶
            raise DropItem("No gender for %s"%item['name'])
        return item ❷
```

❶ 如果爬取專案在維基資料中沒有找到性別屬性，那很可能是紅十字會之類的組織。我們的視覺化側重於個人獲獎者，因此在這裡使用 DropItem 來從輸出串流中刪除項目。

❷ 需要將該項目傳回到進一步的生產線或由 Scrapy 儲存。

如 pipelines.py 標頭中所述，為了將此生產線添加到專案的爬蟲程式中，需要透過將其添加到生產線的 dict，並將其設定為活動 (1) 來在 settings.py 模組中註冊它：

```python
# nobel_winners/nobel_winners/settings.py

BOT_NAME = 'nobel_winners'
SPIDER_MODULES = ['nobel_winners.spiders']
NEWSPIDER_MODULE = 'nobel_winners.spiders'

HTTPCACHE_ENABLED = True
ITEM_PIPELINES = {'nobel_winners.pipelines.DropNonPersons':300}
```

現在已經有生產線的基本工作流程，讓我們向專案添加一個有用的生產線。

使用生產線爬取文本和影像

我們現在想要爬取獲獎者的傳記和照片（見圖 6-1）。可以使用和上一個爬蟲程式相同的方法來爬取傳記文本，但照片最好由影像生產線來處理。

我們可以很容易地編寫自己的生產線，來獲取爬取的影像 URL、從維基百科請求它、然後儲存到磁碟，但要正確地做到這一點需要稍加留意。例如，我們希望避免重新載入最近下載或在此期間未更改的影像，指定影像儲存位置的一些靈活性將會非常有用；如果可以選擇將影像轉換為通用格式（例如 JPG 或 PNG）或產生縮圖，也會是一件好事。幸運的是，Scrapy 提供了一個具有所有這些功能和其他更多功能的 ImagesPipeline 物件，這是其媒體生產線之一（*https://oreil.ly/y9vAT*），其中也包括用於處理一般檔案的 FilesPipeline。

我們可以將影像和傳記文本爬取添加到我們現有的 nwinners_full 爬蟲程式中，但這會讓程式開始變得有點大，把這些個性資料與更正式的類別分開是有意義的。因此，我們將建立一個名為 nwinners_minibio 的新爬蟲程式，它將重用之前爬蟲程式的部分 parse 方法，以迴圈式的遍歷諾貝爾獎得主。

像往常一樣，在建立 Scrapy 爬蟲程式時，首要工作是獲取爬取目標的 xpath——在此案例中，如果可用的話，這會是獲獎者傳記文本和他們照片的第一部分。為此，我們啟動 Chrome Elements 並探索傳記頁面的 HTML 原始碼，以查找圖 6-8 中所示的目標。

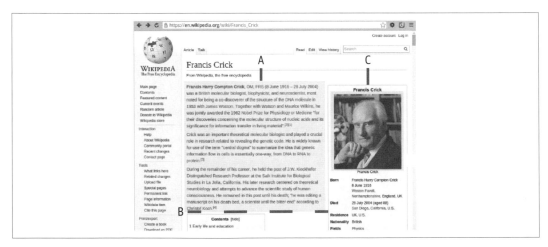

圖 6-8　傳記爬取目標元素：傳記的第一部分（A），由停止點（B）標記，以及獲獎者照片（C）

範例 6-6　爬取傳記文本

```
<div id="mw-content-text">
  <div class="mw-parser-output">
    ...
    <table class="infobox biography vcard">...</table>
    /* 目標段落： */
    <p>...</p>
    <p>...</p>
    <p>...</p>
    <div id="toc">...</div>
  ...
  </div>
</div>
```

使用 Chrome Elements 進行調查（參見範例 6-6）顯示了傳記文本（圖 6-8 A）包含在具有類別 mw-parser-output 的 div 的子段落中，而它又是 ID 為 mw-content-text 的 div 的子級。這些段落夾在帶有類別為 infobox 的 table 和帶有 ID 為 toc 的目錄（table-of-contents）div 之間。我們可以使用 xpath following-sibling 和 preceding-sibling 運算子來製作一個選擇器並捕獲目標段落：

```
ps = response.xpath(\
  '//*[@id="mw-content-text"]/div/table/following-sibling::p' ❶
  '[not(preceding-sibling::div[@id="toc"])]').extract() ❷
```

❶ 帶有 ID 為 mw-content-text 的 div 的子 div 中第一個表格之後的所有段落。

❷ 排除前面（並不是）所有帶有 ID 為 toc 的同級 div 的段落。

使用 Scrapy 殼層對其測試，展示了它會始終如一地捕獲諾貝爾獎得主的迷您簡歷。

對獲獎者頁面的進一步探索表明，他們的照片（圖 6-8 C）包含在類別為 infobox 的表格中，並且是該表格中唯一的影像標記（<img>）：

```
<table class="infobox biography vcard">
  ...
      <img alt="Francis Crick crop.jpg" src="//upload..." />
  ...
</table>
```

xpath '//table[contains(@class,"infobox")]//img/@src 會得到圖片的來源位址。

和我們的第一個爬蟲程式一樣，首先需要宣告一個 Scrapy Item 來保存爬取的資料。爬取獲獎者的傳記連結和姓名，可以用來作為影像和文本的標識符。我們還需要在某個地方儲存 image-urls（雖然只會爬取一個傳記影像，我將介紹多影像的使用案例）、結果影像的參照（檔案路徑）、和一個 bio_image 欄位來儲存感興趣的特定影像：

```python
import scrapy
import re

BASE_URL = 'http://en.wikipedia.org'

class NWinnerItemBio(scrapy.Item):
    link = scrapy.Field()
    name = scrapy.Field()
    mini_bio = scrapy.Field()
    image_urls = scrapy.Field()
    bio_image = scrapy.Field()
    images = scrapy.Field()
...
```

現在我們在諾貝爾獎得主身上重用爬取迴圈（詳見範例 6-4），這次會產生對新的 get_mini_bio 方法的請求，該方法將爬取影像 URL 和個人傳記文本：

```python
class NWinnerSpiderBio(scrapy.Spider):

    name = 'nwinners_minibio'
    allowed_domains = ['en.wikipedia.org']
    start_urls = [
        "https://en.wikipedia.org/wiki/List_of_Nobel_" \
        "laureates_by_country"
    ]
    def parse(self, response):

        filename = response.url.split('/')[-1]
        h3s = response.xpath('//h3')

        for h3 in h3s:
            country = h3.xpath('span[@class="mw-headline"]'\
            'text()').extract()
            if country:
                winners = h3.xpath('following-sibling::ol[1]')
                for w in winners.xpath('li'):
                    wdata = {}
                    wdata['link'] = BASE_URL + \
                    w.xpath('a/@href').extract()[0]
                    # 使用 get_mini_bio 方法
                    # 處理獲獎者傳記頁面
                    request = scrapy.Request(wdata['link'],
```

```
                              callback=self.get_mini_bio)
                    request.meta['item'] = NWinnerItemBio(**wdata)
                    yield request
```

我們的 get_mini_bio 方法會將任何可用的照片 URL 添加到 image_urls 串列，並將所有
直到 <p></p> 停止點的傳記段落，添加到項目的 mini_bio 欄位：

```
...
    def get_mini_bio(self, response):
        """ 獲取獲獎者的傳記文本和照片 """

        BASE_URL_ESCAPED = 'http:\/\/en.wikipedia.org'
        item = response.meta['item']
        item['image_urls'] = []
        img_src = response.xpath(\
            '//table[contains(@class,"infobox")]//img/@src')  ❶
        if img_src:
            item['image_urls'] = ['http:' +\
             img_src[0].extract()]

        ps = response.xpath(
            '//*[@id="mw-content-text"]/div/table/'
            'following-sibling::p[not(preceding-sibling::div[@id="toc"])]')\
            .extract()  ❷
        # 串接傳記段落為 mini_bio 字串
        mini_bio = ''
        for p in ps:
            mini_bio += p
        # 為 wiki-link 進行修正
        mini_bio = mini_bio.replace('href="/wiki', 'href="'
                        + BASE_URL + '/wiki"')  ❸
        mini_bio = mini_bio.replace('href="#',\
          'href="' + item['link'] + '#"')
        item['mini_bio'] = mini_bio
        yield item
```

❶ 以類別為 infobox 的表中第一個（也是唯一一個）影像為目標，並獲取其來源（src）
屬性（例如，<img src='//upload.wikimedia.org/.../ Max_Perutz.jpg'...）。

❷ 在夾雜的同級中抓住迷您傳記段落。

❸ 用視覺化需要的完整位址，替換維基百科的內部 href（例如，/wiki/…）。

定義傳記爬取爬蟲程式後，我們需要建立其補充生產線，它將獲取爬取的影像 URL 並轉換為儲存的影像。我們將使用 Scrapy 的影像生產線（*https://oreil.ly/MqUuX*）來完成這項工作。

範例 6-7 中 所 示 的 ImagesPipeline 有 兩 個 主 要 方 法，get_media_requests 和 item_completed，前者會產生對影像 URL 的請求，後者會在請求被使用後呼叫。

範例 6-7　使用影像生產線爬取影像

```
import scrapy
from itemadapter import ItemAdapter
from scrapy.pipelines.images import ImagesPipeline
from scrapy.exceptions import DropItem

class NobelImagesPipeline(ImagesPipeline):

    def get_media_requests(self, item, info): ❶

        for image_url in item['image_urls']:
            yield scrapy.Request(image_url)

    def item_completed(self, results, item, info): ❷

        image_paths = [img['path'] for ok, img in results if ok] ❸

        if not image_paths:
            raise DropItem("Item contains no images")
        adapter = ItemAdapter(item) ❹
        adapter['bio_image'] = image_paths[0]

        return item
```

❶ 這會獲取 *nwinners_minibio* 爬蟲程式所爬取的任何影像 URL，並為其內容產生一個 HTTP 請求。

❷ 發出影像 URL 請求後，結果將傳送到 item_completed 方法。

❸ 這 個 Python 串列理解會過濾結果元組串列（形式為 [(True, Image), (False, Image) …]），並儲存它們相對於 settings.py 中 IMAGES_STORE 變數中所指定目錄的檔案路徑。

❹ 使用 Scrapy 項目適配器（*https://oreil.ly/8P6uq*），它提供一個通用介面來處理支援的項目類型。

定義了爬蟲程式和生產線後，我們只需要將生產線添加到 settings.py 模組，並將 IMAGES_STORE 變數設定為我們想要儲存影像的目錄：

```
# nobel_winners/nobel_winners/settings.py

...
ITEM_PIPELINES = {'nobel_winners.pipelines'\
                    '.NobelImagesPipeline':300}
IMAGES_STORE = 'images'
```

讓我們從專案的 *nobel_winners* 根目錄執行新爬蟲程式，並檢查其輸出：

```
$ scrapy crawl nwinners_minibio -o minibios.json
...
2021-12-13 17:18:05 [scrapy.core.scraper] DEBUG: Scraped from
    <200 https://en.wikipedia.org/wiki/C%C3%A9sar_Milstein>

{'bio_image': 'full/65ac9541c305ab4728ed889385d422a2321a117d.jpg',
 'image_urls': ['http://upload.wikimedia...
        150px-Milstein_lnp_restauraci%C3%B3n.jpg'],
 'link': 'http://en.wikipedia.org/wiki/C%C3%A9sar_Milstein',
 'mini_bio': '<p><b>César Milstein</b>, <a ...'
            'href="http://en.wikipedia.org/wiki/Order_of_the_...'
            'title="Order of the Companions of Honour">CH</a>'
            'href="http://en.wikipedia.org/wiki/Royal_Society'
            'Society">FRS</a><sup id="cite_ref-frs_2-1" class'...>
            'href="http://en.wikipedia.org/wiki/C%C3%A9sar_Mi'
            '(8 October 1927 – 24 March 2002) was an <a ...>'
            'href="http://en.wikipedia.org/wiki/Argentine" '

...
```

爬蟲程式正在正確地蒐集迷你傳記，並使用其影像生產線來獲取諾貝爾獎得主的照片。影像被儲存在 image_urls 中並成功地處理，載入儲存在我們用具有相對路徑（full/a5f763b828006e704cb291411b8b643bfb1886c.jpg）的 IMAGE_STORE，所指定的 *images* 目錄中的 JPG 檔案。檔案名很方便的是影像 URL 的 SHA1 雜湊（*https://oreil.ly/SlSl2*），它允許影像生產線檢查既有的影像，從而防止冗餘請求。

影像目錄的快速列表顯示一組不錯的維基百科諾貝爾獎得主影像，可以使用於網路視覺化中：

```
$ (nobel_winners) tree images
images
└── full
    ├── 0512ae11141584da1262661992a1b05dfb20dd52.jpg
    ├── 092a92689118c16b15b1613751af422439df2850.jpg
    ├── 0b6a8ca56e6ff115b7d30087df9c21da09684db1.jpg
    ├── 1197aa95299a1fec983b3dbdeaeb97a1f7e545c9.jpg
    ├── 1f6fb8e9e2241733da47328291b25bd1a78fa588.jpg
    ├── 272cf1b089c7a28ea0109ad8655bc3ef1c03fb52.jpg
    ├── 28dcc7978d9d5710f0c29d6dfcf09caa7e13a1d0.jpg
    ...
```

正如第 16 章將會看到的,我們把這些放在網路應用程式的 *static* 資料夾中,準備好透過獲獎者的 `bio_image` 欄位來存取。

有了手頭的影像和傳記文本之後,我們已經成功地爬取本章開頭設定的所有目標(參見範例 6-1 和圖 6-1)。現在,是時候快速總結,然後繼續在 pandas 的幫助下清理這些不可避免的骯髒資料。

指明具有多個爬蟲程式的生產線

settings.py 中啟用的生產線適用於 Scrapy 專案中的所有爬蟲程式。通常,如果您有許多爬蟲程式,您會希望能夠逐一指明在每個爬蟲程式上應用哪些生產線。有很多方法(*https://oreil.ly/62Uzn*)可以達成這一點,但我見過最好的方法,是使用爬蟲程式的 `custom_settings` 類別屬性來設定 `ITEM_PIPELINES` 字典,而不是在 *settings.py* 中設定它。對於 `nwinners_minibio` 爬蟲程式案例而言,這意味著要像這樣調整 NWinnerSpiderBio 類別:

```
class NWinnerSpiderBio(scrapy.Spider):
    name = 'nwinners_minibio'
    allowed_domains = ['en.wikipedia.org']
    start_urls = [
      "http://en.wikipedia.org/wiki"\
      "List_of_Nobel_laureates_by_country"
    ]

    custom_settings = {
        'ITEM_PIPELINES':\
        {'nobel_winners.pipelines.NobelImagesPipeline':1}
    }
    # ...
```

現在 NobelImagesPipeline 生產線只會在爬取諾貝爾獎得主的傳記時應用了。

總結

本章中製作了兩個 Scrapy 爬蟲程式，成功地獲取諾貝爾獎得主的簡單統計資料集和一些傳記文本；如果可以的話，還會加上一張照片來為統計資料添加一些色彩。Scrapy 是一個功能強大的程式庫，可以處理您在成熟的爬蟲程式中的一切可能需求。雖然這個工作流程需要比使用 Beautiful Soup 做一些駭客工作更多的努力來實作，但 Scrapy 具有更大的威力，並且會隨著您的爬取野心的增加而發揮它自己的作用。所有 Scrapy 爬蟲程式都遵循此處示範的標準配方，在您編寫一些程式後，工作流程應該變得很日常。

我希望本章已經傳達了爬取的相當駭客性、迭代的本質，以及從網路上經常發現的一堆毫無希望的東西中，產生相對乾淨資料時可以獲得的一些平靜滿足感。事實上，在現在和可預見的未來，大部分有趣的資料（資料視覺化藝術和科學的燃料）都被困在一種無法用在（本書所關注的）基於網路視覺化的形式中。從這個意義上說，爬取是一種讓人得以解放的努力。

我們爬取的資料，其中有大部分是人工編輯的，肯定會有一些錯誤——從格式錯誤的日期、到分類異常、再到漏失欄位。使資料成為可呈現的將是下一個基於 pandas 的章節的重點；但首先，我們需要稍微介紹一下 pandas 及其積木 NumPy。

## 第三部分

使用 pandas 清理和
探索資料

本書的這一部分是工具鏈的第二階段（見圖 III-1），我們會接受剛剛在第 6 章中用 Scrapy 爬取的諾貝爾獎資料集並且先清理它，然後再探索以尋找有趣的資料金塊。主要會使用的工具是大型 Python 程式庫 Matplotlib 和 pandas。

 本書的第二版使用與第一版相同的諾貝爾獎資料集。我覺得時間最好花在編寫新素材和更新所有程式庫上，而不是去改變探索和分析的內容。Dataviz 通常涉及使用較舊的資料集，而少數額外的諾貝爾獎得主根本不會改變素材的實質。

在接下來的幾章中將介紹 pandas 及其積木 NumPy。第 9 章將使用 pandas 來清理諾貝爾獎資料集；第 11 章將結合 Python 的繪圖程式庫 Matplotlib，並用它探索資料集。

在第四部分中，我們將看到如何使用 Python 的 Flask Web 伺服器，來把剛剛清理過的諾貝爾獎資料集傳送到瀏覽器。

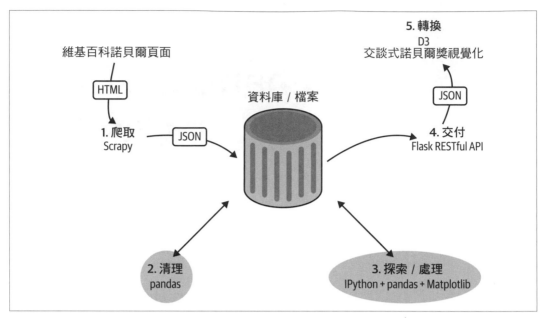

圖 III-1　我們的 dataviz 工具鏈：清理和探索資料

　您可以在本書的 GitHub 儲存庫（*https://github.com/Kyrand/dataviz-with-python-and-js-ed-2*）中找到本書這一部分的程式碼。

## 第七章

NumPy 簡介

本章旨在向不熟悉的人介紹 Numeric Python 程式庫（NumPy）。NumPy 是 pandas 的關鍵積木，pandas 是強大的資料分析程式庫，我們將在接下來的章節中使用它來清理和探索第 6 章爬取的諾貝爾獎資料集。如果您想充分利用 pandas，對 NumPy 的核心元素和原則有基本瞭解相當重要。因此，本章的重點是為即將到來的 pandas 入門打下基礎。

NumPy 是一個 Python 模組，允許存取非常快速的多維陣列操作，它是由用 C 和 Fortran 所編寫的低階程式庫實作的[1]。Python 處理大量資料的原生效能相對較慢，但 NumPy 允許您對大型陣列一次全部地執行平行運算，讓它變得非常快。鑑於 NumPy 是大多數重量級 Python 資料處理程式庫（包括 pandas）的主要積木，因此很難否認它在 Python 資料處理領域的關鍵地位。

除了 pandas，NumPy 龐大的生態系統還包括 Science Python（SciPy），它為 NumPy 補充了核心的科學和工程模組；scikit-learn，它在分類和特徵提取等領域添加了大量現代機器學習演算法；以及許多其他使用了 NumPy 的多維陣列，來當作是它們的主要資料物件的專用程式庫。從這個意義上說，掌握基本的 NumPy 就可以極大地擴展您在 Python 資料處理領域的範圍。

要理解 NumPy 的關鍵是它的陣列。如果您瞭解它們的運作及操作方式，那麼很多其他的東西應該會毫不費力地跟進[2]。接下來的幾節將介紹基本的陣列操作以及一些 NumPy 的實際範例，為第 8 章所要引入的 pandas 資料集做準備。

---

1 Python 的腳本易用性是以原始速度為代價的。透過包裝快速、低階的程式庫，像 NumPy 這樣的計畫旨在實現簡單、無障礙的程式設計和令人眩目的效能。

2 NumPy 用於實作一些非常進階的數學，所以不要指望您能理解網路上看到的任何東西——先來堆積木就對了。

NumPy 陣列

NumPy 中的一切都是圍繞其同質的（homogeneous）[3] 多維 ndarray 物件建構的。這些陣列上的運算是使用非常快速的已編譯程式庫執行的，這使得 NumPy 的效能大大優於原生 Python。除其他事項外，您還可以對這些陣列執行標準算術運算，就像對 Python int 或 float 進行運算一樣 [4]。在以下程式碼中，會將整個陣列和自身相加，就像將兩個整數相加一樣簡單快捷：

```
import numpy as np ❶

a = np.array([1, 2, 3]) ❷
a + a
# 輸出 array([2, 4, 6])
```

❶ 使用 NumPy 程式庫的標準方式，比 "from numpy import *" 更受偏好。[5]

❷ 自動轉換 Python 數字串列。

在幕後，NumPy 可以利用現代 CPU 可用的大規模平行計算，舉例來說在可接受的時間內處理大型矩陣（二維陣列）。

NumPy ndarray 的關鍵屬性是它的維數（ndim）、形狀（shape）和數值型別（dtype）。相同的數字陣列可以就地重塑，這有時會涉及改變陣列的維數。讓我們用八個成員的陣列來示範一些重塑。我們將使用 print_array_details 方法來輸出關鍵陣列屬性：

```
def print_array_details(a):
    print('Dimensions: %d, shape: %s, dtype: %s'\
        %(a.ndim, a.shape, a.dtype))
```

首先，建立一維陣列。如列印的詳細資訊所示，預設情況下它具有 64 位元整數數值型別（int64）：

```
In [1]: a = np.array([1, 2, 3, 4, 5, 6, 7, 8])

In [2]: a
Out[2]: array([1, 2, 3, 4, 5, 6, 7, 8])

In [3]: print_array_details(a)
Dimensions: 1, shape: (8,), dtype: int64
```

3　這意味著 NumPy 處理的是相同資料型別（dtype）的陣列，而不是包含了字串、數字、日期等型別的 Python 串列。

4　這假定陣列滿足了形狀和型別限制。

5　使用 * 來將所有模組變數匯入您的名稱空間，怎樣都不是一個好主意。

使用 reshape 方法可以改變 a 的形狀和維數。讓我們將 a 重塑為由兩個四成員陣列所組成的二維陣列：

```
In [4]: a = a.reshape([2, 4])
In [5]: a
Out[5]:
array([[1, 2, 3, 4],
       [5, 6, 7, 8]])

In [6]: print_array_details(a)
Dimensions: 2, shape: (2, 4), dtype: int64
```

八成員陣列也可以重新塑形為三維陣列：

```
In [7]: a = a.reshape([2, 2, 2])

In [8]: a
Out[8]:
array([[[1, 2],
        [3, 4]],

       [[5, 6],
        [7, 8]]])

In [9]: print_array_details(a)
Dimensions: 3, shape: (2, 2, 2), dtype: int64
```

可以在建立陣列時或之後指明形狀和數值型別。更改陣列數值型別的最簡單方法是使用 astype 方法來製作原始陣列調整大小後具有新型別的副本[6]：

```
In [0]: x = np.array([[1, 2, 3], [4, 5, 6]], np.int32) ❶
In [1]: x.shape
Out[1]: (2, 3)
In [2]: x.shape = (6,)
In [3]: x
Out[3]: array([1, 2, 3, 4, 5, 6], dtype=int32)
In [4]  x = x.astype('int64')
In [5]: x.dtype
Out[5]: dtype('int64')
```

❶ 該陣列會將巢套的數字串列轉換為適當形狀的多維形式。

---

[6] 一種更節省記憶體和效能的方法與操作陣列的視圖有關，但它確實涉及一些額外的步驟。請參閱這篇 Stack Overflow 文章（*https://oreil.ly/FOQWt*）以瞭解一些範例和優缺點討論。

建立陣列

除了用數字串列來建立陣列外，NumPy 還提供了一些工具函數來建立具有特定形狀的陣列。zeros 和 ones 是最常用的函數，用於建立預填充陣列。這裡有幾個範例，請注意，這些方法的預設 dtype 是 64 位元浮點數（float64）：

```
In [32]: a = np.zeros([2,3])
In [33]: a
Out[33]:
array([[ 0.,  0.,  0.],
       [ 0.,  0.,  0.]])

In [34]: a.dtype
Out[34]: dtype('float64')

In [35]: np.ones([2, 3])
Out[35]:
array([[ 1.,  1.,  1.],
       [ 1.,  1.,  1.]])
```

更快的 empty 方法只會占用一個記憶體區塊，沒有填充的額外負擔，而把初始化留給您。這意味著不像 np.zeros 一樣，您並不知道也不能保證陣列有什麼值，所以請謹慎使用：

```
empty_array = np.empty((2,3)) # 建立未初始化陣列

empty_array
Out[3]:
array([[  6.93185732e-310,   2.52008024e-316,   4.71690401e-317],
       [  2.38085057e-316,   6.93185752e-310,   6.93185751e-310]])
```

另一個有用的工具函數是 random，它可以和 NumPy 的 random 模組中的一些有用的兄弟函數一起找到。以下會建立一個塑形的隨機陣列：

```
>>> np.random.random((2,3))
>>> Out:
array([[ 0.97519667,  0.94934859,  0.98379541], ❶
       [ 0.10407003,  0.35752882,  0.62971186]])
```

❶ 0 <= x < 1 範圍內的 2×3 亂數陣列。

方便的 linspace 會在設定的時間間隔內建立指定數量的均勻分布樣本。arrange 也很類似，但使用了步長引數：

```
np.linspace(2, 10, 5) # 5 個範圍落在 2-10 間的數字
Out: array([2., 4.,6., 8., 10.])

np.arange(2, 10, 2) # 從 2 到 10（不包含），步長為 2。
Out: array([2, 4, 6, 8])
```

請注意，與 arrange 不同，linspace 有包含上限值，並且陣列的資料型別是預設的 float64。

陣列索引和切片

一維陣列的索引（indexing）和切片（slicing），與 Python 串列非常相似：

```
a = np.array([1, 2, 3, 4, 5, 6])
a[2] # Out: 3
a[3:5] # Out: array([4, 5])
# 將從 0-4 每二個項目設為 0
a[:4:2] = 0 # Out: array([0, 2, 0, 4, 5, 6])
a[::-1] # Out: array([6, 5, 4, 0, 2, 0]), 倒轉
```

對多維陣列進行索引類似於一維（1-D）形式。每個維度都有白己的索引 / 切片運算，這些運算在逗號分隔的元組中指明[7]。圖 7-1 顯示了其工作原理。

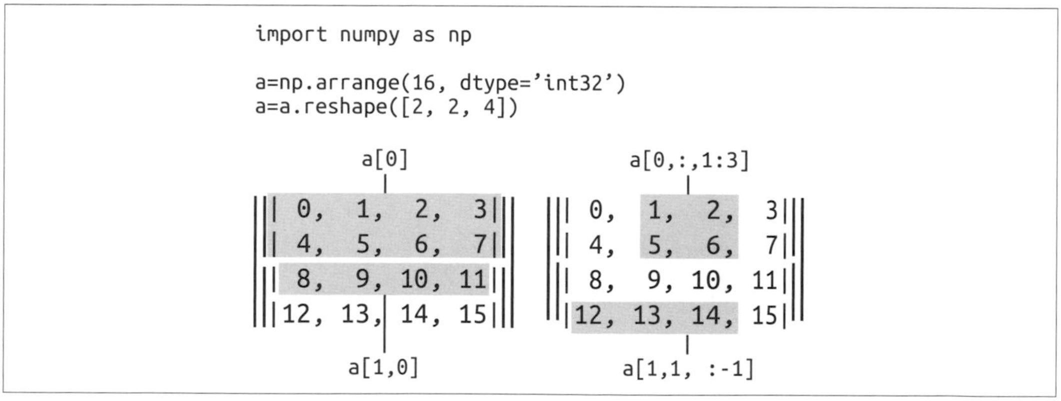

圖 7-1　使用 NumPy 進行多維索引

7　有一個速記點標記法（例如 [..1:3]）可以用來選擇所有索引。

請注意，如果選擇元組中的物件數小於維度數，則會假定剩餘維度已被完全選中（:）。
省略號也可以用來當作所有索引的完整選擇的簡寫，擴展到所需數量的:物件。我們將
使用一個三維陣列來示範：

```
a = np.arange(8)
a.shape = (2, 2, 2)
a
Out:
array([[[0, 1],
        [2, 3]],

       [[4, 5],
        [6, 7]]])
```

NumPy 有一個方便的 `array_equal` 方法，它會按形狀和元素來比較陣列，可以用它來顯
示以下的陣列選擇的等價性，取軸 0 的第二個子陣列：

```
a1 = a[1]
a1
Out:
array([[4, 5],
       [6, 7]])
```

等價性測試：

```
np.array_equal(a1, a[1,:])
Out: True

np.array_equal(a1, a[1,:,:])
Out: True
# 取子陣列的第一個元素
# array([[0, 2], [4, 6]])
np.array_equal(a[...,0], a[:,:,0])
Out: True
```

一些基本運算

真正讓 NumPy 陣列看起來酷的原因之一是，您可以執行基本（和不太基本）的數學運
算，其方式與處理普通數值變數的方式大致相同。圖 7-2 顯示了在二維陣列上使用一些
重載算術運算子。簡單的數學運算會應用於陣列的所有成員。請注意，陣列除以浮點值
（2.0）時，結果會自動轉換為浮點型別（`float64`）。能夠像操作單一數字一樣輕鬆地操
作陣列是 NumPy 的巨大優勢，也是其表達能力的很大一部分。

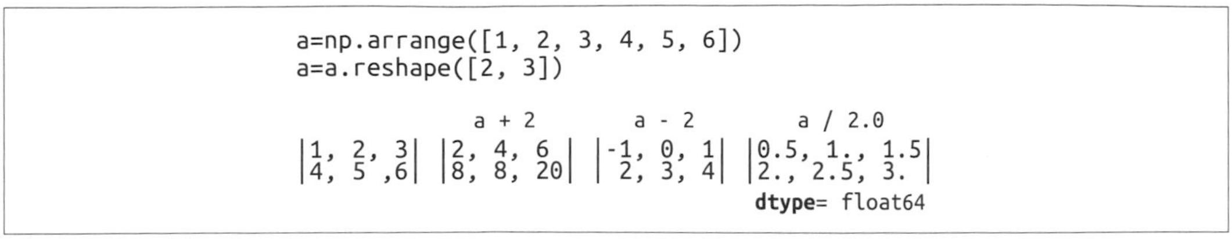

```
                    a=np.arrange([1, 2, 3, 4, 5, 6])
                    a=a.reshape([2, 3])

                           a + 2          a - 2          a / 2.0
                    |1, 2, 3|  |2, 4, 6|  |-1, 0, 1|  |0.5, 1., 1.5|
                    |4, 5',6|  |8, 8, 20|  |2, 3, 4|  |2., 2.5, 3. |
                                                         dtype= float64
```

圖 7-2　二維 NumPy 陣列的一些基本數學運算

布林運算子的運作方式與算術運算子類似。正如下一章所會看到的那樣，這是建立
pandas 中常用的布林遮罩（mask）非常有用的方法。下面是一個小範例：

```
a = np.array([45, 65, 76, 32, 99, 22])
a < 50
Out[69]: array([ True, False, False,  True, False,  True]
               , dtype=bool)
```

陣列也有許多有用的方法，範例 7-1 展示其中一部分。您可以在官方 NumPy 說明文件
（*https://oreil.ly/qmnDX*）中獲得全面概述。

範例 *7-1*　一些陣列方法

```
a = np.arange(8).reshape((2,4))
# array([[0, 1, 2, 3],
#        [4, 5, 6, 7]])
a.min(axis=1)
# array([0, 4])
a.sum(axis=0)
# array([4, 6, 8, 10])
a.mean(axis=1) ❶
# array([ 1.5, 5.5 ])
a.std(axis=1) ❷
# array([ 1.11803399,  1.11803399])
```

❶ 沿著第二個軸的平均值。

❷ [0, 1, 2, 3],⋯的標準差

還有大量內建的陣列函數。範例 7-2 示範了其中的一部分，您可以在 NumPy 官方網站
（*https://oreil.ly/vvfzm*）上找到 NumPy 內建數學常式的完整列表。

範例 7-2　一些 NumPy 陣列數學函數

```
# 三角函數
pi = np.pi
a = np.array([pi, pi/2, pi/4, pi/6])

np.degrees(a) # 弧度到度數
# Out: array([ 180., 90., 45., 30.,])

sin_a = np.sin(a)
# Out: array([  1.22464680e-16,   1.00000000e+00, ❶
#              7.07106781e-01,   5.00000000e-01])
# 四捨五入
np.round(sin_a, 7) # 四捨五入到第 7 位小數
# Out: array([ 0., 1., 0.7071068, 0.5 ])

# 和、積、差
a = np.arange(8).reshape((2,4))
# array([[0, 1, 2, 3],
#        [4, 5, 6, 7]])

np.cumsum(a, axis=1) # 沿著第二軸的累積和
# array([[ 0,  1,  3,  6],
#        [ 4,  9, 15, 22]])

np.cumsum(a) # 沒有軸引數，陣列被展平
# array([ 0,  1,  3,  6, 10, 15, 21, 28])
```

❶ 注意 sin(pi) 的浮點四捨五入誤差。

建立陣列函數

無論您使用的是 pandas 還是眾多 Python 資料處理程式庫的其中之一，例如 SciPy、scikit-learn 或 PyTorch，所使用的核心資料結構都很可能會是 NumPy 陣列。因此，製作小陣列處理函數的能力，是對資料處理工具套件和資料視覺化工具鏈的重要補充。通常一個簡短的網際網路搜尋會出現一個社群解決方案，但是除了會是很好的學習方式之外，您還可以透過自己製作來獲得很多滿足感。讓我們看看如何利用 NumPy 陣列來計算移動平均（moving average，*https://oreil.ly/ajLZJ*）。移動平均是基於最後 *n* 個值的移動視窗的一系列平均值，其中 *n* 是可變的，也稱為*移動均值*（*moving mean*）或*滾動均值*（*rolling mean*）。

計算移動平均值

範例 7-3 顯示了計算一維 NumPy 陣列的移動平均所需的幾行程式碼 [8]。如您所見，它簡潔明瞭，但在這幾行程式碼中發生了很多事情。讓我們分解一下。

範例 7-3　NumPy 的移動平均

```python
def moving_average(a, n=3):
    ret = np.cumsum(a, dtype=float)
    ret[n:] = ret[n:] - ret[:-n]
    return ret[n - 1:] / n
```

該函數接收一個陣列 *a* 和指明了移動視窗大小的數字 *n*。

我們首先使用 NumPy 的內建方法來計算陣列的累積和（cumulative sum）：

```python
a = np.arange(6)
# array([0, 1, 2, 3, 4, 5])
csum = np.cumsum(a)
csum
# Out: array([0, 1, 3, 6, 10, 15])
```

從累積和陣列的第 *n* 個索引開始，減去所有 *i* 的第 *i-n* 個值，這意味著 *i* 現在具有 *a* 的最後 *n* 個值的總和，包含最後的值在內。這是一個視窗大小為 3 的範例：

```python
# a = array([0, 1, 2, 3, 4, 5])
# csum = array([0, 1, 3, 6, 10, 15])
csum[3:] = csum[3:] - csum[:-3]
# csum = array([0, 1, 3, 6, 9, 12])
```

比較陣列 *a* 與最終陣列 *csum*，索引 5 現在是視窗 [3，4，5] 的總和。

因為移動平均只對索引（*n*–1）以後有意義，所以剩下來的只是要傳回這些值，再除以視窗大小 *n* 來得到平均值。

`moving_average` 函數需要一些時間才能吸收，但它是 NumPy 陣列和陣列切片可以達成的簡潔性和表現力一個絕佳例子。您可以輕鬆地用單純 Python 來編寫該函數，但它可能會涉及更多，而且至關重要的是，對於非常大的陣列來說，速度要慢得多。

8　NumPy 有一個卷積方法，這是計算簡單移動平均值最簡單的方法，但缺乏指導意義。此外，pandas 對此有許多專門的方法。

使函數起作用：

```
a = np.arange(10)
moving_average(a, 4)
# Out[98]: array([ 1.5,  2.5,  3.5,  4.5,  5.5,  6.5,  7.5])
```

總結

本章奠定 NumPy 的基礎，重點性介紹它的積木，也就是 NumPy 陣列或 ndarray。精通 NumPy 是任何處理資料的 Python 族核心技能。它支撐著 Python 的大部分核心資料處理堆疊，就算只是為了這個原因，您也應該對它的陣列操作感到滿意。

熟悉 NumPy 將使 pandas 的工作變得更加輕鬆，並為您的 pandas 工作流程開啟豐富的 NumPy 生態系統，包括科學、工程、機器學習和統計演算法。儘管 pandas 將其 NumPy 陣列隱藏在資料容器後面，例如適合處理異質性資料的 DataFrame 和 Series，但這些容器的行為在很大程度上類似於 NumPy 陣列，並且通常會在接受到要求時做正確的事情。當您嘗試為 pandas 建構問題時，瞭解 ndarray 是其核心也會有所幫助——最終所請求的資料操作必須能與 NumPy 相得益彰。現在我們已經有了它的積木，來看看 pandas 如何將同質性的 NumPy 陣列擴展到異質性資料領域，也就是大量的資料視覺化工作會發生的地方。

pandas 簡介

pandas 是 dataviz 工具鏈中的一個關鍵元素,因為我們將使用它來清理和探索最近爬取的資料集(見第 6 章)。上一章介紹了 NumPy,一個以 pandas 為基礎的 Python 陣列處理程式庫。在繼續應用 pandas 之前,本章將介紹它的關鍵概念並展示它如何和現有資料檔案與資料庫表互動。其餘的 pandas 學習將在接下來的幾章中發揮作用。

為什麼 pandas 是為 Dataviz 量身定做的

以任何資料視覺化為例,無論是基於網路的還是印刷的,視覺化的資料很可能在某一時刻以列 - 行式(row-columnar)形式儲存在試算表中,如 Excel、CSV 檔案或 HDF5。當然有一些視覺化,比如網路圖,列 - 行式資料不是最好的形式,但僅占少數。pandas 是為使用其核心資料型別 DataFrame 來操縱列 - 行式資料表而量身定做的,最好把它視為一種非常快速的程式化試算表。

為什麼要開發 pandas

Wes Kinney 於 2008 年首次揭示,pandas 是為解決一個特定問題而建構的──也就是雖然 Python 非常適合處理資料,但它在資料分析和建模領域較弱,當然這是和像 R 這樣的大人物相比。

pandas 旨在處理行列式試算表中的異質性（heterogenous）[1] 資料，但巧妙地利用了數學家、物理學家、電腦圖形學等所使用的 NumPy 的異質性數值陣列的一些速度。結合 Jupyter notebook 和 Matplotlib 繪圖程式庫（還有 seaborn 等輔助程式庫），pandas 代表了一流的互動式資料分析工具。因為它是 NumPy 生態系統的一部分，所以它的資料建模可以透過 SciPy、statsmodels 和 scikit-learn 等程式庫輕鬆增強，而它們僅是其中幾例。

分類資料和測量

我將在下一節介紹 pandas 的核心概念，重點介紹 DataFrame 以及如何透過通用資料儲存庫、CSV 檔案和 SQL 資料庫將資料傳入和傳出。但首先讓我們稍微轉移一下注意力，考慮一下將 pandas 設計來用於處理的異質性資料集的真正涵義，這些資料集是資料視覺化工具的支柱。

很可能視覺化，如用於描繪文章或現代網路儀表板的直條圖或折線圖，是用來呈現現實世界中的測量結果，例如隨時間變化的商品價格、降雨量在一年內的變化、按種族劃分的投票意向等等。這些測量可以大致分為兩群，數值性的（numerical）和類別性的（categorical）。數值可以分為區間（interval）和比例（ratio）尺度，而類別值又可以分為名詞性的（nominal）和順序性的（ordinal）測量。這為資料視覺化工具提供了四大類別的觀察。

讓我們以一組推文為例，以得出這些測量類別。每條推文都有不同的資料欄位：

```
{
  "text": "#Python and #JavaScript sitting in a tree...", ❶
  "id": 2103303030333004303, ❶
  "favorited": true, ❷
  "filter_level":"medium", ❸
  "created_at": "Wed Mar 23 14:07:43 +0000 2015", ❹
  "retweet_count":23, ❺
  "coordinates":[-97.5, 45.3] ❻
  ...
}
```

❶ text 和 id 欄位是唯一的指示器。前者可能包含類別性資訊（例如，包含 #Python 主題標記的推文類別），後者可能用於建立類別（例如，轉發此推文的所有使用者的集合），但它們本身不是可視覺化的欄位。

1　典型試算表中的行通常具有不同的資料型別（dtype），如浮點數、日期時間、整數等。

❷ `favorited` 是布林型別的分類資訊，會將推文分為兩群。這將算作**名詞性類別**，因為它可以計算但不能排序。

❸ `filter_level` 也是類別性資訊，但它是順序性的。過濾器等級有一個低→中→高的順序。

❹ `created_at` 欄位是一個時間戳記（timestamp），一個區間尺度內的數值。我們可能希望按這種尺度對推文進行排序、執行 pandas 會自動執行的某種運算、然後可能會按照更寬的時間間隔進行排序，比如按天或按週。同樣的，pandas 會使這些事變得微不足道。

❺ `retweet_count` 同樣是在數值尺度內，但它是一個比率性的。與區間尺度相反，比率尺度具有有意義的零這個概念——在此案例中代表沒有轉發。另一方面，我們的 `created_at` 時間戳記可以有一個任意基線，例如 unixtime 或公曆（Gregorian）元年，與溫度尺度非常相似，其中攝氏 0 度與開氏（Kelvin）273.15 度相同。

❻ `coordinates`（如果可用）有經度和緯度的兩個數值尺度。不過，兩者都是區間尺度，因為談論度數的比率沒有多大意義。

因此，我們那不起眼的推文欄位的一小部分包含了異質性資訊，涵蓋了所有公認的度量標準。NumPy 陣列通常用於同質性、數值運算，而 pandas 旨在處理類別性資料、時間序列、和反映現實世界資料異質性本質的項目。這使得它非常適合資料視覺化。

現在我們知道了 pandas 被設計來處理的資料型別，讓我們看看它使用的資料結構。

DataFrame

pandas 會話期的第一步通常是將一些資料載入到 DataFrame 中，後面會介紹執行此操作的各種方法。現在，讓我們從檔案中讀取 *nobel_winners.json* JSON 資料。`read_json` 會傳回一個 DataFrame，從指明的 JSON 檔案剖析而得。按照慣例，DataFrame 變數會以 `df` 開頭：

```
import pandas as pd

df = pd.read_json('data/nobel_winners.json')
```

有了 DataFrame，可以檢查一下它的內容。獲取 DataFrame 的列 - 行式結構的一種快速方法是使用其 `head` 方法來顯示（預設情況下）前五項。圖 8-1 顯示了 Jupyter notebook（*https://jupyter.org*）的輸出，其中突顯了 DataFrame 的關鍵元素。

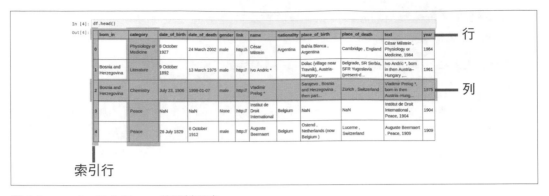

圖 8-1　pandas DataFrame 的關鍵元素

索引

DataFrame 的行是由 columns 屬性來索引的，它是一個 pandas index 實例。讓我們選擇圖 8-1 中的行：

```
In [0]: df.columns
Out[0]: Index(['born_in', 'category', ... ], dtype='object')
```

最初，pandas 列有一個數值性索引（必要時 pandas 可以處理多個索引），它可以透過 index 屬性存取。這是預設情況下可以節省記憶體的 RangeIndex（*https://oreil. ly/7Qzia*）：

```
In [1]: df.index
Out[1]: RangeIndex(start=0, stop=1052, step=1)
```

除了整數，列索引還可以是字串、DatetimeIndice 或用於時間資料的 PeriodIndice 等。通常，為了幫助選擇，會透過 set_index 方法來將 DataFrame 的一行設定為索引。在下面的程式碼中，我們首先使用 set_index 方法來將諾貝爾獎 DataFrame 的索引設定為姓名行，然後使用 loc 方法透過索引標籤選擇一列，在本案例中為 name：

```
In [2] df = df.set_index('name') ❶
In [3] df.loc['Albert Einstein'] ❷
Out[3]:
                born_in category     country date_of_birth date_of_death  \
name
Albert Einstein         Physics  Switzerland    1879-03-14    1955-04-18
Albert Einstein         Physics      Germany    1879-03-14    1955-04-18
[...]

df = df.reset_index() ❸
```

❶ 將索引設定為姓名列。

❷ 您現在可以按 name 標籤來選擇一列。

❸ 將索引返回到原始的基於整數的狀態。

列和行

DataFrame 的列和行儲存為 pandas Series（*https://oreil.ly/z7PF4*），這是 NumPy 陣列的異質性對應物。它們本質上是一個帶標籤的一維陣列，可以包含從整數、字串和浮點數到 Python 物件和串列的任何資料型別。

有兩種方法可以從 DataFrame 中選擇一列。我們已經看過 loc 方法，它會透過標籤來選擇；還有一個 iloc 方法，它會按照位置來選擇。因此，為了選擇圖 8-1 中的列，我們抓取第二列：

```
In [4] df.iloc[2]
Out[4]:
name                           Vladimir Prelog *
born_in                 Bosnia and Herzegovina
category                               Chemistry
country
date_of_birth                       July 23, 1906
...
year                                        1975
Name: 2, dtype: object
```

您可以使用點標記法[2] 或透過關鍵字字串進行常規陣列存取來獲取 DataFrame 的一行。這將傳回一個 pandas Series，其中包含保留了 DataFrame 索引的所有行欄位：

```
In [9] gender_col = df.gender # or df['gender']
In [10] type(gender_col)
Out[10] pandas.core.series.Series
In [11] gender_col.head() # grab the Series' first five items
Out[11]:
0    male #index, object
1    male
2    male
3    None
4    male
Name: gender, dtype: object
```

---

2 僅當行名稱是不帶空格的字串時。

選擇群組

我們可以透過多種方式來選擇 DataFrame 的群組（或列的子集合）。我們常常會想要選擇具有特定行值的所有列（例如，所有類別為 Physics 的列）。一種方法是使用 DataFrame 的 groupby 方法來對行（或行的串列）來分組，然後使用 get_group 方法來選擇所需的群組。讓我們用這兩種方法來選出所有諾貝爾獎物理學獎得主：

```
cat_groups = df.groupby('category')
cat_groups
#Out[-] <pandas.core.groupby.generic.DataFrameGroupBy object ...>

cat_groups.groups.keys()
#Out[-]: dict_keys(['', 'Chemistry', 'Economics', 'Literature',\
#                'Peace', 'Physics', 'Physiology or Medicine'])
 ...

In [14] phy_group = cat_groups.get_group('Physics')
In [15] phy_group.head()
Out[15]:
            name born_in category   country    date_of_birth   \
13   François Englert          Physics  Belgium   6 November 1932
19        Niels Bohr          Physics  Denmark   7 October 1885
23  Ben Roy Mottelson          Physics  Denmark      July 9, 1926
24         Aage Bohr          Physics  Denmark     19 June 1922
47     Alfred Kastler          Physics   France       3 May 1902
...
```

選擇列子集合的另一種方法是使用布林遮罩來建立新的 DataFrame。您可以將布林運算子應用於 DataFrame 中的所有列，作法和您應用於 NumPy 陣列的所有成員方式大致相同：

```
In [16] df.category == 'Physics'
Out[16]:
0     False
1     False
...
1047   True
...
```

然後可以將產生的布林遮罩應用於原始 DataFrame 以選擇它的列的子集合：

```
In [17]: df[df.category == 'Physics']
Out[17]:
            name     born_in category    country   \
13      François Englert          Physics   Belgium
19          Niels Bohr          Physics   Denmark
```

```
23          Ben Roy Mottelson          Physics    Denmark
24               Aage Bohr             Physics    Denmark
...
1047         Brian P. Schmidt          Physics  Australia   ...
```

接下來的章節將介紹更多資料選擇範例。現在,讓我們看看如何從現有資料建立 DataFrame,以及如何儲存資料框操作的結果。

建立和儲存 DataFrame

建立 DataFrame 最簡單的方法是使用 Python 字典。這也是一種您不會經常使用的方式,因為您應該會從檔案或資料庫存取資料。然而,它有它的使用案例。

預設情況下,我們會分別指定行,在以下範例中建立了三個具有名稱和類別行的列:

```python
df = pd.DataFrame({
    'name': ['Albert Einstein', 'Marie Curie',\
    'William Faulkner'],
    'category': ['Physics', 'Chemistry', 'Literature']
    })
```

可以使用 from_dict 方法來允許我們使用偏好的基於記錄的物件陣列。from_dict 有一個 orient 參數,可以指明類似記錄的資料,但 pandas 夠聰明,可以計算出資料形式:

```python
df = pd.DataFrame.from_dict([ ❶
    {'name': 'Albert Einstein', 'category':'Physics'},
    {'name': 'Marie Curie', 'category':'Chemistry'},
    {'name': 'William Faulkner', 'category':'Literature'}
    ])
```

❶ 這裡傳入一個物件陣列,每個物件對應於 DataFrame 中的一列。

剛剛顯示的方法會產生一模一樣的 DataFrame:

```
df.head()
Out:
              name    category
0   Albert Einstein    Physics
1       Marie Curie  Chemistry
2  William Faulkner  Literature
```

如前所述,您可能不會直接從 Python 容器來建立 DataFrame。相反的,您可能會使用其中一種 pandas 資料讀取方法。

pandas 有一系列令人印象深刻的 read_[格式]/to_[格式] 方法，涵蓋了大多數可以想到的資料載入使用案例，從 CSV 到二進位 HDF5 再到 SQL 資料庫。我們將涵蓋與資料視覺化工作最相關的子集合。完整列表請參閱 pandas 說明文件（*https://oreil.ly/b3VFR*）。

請注意，預設情況下，pandas 會嘗試合理地轉換載入的資料。預設情況下，讀取方法的 convert_axes（嘗試將軸轉換為正確的 dtype）、dtype（猜測資料型別）和 convert_dates 引數均為 True。有關可用選項的範例（在本案例中用於將 JSON 檔案讀入 DataFrame），請參閱 pandas 說明文件（*https://oreil.ly/MkmIx*）。

讓我們首先介紹基於檔案的 DataFrame，然後看看如何與（No）SQL 資料庫互動。

JSON

在 pandas 中從首選的 JSON 格式載入資料很簡單：

```
df = pd.read_json('file.json')
```

JSON 檔案可以採用多種形式，由可選的 orient 引數來指定 [split, records, index, columns, values] 之一。會偵測出一個記錄的陣列，它是我們的標準形式：

```
[{"name":"Albert Einstein", "category":"Physics", ...},
 {"name":"Marie Curie", "category":"Chemistry", ... } ... ]
```

JSON 物件的預設值是 columns，形式如下：

```
{"name":{"0":"Albert Einstein","1":"Marie Curie" ... },
 "category":{"1","Physics","2":"Chemistry" ... }}
```

如前所述，對於基於 Web 的視覺化工作（尤其是 D3），基於記錄的 JSON 陣列是將列 - 行式資料傳遞到瀏覽器的最常見方式。

 請注意，您需要有效的 JSON 檔案才能和 pandas 一起使用，因為 read_json 方法和 Python JSON 剖析器一般都相當不寬容，並且例外的資訊並不像它們可能該提供的那樣豐富[3]。常見的 JSON 錯誤是未能把鍵包含在雙引號中，或在需要雙引號的地方使用單引號。後者對於那些來自單引號和雙引號基本上可以互換的語言的人來說尤其常見，這也是您永遠不應該自己建構 JSON 文件的原因之一——一定要使用官方或備受推崇的程式庫。

---

3 遇到問題的話，可以在 JSONLint 的驗證器（*https://jsonlint.com*）中嘗試您的資料子集合，以獲得更好的回饋。

有多種方法可以將 DataFrame 儲存在 JSON 中，但最適合任何資料視覺化工作的格式是記錄的陣列。這是最常見的 D3 資料形式，也是我推薦從 pandas 輸出的資料形式[4]。將 DataFrame 作為記錄寫入 JSON 就只是一種在 to_json 方法中指明 orient 欄位的情況：

```
df = pd.read_json('data.json')
# ... 執行資料清理運算

json = df.to_json('data_cleaned.json', orient='records') ❶
Out:
[{"name":"Albert Einstein", "category":"Physics", ...},
{"name":"Marie Curie", "category":"Chemistry", ... } ... ]
```

❶ 覆寫預設將以對資料視覺化友善紀錄儲存為 JSON。

我們還有引數 date_format（*epoch* 時間戳記、用於 ISO 8601 的 *iso* 等）、double_precision，和如果無法使用 pandas 的剖析器來把物件轉換為 JSON 時要呼叫的 default_handler。請查看 pandas 說明文件（*https://oreil.ly/wqnI0*）以瞭解更多詳細資訊。

CSV

由於 pandas 的資料表精神，它對 CSV 檔案的處理非常精巧，足以處理幾乎所有可以想像的資料。大多數傳統的 CSV 檔案將在不需參數的情況下載入：

```
# data.csv:
# name,category
# "Albert Einstein",Physics
# "Marie Curie",Chemistry

df = pd.read_csv('data.csv')
df
Out:
            name    category
0  Albert Einstein    Physics
1      Marie Curie  Chemistry
```

儘管您可能希望所有 CSV 檔案都以逗號分隔，但您經常會發現 CSV 字尾帶有不同分隔符，例如分號或垂直線（|）的檔案。它們還可能對包含空格或特殊字元的字串使用特殊引號。在這種情況下，可以在讀取請求中指定任何非標準元素，我們將使用 Python 方便的 StringIO 模組來模擬從檔案中讀取[5]：

4　D3 採用許多其他資料格式，例如階層式（樹型）資料或由節點與連結構成的圖格式。這裡是在 JSON 中指定的樹狀階層的範例（*https://oreil.ly/WsBCI*）。
5　如果您想感受一下 CSV 或 JSON 剖析器，我建議您使用這種方法。比管理本地檔案方便多了。

```
from io import StringIO

data = "  `Albert Einstein`| Physics \n`Marie Curie`|  Chemistry"

df = pd.read_csv(StringIO(data),
    sep='|', ❶
    names=['name', 'category'], ❷
    skipinitialspace=True, quotechar="`")

df
Out:
              name    category
0  Albert Einstein    Physics
1     Marie Curie  Chemistry
```

❶ 這些欄位是用垂直線分隔的，而不是預設的逗號分隔。

❷ 我們在這裡提供缺少的行標題。

儲存 CSV 檔案時具有相同程度的靈活性，這裡將編碼設定為 Unicode utf-8：

```
df.to_csv('data.csv', encoding='utf-8')
```

有關 CSV 選項的完整介紹，請參閱 pandas 說明文件（ *https://oreil.ly/QPCs1* ）。

Excel 檔案

pandas 使用 Python 的 xlrd 模組來讀取 Excel 2003（ *.xls* ），以及使用 openpyxl 模組來讀取 Excel 2007+（ *.xlsx* ）檔案。後者是一個需要安裝的可選依賴項：

```
$ pip install openpyxl
```

Excel 文件有多個命名工作表，每個工作表都可以傳遞給 DataFrame。有兩種方法可以將資料表讀入 DataFrame，第一種是建立並且在其後剖析 ExcelFile 物件：

```
dfs = {}
xls = pd.ExcelFile('data/nobel_winners.xlsx') # load Excel file
dfs['WinnersSheet1'] = xls.parse('WinnersSheet1', na_values=['NA']) ❶
dfs['WinnersSheet2'] = xls.parse('WinnersSheet2',
    index_col=1, ❷
    na_values=['-'], ❸
    skiprows=3 ❹
    )
```

❶ 按名稱擷取一張工作表並儲存到字典中。

❷ 按位置指明要用作 DataFrame 的列標籤的行。

---

❸ 用來識別為 NaN 的附加字串的串列。

❹ 處理前要跳過的行數（例如，元資料）。

或者，您可以使用 read_excel 方法，這是載入多個試算表的便捷方法：

```
dfs = pd.read_excel('data/nobel_winners.xlsx', ['WinnersSheet1','WinnersSheet2'],
                    index_col=None, na_values=['NA'])
```

讓我們使用產生的 DataFrame 來檢查第二個 Excel 工作表的內容：

```
In: dfs['WinnersSheet2'].head()
Out:
      category            nationality  year                 name  gender
0        Peace               American  1906   Theodore Roosevelt    male
1   Literature          South African  1991       Nadine Gordimer  female
2    Chemistry  Bosnia and Herzegovina  1975       Vladamir Prelog    male
```

不使用 read_excel 的唯一原因是當您需要使用不同的引數來讀取每個 Excel 工作表時。

您可以使用第二個參數（sheetname）來按索引或名稱指明工作表。sheetname 可以是單一名稱字串、或索引（從 0 開始）、或混合串列。預設情況下 sheetname 為 0，會傳回第一個工作表。範例 8-1 顯示了一些變體。將 sheetname 設定為 None 會傳回一個以工作表名稱為鍵的 DataFrames 字典。

範例 8-1　載入 Excel 工作表

```
# 傳回第一個資料表
df = pd.read_excel('nobel_winners.xls')

# 傳回一個命名表
df = pd.read_excel('nobel_winners.xls', 'WinnersSheet3')

# 第一個工作表和名為 "WinnersSheet3" 的工作表
df = pd.read_excel('nobel_winners.xls', [0, 'WinnersSheet3'])

# 所有工作表都載入到以名稱為鍵的字典中
dfs = pd.read_excel('nobel_winners.xls', sheetname=None)
```

parse_cols 參數允許您選擇要剖析的工作表行。將 parse_cols 設定為整數值會選擇直到該數的所有行。將 parse_cols 設定為整數串列允許您選擇特定的行：

```
# 剖析到第五行
pd.read_excel('nobel_winners.xls', 'WinnersSheet1', parse_cols=4)

# 剖析第二行和第四行
pd.read_excel('nobel_winners.xls', 'WinnersSheet1', parse_cols=[1, 3])
```

有關 read_excel 的更多資訊，請參閱 pandas 說明文件（*https://oreil.ly/Js7Le*）。

您可以使用 to_excel 方法來將 DataFrame 儲存到 Excel 檔案的工作表中，在本範例中給出的 Excel 檔案名和工作表名稱分別為「nobel_winners」和「WinnersSheet1」：

```
df.to_excel('nobel_winners.xlsx', sheet_name='WinnersSheet1')
```

pandas 說明文件（*https://oreil.ly/g15Al*）中介紹了多種類似於 to_csv 的選項。因為 pandas Panel 和 Excel 檔案可以儲存多個 DataFrame，所以 Panel 有一個 to_excel 方法，可以將其所有 DataFrame 寫入到一個 Excel 檔案。

如果需要選擇多個 DataFrame 來寫入共享的 Excel 檔案，可以使用 ExcelWriter 物件：

```
with pd.ExcelWriter('nobel_winners.xlsx') as writer:
    df1.to_excel(writer, sheet_name='WinnersSheet1')
    df2.to_excel(writer, sheet_name='WinnersSheet2')
```

SQL

pandas 會 優 先 使 用 Python 的 SQLAlchemy 模 組 來 進 行 資 料 庫 抽 象 化。 如 果 使 用 SQLAlchemy，還需要您的資料庫的驅動程式程式庫。

要載入資料庫表或 SQL 查詢結果的最簡單方法是使用 read_sql 方法，可以使用偏好的 SQLite 資料庫並將其獲獎者表讀入 DataFrame：

```
import sqlalchemy

engine = sqlalchemy.create_engine(
                'sqlite:///data/nobel_winners.db') ❶
df = pd.read_sql('winners', engine) ❷
df
Out:
    index              category   country date_of_birth
0    4                 Peace      Belgium   1829-07-26
...
                    name                    place_of_birth
0    Auguste Beernaert  Ostend ,  Netherlands (now  Belgium )
...
```

❶ 在這裡使用現有的 SQLite（基於檔案的）資料庫。SQLAlchemy 可以為所有常用的資料庫建立引擎，例如 *mysql://USER:PASSWORD@localhost/db*。

❷ 將 'nobel_winners' SQL 表 的 內 容 讀 入 DataFrame。read_sql 是 read_sql_table 和 read_sql_query 方法的便利包裝器，將根據其第一個引數做正確的事情。

將 DataFrame 寫入 SQL 資料庫非常簡單。使用剛剛建立的引擎，可以將獲獎者表的副本添加到我們的 SQLite 資料庫中：

```
# 將 DataFrame df 儲存到 nobel_winners SQL 表
df.to_sql('winners_copy', engine, if_exists='replace')
```

如果因為封包大小限制而遇到錯誤，chunksize 參數可以設定一次寫入的列數：

```
# 一次寫入 500 列
df.to_sql('winners_copy', engine, chunksize=500)
```

pandas 會做一些明智的事情，並嘗試將您的資料映射到合適的 SQL 型別，從而推斷出物件的資料型別。如有必要，可以在載入呼叫中覆寫預設型別：

```
from sqlalchemy.types import String
df.to_sql('winners_copy', engine, dtype={'year': String}) ❶
```

❶ 覆寫 pandas 的推理，並將年分指定為 String 行。

有關 pandas-SQL 互動的更多詳細資訊，請參閱 pandas 說明文件（*https://oreil.ly/kiLyQ*）。

MongoDB

對於 dataviz 工作而言，我們對於基於文件的 NoSQL 資料庫（如 MongoDB）的便利性有很多話要說。在 MongoDB 的案例中，情況甚至會更好，因為它使用了二進位形式的 JSON 來作為它的資料儲存區──即 BSON，二進位（binary）JSON 的縮寫。由於 JSON 是我們選擇的資料膠水，因為它會把我們的 web dataviz 與其後端伺服器連接起來，因此有充分理由考慮把您的資料集儲存在 Mongo 中。它也和 pandas 配合得很好。

一如所料，pandas DataFrame 可以很容易和 JSON 格式相互轉換，因此將 Mongo 文件集合轉換為 pandas DataFrame 是一件非常容易的事情：

```
import pandas as pd
from pymongo import MongoClient

client = MongoClient() ❶

db = client.nobel_prize ❷
cursor = db.winners.find() ❸
df = pd.DataFrame(list(cursor)) ❹
df ❺
# _
```

❶ 使用預設主機和連接埠建立 Mongo 客戶端。

❷ 獲取 nobel_prize 資料庫。

❸ 查找 winner 集合中的所有文件。

❹ 將游標（cursor）中的所有文件載入到串列中，並用於建立 DataFrame。

❺ 此時獲獎者集合是空的——讓我們用一些 DataFrame 資料填充它。

要把 DataFrame 的記錄插入到 MongoDB 資料庫同樣容易。這裡使用在範例 3-5 中定義的 `get_mongo_database` 方法來獲取我們的 nobel_prize 資料庫，並將 DataFrame 儲存到它的獲獎者集合中：

```
db = get_mongo_database('nobel_prize')

records = df.to_dict('records') ❶
db[collection].insert_many(records) ❷
```

❶ 將 DataFrame 轉換為 `dict`，使用 `records` 引數將列轉換為個別物件。

❷ 在 PyMongo 版本 2 中請使用 `insert` 方法。

在 pandas 中並沒有和 `to_csv` 或 `read_csv` 能夠相比的 MongoDB 便捷方法，但它很容易寫出幾個實用函數，從 MongoDB 轉換到 DataFrame 並再次轉換回來：

```
def mongo_to_dataframe(db_name, collection, query={},\
                       host='localhost', port=27017,\
                       username=None, password=None,\
                        no_id=True):
    """ 從 mongodb 集合建立一個 DataFrame """

    db = get_mongo_database(db_name, host, port, username,\
     password)
    cursor = db[collection].find(query)
    df =  pd.DataFrame(list(cursor))

    if no_id: ❶
        del df['_id']

    return df

def dataframe_to_mongo(df, db_name, collection,\
                       host='localhost', port=27017,\
                       username=None, password=None):
    """ 將 DataFrame 儲存到 mongodb 集合 """
    db = get_mongo_database(db_name, host, port, username,\
     password)
```

```
    records = df.to_dict('records')
    db[collection].insert_many(records)
```

❶ Mongo 的 _id 欄位會包含在 DataFrame 中。預設情況下，請刪除該行。

將 DataFrame 的紀錄插入到 Mongo 後，讓我們確保它們已成功儲存：

```
db = get_mongo_database('nobel_prize')
list(db.winners.find()) ❶
[{'_id': ObjectId('62fcf2fb0e7fe50ac4393912'),
  'id': 1,
  'category': 'Physics',
  'name': 'Albert Einstein',
  'nationality': 'Swiss',
  'year': 1921,
  'gender': 'male'},
 {'_id': ObjectId('62fcf2fb0e7fe50ac4393913'),
  'id': 2,
  'category': 'Physics',
  'name': 'Paul Dirac',
  'nationality': 'British',
  'year': 1933,
  'gender': 'male'},
 {'_id': ObjectId('62fcf2fb0e7fe50ac4393914'),
  'id': 3,
  'category': 'Chemistry',
  'name': 'Marie Curie',
  'nationality': 'Polish',
  'year': 1911,
  'gender': 'female'}]
```

❶ 集合的 find 方法會傳回一個游標，可以轉換為 Python 串列以查看內容。

另一種建立 DataFrame 的方法是從 Series 的集合中建構它們。讓我們來看看，藉此機會更詳細地探索 Series。

Series 到 DataFrame

Series 是 pandas DataFrame 的積木。可以透過那些複製於 DataFrame 的方法來獨立地處理它們，並且它們也可以組合起來以形成 DataFrame，正如本小節敘述內容。

pandas Series 的關鍵想法是索引。舉例來說，這些索引會用來作為包含在一列資料中的異質性資料標籤。當 pandas 對多個資料物件進行操作時，這些索引被用來對齊欄位。

可以透過三種方式之一來建立 Series。第一種是從 Python 串列或 NumPy 陣列：

```
s = pd.Series([1, 2, 3, 4]) # Series(np.arange(4))
Out:
0    1 # 索引，值
1    2
2    3
3    4
dtype: int64
```

請注意，整數索引是為我們的 Series 自動建立的。如果向 DataFrame（表）添加一列資料，我們會想要以整數或標籤串列的方式來傳遞行索引：

```
s = pd.Series([1, 2, 3, 4], index=['a', 'b', 'c', 'd'])
s
Out:
a    1
b    2
c    3
d    4
dtype: int64
```

請注意，索引陣列的長度應與資料陣列的長度匹配。

我們可以使用 Python dict 來指明資料和索引：

```
s = pd.Series({'a':1, 'b':2, 'c':3})
Out:
a    1
b    2
c    3
dtype: int64
```

如果將索引陣列與 dict 一起傳遞，pandas 將做合理的事情，把索引與資料陣列相匹配。任何不匹配的索引都會被設定為 NaN（不是數字），並且會丟棄任何未匹配的資料。請注意，元素數量少於索引數量的其中一個結果是，該系列會被轉換為 float64 型別：

```
s = pd.Series({'a':1, 'b':2}, index=['a', 'b', 'c'])
Out:
a    1.0
b    2.0
c    NaN
dtype: float64

s = pd.Series({'a':1, 'b':2, 'c':3}, index=['a', 'b'])
Out:
a 1
```

```
b 2
dtype: int64
```

最後，將單一純量值作為資料傳遞給 Series，前提是我們還指明了一個索引。然後將此純量值應用於所有索引：

```
pd.Series(9, {'a', 'b', 'c'})
Out:
a    9
b    9
c    9
dtype: int64
```

Series 就像 NumPy 陣列（ndarray），這意味著它們可以傳遞給大多數 NumPy 函數：

```
s = pd.Series([1, 2, 3, 4], ['a', 'b', 'c', 'd'])
np.sqrt(s)
Out:
a    1.000000
b    1.414214
c    1.732051
d    2.000000
dtype: float64
```

切片運算的運作和 Python 串列或 ndarray 一樣，但請注意索引標籤會被保留：

```
s[1:3]
Out:
b    2
c    3
dtype: int64
```

和 NumPy 的陣列不同，pandas 的系列可以接受多種型別的資料。把兩個系列相加示範了此有用的功能，在其中數字會被相加而字串會被串接：

```
pd.Series([1, 2.1, 'foo']) + pd.Series([2, 3, 'bar'])
Out:
0        3 # 1 + 2
1      5.1 # 2.1 + 3
2    foobar # 字串正確的被串接
dtype: object
```

當您和 NumPy 生態系統互動、從 DataFrame 操作資料、或在 pandas 的 Matplotlib 包裝器之外建立視覺化時，建立和操作單一 Series 的能力尤為重要。

由於 Series 是 DataFrame 的積木，因此很容易使用 pandas 的 concat 方法來把它們連接在一起以建立 DataFrame：

```
names = pd.Series(['Albert Einstein', 'Marie Curie'],\
 name='name') ❶
categories = pd.Series(['Physics', 'Chemistry'],\
 name='category')

df = pd.concat([names, categories], axis=1) ❷
df.head()
Out:
              name      category
0    Albert Einstein      Physics
1        Marie Curie    Chemistry
```

❶ 我們使用 names 和 categories 系列來為 DataFrame 提供資料和行名稱（系列的 name 屬性）。

❷ 使用 axis 引數 1 來串接兩個 Series，以指出 Series 是行。

除了剛才討論的從檔案和資料庫建立 DataFrame 的許多方法之外，您現在應該在將資料傳入和傳出 DataFrame 方面有了堅實的基礎。

總結

本章為接下來兩個基於 pandas 的章節奠定了基礎。討論了 pandas 的核心概念 —— DataFrame、Index 和 Series，可以知道為什麼 pandas 如此適合資料視覺化程式會處理的真實世界資料型別，並透過允許儲存異質性資料及添加強大的索引系統來擴展 NumPy ndarray。

有了 pandas 的核心資料結構，接下來的幾章將向您展示如何使用它們來清理和處理您的諾貝爾獎得主資料集、擴展您對 pandas 工具包的瞭解、並向您展示如何在資料視覺化上下文中應用它。

現在我們知道如何將資料傳入和傳出 DataFrame，是時候來看看 pandas 可以用它做什麼事了。我們將首先瞭解如何為您的資料提供一份乾淨的健康清單，發現並修復異常情況，例如重複列、漏失欄位、和損壞的資料。

## 第九章

用 pandas 清理資料

前兩章介紹了 pandas 和它擴展的 Numeric Python 程式庫 NumPy。有了基本的 pandas 知識之後，我們準備開始工具鏈的清理階段，旨在找到並消除爬取資料集中的骯髒資料（見第 6 章）。本章還將擴展您的 pandas 知識，在操作的上下文中介紹一些新方法。

第 8 章介紹了 pandas 的核心元件：DataFrame，一個能夠處理現實世界中所發現的許多不同資料型別的程式化試算表，以及它的積木 Series，NumPy 的同質性 ndarray 的異質性擴充。我們還介紹了如何讀取和寫入不同的資料儲存區，包括 JSON、CSV 檔案、MongoDB 和 SQL 資料庫。現在我們將開始測試 pandas，展示它如何用於清理骯髒資料，我將以骯髒的諾貝爾獎資料集為例介紹資料清理的關鍵要素。

我會慢慢來，在工作環境中介紹關鍵的 pandas 概念，先來確定為什麼清理資料是資料視覺化人員工作中如此重要的一部分。

清理骯髒資料

我認為可以公平地說，大多數進入資料視覺化領域且具有相當程度的人，都低估了他們在嘗試讓資料可呈現時所需花費的時間。事實上，獲得您樂於將其轉化為炫酷視覺化效果的乾淨資料集，可能會占用您一半以上的時間。野外的資料很少是未受污染的，通常會帶有錯誤的手動輸入資料的黏爪印、還會由於疏忽或剖析錯誤和 / 或混合日期時間格式而漏失了整個欄位。

為了本書之故，並為了提出適當的挑戰，我們的諾貝爾獎資料集是從維基百科上爬取的，維基百科是一個手動編輯的網站，具有相當非正式的指導方針。從這個意義上說，資料肯定是骯髒的——即使環境很寬容，人類還是會犯錯。但即使是來自大型社交媒體網站等官方 API 的資料，也常常存在具有漏失或不完整的欄位、資料綱要無數次更改所造成的疤痕組織、故意的錯誤輸入等缺陷。

因此，清理資料是資料視覺化人員工作的基本組成部分，它會從您喜歡且很酷的事情中竊取時間——這是要真正很擅長並騰出苦力與時間去做更有意義事情的一個很好的理由。要善於清理資料的很重要部分是選擇正確的工具集，這就是 pandas 的用武之地。即使是相當大的資料集，它也是一種很好的切片和切塊方法，[1] 熟悉它可以節省您很多時間，這就是本章的最大功用。

回顧一下，使用 Python 的 Scrapy 程式庫（見第 6 章）從維基百科爬取諾貝爾獎資料產生了一個 JSON 物件陣列，格式如下：

```
{
  "category": "Physics",
  "name": "Albert Einstein",
  "gender": "male",
  "place_of_birth": "Ulm , Baden-W\u00fcrttemberg ,
    German Empire",
  "date_of_death": "1955-04-18",
  ...
}
```

本章的工作是在下一章用 pandas 探索它之前，將該陣列變成盡可能乾淨的資料來源。

骯髒資料有多種形式，最常見的是：

- 重複條目 / 列
- 漏失欄位
- 未對齊的列
- 損壞的欄位
- 出現在行中的混合資料型別

我們現在將調查出現在諾貝爾獎資料中的這些異常現象。

---

1 「大」是一個相對值術語，但是 pandas 幾乎可以接受電腦的 RAM 記憶體中的任何內容，而 RAM 就是 DataFrame 所在的位置。

首先，將 JSON 資料載入到 DataFrame 中，如前一章所示（請參閱第 201 頁的「建立和儲存 DataFrame」）。我們可以直接開啟 JSON 資料檔案：

```
import pandas as pd

df = pd.read_json(open('data/nobel_winners_dirty.json'))
```

現在已經將骯髒資料放入 DataFrame 中了，大致來瞭解一下我們擁有的內容。

檢查資料

pandas DataFrame 有許多方法和屬性，可以快速概覽其中包含的資料。最通用的是 info，它會按行給出資料條目數量的簡潔摘要：

```
df.info()
<class 'pandas.core.frame.DataFrame'>
RangeIndex: 1052 entries, 0 to 1051
Data columns (total 12 columns):
 #   Column          Non-Null Count  Dtype
---  ------          --------------  -----
 0   born_in         1052 non-null   object
 1   category        1052 non-null   object
 2   country         1052 non-null   object
 3   date_of_birth   1044 non-null   object
 4   date_of_death   1044 non-null   object
 5   gender          1040 non-null   object
 6   link            1052 non-null   object
 7   name            1052 non-null   object
 8   place_of_birth  1044 non-null   object
 9   place_of_death  1044 non-null   object
 10  text            1052 non-null   object
 11  year            1052 non-null   int64
dtypes: int64(1), object(11)
memory usage: 98.8+ KB
```

您可以看到某些欄位漏失了條目。例如，儘管 DataFrame 中有 1,052 列，但只有 1,040 個性別屬性。還要注意方便的 memory_usage——pandas DataFrame 儲存在 RAM 中，因此隨著資料集大小的增加，這個數字會很清楚地表明了我們離特定於機器的記憶體限制有多近。

DataFrame 的 describe 方法提供了相關行的方便的統計摘要：

```
df.describe()
Out:
              year
count  1052.000000
mean   1968.729087
std      33.155829
min    1809.000000
25%    1947.000000
50%    1975.000000
75%    1996.000000
max    2014.000000
```

如您所見，預設情況下僅會描述數字行。我們已經可以看到資料中的錯誤，最小年分是 1809 年，但 1901 年才頒發第一屆諾貝爾獎，所以這是不可能發生的。

describe 接受一個 include 參數，允許我們指明要評估的行資料型別（dtype）。除了年分之外，這個諾貝爾獎資料集中的行都是物件，它們是 pandas 預設的、無所不包的 dtype，能夠表示任何數字、字串、資料時間等。範例 9-1 顯示如何獲取它們的統計資訊。

範例 9-1 描述 DataFrame

```
In [140]: df.describe(include=['object']) ❶
Out[140]:
        born_in  category date_of_birth date_of_death gender  \
count      1052      1052          1044          1044   1040
unique       40         7           853           563      2
top                Physio..   9 May 1947                  male
freq        910       250             4           362    983

                         link          name  \
count                    1052          1052
unique                    893           998
top       http://eg/wiki/...  Daniel Kahneman
freq                        4             2

           country place_of_birth place_of_death  \
count         1052           1044           1044
unique          59            735            410
top   United States
freq           350             29            409
...
```

❶ include 參數是要匯總的行式 dtype 的串列（或單一項目）。

從範例 9-1 的輸出中可以蒐集到很多有用的資訊,例如 59 個不同的國籍,其中美國包含了 350 個獲獎者,是最大的一組。

一個有趣的訊息是,在 1,044 個的出生日期中,有 853 個是單一紀錄,這有很多種可能,例如某些好日子誕生不只一位獲獎者;或者,戴上資料清理帽之後發現,更大的可能性是出現一些重複的獲獎者;或者某些日期是錯誤的、或者是只記錄了年分。重複的獲獎者這個假說透過觀察得到證實,因為在 1,052 個名字計數中,只有 998 個是單一紀錄。現在我們發現了一些多次獲獎者,但這還不足以解釋另外的 54 次重複。

DataFrame 的 head 和 tail 方法提供另一種快速瞭解資料的簡單方法。預設情況下,它們會顯示最前面或最後面的五列,但我們可以透過傳遞一個整數作為第一個引數來設定要顯示的列數。範例 9-2 顯示將 head 和諾貝爾 DataFrame 結合使用的結果。

範例 9-2 對前五個 DataFrame 列進行採樣

```
df.head()
Out:
                     born_in                    category    date_of_bi..
0                              Physiology or Medicine    8 October 1..
1    Bosnia and Herzegovina              Literature    9 October 1..❶
2    Bosnia and Herzegovina               Chemistry    July 23, 1..
3                                               Peace              ..
4                                               Peace    26 July 1..


    date_of_death gender                                            ..
0   24 March 2002    male    http://en.wikipedia.org/wiki/C%C3%A..
1   13 March 1975    male              http://en.wikipedia.org/wi..
2      1998-01-07    male    http://en.wikipedia.org/wiki/Vl..❷
3             NaN    None  http://en.wikipedia.org/wiki/Institu..
4  6 October 1912    male  http://en.wikipedia.org/wiki/Auguste..


                          name country   \
0              César Milstein    Argentina
1                 Ivo Andric *              ❶
2             Vladimir Prelog *
3  Institut de Droit International    Belgium
4           Auguste Beernaert    Belgium
```

❶ 這些列有一個 born_in 欄位條目並且在姓名旁有一個星號。

❷ date_of_death 欄位的時間格式與其他列不同。

範例 9-2 中的前五個獲獎者展現了一些有用的東西。首先,第 1 列和第 2 列中的姓名有用星號標記,並且在 born_in 欄位中有一個條目❶。其次,請注意第 2 列的 date_of_death 時間格式與其他列不同,並且在 date_of_birth 欄位中同時使用了月 - 日和日 - 月時間格式❷。這種不一致是人工編輯資料長期存在的問題,尤其是日期和時間。稍後我們將看到如何用 pandas 來修復它。

範例 9-1 給出了 born_in 欄位的物件計數為 1,052,表示沒有空欄位,但 head 顯示只有第 1 列和第 2 列有內容。這表明缺少的欄位是空字串或空格,這兩者都算作 pandas 的資料。讓我們把它們更改為不會被計數的 NaN,這將會讓那些數字更有意義。但首先我們需要瞭解一下 pandas 資料選擇方面的知識。

索引和 pandas 資料選擇

在開始清理資料之前,先來快速回顧一下基本的 pandas 資料選擇,並以諾貝爾獎資料集為例。

pandas 會按列和行索引。通常行索引是由資料檔案、SQL 表等來指定,但是,如上一章所示,我們可以在建立 DataFrame 時透過使用 names 引數傳遞行名稱串列來設定或覆寫這些索引。行索引可以作為 DataFrame 屬性而存取:

```
# 我們的諾貝爾獎資料集的行
df.columns
Out: Index(['born_in', 'category', 'date_of_birth',
...
        'place_of_death', 'text', 'year'], dtype='object')
```

預設情況下,pandas 會為列指定一個從零開始的整數索引,但我們可以透過在建立 DataFrame 時在 index 參數中傳遞一個串列,或之後直接設定 index 屬性來覆寫它。更多時候,我們希望使用 DataFrame 的一個或多個 [2] 行來作為索引,可以使用 set_index 方法來做到這一點。如果要返回預設索引,可以使用 reset_index 方法,如範例 9-3 所示。

範例 9-3 設定 DataFrame 的索引

```
# 將 name 欄位設定為索引
df = df.set_index('name') ❶
df.head(2)
Out:
```

---

2 pandas 使用 MultiIndex 物件來支援多個索引。這提供了一種非常強大的精煉高維度資料方法。請查看 pandas 說明文件(*https://oreil.ly/itwDR*)中的詳細資訊。

```
                           born_in                    category  \
name ❷
César Milstein                              Physiology or Medicine
Ivo Andric *     Bosnia and Herzegovina                Literature
...

df.reset_index(inplace=True) ❸

df.head(2)
Out:
               name                 born_in             category  \
0  César Milstein                              Physiology or Medicine ❹
1     Ivo Andric *  Bosnia and Herzegovina                Literature
```

❶ 將框的索引設定為其姓名行。將結果設回 df。

❷ 這些列現在按姓名索引了。

❸ 將索引重置為其整數索引。請注意，這次就地進行更改。

❹ 索引現在是整數位置。

 有兩種方法可以更改 pandas DataFrame 或 Series：透過就地更改資料或指派副本。不能保證就地會更快，而且方法鏈接會要求運算傳回一個改變的物件。通常，我會使用 df = df.foo(...) 形式，但大多數變異方法都有一個 inplace 引數 df.foo(..., inplace=True)。

瞭解列 - 行式索引系統之後，就可以開始選擇 DataFrame 的切片。

可以透過點標記法（名稱中沒有空格或特殊字元）或方括號標記法來選擇 DataFrame 的行。讓我們看一下 born_in 行：

```
bi_col = df.born_in # or bi = df['born_in']
bi_col
Out:
0
1      Bosnia and Herzegovina
2      Bosnia and Herzegovina
3
...
1051
Name: born_in, Length: 1052, dtype: object

type(bi_col)
Out: pandas.core.series.Series
```

請注意，行選擇會傳回一個 pandas Series，其中保留了 DataFrame 的索引。

DataFrames 和 Series 共享相同的存取列/成員的方法。iloc 會按整數位置選擇，而 loc 會按標籤選擇。讓我們使用 iloc 來獲取 DataFrame 的第一列：

```
# 存取第一列
df.iloc[0]
Out:
name                    César Milstein
born_in
category                Physiology or Medicine
...

# 將索引設定為 'name' 並存取姓名標籤
df.set_index('name', inplace=True)
df.loc['Albert Einstein']
Out:
                  born_in category      country   ...
name
Albert Einstein           Physics   Switzerland   ...
Albert Einstein           Physics   Germany       ...
...
```

選擇多列

標準 Python 陣列切片可以和 DataFrame 一起使用來選擇多列：

```
# 選擇前 10 列
df[0:10]
Out:
                  born_in                    category   date_of_b..
0                        Physiology or Medicine   8 October ..
1  Bosnia and Herzegovina                Literature   9 October ..
...
9                                        Peace        1910-0..
# 選擇最後 4 列
df[-4:]
Out:
     born_in                category        date_of_birth date_..
1048                          Peace   November 1, 1878    May..
1049         Physiology or Medicine           1887-04-10   19..
1050                      Chemistry            1906-9-6    1..
1051                          Peace   November 26, 1931      ..
```

根據條件運算式（例如，value 行的值是否大於 x）來選擇多列的標準方法，是建立一個布林遮罩並在選擇器中使用它。讓我們找出 2000 年之後的所有諾貝爾獎得主。首先，透過對每一列執行布林運算式來建立一個遮罩：

```
mask = df.year > 2000 ❶
mask
Out:
0       False
1       False
...
13       True
...
1047     True
1048    False
...
Name: year, Length: 1052, dtype: bool
```

❶ 對於 year 欄位大於 2000 的所有列都為 True。

產生的布林遮罩共享 DataFrame 的索引，可用於選擇所有 True 列：

```
mask = df.year > 2000
winners_since_2000 = df[mask] ❶
winners_since_2000.count()
Out:
...
year            202 # 自 2000 年後的獲獎者數
dtype: int64

winners_since_2000.head()
Out:
...
                                              text  year
13                 François Englert , Physics, 2013  2013
32       Christopher A. Pissarides , Economics, 2010  2010
66                         Kofi Annan , Peace, 2001  2001
87                 Riccardo Giacconi *, Physics, 2002  2002
88    Mario Capecchi *, Physiology or Medicine, 2007  2007
```

❶ 這將傳回一個只包含那些布林 mask 陣列為 True 的列的 DataFrame。

布林遮罩是一種非常強大的技術，能夠選擇您需要的任何資料子集合。我建議設定一些目標來練習建構正確的布林運算式，通常會省去中介遮罩的建立：

```
winners_since_2000 = df[df.year > 2000]
```

現在可以透過切片或使用布林遮罩來選擇單列和多列，接下來的部分將看到如何更改 DataFrame，同時清除其中的骯髒資料。

清理資料

現在我們知道如何存取資料，來看看要如何才能把它變得更好，從範例 9-2 中看似空的 born_in 欄位開始。如果查看 born_in 行的計數，它顯示沒有任何漏失的列，而它們會是任何漏失的欄位或 NaN（不是數字）：

```
In [0]: df.born_in.describe()
Out[0]:
count     1052
unique      40
top
freq       910
Name: born_in, dtype: object
```

查找混合型別

請注意，pandas 使用 dtype 物件來儲存所有類似字串的資料。粗略的檢查表明該行是空字串和國家名稱字串的混合體。可以透過使用 apply 方法來把 Python type 函數（*https://oreil.ly/jj9hY*）映射到所有成員，然後按型別產生一組行成員的結果串列，從而快速檢查所有行成員是否都是字串：

```
In [1]: set(df.born_in.apply(type))
Out[1]: {str}
```

這展示了所有 born_in 行成員都是 str 型別的字串。現在用空欄位來替換任何空字串。

替換字串

我們想用 NaN 來替換這些空字串，以防止它們被計算在內。[3]pandas replace 方法是為此量身定作的，可以應用於整個 DataFrame 或個別 Series：

```
import numpy as np

bi_col.replace('', np.nan, inplace=True)
bi_col
Out:
0                        NaN  ❶
```

---

3 預設情況下，pandas 使用 NumPy 的 NaN（不是數字）浮點數來指定漏失值。

```
1          Bosnia and Herzegovina
2          Bosnia and Herzegovina
3                             NaN
...

bi_col.count()
Out: 142 ❷
```

❶ 我們的空 '' 字串已替換為 NumPy 的 NaN。

❷ 與空字串不同，NaN 欄位不會被計數。

將空字串替換為 NaN 後，得到 born_in 欄位的真實計數為 142。

讓我們用不被計數的 NaN 來替換 DataFrame 中的所有空字串：

```
df.replace('', np.nan, inplace=True)
```

pandas 允許複雜地替換行中的字串和其他物件，例如，允許您製作正規表示式或 regex（*https://oreil.ly/KK3b2*），它們會應用於整個 Series，通常是 DataFrame 的行。讓我們看一個小例子，使用在這個諾貝爾獎 DataFrame 中用星號標記的名字。

範例 9-2 顯示，一些諾貝爾獎姓名標有星號，表示這些獲獎者記錄的是出生國，而不是獲獎時的國家：

```
df.head()
Out:
...

                              name country  \
0               César Milstein    Argentina
1                  Ivo Andric *
2              Vladimir Prelog *
3  Institut de Droit International     Belgium
4              Auguste Beernaert     Belgium
```

讓我們為自己設定一個任務，要透過刪除星號和去除所有剩餘空格來清理這些姓名。

pandas Series 有一個方便的 str 成員，它提供了許多在陣列上執行的有用的字串方法。讓我們用它來檢查有多少個帶星號的名字：

```
df[df.name.str.contains(r'\*')]['name'] ❶
Out:
1               Ivo Andric *
2           Vladimir Prelog *
...
1041      John Warcup Cornforth *
```

```
1046        Elizabeth H. Blackburn *
Name: name, Length: 142, dtype: object ❷
```

❶ 在 name 行上使用 str 的 contains 方法。請注意，我們必須逸出星號（'*'），因為這是一個 regex 字串。然後將布林遮罩應用於諾貝爾獎 DataFrame，並列出結果名稱。

❷ 1,052 列中有 142 列的姓名有包含 *。

為了清理姓名，用一個空字串來替換星號，並從結果姓名中去除所有空格：

```
df.name = df.name.str.replace('*', '', regex=True) ❶
# 去除姓名前後的空格
df.name = df.name.str.strip()
```

❶ 刪除名稱欄位中的所有星號，並將結果傳回給 DataFrame。請注意，必須外顯式地將 regex 旗標設定為 True。

快速檢查後顯示姓名現在是乾淨的：

```
df[df.name.str.contains('\*')]
Out:
Empty DataFrame
```

pandas Series 具有數量驚人的字串處理函數，讓您能夠搜尋和調整字串行。您可以在 API 說明文件（*https://oreil.ly/2mCSZ*）中找到這些的完整列表。

移除列

回顧一下，帶有 born_in 欄位的 142 位獲獎者是重複的，他們在維基百科傳記頁面中同時具有出生國家和獲獎時所在國家的條目。雖然前者可以構成有趣的視覺化基礎[4]，但對於我們的視覺化希望每個單獨的獎項只會頒發一次，因此需要從 DataFrame 中移除。

我們想只使用那些帶有 NaN born_in 欄位的列來建立一個新的 DataFrame。您可能會天真地以為，比較 born_in 欄位和 NaN 的條件運算式可以在這裡運作，但根據定義[5]，NaN 布林比較總是會傳回 False：

```
np.nan == np.nan
Out: False
```

---

4 繪製諾貝爾獎得主從祖國移民的圖表應該會是有趣的視覺化。
5 參見 IEEE 754 和維基百科（*https://oreil.ly/5H3q2*）。

因此，pandas 提供了專用的 isnull 方法來檢查未被計數（空）欄位：

```
df = df[df.born_in.isnull()] ❶
df.count()
Out:
born_in              0 # 所有現在是空的條目
category           910
...
dtype: int64
```

❶ isnull 為具有空的 born_in 欄位的所有列產生一個帶有 True 的布林遮罩。

born_in 行不再使用，所以暫時移除：[6]

```
df = df.drop('born_in', axis=1) ❶
```

❶ drop 會把單一標籤或索引（或相同的串列）作為第一個引數，並用一個 axis 引數來指出是列（0 且為預設值）或行（1）索引。

查找重複項

現在，快速的網際網路搜尋顯示，截至 2015 年，已有 889 人和組織獲得了諾貝爾獎。對於剩餘的 910 行，仍然有一些重複或異常需要解釋。

pandas 有一個方便的 duplicated 方法來查找匹配的列，這按行名稱或行名稱串列匹配。讓我們按姓名來獲取所有重複項的串列：

```
dupes_by_name = df[df.duplicated('name')] ❶
dupes_by_name.count()
Out:
...
year                46
dtype: int64
```

❶ 對於具有相同 name 欄位的任何列的第一次出現，duplicated 會傳回一個帶有 True 的布林陣列。

現在，有少數人拿過不只一次諾貝爾獎，但不到 46 人，這意味著有 40 多個獲獎者是重複的。鑑於我們爬取的維基百科頁面按國家列出了獲獎者，最可能的猜測是獲獎者被多個國家「認領」了。

6　正如您將在下一章中看到的那樣，born_in 欄位包含一些有關諾貝爾獎得主變動的有趣資訊。我們將在本章末尾看到如何將這些資料添加到清理後的資料集中。

讓我們看一下在諾貝爾獎 DataFrame 中按姓名查找重複項的一些方法。其中一些效率很低，但這是示範一些 pandas 函數的好方法。

預設情況下，duplicated 會指出（布林值 True）第一次出現之後的所有重複項，但是將 keep 選項設定為 *last* 會將第一次出現的重複列設定為 True。透過使用布林值或（|）組合這兩個呼叫，可以獲得完整的重複項串列：

```
all_dupes = df[df.duplicated('name')\
               | df.duplicated('name', keep='last')]
all_dupes.count()
Out:
...
year             92
dtype: int64
```

也可以透過測試 DataFrame 列是否包含重複姓名串列中的其中一個姓名，來獲取所有重複項。pandas 有一個方便的 isin 方法：

```
all_dupes = df[df.name.isin(dupes_by_name.name)] ❶
all_dupes.count()
Out:
...
year             92
dtype: int64
```

❶ dupes_by_name.name 是包含所有重複姓名的行 Series。

還可以使用 pandas 強大的 groupby 方法來找到所有重複項，該方法按行或行串列來對 DataFrame 的列分組。它會傳回一個鍵值對串列，其中行值作為鍵，列串列作為值：

```
for name, rows in df.groupby('name'): ❶
    print('name: %s, number of rows: %d'%(name, len(rows)))

name: A. Michael Spence, number of rows: 1
name: Aage Bohr, number of rows: 1
name: Aaron Ciechanover, number of rows: 1
...
```

❶ groupby 傳回（群組名稱, 群組）元組的迭代器。

為了得到所有重複的列，只需要檢查依照鍵所傳回的列串列的長度。任何大於 1 的都具有重複姓名。這裡我們使用 pandas 的 concat 方法，它會接受一個列串列的串列，並建立一個包含所有重複列的 DataFrame。Python 串列建構子函數會用來過濾具有多列的群組：

```
pd.concat([g for _,g in df.groupby('name')\ ❶
                      if len(g) > 1])['name']

Out:
121          Aaron Klug
131          Aaron Klug
615      Albert Einstein
844      Albert Einstein
...
489      Yoichiro Nambu
773      Yoichiro Nambu
Name: name, Length: 92, dtype: object
```

❶ 透過過濾具有多列（即重複姓名）的 name 列群組來建立 Python 串列。

殊途同歸

對於像 pandas 這樣的大型程式庫，通常有多種方法可以達成相同的目的。對於像我們的諾貝爾獎得主這樣的小型資料集，任何方法都行，但對於大型資料集，可能會對效能產生重大影響。僅僅因為 pandas 會按照您的要求去做並不意味著它一定是有效率的。由於在幕後進行了大量複雜的資料操作，因此最好保持彈性並對低效率方法保持警惕。

排序資料

現在我們有了 all_dupes DataFrame，其中包含所有姓名重複的列，讓我們用它來示範 pandas 的 sort 方法。

pandas 為 DataFrame 和 Series 類別提供了一種複雜的 sort 方法，能夠對多個行名稱進行排序：

```
df2 = pd.DataFrame(\
    {'name':['zak', 'alice', 'bob', 'mike', 'bob', 'bob'],\
     'score':[4, 3, 5, 2, 3, 7]})
df2.sort_values(['name', 'score'],\ ❶
      ascending=[1,0]) ❷

Out:
    name  score
1  alice      3
5    bob      7
2    bob      5
4    bob      3
3   mike      2
0    zak      4
```

❶ 首先按姓名對 DataFrame 排序，然後按這些子群組中的分數排序。較舊的 pandas 版本使用 sort，現已棄用。

❷ 按字母升序對姓名排序；從高到低排序分數。

按姓名對 all_dupes 的 DataFrame 排序，然後查看名稱、國家和年分行：

```
In [306]: all_dupes.sort_values('name')\
   [['name', 'country', 'year']]
Out[306]:
                      name          country  year
121            Aaron Klug     South Africa  1982
131            Aaron Klug   United Kingdom  1982
844       Albert Einstein          Germany  1921
615       Albert Einstein      Switzerland  1921
...
910           Marie Curie           France  1903
919           Marie Curie           France  1911
706  Marie Skłodowska-Curie         Poland  1903
709  Marie Skłodowska-Curie         Poland  1911
...
650         Ragnar Granit           Sweden  1967
960         Ragnar Granit          Finland  1809
...
396         Sidney Altman    United States  1990
995         Sidney Altman           Canada  1989
...
[92 rows x 3 columns]
```

此輸出顯示正如預期的那樣，一些獲獎者在同一年被不同國家兩次歸因（attributed）。它還揭示了其他一些異常情況。儘管居禮夫人（Marie Curie）確實兩次獲得諾貝爾獎，但她也同時擁有法國和波蘭國籍[7]。這裡最公平的做法是在波蘭和法國之間平分，同時確定單一的複合姓氏。我們還在第 960 列發現了異常年分 1809，Sidney Altman 也同時被重複和給出了錯誤的 1990 年。

移除重複項

讓我們開始移除剛剛識別的重複項，並編寫一個小的清理函數。

7　雖然居禮入籍法國，但她保留波蘭公民身分，並以祖國來命名她發現的第一個放射性同位素釙（*polonium*）。

使用 pandas 時，弄清楚您是在更改 DataFrame、Series 等物件的視圖還是副本非常重要。以下似乎是更改一列（居禮夫人的那一列）country 欄位的自然方法，但卻得到一個可能令人困惑的警告：

```
df['country'][709] = 'France'  ❶
-c:1: SettingWithCopyWarning:
A value is trying to be set on a copy of a slice from a
DataFrame

See the caveats in the documentation:
    http://pandas.pydata.org/pandas-docs/stable/...
```

❶ 將第 709 行（居禮夫人）的國家從波蘭設定為法國。

當您發現它還是按預期工作時，這會更加令人困惑：

```
df['country'][709]
Out: 'France'
```

事實證明，pandas 開發人員不鼓勵這種鍊式（*chained*）運算，因為很容易無意中更改資料型別的副本，而不是原始資料型別（視圖）。[8]

這些警告[9]旨在鼓勵最佳實務，也就是使用 loc（按標籤）和 iloc（按整數位置）方法：

```
df.loc[709, 'country'] = 'France'
```

 如果您知道您的資料集是穩定的並且不希望再次執行任何清理腳本，則按數值索引來更改列也是可以的。但是，如果像我們爬取的諾貝爾獎資料一樣，您可能會想在更新的資料集上執行相同的清理腳本，那麼最好使用穩定的指示符（也就是，擷取姓名為 Marie Curie 和 1911 年的列，而不是用索引 919 這種方式）。

更改特定列中國家的更可靠方法，是使用穩定的行值而不是其索引來選擇列。這意味著如果索引值發生變化，清理腳本應該仍然有效。因此，要將居禮夫人 1911 年的獲獎國

8　一些使用者將此類警告視為保姆偏執狂。請參閱有關 Stack Overflow（*https://oreil.ly/b7G9r*）的討論。
9　可以使用 pd.options.mode.chained_assignment = None # default=*warn* 來關閉它們。

家更改為法國，可以使用帶有 loc 方法的布林遮罩來選擇一列，然後將其國家行設定為法國。請注意，我們為波蘭語的 ł 指明了 Unicode：

```
df.loc[(df.name == 'Marie Sk\u0142odowska-Curie') &\
       (df.year == 1911), 'country'] = 'France'
```

除了改變居禮夫人的國家，我們還想根據行值，從 DataFrame 中移除（remove）或捨棄（drop）一些列。有兩種方法可以做到這一點，首先是使用 DataFrame 的 drop 方法，它會接受索引標籤串列，或者透過建立一個帶有布林遮罩的新 DataFrame 來過濾想要捨棄的列。如果使用 drop，可以使用 inplace 參數來更改既有的 DataFrame。

在下面的程式碼中，我們透過建立一個包含想要的一列的 DataFrame，來捨棄重複的 Sidney Altman 列（請記住，索引標籤會保留下來），並將該索引傳遞給 drop 方法，且就地更改 DataFrame：

```
df.drop(df[(df.name == 'Sidney Altman') &\
 (df.year == 1990)].index,
     inplace=True)
```

另一種移除列的方法是使用帶有邏輯非（not）（~）的相同布林遮罩來建立一個新的 DataFrame，其中包含除了我們選擇的列之外的所有列：

```
df = df[~((df.name == 'Sidney Altman') & (df.year == 1990))]
```

現在把這個更改和所有目前的修改添加到 clean_data 方法：

```
def clean_data(df):
    df = df.replace('', np.nan)
    df = df[df.born_in.isnull()]
    df = df.drop('born_in', axis=1)
    df.drop(df[df.year == 1809].index, inplace=True)
    df = df[~(df.name == 'Marie Curie')]
    df.loc[(df.name == 'Marie Sk\u0142odowska-Curie') &\
           (df.year == 1911), 'country'] = 'France'
    df = df[~((df.name == 'Sidney Altman') &\
     (df.year == 1990))]
    return df
```

現在有了混合了有效的重複（少數多次諾貝爾獎得主）和雙重國家的資料。出於視覺化的目的，我們希望每個獎項只計算一次，因此必須丟棄一半的雙重國家獎項。最簡單的方法是使用 duplicated 方法，但是因為我們按國家字母順序蒐集了獲獎者，所以這會有利於那些首字母在字母表中較早的國籍。即使缺乏大量的研究和辯論，最公平的方法似乎是隨機挑選一個並丟棄它。有多種方法可以做到這一點，但最簡單的方法是在使用 drop_duplicates 之前將列的順序隨機化，drop_duplicates 是一種 pandas 方法，它會捨棄第一次遇到之後的所有重複的列，或者將 `take_last` 參數設定為 `True` 時，會刪除在最後一個之前的所有重複的列。

NumPy 的 `random` 模組中有許多非常有用的方法，其中 `permutation` 非常適合隨機化列索引。此方法會接受值陣列（或 pandas 索引）並將它們打亂順序。然後我們可以使用 DataFrame 的 `reindex` 方法來應用混洗後的結果。請注意，我們捨棄了那些同時共享姓名和年分的列，這將保留具有不同年分的合法雙重獲獎者的獎項：

```
df = df.reindex(np.random.permutation(df.index)) ❶
df = df.drop_duplicates(['name', 'year'])         ❷
df = df.sort_index()                              ❸
df.count()
Out:
...
year                 865
dtype: int64
```

❶ 建立 df 索引的混洗版本並用它來重新索引 df。

❷ 捨棄所有共享姓名和年分的重複項。

❸ 將索引傳回到按整數排序的位置。

如果資料整理成功，應該只剩下有效的重複項，即那些足以自誇的雙重獎項獲獎者。讓我們列出要檢查的剩餘重複項：

```
In : df[df.duplicated('name') |
         df.duplicated('name', keep='last')]\ ❶
         .sort_values(by='name')\
         [['name', 'country', 'year', 'category']]
Out:
                      name       country   year   category
548     Frederick Sanger  United Kingdom   1958  Chemistry
580     Frederick Sanger  United Kingdom   1980  Chemistry
292         John Bardeen   United States   1956    Physics
326         John Bardeen   United States   1972    Physics
285     Linus C. Pauling   United States   1954  Chemistry
309     Linus C. Pauling   United States   1962      Peace
706  Marie Skłodowska-Curie         Poland   1903    Physics
709  Marie Skłodowska-Curie         France   1911  Chemistry
```

❶ 我們將從第一個之後和最後一個的重複項組合起來，以得到全部。如果使用舊版本的 pandas，您可能需要使用參數 `take_last=True`。

快速的網際網路檢查顯示我們有正確的四位雙重獎項獲獎者。

假設我們已經捕獲了不需要的重複項[10]，現在來繼續處理資料的其他「骯髒」層面。

處理漏失欄位

透過計算 DataFrame 來看看空（*null*）欄位這方面目前的情況：

```
df.count()
Out:
category          864 ❶
country           865
date_of_birth     857
date_of_death     566
gender            857 ❷
link              865
name              865
place_of_birth    831
place_of_death    524
text              865
year              865
dtype: int64
```

❶ 一個漏失的類別欄位

❷ 八個漏失的性別欄位

我們似乎漏失了一個 category 欄位，這表明存在資料輸入錯誤。如果您還記得，在爬取諾貝爾獎資料時，根據一個有效串列檢查了類別（參見範例 6-3）。其中有一個似乎讓這項檢查失敗了。讓我們透過爬取類別欄位為空的列並顯示其姓名（name）和文本（text）行，來找出它是哪一個：

```
df[df.category.isnull()][['name', 'text']]
Out:
              name                         text
922  Alexis Carrel  Alexis Carrel , Medicine, 1912
```

我們為獲獎者保存了原始連結文本，正如您所見，Alexis Carrel 被列為獲得諾貝爾 Medicine 獎的人，而它本應是 Physiology or Medicine 獎。現在來更正一下：

```
...
df.loc[df.name == 'Alexis Carrel', 'category'] =\
  'Physiology or Medicine'
```

---

10 根據資料集不同，清理階段不太可能捕獲所有違規者。

我們還遺漏了八位獲獎者的性別，以下一一列出：

```
df[df.gender.isnull()]['name']
Out:
3                       Institut de Droit International
156                            Friends Service Council
267     American Friends Service Committee  (The Quakers)
574                               Amnesty International
650                                      Ragnar Granit
947                            Médecins Sans Frontières
1000    Pugwash Conferences on Science and World Affairs
1033                       International Atomic Energy Agency
Name: name, dtype: object
```

除了 Ragnar Granit 之外，這些都是無性別（遺漏個人資料）機構。我們視覺化的重點是個人獲獎者，因此將在確定 Ragnar Granit 的性別 [11] 的同時刪除它們：

```
...
def clean_data(df):
...
    df.loc[df.name == 'Ragnar Granit', 'gender'] = 'male'
    df = df[df.gender.notnull()] # 移除無性別條目
```

讓我們透過對 DataFrame 執行另一個計數，來查看這些更改留下的內容：

```
df.count()
Out:
category        858
date_of_birth   857 # 漏失欄位
...
year            858
dtype: int64
```

刪除所有機構後，所有條目都應至少包含了出生日期。讓我們找到漏失的條目並修復它：

```
df[df.date_of_birth.isnull()]['name']
Out:
782    Hiroshi Amano
Name: name, dtype: object
```

可能是因為 Hiroshi Amano 是最近（2014 年）的獲獎者，他的出生日期無法爬取。快速的網路搜尋確定了 Amano 的出生日期，我們將它手動添加到 DataFrame 中：

```
...
    df.loc[df.name == 'Hiroshi Amano', 'date_of_birth'] =\
    '11 September 1960'
```

---

11 儘管 Granit 的性別未在個人資料中指定，但他的維基百科傳記（*https://oreil.ly/PxUns*）指明是男性。

我們現在有 858 名個人獲獎者，做出最後的統計後，現況如下：

```
df.count()
Out:
category           858
country            858
date_of_birth      858
date_of_death      566
gender             858
link               858
name               858
place_of_birth     831
place_of_death     524
text               858
year               858
dtype: int64
```

category、date_of_birth、gender、country 和 year 等關鍵欄位都已填滿，而其餘統計資料中的資料量也很大。總而言之，現在已經有夠多乾淨資料來構成豐富視覺化的基礎。

現在就透過讓時間性欄位更有用來完成最後的潤色。

處理時間和日期

目前 date_of_birth 和 date_of_death 欄位都是由字串表達。正如我們所見，維基百科的非正式編輯指南導致了許多不同的時間格式。我們的原始 DataFrame 在前 10 個條目中顯示了令人印象深刻的多種格式：

```
df[['name', 'date_of_birth']]
Out[14]:
                          name        date_of_birth
4             Auguste Beernaert        26 July 1829
                            ...                 ...
8             Corneille Heymans       28 March 1892
...                         ...                 ...
1047          Brian P. Schmidt    February 24, 1967
1048   Carlos Saavedra Lamas     November 1, 1878
1049          Bernardo Houssay           1887-04-10
1050    Luis Federico Leloir             1906-9-6
1051   Adolfo Pérez Esquivel    November 26, 1931

[858 rows x 2 columns]
```

為了比較日期欄位（例如，從出生日期減去獲獎年分以得到獲獎者的年齡），我們需要把它們轉換為允許此類運算的格式。毫不奇怪，pandas 擅長剖析混亂的日期和時間，預設情況下會把它們轉換為 NumPy datetime64 物件，該物件具有大量有用的方法和運算子。

要將時間行轉換為 datetime64，我們使用 pandas 的 to_datetime 方法：

```
pd.to_datetime(df.date_of_birth, errors='raise') ❶
Out:
4       1829-07-26
5       1862-08-29
          ...
1050    1906-09-06
1051    1931-11-26
Name: date_of_birth, Length: 858, dtype: datetime64[ns]
```

❶ errors 預設為 ignore，但我們希望標記它們。

預設情況下 to_datetime 會忽略錯誤，但在這裡我們想知道 pandas 是否無法剖析 date_of_birth，而有機會手動修復它。值得慶幸的是，轉換順利通過。

在繼續之前，先修復 DataFrame 的 date_of_birth 行：

```
In: df.date_of_birth = pd.to_datetime(df.date_of_birth, errors='coerce')
```

在 date_of_birth 欄位上執行 to_datetime 會引發一個 ValueError，並且是一個無用的錯誤，因為沒有給出觸發它的條目的指示：

```
In [143]: pd.to_datetime(df.date_of_death, errors='raise')
-------------------------------------------------------------
ValueError                    Traceback (most recent call last)
...
    301      if arg is None:

ValueError: month must be in 1..12
```

查找錯誤日期的一種天真方法是遍歷資料列，以捕獲並顯示任何錯誤。pandas 有一個方便的 iterrows 方法，它提供了一個列迭代器。結合 Python try-except 區塊，這成功地找到了出問題的日期欄位：

```
for i,row in df.iterrows():
    try:
        pd.to_datetime(row.date_of_death, errors='raise') ❶
    except:
        print(f"{row.date_of_death.ljust(30)}({row['name']}, {i})") ❷
```

❶ 在個別的列上執行 to_datetime 並捕獲任何錯誤。

❷ 在寬度為 30 的文本行中將死亡日期靠左對齊，以使輸出更易於閱讀。pandas 的列有一個遮罩的 Name 屬性，所以使用 ['name'] 進行字串鍵存取。

這會列出有問題的列：

```
1968-23-07             (Henry Hallett Dale, 150)
May 30, 2011 (aged 89) (Rosalyn Yalow, 349)
living                 (David Trimble, 581)
Diederik Korteweg      (Johannes Diderik van der Waals, 746)
living                 (Shirin Ebadi, 809)
living                 (Rigoberta Menchú, 833)
1 February 1976, age 74 (Werner Karl Heisenberg, 858)
```

這很好地示範了您在協作編輯中會遇到的資料錯誤類型。

儘管最後一種方法有效，不過每當您發現自己要遍歷 pandas DataFrame 的列時，您應該要暫停一下並嘗試找到一種更好的方法，就是一種利用多列陣列（multirow array）處理的方法，它是 pandas 效率的基本層面。

查找錯誤日期的更好方法是利用 pandas 的 to_datetime 方法具有 coerce 引數的這個事實，如果該引數為 True 時，則會將任何日期異常轉換為 NaT（不是時間），也就是 NaN 的時間等價物。然後，我們可以根據 NaT 日期列從產生的 DataFrame 中建立一個布林遮罩，產生圖 9-1：

```
with_death_dates = df[df.date_of_death.notnull()] ❶
bad_dates = pd.isnull(pd.to_datetime(\
            with_death_dates.date_of_death, errors='coerce')) ❷
with_death_dates[bad_dates][['category', 'date_of_death',\
'name']]
```

❶ 獲取具有非空日期欄位的所有列。

❷ 在強制轉換為 NaT 失敗後，透過檢查 null（NaT）來為 with_death_dates 中的所有錯誤日期建立一個布林遮罩。對於較舊的 pandas 版本，您可能需要使用 coerce=True。

	category	date_of_death	name
150	Physiology or Medicine	1968-23-07	Henry Hallett Dale
349	Physiology or Medicine	May 30, 2011 (aged 89)	Rosalyn Yalow
581	Peace	living	David Trimble
746	Physics	Diederik Korteweg	Johannes Diderik van der Waals
809	Peace	living	Shirin Ebadi
833	Peace	living	Rigoberta Menchú
858	Physics	1 February 1976, age 74	Werner Karl Heisenberg

圖 9-1　無法剖析的日期欄位

根據您想要的挑剔程度，它們可以手動地更正或強制轉換為 NumPy NaN 的時間等價物，NaT。我們有超過 500 個有效的死亡日期，這足以獲得一些有趣的時間統計資料，因此我們將再次執行 to_datetime 並將錯誤強制為 null：

```
df.date_of_death = pd.to_datetime(df.date_of_death,\
errors='coerce')
```

現在有了可用格式的時間欄位，讓我們為獲獎者得獎時的年齡添加一個欄位。為了獲得新日期的年分值，需要使用 DatetimeIndex 方法來告訴 pandas 它正在處理日期行。請注意，這會得到獲獎年齡的粗略估計，可能會相差一年。出於下一章資料視覺化探索的目的，這還是適當的：

```
df['award_age'] = df.year - pd.DatetimeIndex(df.date_of_birth)\
.year ❶
```

❶ 將該行轉換為 DatetimeIndex，也就是 datetime64 資料的 ndarray，並使用 year 屬性。

使用新的 award_age 欄位來查看最年輕的諾貝爾獎得主：

```
# 對舊版的 pandas 使用 +sort+
df.sort_values('award_age').iloc[:10]\
        [['name', 'award_age', 'category', 'year']]
Out:
                      name  award_age      category  year
725        Malala Yousafzai       17.0         Peace  2014 ❶
525  William Lawrence Bragg       25.0       Physics  1915
626   Georges J. F. Köhler       30.0  Phys...Medicine  1976
294            Tsung-Dao Lee       31.0       Physics  1957
858  Werner Karl Heisenberg       31.0       Physics  1932
247            Carl Anderson       31.0       Physics  1936
146              Paul Dirac       31.0       Physics  1933
```

```
877         Rudolf Mössbauer        32.0       Physics  1961
226         Tawakkol Karman         32.0         Peace  2011
804         Mairéad Corrigan        32.0         Peace  1976
```

❶ 對於女性教育的激進主義，我建議閱讀更多關於 Malala 的勵志故事（*https://oreil. ly/26szS*）。

現在有了可操作形式的日期欄位，可以看一下完整的 clean_data 函數，它總結了本章的清理工作。

完整的 clean_data 函數

對於像被爬取的維基百科資料集這樣的手動編輯資料，您不太可能在第一遍就發現所有錯誤。因此，請期望會在資料探索階段中找出一些。儘管如此，我們的諾貝爾獎資料集看起來非常可用，可以宣布它足夠乾淨並且本章的工作完成。範例 9-4 顯示用來達成這一清潔壯舉的步驟。

範例 9-4　完整的諾貝爾獎資料集清洗函數

```python
def clean_data(df):
    df = df.replace('', np.nan)
    df_born_in = df[df.born_in.notnull()]    ❶
    df = df[df.born_in.isnull()]
    df = df.drop('born_in', axis=1)
    df.drop(df[df.year == 1809].index, inplace=True)
    df = df[~(df.name == 'Marie Curie')]
    df.loc[(df.name == 'Marie Sk\u0142odowska-Curie') &\
           (df.year == 1911), 'country'] = 'France'
    df = df[~((df.name == 'Sidney Altman') & (df.year == 1990))]
    df = df.reindex(np.random.permutation(df.index))
    df = df.drop_duplicates(['name', 'year'])    ❷
    df = df.sort_index()
    df.loc[df.name == 'Alexis Carrel', 'category'] =\
        'Physiology or Medicine'
    df.loc[df.name == 'Ragnar Granit', 'gender'] = 'male'
    df = df[df.gender.notnull()] # remove institutional prizes
    df.loc[df.name == 'Hiroshi Amano', 'date_of_birth'] =\
    '11 September 1960'
    df.date_of_birth = pd.to_datetime(df.date_of_birth)    ❸
    df.date_of_death = pd.to_datetime(df.date_of_death,\
    errors='coerce')
    df['award_age'] = df.year - pd.DatetimeIndex(df.date_of_birth)\
    .year
    return df, df_born_in    ❹
```

❶ 製作一個包含帶有 born_in 欄位的列的 DataFrame。

❷ 隨機化列的順序後從 DataFrame 中移除重複項。

❸ 將日期行轉換為實用的 datetime64 資料型別。

❹ 傳回一個帶有刪除的 born_in 欄位的 DataFrame；這些資料將在下一章中提供有趣的
視覺化效果。

添加 born_in 行

在清理獲獎者 DataFrame 時，我們刪除了 born_in 行（請參閱第 224 頁的「移除列」）。
正如下一章所見，該行包含了一些有趣的資料，這些資料可以和獲獎者所在的國家
（獲獎來源）相關聯，以講述一兩個有趣的故事。clean_data 函數會把 born_in 資料以
DataFrame 傳回。讓我們看看如何將這些資料添加到剛剛清理過的 DataFrame 中，首
先，我們將讀取原始的骯髒資料集並應用資料清理功能：

```
df = pd.read_json(open('data/nobel_winners_dirty.json'))
df_clean, df_born_in = clean_data(df)
```

現在，將清理 df_born_in DataFrame 的姓名欄位，方法是刪除星號、去除所有空格、然
後按姓名刪除任何重複的列。最後，將 DataFrame 的索引設定為其姓名行：

```
# 清理姓名行： '* Aaron Klug' -> 'Aaron Klug'
df_born_in.name = dfbi.name.str.replace('*', '', regex=False)
df_born_in.name = dfbi.name.str.strip()
df_born_in.drop_duplicates(subset=['name'], inplace=True)
df_born_in.set_index('name', inplace=True)
```

我們現在有一個 df_born_in DataFrame，可以按姓名來查詢：

```
In: df_born_in['Eugene Wigner']
Out:
born_in                                        Hungary
category                                       Physics
...
year                                              1963
Name: Eugene Wigner, dtype: object
```

現在，編寫一個小的 Python 函數來透過姓名傳回 df_born_in DataFrame 的 born_in 欄
位，如果它存在的話，否則就傳回一個 NumPy nan：

```
def get_born_in(name):
    try:
```

```
        born_in = df_born_in.loc[name]['born_in']
        # 我們會印出這些列以作為完整性檢查
        print('name: %s, born in: %s'%(name, born_in))
    except:
        born_in = np.nan
    return born_in
```

現在可以透過使用姓名欄位應用這個 get_born_in 函數到每一列，來為主 DataFrame 建立一個 born_in 行：

```
In: df_wbi = df_clean.copy()
In: df_wbi['born_in'] = df_wbi['name'].apply(get_born_in)
Out:
...
name: Christian de Duve, born in: United Kingdom
name: Ilya Prigogine, born in: Russia
...
name: Niels Kaj Jerne, born in: United Kingdom
name: Albert Schweitzer, born in: Germany
...
```

最後，確保已成功將 born_in 行添加到 DataFrame 中：

```
In: df_wbi.info()
Out:
<class 'pandas.core.frame.DataFrame'>
Int64Index: 858 entries, 4 to 1051
Data columns (total 13 columns):
 #   Column         Non-Null Count   Dtype
---  ------         --------------   -----
 0   category       858 non-null     object
 ...
 12  born_in        102 non-null     object
dtypes: datetime64[ns](2), int64(2), object(9)
memory usage: 93.8+ KB
```

請注意，如果諾貝爾獎得主之間沒有重複的名字，就可以透過簡單地將 df 和 df_born_in 的索引設定為姓名，並直接建立該行來建立 born_in 行：

```
# 這不適用於我們索引中的重複姓名
In: df_wbi['born_in'] = df_born_in.born_in
Out:
...
ValueError: cannot reindex from a duplicate axis
```

在大型資料集使用 apply 可能會效率低下，但它提供了一種基於現有行來建立新行的非常靈活的方法。

合併 DataFrame

此時，我們還可以建立一個合併的資料庫，包含第 174 頁的「使用生產線爬取文本和影像」中所爬取的乾淨的 winners 資料以及影像和傳記資料集。這將提供一個很好的機會來展示 pandas 的合併 DataFrame 的能力。以下程式碼顯示了如何合併 df_clean 和傳記資料集：

```
# 將 Scrapy 傳記資料讀入 DataFrame 中
df_winners_bios = pd.read_json(\
open('data/scrapy_nwinners_minibio.json'))

df_clean_bios = pd.merge(df_wbi, df_winners_bios,\
how='outer', on='link') ❶
```

❶ pandas 的 merge（*https://oreil.ly/T3ujJ*）會接受兩個 DataFrame 並根據共享的行名（在本案例中為 link）來合併它們。how 引數指明了如何確定哪些鍵將會包含在結果的表中，並且以和 SQL 的 join 相同的方式運作。在這種情況下，outer 指明了一個 FULL_OUTER_JOIN。

合併這兩個 DataFrame 會導致合併後的資料集中出現冗餘（redundancy），出現超過 858 個獲獎列：

```
df_clean_bios.count()
Out:
award_age        1023
category         1023
...
bio_image         978
mini_bio         1086
```

可以透過使用 drop_duplicates 在移除所有沒有 name 欄位的列之後，再移除任何共享 link 和 year 欄位的列，來輕鬆地移除它們：

```
df_clean_bios = df_clean_bios[~df_clean_bios.name.isnull()]\
.drop_duplicates(subset=['link', 'year'])
```

快速的計數顯示現在有正確數量的獲獎者，其中 770 人有圖片而沒有 mini_bio 的人只有一個：

```
df_clean_bios.count()
award_age         858
category          858
...
born_in           102
bio_image         770
```

```
mini_bio           857
dtype: int64
```

清理資料集時，來看看是哪位獲獎者缺少了 `mini_bio` 欄位：

```
df_clean_bios[df_clean_bios.mini_bio.isnull()]
Out:
...
                                          link          name    \
229  http://en.wikipedia.org/wiki/L%C3%AA_%C3%C3...  Lê Đức Thọ
...
```

事實證明，越南和平獎獲獎者 Lê Đức Thọ 在建立維基百科連結時，出現 Unicode 錯誤。這可以手動糾正。

`df_clean_bios` DataFrame 包含一組從維基百科爬取的影像 URL。我們不會使用這些，並且必須將它們轉換為 JSON 才能儲存到 SQL。讓我們捨棄 `images_url` 行以使資料集盡可能整潔：

```
df_clean_bios.drop('image_urls', axis=1, inplace=True)
```

現在我們的資料集已清理和簡化，可以將其儲存為幾種方便的格式。

儲存清理後的資料集

現在有了即將要進行的 pandas 探索之旅所需的資料集，讓我們把它們儲存為資料視覺化、SQL 和 JSON 中普遍存在的幾種格式。

首先，使用 pandas 方便的 `to_json` 方法，把帶有 `born_in` 欄位和合併後傳記的已清理 DataFrame 儲存為 JSON 檔案：

```
df_clean_bios.to_json('data/nobel_winners_cleaned.json',\
            orient='records', date_format='iso') ❶
```

❶ 將 `orient` 引數設定為 `records` 以儲存列物件的陣列，並將 `'iso'` 指定為日期格式的字串編碼。

把乾淨的 DataFrame 副本儲存到本地端 data 目錄中的 SQLite `nobel_prize` 資料庫中。第 13 章將使用它來示範基於 Flask 的 REST Web API。三行 Python 程式碼和 DataFrame 的 `to_sql` 方法就能簡潔地完成了這項工作（有關更多詳細資訊，請參見第 206 頁的「SQL」）：

```
import sqlalchemy

engine = sqlalchemy.create_engine(\
    'sqlite:///data/nobel_winners_clean.db')
df_clean_bios.to_sql('winners', engine, if_exists='replace')
```

讓我們透過將內容讀回 DataFrame 來確保資料庫已成功建立：

```
df_read_sql = pd.read_sql('winners', engine)
df_read_sql.info()
Out:
<class 'pandas.core.frame.DataFrame'>
RangeIndex: 858 entries, 0 to 857
Data columns (total 16 columns):
 #   Column         Non-Null Count  Dtype
---  ------         --------------  -----
 0   index          858 non-null    int64
 1   category       858 non-null    object
 2   country        858 non-null    object
 3   date_of_birth  858 non-null    datetime64[ns]
 [...]
 14  bio_image      770 non-null    object
 15  mini_bio       857 non-null    object
dtypes: datetime64[ns](2), float64(2), int64(1), object(11)
memory usage: 107.4+ KB
```

在資料庫中有了清理過的資料之後，就可以在下一章開始探索它了。

總結

本章學習如何清理相當混亂的資料集，產生更易於探索和通常會使用的資料。在此過程中，我們介紹許多新的 pandas 方法和技術，以擴展上一章對基本 pandas 的介紹。

下一章將使用新建立的資料集來開始瞭解諾貝爾獎得主、他們的國家、性別、年齡，以及可以找到的任何有趣相關性（或缺乏相關性）。

## 第十章

使用 Matplotlib 來視覺化資料

作為資料視覺化人員，掌握資料的最佳方法之一是互動式地視覺化資料，使用已經發展到能夠總結和精煉資料集的各種圖表（chart）和繪圖（plot）。傳統上，這個探索階段的成果會在隨後以靜態圖形的形式呈現，但它們越來越常用於建構更具吸引力的基於 Web 的互動式圖表，例如您可能已經看到的很酷的 D3 視覺化（第五部分會建構其中一個）。

Python 的 Matplotlib 及其擴展系列（例如以統計為重點的 seaborn）形成一個成熟且高度可客製化的繪圖生態系統。IPython（Qt 和筆記本版本）可以互動使用 Matplotlib 繪圖，提供一種非常強大和直觀的方法來查找資料中有趣的金塊。本章將介紹 Matplotlib 及其強大的擴展之一，seaborn。

pyplot 和物件導向的 Matplotlib

Matplotlib 可能有點令人困惑，尤其是當您開始在線上隨機抽樣範例時。複雜因素是來自於兩種主要的繪圖方法，它們相似到足以混淆，但又不同到足以導致許多令人沮喪的錯誤。第一種方式使用全域狀態機（global state machine）直接與 Matplotlib 的 pyplot 模組互動；第二種物件導向的方法使用我們更熟悉的圖形和軸類別概念，來提供程式設計式的替代方案。我將在後面的部分中闡明它們的區別，但作為一個粗略的經驗法則，如果您正在以互動方式處理單一繪圖的話，pyplot 的全域狀態是一個方便的快捷方式。對於所有其他情況，使用物件導向的方法外顯式宣告圖形和坐標軸是有意義的。

啟動互動式會話期

我們將使用 Jupyter notebook（*https://jupyter.org*）來進行互動式視覺化。使用以下命令來啟動會話期：

```
$ jupyter notebook
```

然後，您可以在 IPython 會話期中使用 Matplotlib 魔法命令之一（*https://oreil.ly/KhWbX*）來啟用互動式 Matplotlib。`%matplotlib` 本身會使用預設的 GUI 後端來建立繪圖視窗，但您也可以直接指明後端。以下內容適用於標準和 Qt 控制台 IPython：[1]

```
%matplotlib [qt | osx | wx ...]
```

要在 notebook 或 Qt 控制台中獲取內聯圖形，可以使用 `inline` 指令。請注意，與獨立的 Matplotlib 視窗不同，您無法在建立內聯繪圖後修改它：

```
%matplotlib inline
```

無論您是互動式使用 Matplotlib 還是在 Python 程式中使用，您都將使用類似的匯入：

```
import numpy as np
import pandas as pd
import matplotlib.pyplot as plt
```

 您會發現許多使用 `pylab` 的 Matplotlib 範例。`pylab` 是一個方便的模組，它在單一名稱空間（namespace）中批量匯入 `matplotlib.pyplot`（用於繪圖）和 NumPy。`pylab` 現在幾乎已被棄用，但即使沒有，我仍然建議避免使用此名稱空間並外顯式地合併和匯入 `pyplot` 和 `numpy`。

雖然 NumPy 和 pandas 不是強制性的，但 Matplotlib 被設計來和它們能夠良好地協同工作、處理 NumPy 陣列和 pandas Series（透過關聯）。

建立內聯繪圖的能力是與 Matplotlib 愉快互動的關鍵，我們在 IPython 中透過以下「魔法」[2] 指令達成這一點：

```
In [0]: %matplotlib inline
```

---

[1] 如果您在嘗試啟動 GUI 會話期時遇到錯誤，請嘗試更改後端設定（例如，如果使用 macOS 而且 `%matplotlib qt` 不起作用，試試 `%matplotlib osx`）。

[2] IPython 有大量這樣的函數，可以為單純 Python 直譯器提供大量有用的附加功能。請在 IPython 網站（*https://oreil.ly/0gUSc*）上查看它們。

Matplotlib 繪圖現在將插入到您的 IPython 工作流程中，這適用於 Qt 和 notebook 版本。在 notebook 中，繪圖被合併到活動的單元格中。

修改繪圖

在內聯模式下，執行 Jupyter notebook 單元格或（多行）輸入後，會刷新繪圖的上下文。這意味著您不能使用 gcf（獲取目前圖形）方法來更改先前單元格或輸入的繪圖，而是必須重複所有繪圖命令，並在新的輸入 / 單元格中進行任何的添加或修改。

使用 pyplot 的全域狀態進行互動式繪圖

pyplot 模組提供了一個您可以互動操作的全域狀態[3]。這適用於互動式資料探索，最適用於建立通常包含單一圖形的簡單繪圖。pyplot 很方便，您將看到的許多範例都會使用它，但對於更複雜的繪圖，Matplotlib 的物件導向的 API 會派上用場，很快就會看到了。在示範全域繪圖的使用之前，先建立一些隨機資料來顯示，這要歸功於 pandas 有用的 period_range 方法：

```
from datetime import datetime

x = pd.period_range(datetime.now(), periods=200, freq='d') ❶
x = x.to_timestamp().to_pydatetime() ❷
y = np.random.randn(200, 3).cumsum(0) ❸
```

❶ 從目前時間（datetime.now()）開始建立一個包含 200 天（d）元素的 pandas datetime 索引。

❷ 將 datetime 索引轉換為 Python datetimes。

❸ 建立三個沿 0 軸加總的 200 元素隨機陣列。

我們現在有一個帶有 200 個時段（time slot）的 y 軸，和三個用於互補的 x 值的隨機陣列。這些會作為分別的引數提供給 (line)plot 方法：

```
plt.plot(x, y)
```

這給了圖 10-1 中所示看似平淡無奇的圖表。請注意 Matplotlib 是如何自然地處理多維 NumPy 線陣列的。

3　這是受 MATLAB（*https://oreil.ly/sw9KZ*）的啟發。

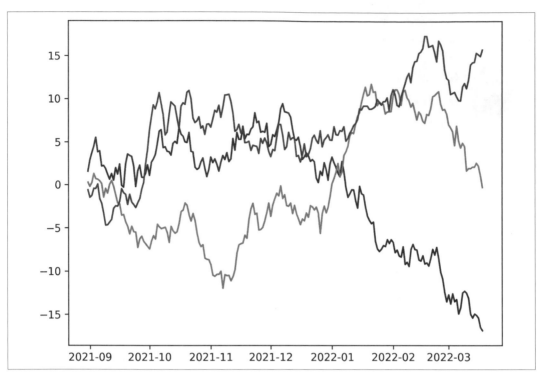

圖 10-1　預設線形圖

儘管大家普遍認為 Matplotlib 的預設設定不太理想，但它的優勢之一是您可以執行的大量客製化。這就是為什麼會有一個豐富的圖表程式庫生態系統，這些圖表程式庫用更好的預設值、更有吸引力的色調搭配等來包裝 Matplotlib。讓我們透過使用單純的 Matplotlib 來客製化我們的預設繪圖，看看其中的一些客製化操作。

配置 Matplotlib

Matplotlib 提 供 了 廣 泛 的 配 置（*https://oreil.ly/IbgVA*），可 以 在 `matplotlibrc` 檔 案（*https://oreil.ly/knyiZ*）中指明，也可以透過類似字典的 `rcParams` 變數來動態地指明。在這裡，我們想更改要繪製的線的寬度和預設顏色：

```
import matplotlib as mpl
mpl.rcParams['lines.linewidth'] = 2
mpl.rcParams['lines.color'] = 'r' # 紅色
```

您可以在主網站（*https://oreil.ly/LBqxb*）找到範例 `matplotlibrc` 檔案。

除了使用 rcParams 變數，您還可以使用 gcf（獲取目前圖形）方法來獲取目前活動的圖形並直接對其進行操作。

讓我們看一個配置的小例子，去設定目前圖形的大小。

設定圖形的大小

如果您的繪圖預設可讀性很差或寬高比不理想時，您會需要更改其大小。預設情況下，Matplotlib 使用英寸作為其繪圖時的尺寸。當您考慮到 Matplotlib 可以被儲存到的許多後端（通常基於向量圖形）時，這是有道理的。這裡展示 rcParams 和 gcf 兩種使用 pyplot 來把圖形大小設定為八乘四英寸的方法：

```
# 將圖形大小設定為 8 x 4 英寸的兩種方法
plt.rcParams['figure.figsize'] = (8,4)
plt.gcf().set_size_inches(8, 4)
```

點，而不是像素

Matplotlib 使用點而不是像素（pixel）來測量圖形的大小。這是印刷品質的出版品公認的衡量標準，而 Matplotlib 是用於提供出版品品質的影像。

預設情況下，一個點的寬度約為 1/72 英寸，但 Matplotlib 允許您透過更改任何產生的圖形的每英寸點數（dots-per-inch, dpi）來調整這一點。這個數字越高，影像的品質就越好。為了在 IPython 會話期期間以互動方式顯示內聯圖形，解析度（resolution）通常是那些被用來產生繪圖的後端引擎的產物，例如，Qt、WxAgg 及 tkinter。有關後端的說明，請參閱 Matplotlib 說明文件（*https://oreil.ly/4ENnG*）。

標籤和圖例

圖 10-1 需要告訴我們那些線條的含義。Matplotlib 有一個方便的線標籤的圖例框，和大多數 Matplotlib 一樣，它是高度可配置的。標記我們的三條線涉及一點間接活動，因為 plot 方法只接受一個標籤，而它會應用在我們產生的所有線上。有用的是，plot 命令會傳回建立的所有 Line2D 物件。legend 方法可以使用它們來設定個別的標籤。

因為此繪圖將以黑白顯示，除了預設顏色之外，我們需要一種方法來區分線條。使用 Matplotlib 執行此操作的最簡單方法是按順序建立線條，其中指明 x 和 y 值以及線條樣式 [4]。我們將讓線條樣式為實線（-）、虛線（--）和點虛線（-.）。注意 NumPy 的行索引的使用（見圖 7-1）：

4　您可以在其說明文件（*https://oreil.ly/iqlBE*）中找到有關 Matplotlib 線條樣式的詳細資訊。

```
#plots = plt.plot(x,y)
plots = plt.plot(x, y[:,0], '-', x, y[:,1], '--', x, y[:,2], '-.')
plots
Out:
[<matplotlib.lines.Line2D at 0x9b31a90>,
 <matplotlib.lines.Line2D at 0x9b4da90>,
 <matplotlib.lines.Line2D at 0x9b4dcd0>]
```

legend 方法（*https://oreil.ly/2hEMc*）可以設定標籤、建議圖例框的位置、以及配置許多其他內容：

```
plt.legend(plots, ('foo', 'bar', 'baz'), ❶
           loc='best', ❷
           framealpha=0.5, ❸
           prop={'size':'small', 'family':'monospace'}) ❹
```

❶ 為三個繪圖設定標籤。

❷ 使用 best 位置應該可以避免遮擋線條。

❸ 設定圖例的透明度。

❹ 這裡調整一下圖例的字型屬性。[5]

標題和軸標籤

為坐標軸添加標題和標籤非常簡單：

```
plt.title('Random trends')
plt.xlabel('Date')
plt.ylabel('Cum. sum')
```

您可以使用 figtext 方法來添加一些文本：[6]

```
plt.figtext(0.995, 0.01, ❶
            '© Acme designs 2022',
            ha='right', va='bottom') ❷
```

❶ 和圖形大小成比例的文本位置。

❷ 水平（ha）和垂直（va）對齊。

完整的程式碼如範例 10-1 所示，生成的圖表如圖 10-2 所示。

5　有關詳細資訊，請參閱說明文件（*https://oreil.ly/upz5A*）。

6　有關詳細資訊，請參閱 Matplotlib 網站（*https://oreil.ly/oD0lN*）。

範例 10-1　客製化折線圖

```
plots = plt.plot(x, y[:,0], '-', x, y[:,1], '--', x, y[:,2], '-.')
plt.legend(plots, ('foo', 'bar', 'baz'), loc='best,
                   framealpha=0.25,
                   prop={'size':'small', 'family':'monospace'})
plt.gcf().set_size_inches(8, 4)
plt.title('Random trends')
plt.xlabel('Date')
plt.ylabel('Cum. sum')
plt.grid(True) ❶
plt.figtext(0.995, 0.01, '© Acme Designs 2021',
ha='right', va='bottom')
plt.tight_layout() ❷
```

❶ 這將為圖形添加一個虛線網格，以標記軸刻度。

❷ tight_layout 方法（*https://oreil.ly/roH2Z*）會保證所有繪圖元素都在圖形框內。否則，您可能會發現刻度標籤或圖例被截斷了。

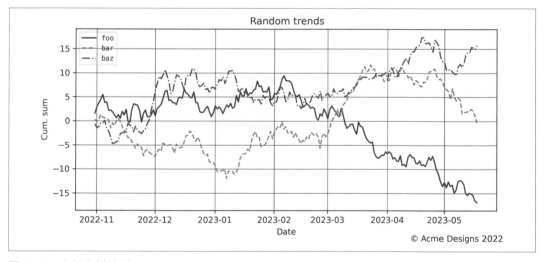

圖 10-2　客製化折線圖

範例 10-1 中使用了 tight_layout 方法來防止繪圖元素被遮擋或截斷。tight_layout 已知會導致某些系統出現問題，尤其是 macOS。如果您有任何問題，這個討論串（*https://oreil.ly/qGONZ*）可能會有所幫助。到目前為止，最好的建議是對目前的圖形使用 set_tight_layout 方法：

```
plt.gcf().set_tight_layout(True)
```

儲存圖表

Matplotlib 的一大亮點是儲存繪圖，並提供了多種輸出格式[7]。可用格式取決於可用的後端，但通常會支援 PNG、PDF、PS、EPS 和 SVG。PNG 代表可攜式網路圖形（Portable Network Graphics），是最流行的網路影像發布格式。其他格式是基於向量的，可以平滑縮放而沒有像素化偽影（artifact）。對於高品質的印刷作品，這可能就是您想要的。

儲存就這麼簡單：

```
plt.tight_layout() # 將繪圖強制轉換為圖形尺寸
plt.savefig('mpl_3lines_custom.svg')
```

您可以使用 `format="svg"` 來外顯式地設定格式，但 Matplotlib 也可以理解 *.svg* 字尾。要避免標籤被截斷，請使用 `tight_layout` 方法[8]。

圖形和物件導向的 Matplotlib

正如剛才所示，互動式操作 `pyplot` 的全域狀態非常適合快速繪製資料草圖和單圖工作。但是，如果您想更好地控制圖表，Matplotlib 的圖形（figure）和軸（axis）的物件導向（Object-Oriented, OO）方法會是我們想要的方法。您看到的大多數更進階的繪圖示範都將以這種方式完成。

本質上，我們使用 OO Matplotlib 來處理一個圖形，您可以把它視為一個繪圖畫布，其中嵌入了一個或多個軸（或繪圖）。圖形和軸都具有可以獨立指明的屬性。從這個意義上說，前面討論的互動式 `pyplot` 路線其實就是繪製到全域圖形的單一軸上。

我們可以使用 `pyplot` 的 `figure` 方法來建立一個圖形：

```
fig = plt.figure(
        figsize=(8, 4), # 以英寸為單位的圖形大小
        dpi=200, # 每英寸的點數
        tight_layout=True, # 將軸、標籤等物件放入畫布中
        linewidth=1, edgecolor='r' # 1 個像素寬、紅色邊框
        )
```

---

7 除了提供多種格式外，它還支援 LaTeX 數學模式（*https://www.latex-project.org*），這是一種允許您在標題、圖例等之中使用數學符號的語言。這是 Matplotlib 深受學術界喜愛的原因之一，因為它能夠產生期刊品質的影像。

8 有關更多詳細資訊，請存取 Matplotlib 網站（*https://oreil.ly/GacYP*）。

如您所見，圖形與全域 pyplot 模組共享一個屬性子集合。這些可以在建立圖形時設定，或透過類似方法，即 fig.text() 而非 plt.fig_text() 來設定。每個圖形都可以有多個軸，每個軸都類似於單一全域繪圖狀態，但具有相當大的優勢，即多個軸可以存在於一個圖形上，且每個軸都具有獨立的屬性。

軸和子圖

figure.add_axes 方法允許我們精確地控制圖中軸的位置（例如，讓您能夠在主圖中嵌入較小的圖）。繪圖元素的定位使用 0 → 1 坐標系統，其中 1 是圖形的寬度或高度。您可以使用四元素的串列或元組來設定左下角和右上角邊界，以指明位置：

```
# h = 高度, w = 寬度
fig.add_axes([0.2, 0.2, #[bottom(h*0.2), left(w*0.2),
              0.8, 0.8])# top(h*0.8), right(w*0.8)]
```

範例 10-2 顯示了要把較小的軸插入較大的軸所需的程式碼，其中使用了我們的隨機測試資料。結果如圖 10-3 所示。

範例 *10-2*　使用了 figure.add_axes 的繪圖插入

```
fig = plt.figure(figsize=(8,4))
# --- 主軸
ax = fig.add_axes([0.1, 0.1, 0.8, 0.8])
ax.set_title('Main Axes with Insert Child Axes')
ax.plot(x, y[:,0]) ❶
ax.set_xlabel('Date')
ax.set_ylabel('Cum. sum')
# --- 插入軸
ax = fig.add_axes([0.15, 0.15, 0.3, 0.3])
ax.plot(x, y[:,1], color='g') # 'g' 代表綠色
ax.set_xticks([]); ❷
```

❶ 這將選擇隨機 NumPy y 資料的第一行。

❷ 從我們的嵌入圖中刪除 x 刻度和標籤。

儘管 add_axes 提供很多微調圖表外觀的空間，但大多數時候 Matplotlib 的內建網格布局系統可以讓生活變得更加輕鬆 [9]。最簡單的選擇是使用 figure.subplots，它允許您指明大小相等的繪圖的列行式布局。如果您想要一個具有不同大小的圖的網格，那麼 gridspec 模組將是您的首選。

9　方便的 tight_layout 選項採用網格布局子圖。

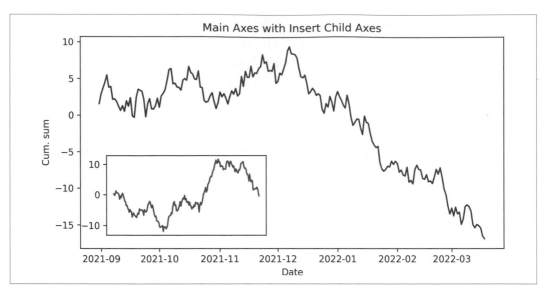

圖 10-3 使用 `figure.add_axes` 來插入繪圖

呼叫不帶引數的 `subplots` 將傳回具有單軸的圖形。在使用上這最接近使用了第 247 頁的「使用 pyplot 的全域狀態進行互動式繪圖」小節中所示的 pyplot 狀態機。範例 10-3 顯示了與範例 10-1 中的 pyplot 示範等效的圖形和軸,並產生了圖 10-2。請注意圖形和軸的「設定器」(setter)方法的使用。

範例 *10-3* 用單一圖形和軸來繪圖

```
figure, ax = plt.subplots()
plots = ax.plot(x, y, label='')
figure.set_size_inches(8, 4)
ax.legend(plots, ('foo', 'bar', 'baz'), loc='best', framealpha=0.25,
          prop={'size':'small', 'family':'monospace'})
ax.set_title('Random trends')
ax.set_xlabel('Date')
ax.set_ylabel('Cum. sum')
ax.grid(True)
figure.text(0.995, 0.01, '©  Acme Designs 2022',
            ha='right', va='bottom')
figure.tight_layout()
```

使用列數（nrows）和行數（ncols）引數來呼叫 subplots（如範例 10-4 所示），允許將多個圖放置在網格布局上（參見圖 10-4 中的結果）。對 subplots 的呼叫會按列 - 行順序傳回圖形和軸的陣列。在範例中，我們指明了一行，因此 axes 是一個具有三個堆疊的軸的單一陣列。

範例 10-4　使用子圖

```
fig, axes = plt.subplots(
                    nrows=3, ncols=1, ❶
                    sharex=True, sharey=True, ❷
                    figsize=(8, 8))
labelled_data = zip(y.transpose(), ❸
                    ('foo', 'bar', 'baz'), ('b', 'g', 'r'))
fig.suptitle('Three Random Trends', fontsize=16)
for i, ld in enumerate(labelled_data):
    ax = axes[i]
    ax.plot(x, ld[0], label=ld[1], color=ld[2])
    ax.set_ylabel('Cum. sum')
    ax.legend(loc='upper left', framealpha=0.5,
              prop={'size':'small'})
axes[-1].set_xlabel('Date') ❹
```

❶ 指定三列一列的子圖網格。

❷ 我們想要共享 x 軸和 y 軸，自動調整限制以便於比較。

❸ 將 y 切換為列 - 行，並將線的資料、標籤和線的顏色壓縮在一起。

❹ 標記最後一個共享的 x 軸。

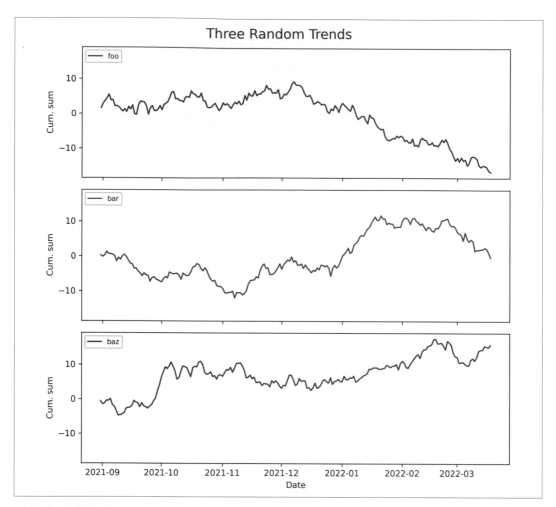

圖 10-4　三個子圖

使用 Python 方便的 zip 方法來產生三個包含了列資料的字典。zip（*https://oreil.ly/ G8YGh*）會接受長度為 *n* 的串列或元組，並傳回 *n* 個串列，這些串列是透過按順序匹配元素而形成：

```
letters = ['a', 'b']
numbers = [1, 2]
zip(letters, numbers)
Out:
[('a', 1), ('b', 2)]
```

在 for 迴圈中，我們使用 enumerate 來提供一個索引 i（我們會使用它來逐列選擇一個軸），並使用我們壓縮的 labelled_data 來提供繪圖屬性。

請注意範例 10-4 (2) 中的 subplots 呼叫中指定的共享 x 軸和 y 軸。這樣可以輕鬆比較三個圖表，尤其是在現已正規化的（normalized）y 軸上。為了避免冗餘的 x 標籤，我們使用了 Python 方便的負索引，來只在最後一列呼叫 set_xlabel。

現在我們已經介紹了用 IPython 和 Matplotlib 互動的兩種方式，使用了全域狀態（透過 plt 存取）和物件導向的 API，接著就來看看一些您將用來探索資料集的常見繪圖類型。

繪圖類型

除了剛剛示範的折線圖（line plot）之外，Matplotlib 還提供了許多可用的繪圖類型。我現在將示範一些在探索性資料視覺化中常用的方法。

直條圖（bar chart）

不起眼的直條圖是許多視覺化資料探索的主要內容。和大多數 Matplotlib 圖表一樣，可以進行大量的客製化。我們現在將透過一些變體來為您提供其中的要點。

範例 10-5 中的程式碼會產生圖 10-5 中的直條圖。請注意，您必須指定自己的直條和標籤位置。這種靈活性深受核心 Matplotlib 玩家的喜愛，並且很容易掌握。然而，這是一種可能會變得乏味的事情。要在這裡編寫一些輔助方法很瑣碎，而且已經有許多程式庫包裝了 Matplotlib 並可以讓使用者用起來更方便。正如第 11 章所會看到的，pandas 內建的基於 Matplotlib 的繪圖使用起來要簡單得多。

範例 *10-5* 一個簡單的直條圖

```
labels = ["Physics", "Chemistry", "Literature", "Peace"]
foo_data =   [3, 6, 10, 4]

bar_width = 0.5
xlocations = np.array(range(len(foo_data))) + bar_width ❶
plt.bar(xlocations, foo_data, width=bar_width)
plt.yticks(range(0, 12)) ❷
plt.xticks(xlocations, labels) ❸
plt.title("Prizes won by Fooland")
plt.gca().get_xaxis().tick_bottom()
plt.gca().get_yaxis().tick_left()
plt.gcf().set_size_inches((8, 4))
```

❶ 在這裡，我們建立中間直條的位置，相隔兩個 bar_width。

❷ 為了示範，我們對 x 值進行了硬編碼——通常您會希望即時計算範圍。

❸ 這會將刻度標籤放置在直條的中間。

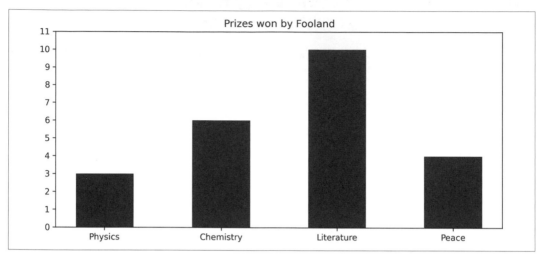

圖 10-5　一個簡單的直條圖

具有多個群組的直條圖特別有用。範例 10-6 添加更多的國家資料（如神祕的長條國：Barland），並使用 subplots 方法產生分組直條圖（見圖 10-6）。我們再次手動地指明直條的位置，添加兩個直條群組——這次使用了 ax.bar。請注意，軸的 x 限制會以合理的方式自動重新縮放，其增量為 0.5：

```
ax.get_xlim()
# Out: (-0.5, 3.5)
```

如果自動縮放未達到所需的外觀，請使用相應的設定方法（在本案例中為 set_xlim）。

範例 10-6　建立分組直條圖

```
labels = ["Physics", "Chemistry", "Literature", "Peace"]
foo_data = [3, 6, 10, 4]
bar_data = [8, 3, 6, 1]

fig, ax = plt.subplots(figsize=(8, 4))
bar_width = 0.4 ❶
xlocs = np.arange(len(foo_data))
ax.bar(xlocs-bar_width, foo_data, bar_width,
       color='#fde0bc', label='Fooland') ❷
```

```
ax.bar(xlocs, bar_data, bar_width, color='peru', label='Barland')
#--- 刻度、標籤、網格、和標題
ax.set_yticks(range(12))
ax.set_xticks(ticks=range(len(foo_data)))
ax.set_xticklabels(labels)
ax.yaxis.grid(True)
ax.legend(loc='best')
ax.set_ylabel('Number of prizes')
fig.suptitle('Prizes by country')
fig.tight_layout(pad=2) ❸
fig.savefig('mpl_barchart_multi.png', dpi=200) ❹
```

❶ 對於寬度為 1 的雙直條群組，此直條寬度提供了 0.1 直條的填充。

❷ Matplotlib 支援標準的 HTML 顏色，採用十六進位值或名稱。

❸ 使用 pad 參數來將圖形周圍的填充指定為字型大小的一個比例。

❹ 這會以每英寸 200 點的高解析度儲存圖形。

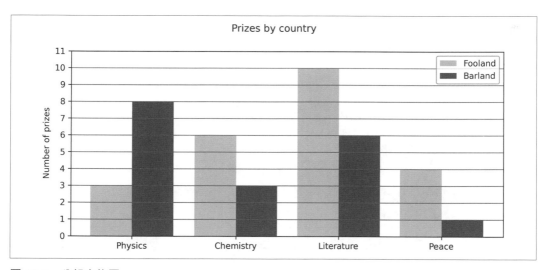

圖 10-6　分組直條圖

使用水平直條通常很有用，特別是當有很多水平直條和／或您使用刻度標籤時，如果把它們放在同一條線上，它們很可能會相互碰撞。把圖 10-6 翻轉過來很容易，只需要把 bar 方法替換成它的水平對應版的 barh，並切換軸標籤和限制（參見範例 10-7 和產生的圖 10-7）。

範例 *10-7 將範例 10-6 轉換為水平直條*

```
# ...
ylocs = np.arange(len(foo_data))
ax.barh(ylocs-bar_width, foo_data, bar_width, color='#fde0bc',
        label='Fooland') ❶
ax.barh(ylocs, bar_data, bar_width, color='peru', label='Barland')
# --- 標籤、網格與標題，然後儲存
ax.set_xticks(range(12)) ❷
ax.set_yticks(ticks=ylocs-bar_width/2)
ax.set_yticklabels(labels)
ax.xaxis.grid(True)
ax.legend(loc='best')
ax.set_xlabel('Number of prizes')
# ...
```

❶ 為建立水平直條圖而使用 barh 來代替 bar。

❷ 水平圖表需要交換水平和垂直軸。

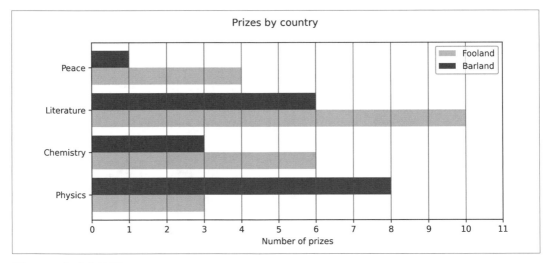

圖 10-7　把直條換邊

堆疊直條圖（stacked bar）在 Matplotlib 中很容易達成[10]。範例 10-8 將圖 10-6 轉換為堆疊形式；圖 10-8 顯示了它的結果。訣竅是使用 bar 的 bottom 引數來將凸起直條的底部設定為前一群組的頂部。

---

10 讓人懷疑的是，堆疊長條圖是否是欣賞資料群組特別有用的方式。請參閱 Solomon Messing 的部落格（*https://oreil.ly/nClO0*）對此的精采討論，和所謂「良好」使用的範例。

範例 10-8　將範例 10-6 轉換為堆疊直條圖

```
# ...
bar_width = 0.8
xlocs = np.arange(len(foo_data))
ax.bar(xlocs, foo_data, bar_width, color='#fde0bc',   ❶
       label='Fooland')
ax.bar(xlocs, bar_data, bar_width, color='peru',      ❷
       label='Barland', bottom=foo_data)
# --- 標籤、網格與標題，然後儲存
ax.set_yticks(range(18))
ax.set_xticks(ticks=xlocs)
ax.set_xticklabels(labels)
# ...
```

❶ foo_data 和 bar_data 直條群組共享相同的 x 位置。

❷ bar_data 群組的底部是 foo_data 的頂部，提供了堆疊直條。

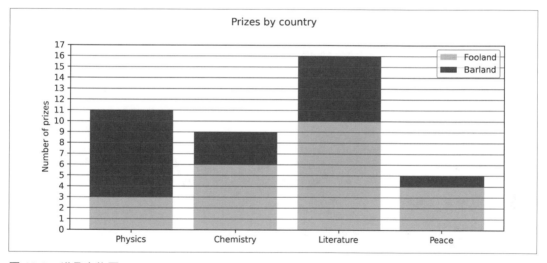

圖 10-8　堆疊直條圖

散布圖

另一個有用的圖表是散布圖（scatter plot），它接受二維點陣列，並帶有點大小、顏色等
選項。

範例 10-9 顯示快速建立散布圖的程式碼，並對 x 和 y 限制使用了 Matplotlib 的自動縮放。我們透過添加常態分布的隨機數（sigma 為 10）來建立一條雜訊線。圖 10-9 顯示了產生的圖表。

範例 *10-9　一個簡單的散布圖*

```
num_points = 100
gradient = 0.5
x = np.array(range(num_points))
y = np.random.randn(num_points) * 10 + x*gradient ❶
fig, ax = plt.subplots(figsize=(8, 4))
ax.scatter(x, y) ❷

fig.suptitle('A Simple Scatterplot')
```

❶ randn 會給出常態分布的隨機數，我們把它縮放到 0 和 10 之間，然後向它加上一個與 x 相關的值。

❷ 同樣大小的 x 和 y 陣列提供了點坐標。

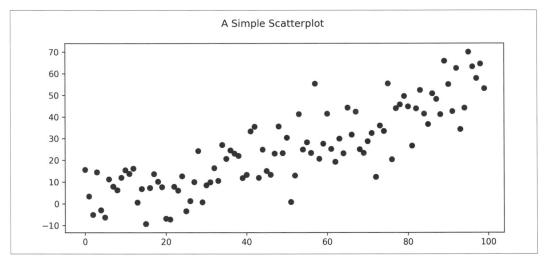

圖 10-9　一個簡單的散布圖

我們可以透過將標記大小和顏色索引陣列傳遞給目前預設的顏色圖（colormap），來調整各個點的大小和顏色。要注意一件可能會造成混淆的事，那就是我們指明的是標記的定界框（bounding box）區域，而不是圓的直徑。這意味著如果想要讓圓的直徑加倍，必須將大小增加四倍[11]。在範例 10-10 中,我們將大小和顏色資訊添加到簡單散布圖,產生圖 10-10。

範例 *10-10* 　調整點的大小和顏色

```
num_points = 100
gradient = 0.5
x = np.array(range(num_points))
y = np.random.randn(num_points) * 10 + x*gradient
fig, ax = plt.subplots(figsize=(8, 4))
colors = np.random.rand(num_points) ❶
size = np.pi * (2 + np.random.rand(num_points) * 8) ** 2 ❷
ax.scatter(x, y, s=size, c=colors, alpha=0.5) ❸
fig.suptitle('Scatterplot with Color and Size Specified')
```

❶ 這會為預設顏色圖產生 100 個介於 0 和 1 之間的隨機顏色值。

❷ 使用冪次(power)符號 ** 來對 2 到 10 之間的值,即我們標記的寬度範圍進行平方。

❸ 使用 alpha 引數來讓我們的標記成為半透明。

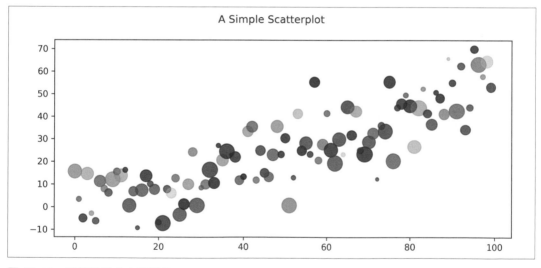

圖 10-10　調整點的大小和顏色

---

11 設定標記大小而不是寬度或半徑,實際上是一個很好的預設值,讓它和我們試圖反映的任何值成比例。

Matplotlib 顏色圖

Matplotlib 有大量可用的顏色圖，選擇它們可以顯著提高視覺化品質。有關詳細資訊，請參閱顏色圖說明文件（*https://oreil.ly/g8Q9b*）。

添加迴歸線

迴歸線（regression line）是兩個變數之間相關性的簡單預測模型，在本案例中的變數即為散布圖的 x 和 y 坐標。該線本質上是透過繪圖中的點的最佳擬合，把一條迴歸線添加到散布圖是一種有用的資料視覺化技術，也是示範 Matplotlib 和 NumPy 互動的好方法。

在範例 10-11 中，NumPy 非常有用的 polyfit 函數，可用來為 x 和 y 陣列所定義的點，產生最佳擬合線的斜率（gradient）和常數。然後我們在和散布圖相同的軸上繪製這條線（見圖 10-11）。

範例 *10-11* 帶有迴歸線的散布圖

```
num_points = 100
gradient = 0.5
x = np.array(range(num_points))
y = np.random.randn(num_points) * 10 + x*gradient
fig, ax = plt.subplots(figsize=(8, 4))
ax.scatter(x, y)
m, c = np.polyfit(x, y ,1) ❶
ax.plot(x, m*x + c) ❷
fig.suptitle('Scatterplot With Regression-line')
```

❶ 我們在 1D 中使用 NumPy 的 polyfit 來獲得線的斜率（m）和常數（c），以獲得通過隨機點的最佳擬合線。

❷ 使用斜率和常數在散布圖的軸上繪製一條線 (y = mx + c)。

在進行線性迴歸時繪製信賴區間（confidence interval）通常是個好主意。根據點的數量和分布，可以瞭解線的擬合的可靠性。信賴區間可以用 Matplotlib 和 NumPy 來達成，但是有點笨拙。幸運的是，有一個基於 Matplotlib 建構的程式庫，它具有用於統計分析和資料視覺化的額外專用函數，並且在許多人看來，它比 Matplotlib 的預設值要好得多。該程式庫就是 seaborn，現在就來快速瀏覽一下。

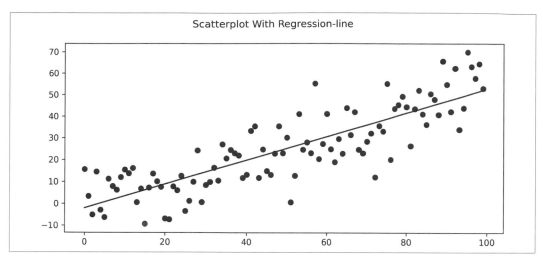

圖 10-11　帶有迴歸線的散布圖

seaborn

有許多程式庫會以對使用者更友善的方式[12]，包裝 Matplotlib 的強大繪圖功能，並且對資料視覺化人員來說同樣重要的是，可以很好地與 pandas 一起運作。

Bokeh（*https://bokeh.pydata.org/en/latest*）是一個考慮到網路的互動式視覺化程式庫，產生瀏覽器渲染的輸出，因此可以很好地與 IPython 筆記本一起運作。這是一項偉大的成就，其設計理念類似於 D3 的作法[13]。

但對於要瞭解您的資料並提出視覺化建議所必需的那種互動式、探索性資料視覺化，我推薦 seaborn（*https://oreil.ly/b2RpH*）。seaborn 使用一些強大的統計繪圖擴展了 Matplotlib，並和 PyData 堆疊整合得很好，也和 NumPy、pandas 以及 SciPy 和 statsmodels（*https://oreil.ly/peqqT*）中的統計常式結合得很好。

seaborn 的優點之一是它沒有隱藏 Matplotlib API，允許您使用 Matplotlib 的廣泛工具來調整圖表。從這個意義上說，它不是 Matplotlib 和相關技能的替代品，而是一個非常令人印象深刻的擴展。

要使用 seaborn，只需擴展您的標準 Matplotlib 匯入：

---

12 人們普遍認為 Matplotlib 的預設值並不是那麼好，讓它們變得更好對於任何包裝器來說都是一個輕鬆的勝利。

13 D3 和 Bokeh 都對經典視覺化教科書，由 Leland Wilkinson 所著的《The Grammar of Graphics》（Springer 出版）致敬。

```
import numpy as np
import pandas as pd
import seaborn as sns # 依賴於 matplotlib
import matplotlib as mpl
import matplotlib.pyplot as plt
```

Matplotlib 提供許多繪圖樣式，可以透過使用樣式鍵呼叫 use 方法來呼叫。讓我們把目前的樣式設定為 seaborn 的預設樣式，這將為圖表提供一個纖細的灰色網格：

```
matplotlib.style.use('seaborn')
```

您可以在 Matplotlib 說明文件（*https://oreil.ly/9RTub*）中查看所有可用樣式及其視覺效果。

seaborn 的許多函數都設計為接受 pandas DataFrame，允許您指明像是用來描述 2D 散布點的行值。讓我們從範例 10-9 中獲取已有的 x 和 y 陣列，並使用它們來製作一些虛擬資料：

```
data = pd.DataFrame({'dummy x':x, 'dummy y':y})
```

我們現在有一些包含 x（'dummy x'）和 y（'dummy y'）值行的 data。範例 10-12 示範了使用 seaborn 專用線性迴歸圖 lmplot 的方法，而它產生了圖 10-12 中的圖表。請注意，對於某些 seaborn 繪圖，為了調整圖形大小，我們傳遞了以英寸為單位的大小（高度）和長寬比（aspect ratio）（寬度 / 高度）。另請注意，seaborn 共享了 pyplot 的全域上下文。

範例 *10-12* *seaborn* 的線性迴歸圖

```
data = pd.DataFrame({'dummy x':x, 'dummy y':y})
sns.lmplot(data=data, x='dummy x', y='dummy y', ❶
           height=4, aspect=2) ❷
plt.tight_layout() ❸
plt.savefig('mpl_scatter_seaborn.png') ❸
```

❶ x 和 y 引數指明了用來定義繪圖點坐標的 DataFrame 資料的行名。

❷ 要設定圖形大小，我們提供以英寸為單位的高度和為寬度 / 高度的長寬比。這裡將使用二這個比例，以更適應本書的頁面格式。

❸ seaborn 共享 pyplot 的全域上下文，允許您像儲存 Matplotlib 一樣儲存它的繪圖。

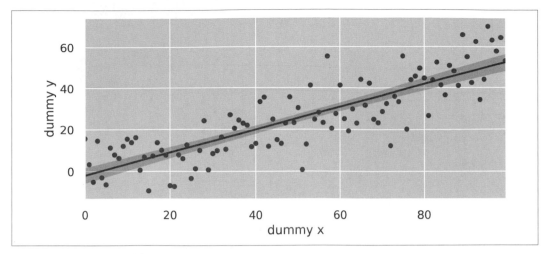

圖 10-12　seaborn 的線性迴歸圖

這個繪圖程式庫強調可以吸引人,所以正如您所期望的那樣,seaborn 允許大量的視覺客製化。讓我們對圖 10-12 的外觀做一些更改,並把信賴區間調整為標準誤差(*https://oreil.ly/gOLOo*)估計值的 68%(結果見圖 10-13):

```
sns.lmplot(data=data, x='dummy x', y='dummy y', height=4, aspect=2,
        scatter_kws={"color": "slategray"}, ❶
        line_kws={"linewidth": 2, "linestyle":'--', ❷
                "color": "seagreen"},
        markers='D', ❸
        ci=68) ❹
```

❶ 提供散布圖元件的關鍵字引數,將點的顏色設定為石板灰色。

❷ 提供折線圖元件的關鍵字引數,設定線寬和樣式。

❸ 使用 Matplotlib 標記碼 *D* 來把繪圖標記設定為菱形。

❹ 將信賴區間設定為 68%,即標準誤差估計值。

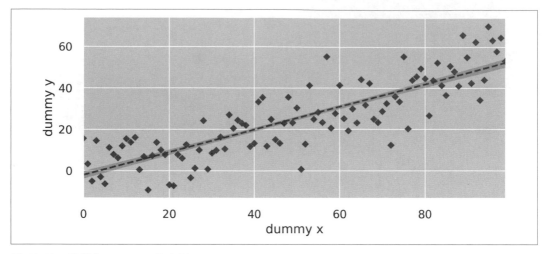

圖 10-13　客製化 seaborn 散布圖

seaborn 提供許多有用的繪圖，超出 Matplotlib 的基本集合。讓我們來看看最有趣的一個，使用 seaborn 的 FacetGrid 來繪製多維資料的反射。

FacetGrid

通常稱為「格子」（lattice）或「格架」（trellis）繪圖，在資料集的不同子集合上繪製同一種圖的多個實例能力，是獲得資料鳥瞰視圖的好方法。一張繪圖中可以呈現大量資訊，並且可以快速理解不同維度之間的關係。此技術和 Edward Tufte 所推廣的小倍數（small multiples，*https://oreil.ly/Ck1fT*）有關。

FacetGrid 要求資料採用 pandas DataFrame 的形式（請參閱第 197 頁的「DataFrame」），並採用 ggplot2 建立者 Hadley Wickham 所說的「整潔」形式，這意味著 DataFrame 中的每一行都應該是一個變數，每一列都是一個觀察值。

讓我們使用 Tips（seaborn 的測試資料集之一）[14] 來展示 FacetGrid 的實際應用。Tips 是一個小資料集，其中按不同維度來顯示小費的分布情況，例如星期幾或客戶是否抽菸 [15]。首先，讓我們使用 `load_dataset` 方法把 Tips 資料集載入到 pandas DataFrame 中：

---

14 seaborn 有許多方便的資料集，您可以在 GitHub（*https://oreil.ly/clELR*）上找到它們。

15 Tips 資料集使用生物性別（sex）作為類別，而本書中的資料集使用社會性別（gender）。在過去，它們往往可以互換使用，但現在已不再如此。請參閱耶魯大學醫學院的這篇文章（*https://oreil.ly/P0zWt*）以瞭解其解釋。

```
In [0]: tips = sns.load_dataset('tips')
Out[0]:
     total_bill    tip     sex smoker  day    time  size
0         16.99   1.01  Female     No  Sun  Dinner     2
1         10.34   1.66    Male     No  Sun  Dinner     3
2         21.01   3.50    Male     No  Sun  Dinner     3
3         23.68   3.31    Male     No  Sun  Dinner     2
...
```

要建立 FacetGrid，我們指明 tips DataFrame 和一個感興趣的行，例如客戶的抽菸狀況。此行將用於建立繪圖群組。抽菸者行中有兩個類別（'smoker=Yes' 和 'smoker=No'），這意味著我們的面向網格（facet-grid）中將有兩個圖表。然後使用網格的 map 方法來建立多個小費大小對總帳單的散布圖：

```
g = sns.FacetGrid(tips, col="smoker", height=4, aspect=1)
g.map(plt.scatter, "total_bill", "tip") ❶
```

❶ map 會接受一個繪圖類別，在本案例中為 scatter，以及此散布圖所需的兩個（tips）維度。

這會產生圖 10-14 中所示的兩個散布圖，每個散布圖對應一種抽菸者狀態，並顯示小費和總帳單的相關性。

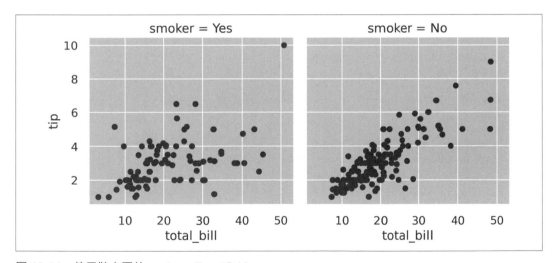

圖 10-14　使用散布圖的 seaborn FacetGrid

我們可以透過指定要在散布圖中使用的標記，來包含 tips 資料的另一個維度，在此設為代表女性的紅色菱形和代表男性的藍色方塊：

```
pal = dict(Female='red', Male='blue')
g = sns.FacetGrid(tips, col="smoker",
                  hue="sex", hue_kws={"marker": ["D", "s"]}, ❶
                  palette=pal, height=4, aspect=1, )
g.map(plt.scatter, "total_bill", "tip", alpha=.4)
g.add_legend();
```

❶ 為帶有菱形（D）和正方形（s）形狀的 sex 維度添加標記顏色（hue），並使用調色板（pal）將它們變成紅色和藍色。

您可以在圖 10-15 中看到產生的 FacetGrid。

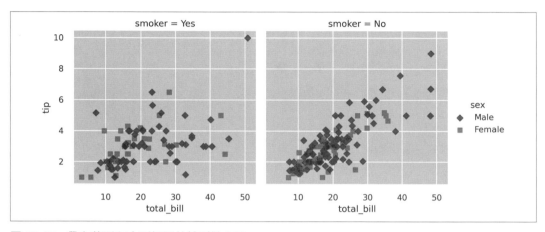

圖 10-15　帶有菱形和方形標記的性別散布圖

使用列和行來按維度建立資料子集合。將兩者結合起來，在 regplot[16] 的幫助下可以探索五個維度：

```
pal = dict(Female='red', Male='blue')
g = sns.FacetGrid(tips, col="smoker", row="time", ❶
                  hue="sex", hue_kws={"marker": ["D", "s"]},
                  palette=pal, height=4, aspect=1, )
g.map(sns.regplot, "total_bill", "tip", alpha=.4)
g.add_legend();
```

❶ 添加時間列以按午餐和晚餐來分隔小費。

圖 10-16 顯示了四個 regplot 產生了線性迴歸模型，該模型擬合女性和男性色調群組的信賴區間。繪圖標題顯示正在使用的資料子集合，每列具有相同的時間和抽菸者狀態。

---

16 regplot，regression plot（迴歸繪圖）的簡稱，相當於在範例 10-12 中使用的 lmplot。後者為方便起見結合了 regplot 和 FacetGrid。

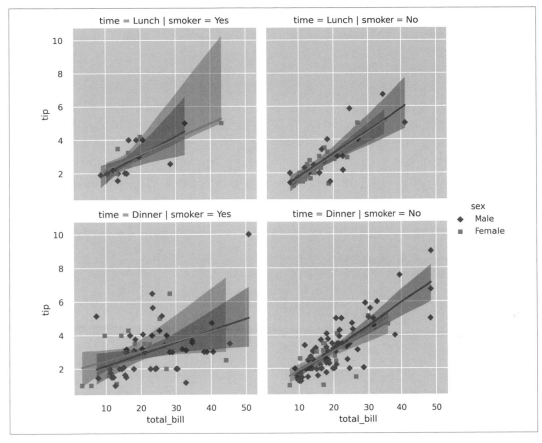

圖 10-16　視覺化五個維度

也可以使用範例 10-12 中看到的 lmplot 來達成相同的效果，為了方便起見，它包裝了
FacetGrid 和 regplot 的功能。以下程式碼產生了圖 10-16：

```
pal = dict(Female='red', Male='blue')
sns.lmplot(x="total_bill", y="tip", hue="sex",
          markers=["D", "s"], ❶
          col="smoker", row="time", data=tips, palette=pal,
          height=4, aspect=1
          );
```

❶ 請注意，和 FacetGrid 繪圖上使用的 kws_hue 字典相反，這裡使用了 markers 關鍵字。

lmplot 為產生 FacetGrid regplot 提供了一個很好的捷徑，但是 FacetGrid 的 map 讓您可以使用完整的 seaborn 和 Matplotlib 圖表，在維度子集合上建立繪圖。這是一種非常強大的技術，也是深入瞭解資料的好方法。

PairGrid

PairGrid 是另一種相當酷的 seaborn 繪圖類型，它提供了一種快速評估多維資料的方法。和 FacetGrid 不同，您無需將資料集劃分為子集合，然後再按指定維度比較。使用 PairGrid，資料集的維度都會在方形網格中成對地比較。預設情況下會比較所有維度，但您可以透過在宣告 PairGrid 時，向 vars 參數提供串列來指明要繪製哪些維度 [17]。

讓我們透過使用經典的鳶尾花（Iris）資料集來展示這種成對比較的效用，展示包含了三個鳶尾花物種成員的集合的一些重要統計資料。首先，我們將載入範例資料集：

```
In [0]: iris = sns.load_dataset('iris')
In [1]: iris.head()
Out[1]:
   sepal_length sepal_width  petal_length petal_width  species
0           5.1          3.5           1.4          0.2  setosa
1           4.9          3.0           1.4          0.2  setosa
2           4.7          3.2           1.3          0.2  setosa
...
```

為了按物種捕捉花瓣（petal）和花萼（sepal）尺寸之間的關係，我們首先建立一個 PairGrid 物件，將其色調（hue）設定為 species，然後使用其映射方法在成對網格的對角線上和非對角線上建立繪圖，產生圖 10-17 中的圖表：

```
sns.set_theme(font_scale=1.5) ❶
g = sns.PairGrid(iris, hue="species") ❷
g.map_diag(plt.hist) ❸
g.map_offdiag(plt.scatter) ❹
g.add_legend();
```

❶ 使用 seaborn 的 set_theme 方法來調整字型大小。有關可用的調整的完整列表，請參閱說明文件（*https://oreil.ly/rSmrH*）。

❷ 將標記和子直條設定為按物種著色。

❸ 將物種維度的直方圖（histogram）放置在網格的對角線上。

❹ 使用標準散布圖來比較對角線外的尺寸。

---

17 還有 x_vars 和 y_vars 參數讓您能夠指定非方形網格。

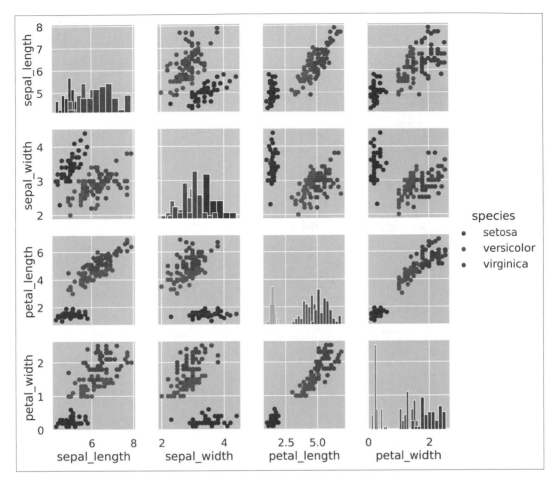

圖 10-17　Iris 度量的 PairGrid 總結

正如您在圖 10-17 中所見，seaborn 的幾行程式碼在建立一組用來關聯不同的 Iris 度量的資訊豐富圖表方面大有幫助。此繪圖稱為散布圖矩陣（*https://oreil.ly/UAJ8T*），是在多變數集合中查找變數對之間線性相關性的好方法。就目前而言，網格中存在著冗餘：例如，`sepal_width-petal_length` 和 `petal_length-septal_width` 的圖。PairGrid 讓您有機會使用主對角線上方或下方的冗餘繪圖，來提供資料的不同反射。查看 seaborn 說明文件（*https://stanford.io/1YydS2V*）中的一些範例，以獲取更多資訊 [18]。

---

18 想知道更多的人，bl.ocks.org 網站（*https://oreil.ly/ox8VW*）上有一個建構散布圖矩陣的 D3 範例。

我在本節中介紹了一些 seaborn 圖，下一章探索我們的諾貝爾獎資料集時，您會看到更多。但是 seaborn 有很多其他非常方便和非常強大的繪圖工具，主要是統計性質的。為了進一步瞭解，我建議從主要的 seaborn 說明文件開始（*https://stanford.io/28L8ezk*），那裡有一些不錯的範例、說明文件齊全的 API 和一些很好的教程，可以補充您在本章中學到的知識。

總結

本章介紹了 Python 的繪圖引擎 Matplotlib。它是一個大型、成熟的程式庫，擁有大量說明文件和活躍社群。如果您有特定的客製化需求，很可能會在某處找到範例。我建議啟動一個 Jupyter notebook（*https://jupyter.org*）並使用一個資料集。

我們看到了 seaborn 如何使用一些有用的統計方法來擴展 Matplotlib，並且它具有許多人認為的卓越美學，也允許存取 Matplotlib 圖形和軸內部結構，在需要時允許完全的客製化。

下一章將結合使用 Matplotlib 和 pandas，來探索剛剛清理乾淨的 Nobel 資料集。我們將使用本章中示範的一些繪圖類型，並查看一些有用的新類型。

## 第十一章

用 pandas 探索資料

上一章清理了第 6 章中從維基百科爬取的諾貝爾獎資料集。現在是時候開始探索這閃亮的新資料集,尋找有趣的樣式、要講的故事,以及任何其他可以構成有趣的視覺化基礎東西了。

首先,讓我們試著理清思緒,認真仔細地查看手頭的資料,以便對建議的視覺化有一個大致的瞭解。範例 11-1 顯示了諾貝爾獎資料集的形式,包含類別型、時間型和地理型資料。

範例 *11-1* 我們清理過的諾貝爾獎資料集

```
[{
 'category': 'Physiology or Medicine',
 'date_of_birth': '8 October 1927',
 'date_of_death': '24 March 2002',
 'gender': 'male',
 'link': 'http://en.wikipedia.org/wiki/C%C3%A9sar_Milstein',
 'name': 'César Milstein'
 'country': 'Argentina',
 'place_of_birth': 'Bahía Blanca,  Argentina',
 'place_of_death': 'Cambridge , England',
 'year': 1984,
 'born_in': NaN
 },
 ...
 ]
```

範例 11-1 中的資料表明了一些我們可能想要調查的故事,其中包括:

• 獲獎者之間的性別差異

- 國家趨勢（例如，哪個國家拿到最多經濟學獎項）

- 有關個人獲獎者的詳細資訊，例如他們獲獎時的平均年齡或預期壽命

- 使用 born_in 和 country 欄位從出生地到入籍國家的地理旅程

這些調查線構成了接下來部分的基礎，這些部分以問題形式來探究資料集，例如「除了居禮夫人之外，還有多少女性得過諾貝爾物理學獎？」、「若以人均數量而非絕對數量來算，哪個國家每年獲得的獎項最多？」以及「若按國家劃分，獎項是否存在從舊世界到新世界的趨勢，即從歐洲科學大國，交接至美國和新興亞洲國家？」在開始探索之前，先準備好工具並載入諾貝爾獎資料集。

開始探索

要開始，先從命令行啟動一個 Jupyter notebook：

```
$ jupyter notebook
```

使用神奇的 matplotlib 命令來啟用內聯繪圖：

```
%matplotlib inline
```

然後匯入標準的資料探索模組集合：

```
import pandas as pd
import numpy as np
import matplotlib.pyplot as plt
import json
import matplotlib
import seaborn as sns
```

現在對圖表的繪圖參數和一般外觀進行一些調整。請確保在調整圖形大小、字型和其他內容之前先更改樣式：

```
matplotlib.style.use('seaborn')  ❶

plt.rcParams['figure.figsize'] = (8, 4)  ❷
plt.rcParams['font.size'] = '14'
```

❶ 圖表選擇使用 seaborn 主題，可以說它比 Matplotlib 的預設主題更具吸引力。

❷ 將預設繪圖大小設定為八乘四英寸。

在第 9 章末尾，我們把乾淨的資料集儲存為 JSON 檔案，現在載入到 pandas DataFrame 中，準備開始探索。

```
df = pd.read_json(open('data/nobel_winners_cleaned.json'))
```

讓我們獲取有關資料集結構的一些基本資訊：

```
df.info()

<class 'pandas.core.frame.DataFrame'>
RangeIndex: 858 entries, 0 to 857
Data columns (total 13 columns):
 #   Column          Non-Null Count  Dtype
---  ------          --------------  -----
 0   category        858 non-null    object
 1   country         858 non-null    object
 2   date_of_birth   858 non-null    object
 3   date_of_death   559 non-null    object
 4   gender          858 non-null    object
 5   link            858 non-null    object
 6   name            858 non-null    object
 7   place_of_birth  831 non-null    object
 8   place_of_death  524 non-null    object
 9   text            858 non-null    object
 10  year            858 non-null    int64
 11  award_age       858 non-null    int64
 12  born_in         102 non-null    object
 13  bio_image       770 non-null    object
 14  mini_bio        857 non-null    object
dtypes: int64(2), object(13)
memory usage: 100.7+ KB
```

請注意，出生日期和死亡日期行具有標準 pandas 資料型別 object。為了比較日期，需要將它們轉換為日期時間類型 datetime64。可以使用 pandas 的 to_datetime 方法（*https://oreil.ly/jjcoR*）來達成這種轉換：

```
df.date_of_birth = pd.to_datetime(df.date_of_birth)
df.date_of_death = pd.to_datetime(df.date_of_death)
```

執行 df.info() 現在應該顯示兩個日期時間行：

```
df.info()

...
date_of_birth   858 non-null    datetime64[ns, UTC]  ❶
date_of_death   559 non-null    datetime64[ns, UTC]
...
```

❶ UTC（Coordinated Universal Time，*https://oreil.ly/ZzSOR*）是世界上調節時鐘和時間的主要標準時間，以此為標準基本上不會有什麼問題。

to_datetime 通常不需要額外引數就可以工作，如果給定不是基於時間的資料應該會拋出錯誤，但還是要檢查轉換後的行以確保。就我們的諾貝爾獎資料集而言，一切都已經檢驗過了。

用 pandas 繪圖

pandas Series 和 DataFrame 都整合了繪圖功能，它包裝了最常見的 Matplotlib 圖表，而上一章已經探討其中一些圖表。這讓您在和 DataFrame 互動時可以輕鬆獲得快速視覺回饋。如果您想視覺化一些更複雜的東西，pandas 容器可以很好地與原始的 Matplotlib 配合使用。您還可以使用標準的 Matplotlib 客製化來調整 pandas 所產生的圖。

我們來看一個 pandas 整合繪圖的例子，先從諾貝爾獎得主性別差異的基本圖說起。眾所周知，諾貝爾獎在男女之間的分配不均。讓我們透過使用性別類別的直條圖來快速瞭解這種差異。範例 11-2 產生了圖 11-1，顯示出明顯差異，在這個資料集中，男性獲得 858 個獎項中的 811 個。

範例 *11-2　使用 pandas 的整合繪圖來查看性別差異*

```
by_gender = df.groupby('gender')
by_gender.size().plot(kind='bar')
```

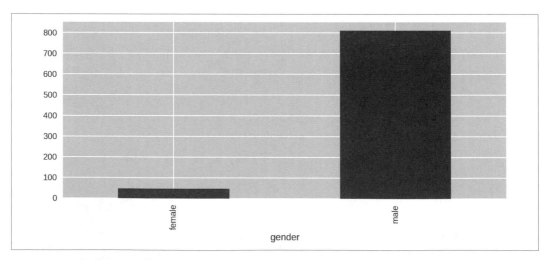

圖 11-1　按性別劃分的獎項數

在範例 11-2 中，由性別群組的 size 方法產生的 Series 有自己的整合 plot 方法，它會把
原始數字轉換為圖表：

```
by_gender.size()
Out:
gender
female    47
male      811
dtype: int64
```

除了預設的折線圖外，pandas plot 方法還接受 kind 引數來選擇其他可能的圖。其中比
較常用的有：

- 用於直條圖的 bar 或 barh（h 表示水平）

- 用於直方圖的 hist

- 用於箱形圖的 box

- 用於散布圖的 scatter

您可以在說明文件（*https://oreil.ly/Zeo9f*）中找到 pandas 整合繪圖的完整列表，以及一
些把 DataFrames 和 Series 當作引數的 pandas 繪圖函數。

讓我們擴展對性別差異的調查，並開始擴展我們的圖技巧。

性別差異

按獎項類別來分解圖 11-1 中顯示的性別數字。pandas 的 groupby 方法可以把行串列作為
分組依據，每個群組都可以透過多個鍵來存取：

```
by_cat_gen = df.groupby(['category','gender'])

by_cat_gen.get_group(('Physics', 'female'))[['name', 'year']] ❶
```

❶ 使用 category 和 gender 鍵來獲取群組：

```
Out:
                    name   year
269   Maria Goeppert-Mayer   1963
612   Marie Skłodowska-Curie  1903
```

使用 size 方法來獲取這些群組的大小會傳回一個 Series，它帶有按類別和性別來標記值
的 MultiIndex：

```
by_cat_gen.size()
Out:
category                    gender
Chemistry                   female      4
                            male      167
Economics                   female      1
                            male       74
...
Physiology or Medicine      female     11
                            male      191
dtype: int64
```

直接繪製這個多索引 Series，使用 hbar 作為 kind 引數來產生水平直條圖。此程式碼產生了圖 11-2。

```
by_cat_gen.size().plot(kind='barh')
```

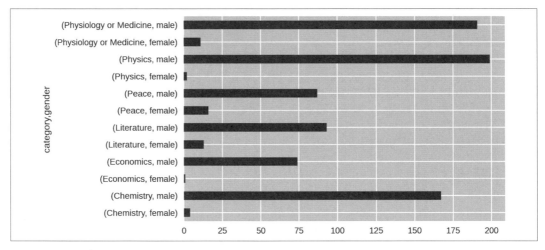

圖 11-2　繪製多鍵群組

圖 11-2 有點粗糙，使得比較性別差異這件事比預期還要困難。讓我們著手完善圖表，使這些差異更加清楚。

解堆疊群組

圖 11-2 並不是最容易閱讀的圖表，即使我們已經改進了直條的排序。方便的是，pandas Series 有一個很酷的 unstack 方法，它接受多個索引，如本案例中的性別和類別，並將它們分別用作行和索引，以建立一個新的 DataFrame。繪製這個 DataFrame 可以得到一個更有用的圖，因為它依據性別比較獲獎的情況。以下的程式碼會產生圖 11-3：

```
by_cat_gen.size().unstack().plot(kind='barh')
```

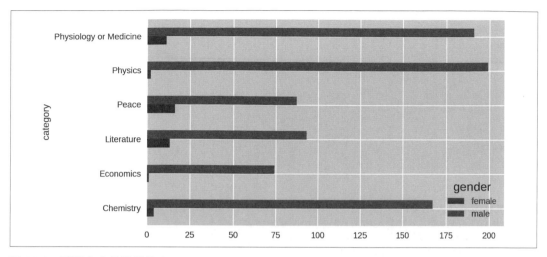

圖 11-3　群組大小的解堆疊 Series

圖 11-3 顯示了男性和女性獲獎者數字之間的巨大差異。讓我們透過使用 pandas 產生一個圖表來使資料更具體一些，該圖表顯示了按類別劃分的女性獲獎者百分比。我們還將依獲獎者數量來排序直條。

首先，我們將解堆疊（unstack） by_cat_gen 群組以產生一個 cat_gen_sz DataFrame：

```
cat_gen_sz = by_cat_gen.size().unstack()
cat_gen_sz.head()
gender    female  male
category
Chemistry      4   167
Economics      1    74
Literature    13    93
Peace         16    87
Physics        2   199
```

為了示範目的，這裡分兩個階段操作 pandas，使用兩個新行來儲存新資料。首先，製作一個包含女性獲獎者占總獲獎者比例的行：

```
cat_gen_sz['ratio'] = cat_gen_sz.female /\ ❶
                      (cat_gen_sz.female + cat_gen_sz.male)
cat_gen_sz.head()
```

❶ 笨拙的正斜線阻止了 Python 的中斷，但這是一個除法運算。

```
ender    female   male    ratio
category
Chemistry      4    167   0.023392
Economics      1     74   0.013333
Literature    13     93   0.122642
Peace         16     87   0.155340
Physics        2    199   0.009950
```

有了比率行，就可以建立一個包含女性獲獎者百分比的行，方法是將該比率乘以 100：

```
cat_gen_sz['female_pc'] = cat_gen_sz['ratio'] * 100
```

在水平直條圖上繪製這些女性百分比，將 x 限制設定為 100 (%) 並按獲獎者數量對類別進行排序：

```
cat_gen_sz = cat_gen_sz.sort_values(by='female_pc', ascending=True)
ax = cat_gen_sz[['female_pc']].plot(kind='barh')
ax.set_xlim([0, 100])
ax.set_xlabel('% of female winners')
```

您可以在圖 11-4 中看到新圖，清楚地顯示了按性別劃分的獲獎者總數差異。

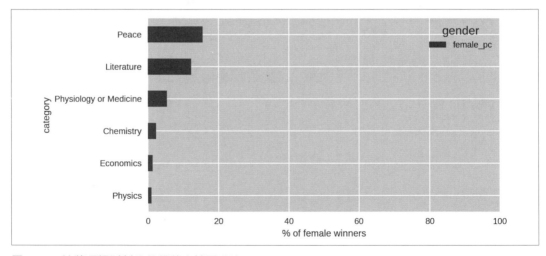

圖 11-4　按獎項類別劃分的獲獎女性百分比

在不考慮諾貝爾獎類別中新增加且具爭議的經濟學情況下，圖 11-4 顯示男女獲獎者人數差異最大的是物理學，只有兩名女性獲獎者，分別是：

```
df[(df.category == 'Physics') & (df.gender == 'female')]\
    [['name', 'country','year']]
Out:
```

```
                    name       country  year
269      Maria Goeppert-Mayer  United States  1963
612  Marie Skłodowska-Curie           Poland  1903
```

雖然大多數人都聽說過居禮夫人，因為她是四位獲得兩次諾貝爾獎的傑出獲獎者之一，但很少有人聽過 Maria Goeppert-Mayer 的名字 [1]。在考慮到鼓勵女性進入科學領域的動力之下，這種無知令人驚訝。我希望我的視覺化能夠讓人們發現並瞭解一些關於 Maria Goeppert-Mayer 的資訊。

歷史趨勢

看看近年來女性獲獎者分配是否有所增加會很有趣。一種視覺化方式是隨著時間的推移將直條圖分組。讓我們快速繪製一個圖，像圖 11-3 中一樣來使用 unstack，但使用年分和性別行：

```
by_year_gender = df.groupby(['year','gender'])
year_gen_sz = by_year_gender.size().unstack()
year_gen_sz.plot(kind='bar', figsize=(16,4))
```

圖 11-5 產生的難以閱讀的圖只是功能性的。可以觀察到女性獲獎者的分配趨勢，但此圖問題多多。讓我們使用 Matplotlib 和 pandas 的卓越靈活性來修復它們。

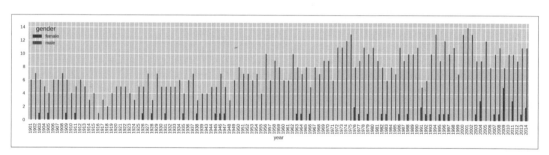

圖 11-5　按年分和性別劃分的獲獎情況

第一件要做的事是減少 x 軸標記的數量。預設情況下，Matplotlib 會標記直條圖中的每個直條或直條群組，而在長久以來的獲獎情況下，這會產生一團亂的標記，所以要具備根據需要來減少軸標記數量的能力。在 Matplotlib 中有多種方法可以做到這一點；我將展示我發現其中最可靠的那個。這是您想要重用的東西，所以把它放在一個專用函數中是有意義的。範例 11-3 顯示了一個減少 x 軸上刻度數的函數。

1　有趣的是，我親自問過的人或談話聽眾，都不知道另一位獲得諾貝爾物理學獎的女性是誰。

範例 *11-3　減少 x 軸標記的數量*

```python
def thin_xticks(ax, tick_gap=10, rotation=45):
    """ 減少 x- 刻度並調整旋轉 """
    ticks = ax.xaxis.get_ticklocs()  ❶
    ticklabels = [l.get_text()
                  for l in ax.xaxis.get_ticklabels()]  ❶
    # 在 tick_gap ( 預設為 +10+) 區間內：
    # 設定新的刻度位置和標籤
    ax.xaxis.set_ticks(ticks[::tick_gap])
    ax.xaxis.set_ticklabels(ticklabels[::tick_gap],
                            rotation=rotation)  ❷
    ax.figure.show()
```

❶ 獲取 x 刻度的現有位置和標籤，目前每個直條一個。

❷ 旋轉標籤以提高可讀性，預設情況下為在向上對角線上。

除了需要減少刻度數外，圖 11-5 中的 x 軸還有一個不連續的範圍，缺少了二戰期間沒有頒發諾貝爾獎的 1939-1945 年。我們希望看到這樣的差距，所以需要手動設定 x 軸範圍，以包括從諾貝爾獎開始到目前為止的所有年分。

目前解堆疊的群組大小使用了自動年分索引：

```python
by_year_gender = df.groupby(['year', 'gender'])
by_year_gender.size().unstack()
Out:
gender  female  male
year
1901     NaN    6.0
1902     NaN    7.0
...
2014     2.0    11.0
[111 rows x 2 columns]
```

為了查看獎項分配中的任何差距，要做的就是用一個包含所有年分範圍的 Series 來重新索引它：

```python
new_index = pd.Index(np.arange(1901, 2015), name='year')  ❶
by_year_gender = df.groupby(['year','gender'])
year_gen_sz = by_year_gender.size().unstack()
    .reindex(new_index)  ❷
```

❶ 建立一個名為 year 的全範圍索引，涵蓋所有諾貝爾獎年分。

❷ 用新的連續索引來替換不連續索引。

圖 11-5 的另一個問題是直條圖過多。雖然我們確實將男性和女性直條圖並排放置，但它看起來很亂並且也有鋸齒現象。最好有專門的男性和女性繪圖，但要堆疊起來以便於比較。可以使用第 253 頁的「軸和子圖」中看到的子圖繪製方法來達成這一點，其中使用了 pandas 資料但使用 Matplotlib 專業知識來客製化繪圖。範例 11-4 顯示了如何執行此操作，並產生了圖 11-6 中的圖形。

範例 *11-4　*按年分堆疊的性別獲獎情況

```python
new_index = pd.Index(np.arange(1901, 2015), name='year')
by_year_gender = df.groupby(['year','gender'])

year_gen_sz = by_year_gender.size().unstack().reindex(new_index)

fig, axes = plt.subplots(nrows=2, ncols=1, ❶
            sharex=True, sharey=True, figsize=(16, 8)) ❷

ax_f = axes[0]
ax_m = axes[1]

fig.suptitle('Nobel Prize-winners by gender', fontsize=16)

ax_f.bar(year_gen_sz.index, year_gen_sz.female) ❸
ax_f.set_ylabel('Female winners')

ax_m.bar(year_gen_sz.index, year_gen_sz.male)
ax_m.set_ylabel('Male winners')

ax_m.set_xlabel('Year')
```

❶ 在二（列）乘一（行）網格上建立兩個軸。

❷ 共享 x 軸和 y 軸，這會讓兩個圖之間的比較更為合理。

❸ 提供軸的直條圖（bar）方法，其中包含連續年分索引和解堆疊的性別行。

對性別分布的調查得出的結論是其中存在著巨大差異，但如圖 11-6 所示，近年來略有改善。此外，由於經濟學是一個異常值，因此科學領域的差異最大。鑑於女性獲獎者的數量相當少，這裡沒有太多精彩內容。

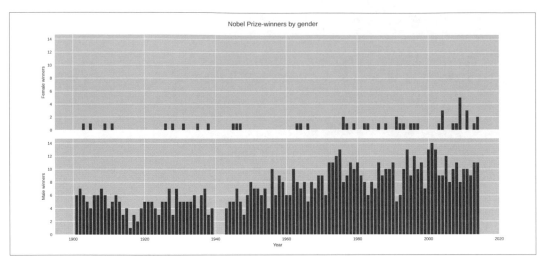

圖 11-6　按年分和性別劃分的獲獎情形，在兩個堆疊軸上

現在讓我們來看看國家獲獎趨勢，看看是否有任何有趣的視覺化資料。

國家趨勢

觀察國家趨勢的明顯起點是繪製獲獎者的絕對數量。這很容易在一行 pandas 中完成，為了便於閱讀而在這裡進行分解：

```
df.groupby('country').size().order(ascending=False)
      .plot(kind='bar', figsize=(12,4))
```

這產生了圖 11-7，顯示美國是最常得獎的國家。

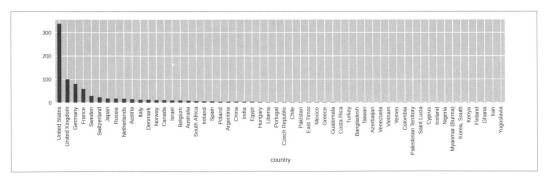

圖 11-7　國家的絕對獲獎數量

獎項的絕對數量必然偏向人口多的國家。以下這個比較更公平，視覺化人均（per capita）獎項。

人均獲獎者

獲獎者的絕對數量必然有利於較大的國家，這就提出了一個問題，如果考慮人口規模，這些數字的比較結果為何？為了測試人均獎項數量，需要把絕對獎項數量除以人口規模。在第 128 頁的「為諾貝爾獎 Dataviz 獲取國家資料」中，我們從 Web 下載了一些國家資料並將其儲存為 JSON 檔案。現在來檢索它並使用它來產生和人口規模相關的獎項圖。

首先，獲取國家群組大小，以國家名稱作為索引標記：

```
nnat_group = df.groupby('country')
ngsz = nat_group.size()
ngsz.index
Out:
Index([u'Argentina', u'Australia', u'Austria', u'Azerbaijan',...])
```

現在將國家資料載入到 DataFrame 中，並提醒我們自己它所包含的資料：

```
df_countries = pd.read_json('data/winning_country_data.json',\
                            orient='index')

df_countries.loc['Japan'] # countries indexed by name

Out:
gini                    38.1
name                   Japan
alpha3Code               JPN
area                  377930.0
latlng          [36.0, 138.0]
capital                Tokyo
population         127080000
Name: Japan, dtype: object
```

國家資料集已索引到它的 name 行。如果向它添加 ngsz 國家群組大小 Series（它也具有一個國家名稱索引），兩者將結合為共享索引，為國家資料提供一個新的 nobel_wins 行。然後就可以把這個新的行除以人口規模來建立 nobel_wins_per_capita：

```
df_countries = df_countries.set_index('name')
df_countries['nobel_wins'] = ngsz
df_countries['nobel_wins_per_capita'] =\
    df_countries.nobel_wins / df_countries.population
```

現在只需要根據新的 `nobel_wins_per_capita` 行來對 `df_countries` DataFrame 進行排序，並繪製人均諾貝爾獎獲獎情況，以產生圖 11-8：

```
df.countries.sort_values(by='nobel_wins_per_capita',\
    ascending=False).nobel_per_capita.plot(kind='bar',\
    figsize=(12, 4))
```

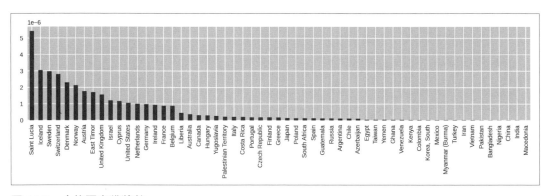

圖 11-8　人均國家獲獎數

這表明加勒比海島嶼聖露西亞（Saint Lucia）位居榜首。它是諾貝爾獎得主詩人 Derek Walcott（*https://oreil.ly/OOYBc*）的故鄉，這個 175,000 人口的小國有很高的人均諾貝爾獎。

透過過濾出獲得兩次以上諾貝爾獎國家的結果，看看大國的情況如何：

```
df_countries[df_countries.nobel_wins > 2]\
        .sort_values(by='nobel_wins_per_capita', ascending=False)\
        .nobel_wins_per_capita.plot(kind='bar')
```

圖 11-9 中的結果顯示了斯堪的納維亞國家和瑞士的超群實力。

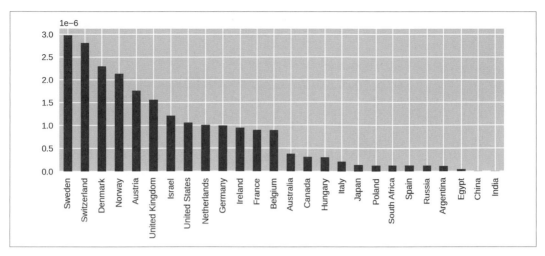

圖 11-9 人均國家獎項數,只針對具有超過三個以上得主的國家

將國家獎項數量的衡量標準從絕對數改為人均數會產生很大的不同。現在讓我們稍微改進一下搜尋並關注獎項類別,在那裡尋找有趣的金塊。

獎項類別

讓我們深入瞭解絕對獎項資料並按類別查看獲獎次數。這會需要按國家和類別行進行分組、獲取這些群組的大小、解堆疊生成的 Series、然後繪製生成的 DataFrame 的行。首先,我們得到具有國家群組大小的類別:

```
nat_cat_sz = df.groupby(['country', 'category']).size()
.unstack()
nat_cat_sz
Out:
category    Chemistry  Economics  Literature  Peace  \...
country
Argentina          1        NaN         NaN      2
Australia        NaN          1           1    NaN
Austria            3          1           1      2
Azerbaijan       NaN        NaN         NaN    NaN
Bangladesh       NaN        NaN         NaN      1
```

然後使用 nat_cat_sz DataFrame 為六個諾貝爾獎類別產生子圖：

```
COL_NUM = 2
ROW_NUM = 3

fig, axes = plt.subplots(ROW_NUM, COL_NUM, figsize=(12,12))

for i, (label, col) in enumerate(nat_cat_sz.items()): ❶
    ax = axes[i//COL_NUM, i%COL_NUM] ❷
    col = col.order(ascending=False)[:10] ❸
    col = col.sort_values(ascending=True) ❹
    col.plot(kind='barh', ax=ax)
    ax.set_title(label)

plt.tight_layout() ❺
```

❶ items 以（行標籤, 行）元組的形式傳回 DataFrame 行的迭代器。

❷ Python 3 獲得了方便的整數除法（*https://oreil.ly/X6QGK*）運算子 //，它傳回除法的向下四捨五入整數值。

❸ order 透過首先複製來對行的 Series 進行排序。它相當於 sort(inplace=False)。

❹ 在切掉最大的 10 個國家之後，現在顛倒順序來製作直條圖，從下到上繪製，把最大的國家顯示在頂部。

❺ tight_layout 應該會防止子圖中的標籤重疊。如果您對 tight_layout 有任何疑問，請參閱第 250 頁「標題和軸標籤」的結尾。

這會產生圖 11-10 中的圖。

圖 11-10 中的幾個有趣的金塊是美國在經濟學獎中的壓倒性優勢，反映了二戰後的經濟共識，以及法國在文學獎中的領導地位。

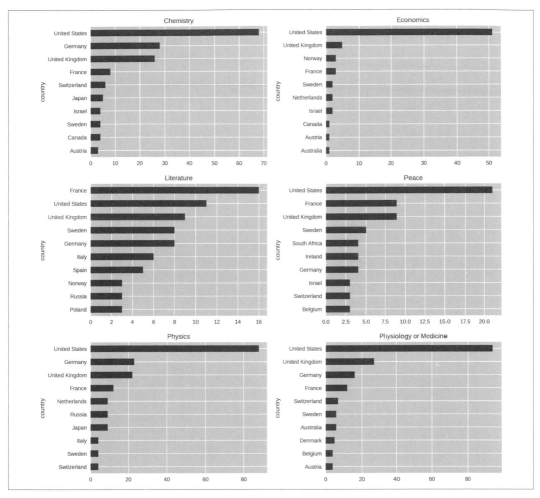

圖 11-10　按國家和類別劃分的獎項

獎項分配的歷史趨勢

既然我們知道了按國家劃分的總獎項統計資料,那麼獎項分配是否有任何有趣的歷史趨勢?可以用一些線圖來探討這個問題。

首先,將預設字型大小增加到 20 點以使繪圖標籤更清晰:

```
plt.rcParams['font.size'] = 20
```

按年分和國家來查看獎項分布，因此需要一個基於這兩行的新的解堆疊 DataFrame。和之前一樣，添加一個 `new_index` 來給出連續的年分：

```
new_index = pd.Index(np.arange(1901, 2015), name='year')

by_year_nat_sz = df.groupby(['year', 'country'])\
    .size().unstack().reindex(new_index)
```

讓人感興趣的趨勢是各國在歷史上獲得諾貝爾獎的累計總數。我們可以進一步探索個別類別的趨勢，但現在將著眼於所有類別的總數。pandas 有一個方便的 `cumsum` 方法。讓我們以 United States 行來繪製它：

```
by_year_nat_sz['United States'].cumsum().plot()
```

這將產生圖 11-11 中的圖表。

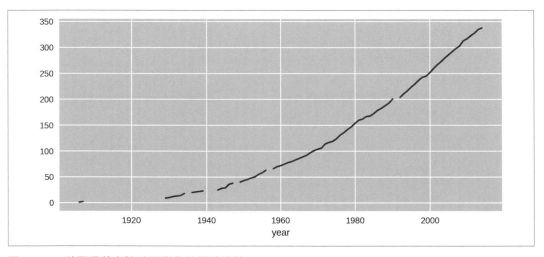

圖 11-11　美國獲獎者隨時間變化的累計總數

線圖中的間隙是欄位為 NaN 的地方，也就是美國沒有獲獎者的年分。`cumsum` 演算法在此處會傳回 NaN。讓我們用零填充它們以移除間隙：

```
by_year_nat_sz['United States'].fillna(0)
    .cumsum().plot()
```

這會產生如圖 11-12 所示的乾淨圖表。

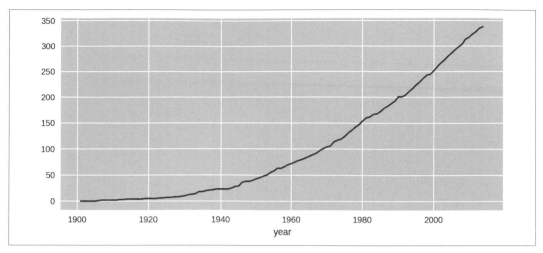

圖 11-12　美國獲獎者隨時間變化的累計總數

將美國的獎項率與世界其他地區比較：

```
by_year_nat_sz = df.groupby(['year', 'country'])
    .size().unstack().fillna(0)

not_US = by_year_nat_sz.columns.tolist()  ❶
not_US.remove('United States')

by_year_nat_sz['Not US'] = by_year_nat_sz[not_US].sum(axis=1)  ❷
ax = by_year_nat_sz[['United States', 'Not US']]\
    .cumsum().plot(style=['-', '--'])  ❸
```

❶ 獲取國家行名稱串列並刪除美國。

❷ 使用非美國國家名稱串列來建立 'Not_US' 行，這是 not_US 串列中國家的所有獎項總數。

❸ 預設情況下，pandas 繪圖中的線條是彩色的。為了在印刷書中區分它們，可以使用 style 引數來讓一條線成為實線（-）而另一條線為虛線（--），使用了 Matplotlib 的線型；請參見說明文件（*https://oreil.ly /dUw3x*）以瞭解詳情。

此程式碼產生如圖 11-13 所示的圖表。

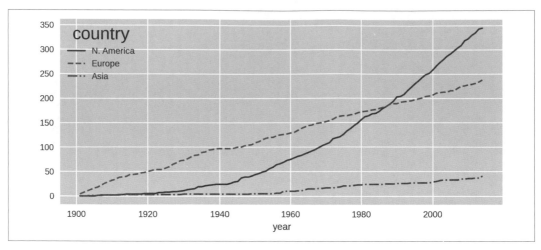

圖 11-13　美國與世界其他地區的獎項數量

'Not_US' 的獲獎人數在多年來穩步增長，而美國則在二戰末期出現快速增長。讓我們進一步調查看看地區性的差異，這裡將重點關注北美、歐洲和亞洲的兩、三個最大贏家：

```python
by_year_nat_sz = df.groupby(['year', 'country'])\
    .size().unstack().reindex(new_index).fillna(0)

regions = [ ❶
    {'label':'N. America',
     'countries':['United States', 'Canada']},
    {'label':'Europe',
     'countries':['United Kingdom', 'Germany', 'France']},
    {'label':'Asia',
     'countries':['Japan', 'Russia', 'India']}
]

for region in regions: ❷
    by_year_nat_sz[region['label']] =\
        by_year_nat_sz[region['countries']].sum(axis=1)

by_year_nat_sz[[r['label'] for r in regions]].cumsum()\
  .plot(style=['-', '--', '-.']) # 實線、虛線、點虛線樣式 ❸
```

❶ 國家名單來自於比較三大洲中最大的兩、三個贏家而建立。

❷ 為 regions 串列中的每個 dict 建立一個帶有地區標籤的新行，加總它的 countries 中的成員。

❸ 繪製所有新區域行的累積和。

得到圖 11-14。多年來，亞洲的獎項增長速度略有上升，但值得注意的是，北美在 1940
年代中期獎項的大幅增加，並在 80 年代中期超過總獎項數下降的歐洲。

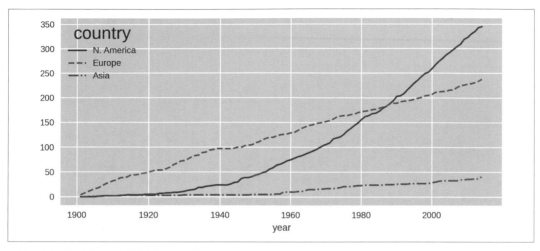

圖 11-14　按地區劃分的歷史獎項趨勢

讓我們透過總結 16 個最大贏家的中獎率（不包括差太遠的美國）來擴展之前國家繪圖
的細節：

```
COL_NUM = 4
ROW_NUM = 4

by_nat_sz = df.groupby('country').size()
by_nat_sz.sort_values(ascending=False,\
    inplace=True)  ❶

fig, axes = plt.subplots(COL_NUM, ROW_NUM,\  ❷
    sharex=True, sharey=True,  ❷
    figsize=(12,12))

for i, nat in enumerate(by_nat.index[1:17]):  ❸
    ax = axes[i/COL_NUM, i%ROW_NUM]
    by_year_nat_sz[nat].cumsum().plot(ax=ax)  ❹
    ax.set_title(nat)
```

❶　將國家群組依最高到最低的獲獎數進行排序。

❷　獲取具有共享 x 軸和 y 軸的 4×4 坐標軸網格以進行正規化比較。

❸ 從第二行（1）開始列舉（enumerate）排序的索引，不包括美國（0）。

❹ 選擇 nat 國家名稱行並在網格軸 ax 上繪製其累積獎項總數。

這產生了圖 11-15，可看出日本、澳大利亞和以色列等一些國家在崛起，而其他國家則趨於平緩。

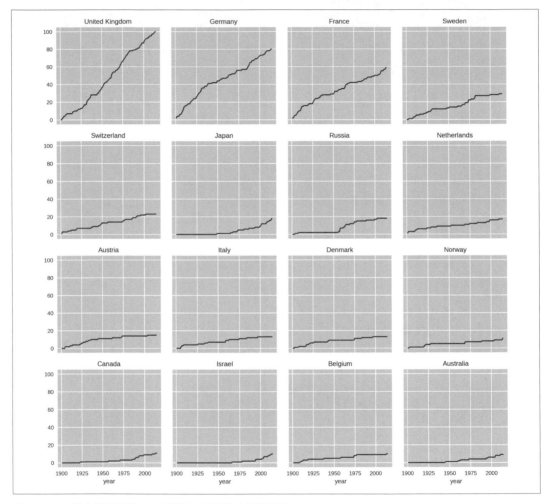

圖 11-15　僅次於美國的 16 個最大國家贏家的獎項率

另一種總結一段時間內國家獎項率的好方法是使用熱圖（heatmap），並將總數以十年為單位區分。seaborn 程式庫提供了一個很好的熱圖。讓我們匯入它並使用它的 set 方法透過縮放來增加標籤的字型大小：

```
import seaborn as sns

sns.set(font_scale = 1.3)
```

把資料分成塊也稱為**分箱**（*binning*，*https://oreil.ly/SkFSj*），因為它會建立資料的箱（*bin*）。pandas 為這項工作提供了一個方便的 cut 方法，它會接受一行的連續值並傳回所指明大小的範圍，在此案例中是諾貝爾獎年分。您可以把 cut 的結果提供給 DataFrame 的 groupby 方法，它會按被索引值的範圍來分組。以下程式碼會產生圖 11-16：

```
bins = np.arange(df.year.min(), df.year.max(), 10) ❶

by_year_nat_binned = df.groupby('country',\
    [pd.cut(df.year, bins, precision=0)])\ ❷
    .size().unstack().fillna(0)

plt.figure(figsize=(8, 8))

sns.heatmap(\
  by_year_nat_binned[by_year_nat_binned.sum(axis=1) > 2],\ ❸
  cmap='rocket_r') ❹
```

❶ 從 1901 年（1901 年、1911 年、1921 年……）開始獲取以十年為單位的箱範圍。

❷ 使用 bins 範圍並把 precision 設為 0 以給出整數年，來把諾貝爾獎年分切成以十年為單位。

❸ 在繪製熱圖之前，篩選出那些得過兩次以上諾貝爾獎的國家。

❹ 使用連續的 rocket_r 熱圖來突顯差異。請查看 seaborn 說明文件（*https://oreil.ly/3FmHj*）中的所有 pandas 調色板。

圖 11-16 捕捉到了一些有趣的趨勢，例如俄羅斯在 1950 年代短暫繁榮，又在 1980 年代左右逐漸消退。

在調查完諾貝爾獎國家之後，現在可以將注意力轉移到個人獲獎者身上。手頭的資料有可能發現任何有趣的事情嗎？

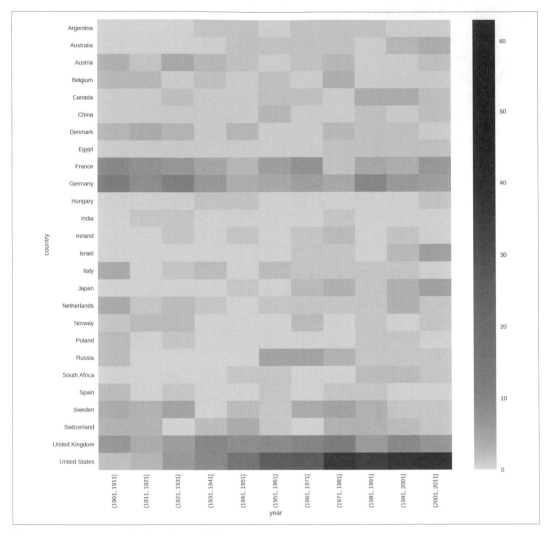

圖 11-16　以十年為期之各國諾貝爾獎數量

獲獎者的年齡和預期壽命

我們有所有獲獎者的出生日期和其中 559 人的過世日期，再結合他們獲獎的年分，這裡有相當多的個人資料可供挖掘。來調查一下獲獎者的年齡分布，並試著瞭解一下獲獎者的壽命。

獲獎時的年齡

在第 9 章中,我們透過從獲獎年分中減去獲獎者的年齡,在諾貝爾獎資料集中添加了一個 'award_age' 行。一個快速簡單的方法是使用 pandas 的直方圖來評估這個分布:

```
df['award_age'].hist(bins=20)
```

這裡我們將年齡資料分成 20 個箱子。這產生了圖 11-17,可看出 60 歲出頭是得獎的最佳時間點;還有如果您到 100 歲還沒得獎,那大概就沒望了。請注意 20 歲左右的異常值,那就是 17 歲的和平獎獲獎者 Malala Yousafzai(*https://oreil.ly/8ft8y*)。

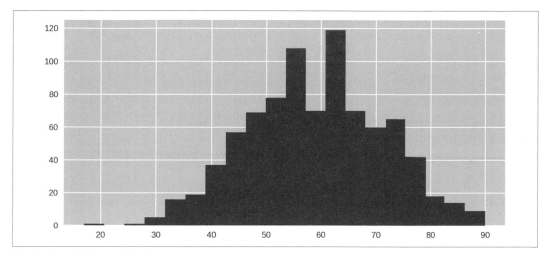

圖 11-17 獲獎時年齡分布

可以使用 seaborn 的 displot 來用更好的方式感受分布,它會向直方圖添加核心密度估計(kernel density estimate, KDE)[2]。下面的單行程式碼產生圖 11-18,顯示最佳點是 60 歲左右:

```
sns.displot(df['award_age'], kde=True, height=4, aspect=2)
```

---

2 詳細資訊請參閱維基百科(*https://oreil.ly/DUd3e*)。本質上是對資料進行平滑處理並導出機率密度函數。

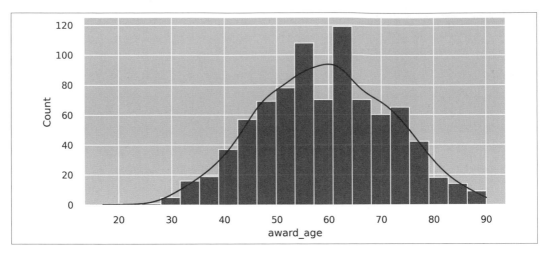

圖 11-18　疊加 KDE 後的獲獎時年齡分布

箱形圖（box plot，*https://oreil.ly/EWFhx*）是視覺化連續資料的好方法，它會顯示四分位數（quartile），使用第一和第三個來標記箱子的邊緣、使用第二分位數（或中位數平均值）來標記箱中的線。通常，如圖 11-19 所示，水平的端線（稱為鬍鬚端）用來表示資料的最大值和最小值。讓我們使用 seaborn 箱形圖並按性別來劃分獎項：

```
sns.boxplot(df, x='gender', y='award_age')
```

這產生了圖 11-19，與按性別劃分的分布相似，其中女性的平均獲獎年齡略低。請注意，由於女性獲獎者少得多，因此她們的統計資料會受到更多不確定性的影響。

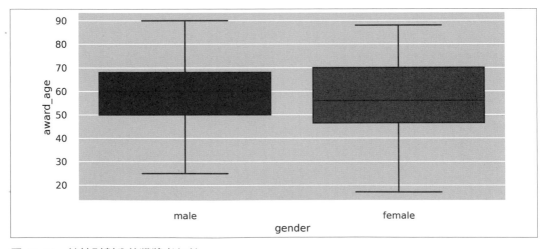

圖 11-19　按性別劃分的獲獎者年齡

seaborn 相當漂亮的小提琴圖（violin plot）將傳統的箱形圖與核心密度估計相結合，以提供更精細的依年齡和性別的細分視圖。以下程式碼會產生圖 11-20：

```
sns.violinplot(data=df, x='gender', y='award_age')
```

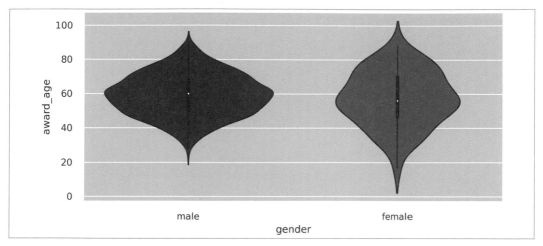

圖 11-20　按性別劃分的獲獎年齡分布的小提琴圖

獲獎者的預期壽命

現在來看諾貝爾獎得主的壽命，方法是從他們各自的出生日期中減去可用的過世日期。我們會將此資料儲存在新的 'age_at_death' 行中：

```
df['age_at_death'] = (df.date_of_death - df.date_of_birth)\
                        .dt.days/365 ❶
```

❶ 可以以合理的方式相加和相減 datetime64 資料，而產生一個 pandas timedelta 行。使用它的 dt 方法來獲取以天為單位的間隔，把它除以 365 以獲得浮點數形式的死亡年齡。

製作 'age_at_death' 行的副本[3]、刪除了所有空的 NaN 列。這可以用來製作如圖 11-21 所示的直方圖和 KDE：

```
age_at_death = df[df.age_at_death.notnull()].age_at_death ❶

sns.displot(age_at_death, bins=40, kde=True, aspect=2, height=4)
```

❶ 刪除所有 NaN 以清理資料並減少繪圖錯誤（例如，distplot 會因 NaN 而失敗）。

3　在從日來推算年時，會忽略閏年以及其他微妙、複雜的因素。

圖 11-21　諾貝爾獎得主的預期壽命

圖 11-21 顯示諾貝爾獎得主是一群非常長壽的人，平均年齡在 80 歲出頭。考慮到絕大多數獲獎者是男性，而男性的平均預期壽命[4]在普通人群中顯著低於女性，這一點就更加令人印象深刻。這種長壽的一個促成因素是我們之前看到的選擇偏差。諾貝爾獎得主通常要到 50 多歲和 60 多歲才獲得榮譽，這移除了在有機會獲得認可之前就已經過世的子族群，從而推高了壽命數字。

圖 11-21 展示了部分獲獎者中的百歲人瑞：

```
df[df.age_at_death > 100][['name', 'category', 'year']]
Out:
                    name              category  year
101          Ronald Coase             Economics  1991
328   Rita Levi-Montalcini  Physiology or Medicine  1986
```

現在疊加幾個 KDE 來顯示男性和女性獲獎者的死亡率差異：

```
df_temp = df_temp[df.age_at_death.notnull()]  ❶
sns.kdeplot(df_temp[df_temp.gender == 'male']
    .age_at_death, shade=True, label='male')
sns.kdeplot(df_temp[df_temp.gender == 'female']
    .age_at_death, shade=True, label='female')

plt.legend()
```

4　根據國家不同，這大約是五到六年。有關一些統計資料，請參閱 Our World in Data（*https://oreil.ly/6xY9W*）。

❶ 建立一個只包含有效的 `'age_at_death'` 欄位的 DataFrame。

這產生了圖 11-22，考慮到只有少數女性獲獎者和更平坦的分布，顯示男性和女性的平均壽命很接近。女性諾貝爾獎得主的壽命和一般女性比起來，似乎更短了些。

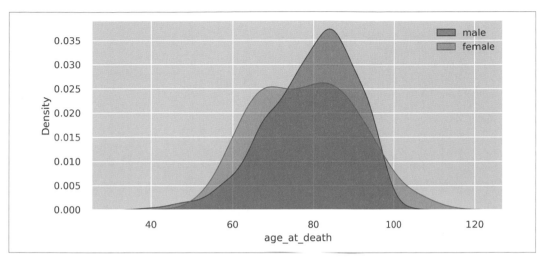

圖 11-22　諾貝爾獎得主的預期壽命（按性別劃分）

小提琴圖提供了另一種視角，如圖 11-23 所示：

```
sns.violinplot(data=df, x='gender', y='age_at_death',\
               aspect=2, height=4)
```

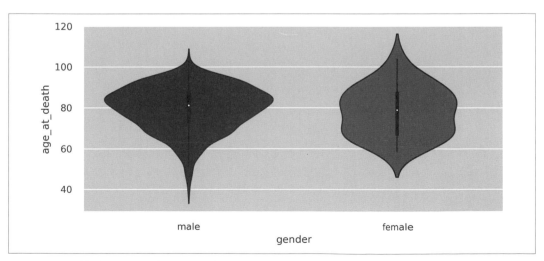

圖 11-23　按性別劃分的獲獎者預期壽命

預期壽命隨著時間的推移而增加

讓我們做一點歷史人口統計分析，看看諾貝爾獎得主的出生日期與他們的預期壽命之間是否存在相關性。我們將使用 seaborn 的 lmplot 之一來提供散布圖和具有信賴區間的線擬合（請參閱第 265 頁的「seaborn」）：

```
df_temp = df[df.age_at_death.notnull()] ❶
data = pd.DataFrame( ❷
    {'age at death':df_temp.age_at_death,
     'date of birth':df_temp.date_of_birth.dt.year})
sns.lmplot(data=data, x='date of birth', y='age at death',
  height=6, aspect=1.5)
```

❶ 建立一個臨時 DataFrame，刪除所有沒有 'age_at_death' 欄位的列。

❷ 建立一個新的 DataFrame，其中僅包含精煉後的 df_temp 中我們感興趣的兩行。使用它的 dt 存取器（*https://oreil.ly/hGULX*）來只從 date_of_birth 獲取年分。

這產生了圖 11-24，顯示在授獎期間預期壽命增加了十年左右。

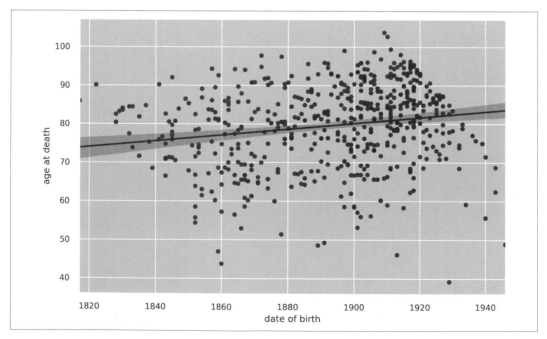

圖 11-24　將出生日期與死亡年齡相關聯

諾貝爾獎僑民

在第 9 章清理諾貝爾獎資料集時，已發現有重複條目記錄獲獎者的出生地和獲獎時的國家。這些條目保留下來之後，有 104 位獲獎者，得獎時所在的國家和出生國家不同。這裡有什麼故事嗎？

視覺化從獲獎者的出生國到他們移民國家移動樣式的一個好方法，是使用熱圖來顯示所有 born_in/country 對。以下程式碼會產生圖 11-25 中的熱圖：

```
by_bornin_nat = df[df.born_in.notnull()].groupby(\  ❶
    ['born_in', 'country']).size().unstack()
by_bornin_nat.index.name = 'Born in'  ❷
by_bornin_nat.columns.name = 'Moved to'
plt.figure(figsize=(12, 12))

ax = sns.heatmap(by_bornin_nat, vmin=0, vmax=8, cmap="crest",\  ❸
                 linewidth=0.5)
ax.set_title('The Nobel Diaspora')
```

❶ 選擇具有 'born_in' 欄位的所有列，並在此行和國家行上形成群組。

❷ 重命名列索引和行名，讓它們更具描述性。

❸ seaborn 的 heatmap 會試圖為資料設定正確的界限，但在此案例中，必須手動調整界限（vmin 和 vmax）以查看所有單元格。

圖 11-25 顯示了一些有趣的樣式，背後是關於迫害和庇護的故事。首先，美國是諾貝爾獎得主移民的最大接受國，其次是英國。請注意，兩者最大的流量（來自加拿大的跨境流量除外）都來自德國。義大利、匈牙利和奧地利是下一個最大的群體。對這些群體中的個人進行檢查後顯示出，其中多數人的流離失所是由於二戰前夕反猶太法西斯政權的興起，以及對猶太少數民族日益嚴重的迫害。

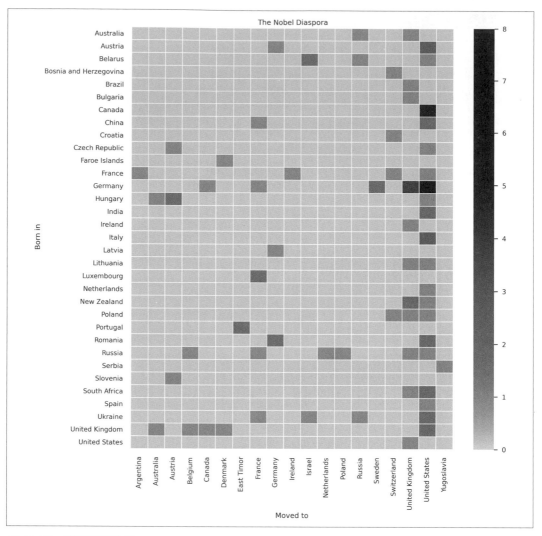

圖 11-25　諾貝爾獎僑民

舉個例子，從德國移居英國的四位諾貝爾獎得主，都是具有猶太血統的德國研究科學家，他們是在納粹取得政權後而遷徙的：

```
df[(df.born_in == 'Germany') & (df.country == 'United Kingdom')]
    [['name', 'date_of_birth', 'category']]
```

Out:

```
                   name date_of_birth              category
119  Ernst Boris Chain    1906-06-19  Physiology or Medicine
```

```
484    Hans Adolf Krebs    1900-08-25  Physiology or Medicine
486         Max Born       1882-12-11              Physics
503      Bernard Katz      1911-03-26  Physiology or Medicine
```

Ernst Chain 開創了盤尼西林（penicillin）的工業化生產。Hans Krebs 發現了克氏循環（Krebs cycle），這是生物化學中最重要的發現之一，它能調節細胞的能量產生。Max Born 是量子力學的先驅之一，Bernard Katz 發現了神經元突觸連接的基本特性。

獲獎移民中不乏這樣赫赫有名的名字。一個有趣的發現是參加著名的難民兒童運動（Kindertransport，*https://oreil.ly/tIzjj*）的獲獎者人數，這是一項有組織的救援行動，發生在第二次世界大戰爆發前 9 個月，共有 10 萬人來自德國、奧地利、捷克和波蘭的猶太兒童被運送到英國。在這些孩子中，有四人後來獲得了諾貝爾獎。

總結

本章探索了諾貝爾獎資料集，包括性別、類別、國家和（獲獎）年分等關鍵欄位，尋找可以透過視覺方式講述或實現的有趣趨勢和故事。我們使用大量的 Matplotlib（透過 pandas）和 seaborn 的圖表，從基本的直條圖到更複雜的統計摘要，像是小提琴圖和熱圖。掌握這些工具和 Python 圖表程式庫中的其他工具將使您能夠快速瞭解自己的資料集，而這是圍繞它們建構視覺化的先決條件。我們在資料中發現了足夠多的故事來提出網頁視覺化；下一章將想像和設計諾貝爾獎得主的視覺化，挑選本章中所獲得的金塊。

## 第四部分

交付資料

在本書的這一部分，我們將看到如何將最近清理和探索的精選諾貝爾獎資料集交付到瀏覽器，在其中 JavaScript 和 D3 將把它變成一個引人入勝的互動式視覺化（見圖 IV-1）。

使用像 Python 這樣的通用程式庫的好處在於，您可以在幾行令人印象深刻的簡潔程式碼中輕鬆地啟動 Web 伺服器，使用強大的資料處理程式庫挖掘資料也一樣。

我們工具鏈中的關鍵伺服器工具是 Flask，它是 Python 強大但輕量級的 Web 框架。在第 12 章中，我們將看到如何靜態（服務系統檔案）和動態地提供資料，通常作為請求中所指明的資料庫選擇。在第 13 章中，我們將看到兩個基於 Flask 的程式庫如何讓建立 RESTful Web API 成為幾行 Python 程式碼的工作。

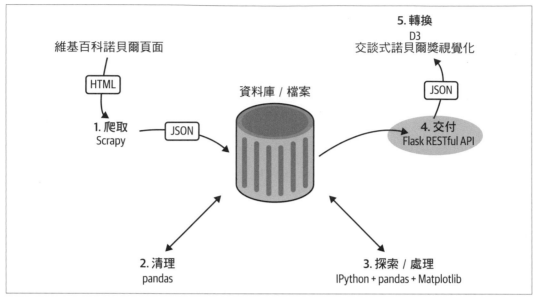

圖 IV-1　交付資料

 您可以在本書的 GitHub 儲存庫（*https://github.com/Kyrand/dataviz-with-python-and-js-ed-2*）中找到本書這一部分的程式碼。

## 第十二章

交付資料

第 6 章展示了如何使用網路爬蟲從網路上爬取您感興趣的資料。我們使用 Scrapy 獲取了諾貝爾獎得主的資料集，然後在第 9 章和第 11 章中，使用 pandas 清理和探索了諾貝爾獎資料集。

本章將以諾貝爾獎資料集為例，向您展示如何將資料從 Python 伺服器靜態或動態地交付到客戶端瀏覽器上的 JavaScript。此資料以 JSON 格式儲存，並由一系列諾貝爾獎得主物件組成，如範例 12-1 所示。

範例 *12-1　我們的諾貝爾獎 JSON 資料，先被爬取然後清理*

```
[
  {
    "category": "Physiology or Medicine",
    "country": "Argentina",
    "date_of_birth": "1927-10-08T00:00:00.000Z",
    "date_of_death": "2002-03-24T00:00:00.000Z",
    "gender": "male",
    "link": "http:\/\/en.wikipedia.org\/wiki\/C%C3%A9sar_Milstein",
    "name": "C\u00e9sar Milstein",
    "place_of_birth": "Bah\u00eda Blanca ,  Argentina",
    "place_of_death": "Cambridge , England",
    "text": "C\u00e9sar Milstein , Physiology or Medicine, 1984",
    "year": 1984,
    "award_age": 57,
    "born_in": "",
    "bio_image": "full/6bf65058d573e07b72231407842018afc98fd3ea.jpg",
    "mini_bio": "<p><b>César Milstein</b>, <a href='http://en.w...'"
  }
  ['...']
]
```

和本書的其餘部分一樣，重點將放在最小化 Web 開發的量能上，以便您可以著手使用 JavaScript 來建構 Web 視覺化。

 有個好用的經驗法則是盡量使用 Python 來進行資料操作 —— 這比 JavaScript 中的等效操作要輕鬆得多。隨之而來的是，交付的資料應該盡可能接近它即將使用的形式（也就是，對於 D3 而言這通常會是一個物件的 JSON 陣列，就像第 9 章中產生的結果）。

服務資料

您需要一個 Web 伺服器處理來自瀏覽器的 HTTP 請求、用於建構網頁的初始靜態 HTML 和 CSS 檔案、以及任何後續的 AJAX 資料請求。在開發過程中，此伺服器通常會在 localhost（在大多數系統上，它的 IP 地址為 127.0.0.1）的連接埠上執行。通常，*index.html* HTML 檔案會被用於初始化網站，或者在我們的案例中，用於構成 Web 視覺化的單頁應用程式（single-page application, SPA，*https://oreil.ly/23h3Y*）。

單行伺服器（**single-line server**）

在開發或執行依賴於靜態內容的示範時，擁有一個只會把 HTML、CSS、JavaScript 和 JSON 檔案交付到在本地（通常在連接埠 8000 或 8080 上）執行的瀏覽器的小型 Web 伺服器通常會很方便。Python 有一個帶有 `http.server` 模組的內建解決方案，可以從根目錄啟動您的專案：

```
$ python -m http.server 8000
Serving HTTP on 0.0.0.0 port 8000 (http://0.0.0.0:8000/) ...
```

Node 提供了一個帶有 `http-server` 的替代開發伺服器，使用 `npm install -g http-server` 來安裝並從專案根目錄執行，如下所示：

```
viz $ http-server
Starting up http-server, serving ./
...
Available on:
  http://127.0.0.1:8080
  ...
Hit CTRL-C to stop the server
```

使用單行伺服器為您的 SPA 提供服務對於視覺化原型設計和草擬想法可能很好，但這樣您也會無法控制基本的伺服器功能，例如 URL 路由（routing）或動態樣版（dynamic template）的使用。值得慶幸的是，Python 有一個很棒的小型 Web 伺服器，它提供了 Web 視覺化工具可能需要的所有功能，同時又不犧牲一開始的目標，也就是最大限度地減少 Python 處理的資料和 JavaScript 視覺化傑作之間的樣版檔案（boilerplate）。Flask 就是這個迷你 Web 伺服器，也是最佳工具鏈的一個有價值的補充。

組織您的 Flask 檔案

如何組織專案檔案是那些在教程中經常被忽略的真正有用的資訊之一，可能是因為這和個人喜好的習慣性使用方式有關。儘管如此，良好的檔案組織確實可以帶來回報，尤其是當您開始協作時。

圖 12-1 粗略地說明了當您從使用標記為 basic 的單行伺服器的基本 dataviz JavaScript 原型，經過標記為 basic+ 的更複雜的專案，再到標記為 flask_project 的典型、簡單的 Flask 設定時，檔案所處位置。

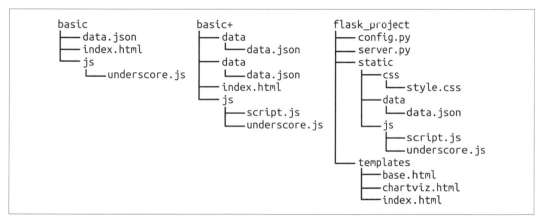

圖 12-1　組織伺服器專案檔案

檔案組織的關鍵是一致性。在您的程序化記憶中確定檔案的位置非常有幫助。

使用 Flask 服務資料

如果您正在使用 Python 的 Anaconda 套件（請參閱第 1 章），表示您已經可以使用 Flask 了；或是一個簡單的 pip 安裝應該就可以啟用：

```
$ pip install Flask
```

有了 Flask 模組，可以用幾行來設定一個伺服器來服務通用程式設計問候語：

```python
# server.py
from flask import Flask
app = Flask(__name__)

@app.route("/")  ❶
def hello():
    return "Hello World!"

if __name__ == "__main__":
    app.run(port=8000, debug=True)  ❷
```

❶ Flask 路由允許您引導您的網路流量。這是根路由（即 *http://localhost:8000*）。

❷ 設定伺服器要執行的本地主機連接埠（預設為 5000）。在除錯模式下，Flask 會向螢幕提供有用的日誌記錄，並在出現錯誤時提供基於瀏覽器的報告。

現在，只需轉到包含 *nobel_viz.py* 的目錄並執行該模組：

```
$ python server.py
 * Serving Flask app 'server' (lazy loading)
 * Environment: production
   WARNING: This is a development server. Do not use it in a production deployment.
   Use a production WSGI server instead.
 * Debug mode: off
 * Running on http://127.0.0.1:8000/ (Press CTRL+C to quit)
```

您現在可以轉到您選擇的 Web 瀏覽器並查看圖 12-2 中所示的有力結果。

圖 12-2　提供給瀏覽器的簡單訊息

使用 Jinja2 進行樣版化

預設情況下，Flask 使用功能強大且相當直觀的 Jinja2 樣版程式庫（*https://oreil.ly/lSA7g*），它可以使用 Python 變數來配置 HTML 頁面。下面的程式碼顯示了一個小樣版，它會遍歷一個獲獎者陣列以建立一個無序串列：

```
<!-- testj2.html -->
<!DOCTYPE html>
<meta charset="utf-8">

<body>
  <h2>\{{ heading \}}</h2>
  <ul>
    {% for winner in winners %}
    <li><a href="{{ 'http://wikipedia.com/wiki/'
        + winner.name }}">
     {{ winner.name }}</a>
     {{ ', category: ' + winner.category }}
    </li>
    {% endfor %}
  </ul>
</body>
```

在 Flask 中使用 Jinja2 時，您通常會使用 render_template 方法，從專案的 *templates*（預設）目錄中的樣版產生 HTML 回應。在 render_template 第一個樣版檔案參照引數之後的任何引數都可用於樣版。因此，對於專案的樣版目錄中的 *testj2.html*，當使用者存取 */demolist* 位址時，以下程式碼將渲染樣版，產生如圖 12-3 所示的串列：

```python
# server_jinja.py
# ...
app = Flask(__name__)
# ...

winners = [
    {'name': 'Albert Einstein', 'category':'Physics'},
    {'name': 'V.S. Naipaul', 'category':'Literature'},
    {'name': 'Dorothy Hodgkin', 'category':'Chemistry'}
]

@app.route('/winners')
def winners_list():
    return render_template('testj2.html',
                           heading="A little winners'  list",
                           winners=winners
                           )
```

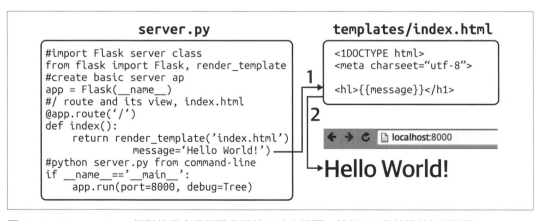

A little winners' list

- <u>Albert Einstein</u> , category: Physics
- <u>V.S. Naipaul</u> , category: Literature
- <u>Dorothy Hodgkin</u> , category: Chemistry

圖 12-3　從 testj2 html 樣版渲染的獲獎者名單

Jinja2 是一種功能強大且成熟的樣版語言，具有詳盡的說明文件（*https://oreil.ly/lSA7g*），這使得使用資料在伺服器端渲染 HTML 頁面變得輕而易舉。

正如第 321 頁的「使用 Flask API 的動態資料」中將看到的那樣，使用 Flask 路由來進行樣式匹配會使得推出一個簡單的 Web API 這件事變得微不足道。使用樣版來產生動態網頁也很容易，如圖 12-4 所示。樣版在視覺化中很有用，可以在伺服器端組成基本靜態的 HTML 頁面，但通常您會交付一個簡單的 HTML 主幹，並在其上使用 JavaScript 來建構視覺化。透過在 JavaScript 中配置視覺化，除了提供啟動流程所需的靜態檔案之外，伺服器的主要工作是和瀏覽器以及 JavaScript AJAX 的請求，動態地協商資料，通常是提供資料。

圖 12-4　(1) index.html 樣版被用來使用訊息變數以建立網頁，然後 (2) 將其提供給瀏覽器

Flask 完全有能力交付完整的網站，具有強大的 HTML 樣版、用於模組化大型網站和支援常見使用樣式的藍圖（blueprint，*https://oreil.ly/Y1PxL*）、以及大量有用的外掛程式和擴展。Flask 使用者指南（*https://oreil.ly/aoqYy*）是瞭解更多資訊的良好起點，其中有關

API 的細節可以在指南的這一部分（*https://oreil.ly/kpFpw*）中找到。以大多數 Web 視覺化為特徵的單頁應用程式不需要大量花俏的伺服器端功能，來交付必要的靜態檔案。我們對 Flask 的主要興趣在於它能夠提供簡單、高效率的資料伺服器，並在幾行 Python 程式碼中提供強大的 RESTful Web API。但在涉足資料 API 之前，先看看如何交付和使用基於檔案的資料資產，例如 JSON 和 CSV 檔案。

交付資料檔案

許多不需要動態配置資料額外負擔的網站會選擇以靜態形式來提供資料，這實質上意味著所有 HTML 檔案和至關重要的資料，通常為 JSON 或 CSV 格式會作為檔案存在於伺服器的檔案系統中，無需呼叫資料庫即可進行交付。

靜態頁面很容易快取，這意味著它們的交付速度會快得多。它還可以更安全，因為這些資料庫呼叫可能是惡意駭客的常見攻擊媒介，例如注入攻擊（injection attack，*https://oreil.ly/SY92s*）。為提高速度和安全性而付出的代價是喪失靈活性，僅限於使用一組預組裝頁面意味著無法進行可能需要多變數資料組合的使用者互動。

對於剛在萌芽的資料視覺化工作者，提供靜態資料很有吸引力。您無需 Web API 即可輕鬆建立獨立專案，並且能夠將您（進行中）的工作做為由 HTML、CSS 和 JSON 檔案所構成的單一資料夾進行交付。

使用靜態檔案的資料驅動 Web 視覺化的最簡單範例可能是在 *https://bl.ocks.org/mbostock*[1]上許多很酷的 D3 範例中看到的，它們遵循「具有占位符的基本頁面」（第 95 頁）中所討論的基本頁面類似結構。

儘管這些範例使用 <script> 和 <style> 標記來將 JavaScript 和 CSS 嵌入到 HTML 頁面中，但我建議您把 CSS 和 JavaScript 儲存在單獨的檔案中，這樣您可以獲得不錯的格式感知編輯器的優勢，並且更容易除錯。

範例 12-2 顯示了這樣一個帶有 <h2> 和 <div> 資料占位符，以及會載入本地 *script.js* 檔案的 <script> 標記的 *index.html* 基本頁面。由於我們只設定 font-family 樣式，因此將在頁面中內聯 CSS。*nobel_winners.json* 資料集位於 data 子目錄中，這提供了以下檔案結構：

---

1 D3 的建立者 Mike Bostock 是範例的大力倡導者。這是一個很棒的演講（*https://oreil.ly/QsMfK*），他在其中強調了角色範例在 D3 成功中所發揮的作用。

```
viz
├── data
│   └── nobel_winners.json
├── index.html
└── script.js
```

範例 12-2　帶有資料占位符的基本 HTML 頁面

```html
<!DOCTYPE html>
<meta charset="utf-8">

<style>
  body{ font-family: sans-serif; }
</style>

<h2 id='data-title'></h2>
<div id='data'>
    <pre></pre>
</div>
<script src="lib/d3.v7.min.js"></script>
<script src="script.js"></script>
```

這些範例的靜態資料檔案由位於 *data* 子目錄中的單一 JSON 檔案（*nobel_winners.json*）組成。使用此資料需要對伺服器進行 JavaScript AJAX（*https://oreil.ly/5w6MQ*）呼叫。D3 提供了方便的程式庫來進行 AJAX 呼叫，D3 中格式特定的 json、csv 和 tsv 方法對於 Web 視覺化工具來說更方便。

範例 12-3 展示了如何使用回呼（callback）函數透過 D3 的 json 方法來載入資料。在幕後，D3 使用 JavaScript 的 Fetch API（*https://oreil.ly/D5wut*）來獲取資料。這會傳回一個 JavaScript Promise（*https://oreil.ly/K570a*），可以使用其 then 方法剖析它，並會傳回資料，除非發生錯誤。

範例 12-3　使用 D3 的 json 方法載入資料

```javascript
d3.json("data/nobel_winners_cleaned.json")
  .then((data) => {
  d3.select("h2#data-title").text("All the Nobel-winners");
  d3.select("div#data pre").html(JSON.stringify(data, null, 4)); ❶
});
```

❶ JavaScript 的 JSON.stringify 方法（*https://oreil.ly/65ZTd*）是美化 JavaScript 物件以進行輸出的便捷方式。在這裡，我們插入一些空格來把輸出縮格四個空格。

如果您在 *viz* 目錄中執行單行伺服器（例如 python -m http.server）並在 Web 瀏覽器中開啟 localhost 頁面，您應該會看到類似於圖 12-5 的內容，指出資料已成功傳送到 JavaScript，準備好被視覺化了。

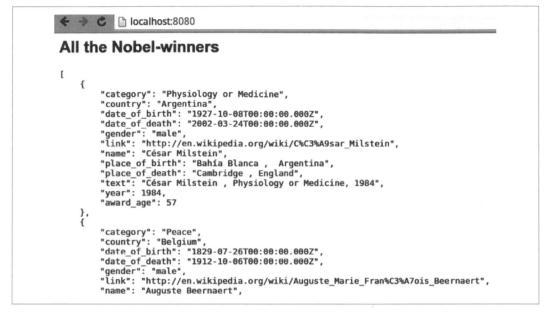

圖 12-5　將 JSON 交付給瀏覽器

我們使用的 *nobel_winners.json* 資料集不是特別大，但如果要開始添加傳記正文或其他文本資料，它很容易增長到會占用可用的瀏覽器頻寬，並開始讓使用者等待的不舒服大小。限制載入時間的一種策略是根據其中一個維度來將資料分解為子集合。使用我們的資料執行此操作的一個明顯方法是按國家來儲存獲獎者。幾行 pandas 就可以建立合適的 *data* 目錄：

```
import pandas as pd

df_winners = pd.read_json('data/nobel_winners.json')

for name, group in df_winners.groupby('country'): ❶
    group.to_json('data/winners_by_country' + name + '.json',\
                  orient='records')
```

❶ 按 country 對獲獎者 DataFrame 進行分組，並對群組名稱和成員進行迭代。

這應該會給出一個 winners_by_country *data* 子目錄：

```
$ ls data/winners_by_country
Argentina.json   Azerbaijan.json    Canada.json
Colombia.json    Czech Republic.json  Egypt.json  ...
```

現在可以使用一個訂作的小函數來按國家使用資料：

```
let loadCountryWinnersJSON = function (country) {
    d3.json("data/winners_by_country/" + country + ".json")
      .then(function (data) {
        d3.select("h2#data-title").text(
          "All the Nobel-winners from " + country
        );
        d3.select("div#data pre").html(JSON.stringify(data, null, 4));
      })
      .catch((error) => console.log(error));
  };
```

下面的函數呼叫會選擇所有澳大利亞諾貝爾獎得主，產生圖 12-6：

```
loadCountryWinnersJSON('Australia');
```

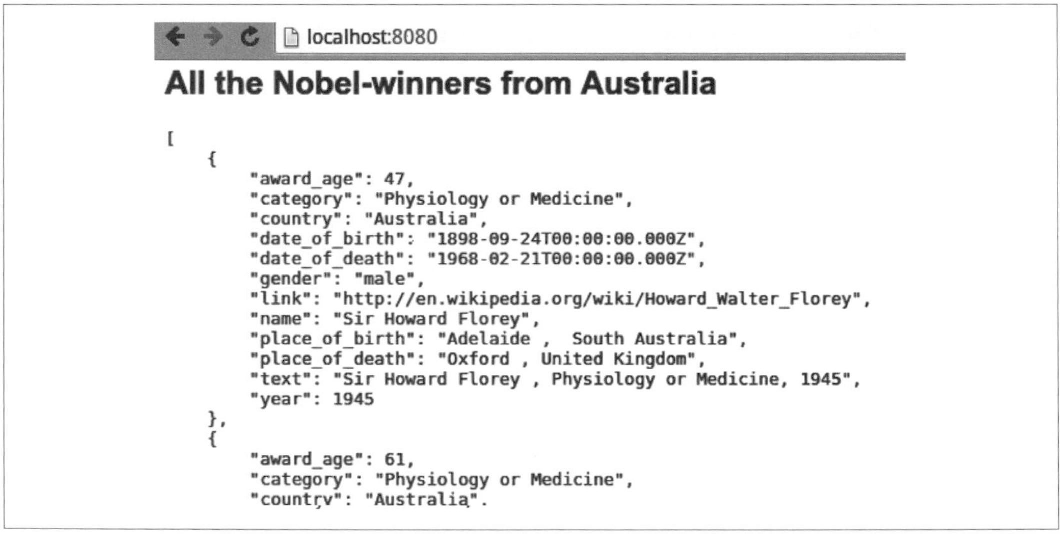

圖 12-6　按國家選出獲獎者

對於正確的視覺化，按國家選擇獲獎者的能力可以減少資料頻寬和隨後的延滯（lag），但如果想要按年分或性別來選擇獲獎者時怎麼辦呢？每個按維度（分類、時間等）的劃分都需要有自己的子目錄，從而產生一堆檔案和所有需要的簿記（bookkeeping）。如果想要對資料進行細粒度請求，例如，自 2000 年以來所有的美國獲獎者時，又要怎麼辦？此時，我們需要一個能夠動態回應此類請求的資料伺服器，通常由使用者互動來驅動。下一節將向您展示如何開始使用 Flask 製作這樣的伺服器。

使用 Flask API 的動態資料

使用 JSON 或 CSV 檔案把資料交付到網頁，是網路上許多最令人印象深刻的資料視覺化範例的基礎，非常適合小型的示範和原型。但是其形式存在著限制，最明顯的是可以實際交付的資料集大小。隨著資料集大小的增加和檔案開始達到百萬位元組（megabyte），頁面載入速度會變慢，使用者的挫敗感隨著轉圈圈圖示的每一次旋轉而增加。對於許多資料視覺化——尤其是儀表板或探索性圖表——根據需要來提供資料並回應由某種形式的使用者介面所產生的使用者請求是有意義的。小型資料伺服器通常非常適合這種資料傳輸的工作，而 Python 的 Flask 擁有製作它們所需的一切。

要動態地傳遞資料，將需要某種 API 來使我們的 JavaScript 能夠請求資料。

Flask 的簡單資料 API

使用 Dataset（請參閱第 70 頁的「使用 Dataset 之更簡單的 SQL」），可以輕鬆地將現有伺服器調整為 SQL 資料庫。為了方便起見，這裡使用 Dataset 和專門的 JSON 編碼器（參見範例 3-2），將 Python 日期時間轉換為對 JSON 友善的 ISO 字串：

```python
# server_sql.py
from flask import Flask, request, abort
import dataset
import json
import datetime

app = Flask(__name__)
db = dataset.connect('sqlite:///data/nobel_winners.db')

@app.route('/api/winners')
def get_country_data():
    print 'Request args: ' + str(dict(request.args))
    query_dict = {}
    for key in ['country', 'category', 'year']: ❶
        arg = request.args.get(key) ❷
        if arg:
            query_dict[key] = arg

    winners = list(db['winners'].find(**query_dict)) ❸
```

```
        if winners:
            return dumps(winners)
        abort(404) # resource not found

    class JSONDateTimeEncoder(json.JSONEncoder): ❹
        def default(self, obj):
            if isinstance(obj, (datetime.date, datetime.datetime)):
                return obj.isoformat()
            else:
                return json.JSONEncoder.default(self, obj)

    def dumps(obj):
        return json.dumps(obj, cls=JSONDateTimeEncoder)

    if __name__=='__main__':
        app.run(port=8000, debug=True)
```

❶ 將資料庫查詢限制為此串列中的鍵。

❷ request.args 讓我們能夠存取請求的引數（例如，'?country=Australia&category=Chemistry'）。

❸ dataset 的 find 方法要求我們的引數字典用 **（也就是 find(country='Australia', category='Literature')）來解開。我們將迭代器轉換為串列，準備要序列化。

❹ 這是範例 3-2 中詳述的專用 JSON 編碼器。

我們可以在啟動伺服器 (python server_sql.py) 後使用 curl（*https://curl.se*）來測試這個小 API。以下得出所有日本物理獎獲獎者：

```
$ curl -d category=Physics -d country=Japan
  --get http://localhost:8000/api/

[{"index": 761, "category": "Physics", "country": "Japan",
"date_of_birth": "1907-01-23T00:00:00", "date_of_death": "1981-09-08T00:00:00",
"gender": "male", "link": "http://en.wikipedia.org/wiki/Hideki_Yukawa",
"name": "Hideki Yukawa", "place_of_birth": "Tokyo ,  Japan",
"place_of_death": "Kyoto ,  Japan", "text": "Hideki Yukawa , Physics, 1949",
"year": 1949, "award_age": 42}, {"index": 762, "category": "Physics",
"country": "Japan", "date_of_birth": "1906-03-31T00:00:00",
"date_of_death": "1979-07-08T00:00:00", "gender": "male", ... }]
```

您現在已經看到要開始建立一個簡單的 API 是多麼容易了。有很多方法可以擴展它，但對於要應急的原型製作來說，這是一種方便的小形式。

但是，如果您想要分頁、身分驗證、以及複雜的 RESTful API 可以提供的許多其他功能怎麼辦？下一章中將看到使用一些出色的 Python 程式庫（如 marmalade），來把簡單的資料 API 擴展為更強大和可擴展的東西是多麼容易。

使用靜態或動態交付

何時該使用靜態或動態交付高度依賴於上下文並且是不可避免的妥協。頻寬因地區和設備而異。例如，如果您正在開發一個必須在農村環境中透過智慧型手機存取的視覺化，那麼資料限制會和在本地網路上執行的內部資料應用程式的資料限制非常不同。

最終指南是使用者體驗。如果可以在開始時稍待片刻，以讓資料快取能導致閃電般快速的 JavaScript dataviz，那麼純靜態交付很可能就是答案。如果您允許使用者切割和切片大型多變數資料集，不太可能不花上煩人的漫長等待時間。有一個粗略的經驗法則，任何小於 200 KB 的資料集都應該適用於純靜態交付；當您處理數百萬位元組甚至更多的資料時，您可能需要一個資料庫驅動的 API 來獲取您的資料。

總結

本章解釋了 Web 伺服器上檔案靜態資料傳輸和資料動態傳輸的基本原理，勾畫了一個簡單基於 Flask 的 RESTful Web 伺服器的基礎。儘管 Flask 使產出基本資料 API 變得非常簡單，但添加分頁、選擇性資料查詢、和完整的 HTTP 動詞補充等附加功能需要做更多的工作。在本書的第一版中，我轉向了一些現成的 Python RESTful 程式庫，但這些程式庫的有效期往往很短，可能是因為要把一些單一用途的 Python 程式庫串在一起以達到相同目的非常容易，且具有更大的靈活性。這也是學習這些工具的好方法，因此建構這樣一個 RESTful API 是下一章的主題。

## 第十三章

Flask 的 RESTful 資料

第 321 頁的「Flask 的簡單資料 API」解釋如何使用 Flask 和 Dataset 來建構一個非常簡單的資料 API。對於許多簡單的資料視覺化，這種應急用的 API 很好，但隨著資料需求變得更加進階，擁有一個遵守某些檢索慣例，有時還要遵守建立、更新和刪除慣例的 API 會有所幫助[1]。「使用 Python 從 Web API 使用資料」（第 125 頁）曾介紹了 Web ΛPI 的類型以及 RESTful[2] API 獲得當之無愧重視的原因。本章將看到把幾個 Flask 程式庫組合成一個靈活的 RESTful API 是多麼容易。

RESTful 工作的工具

正如第 321 頁的「Flask 的簡單資料 API」中所見，資料 API 的基礎非常簡單。它需要一個伺服器，此伺服器會接受 HTTP 請求，例如用來檢索的 GET 或更進階的動詞，例如 POST（用來添加）或 DELETE。這些請求在 api/winners 之類的路由（route）上，然後由提供的函數處理。在這些函數中，資料是從後端資料庫中被檢索，可能會使用資料參數進行過濾（例如，像 ?category=comic&name=Groucho 這樣的附加到 URL 呼叫之後的字串）。然後需要以某種請求的格式傳回或序列化此資料，這類請求幾乎總是基於 JSON 的。對於這種資料往返，Flask/Python 生態系統提供了一些完美的程式庫：

- Flask 做伺服器的工作

---

[1] 這些建立（create）、讀取（read）、更新（update）和刪除（delete）方法形成了 CRUD 這個首字母縮寫（*https://oreil.ly/0AkAw*）。

[2] 本質上，RESTful 意味著資源由無狀態、可快取的 URI/URL 來識別，並由 HTTP 動詞（如 GET 或 POST）來操縱。請參閱維基百科（*https://oreil.ly/l0QhB*）和這個 Stack Overflow 討論串（*https://oreil.ly/6zxhv*）的辯論。

- Flask SQLAlchemy（*https://oreil.ly/NVldl*），一個整合了 SQLAlchemy（*https://sqlalchemy. org*）的 Flask 擴展，是我們偏好的帶有物件關係映射器 (object-relational mapper, ORM) 的 Python SQL 程式庫

- Flask-Marshmallow（*https://oreil.ly/Vbgq3*），一 個 添 加 了 對 marshmallow（*https:// oreil.ly/AIySU*）支援的 Flask 擴展，這是一個強大的物件序列化 Python 程式庫

您可以使用 `pip` 來安裝所需的擴展：

```
$ pip install Flask-SQLALchemy flask-marshmallow marshmallow-sqlalchemy
```

建立資料庫

在第 242 頁的「儲存清理後的資料集」中，我們看到使用 `to_sql` 方法將 pandas DataFrame 儲存到 SQL 是多麼容易。這是一種非常方便的儲存 DataFrame 的方法，但是產生的表缺少能夠唯一性的指明一個表列的主鍵（primary key）欄位（*https://oreil.ly/ x4OM6*）。擁有主鍵是一種很好的形式，並且在透過 Web API 來建立或刪除列時，它非常重要。出於這個原因，以下將透過另一條路由來建立 SQL 表。

首先，用 SQLAlchemy 建構一個 SQLite 資料庫，在獲獎者表中添加一個主鍵 ID：

```
from sqlalchemy import Column, Integer, String, Text
from sqlalchemy.ext.declarative import declarative_base
from sqlalchemy.orm import sessionmaker

Base = declarative_base()

class Winner(Base):
    __tablename__ = 'winners'
    id = Column(Integer, primary_key=True)  ❶
    category = Column(String)
    country = Column(String)
    date_of_birth = Column(String) # string form dates
    date_of_death = Column(String)
    # ...

# 建立 SQLite 資料庫並啟動對話期
engine = sqlalchemy.create_engine('sqlite:///data/nobel_winners_cleaned_api.db')
Base.metadata.create_all(engine)
Session = sessionmaker(bind=engine)
session = Session()
```

❶ 指明最重要的主鍵來消除獲獎者之間的歧義。

請注意，我們會把日期儲存為字串，以限制在序列化日期時間物件時會發生的任何問題。在把列提交到資料庫之前，先轉換這些 DataFrame 行：

```
df['date_of_birth'] = df['date_of_birth'].astype(str)
df['date_of_death'] = dl['date_of_death'].astype(str)
df.date_of_birth
#0        1927-10-08
#4        1829-07-26
#5        1862-08-29
..
```

現在可以遍歷 DataFrame 的列，把它們當作是字典紀錄添加到資料庫中，然後把它們當作是一筆交易以相對高效率的方式提交：

```
for d in df_tosql.to_dict(orient='records'):
    session.add(Winner(**d))
session.commit()
```

有了結構良好的資料庫，來看看如何使用 Flask 來輕鬆地為它提供服務。

Flask RESTful 資料伺服器

這將是一個標準的 Flask 伺服器，類似於第 313 頁的「使用 Flask 服務資料」中所看到的伺服器。首先，匯入標準 Flask 模組以及 SQLALchemy 和 marshmallow 擴展並建立 Flask 應用程式：

```
from flask import Flask, request, jsonify
from flask_sqlalchemy import SQLAlchemy
from flask_marshmallow import Marshmallow

# 初始化 app
app = Flask(__name__)
```

現在要用一些特定於資料庫的宣告，使用 Flask 應用程式來初始化 SQLAlchemy：

```
app.config['SQLALCHEMY_DATABASE_URI'] =\
    'sqlite:///data/nobel_winners_cleaned_api_test.db'

db = SQLAlchemy(app)
```

現在可以使用 db 實例來定義獲獎者表，它是基底宣告模型的子類別。這與上一節中用於建立獲獎者表的綱要相匹配：

```
class Winner(db.Model):
    __tablename__ = 'winners'
    id = db.Column(db.Integer, primary_key=True)
    category = db.Column(db.String)
    country = db.Column(db.String)
    date_of_birth = db.Column(db.String)
    date_of_death = db.Column(db.String)
    gender = db.Column(db.String)
    link = db.Column(db.String)
    name = db.Column(db.String)
    place_of_birth = db.Column(db.String)
    place_of_death = db.Column(db.String)
    text = db.Column(db.Text)
    year = db.Column(db.Integer)
    award_age = db.Column(db.Integer)

    def __repr__(self):
        return "<Winner(name='%s', category='%s', year='%s')>"\
            % (self.name, self.category, self.year)
```

用 marshmallow 進行序列化

marshmallow 是一個非常有用的小型 Python 程式庫，它只完成一項工作並且做得很好。
引用自說明文件（*https://oreil.ly/kLTVF*）：

> marshmallow 是一個和 ORM/ODM/ 框架無關的程式庫，用於將複雜資料型別
> （例如物件）與原生 Python 資料型別相互轉換。

marshmallow 使用了類似於 SQLALchemy 的 Schemas，來將輸入資料反序列化為應用
程式等級的物件，並驗證該輸入資料。就這裡的目的而言，它的關鍵用途是能夠從
SQLAlchemy 提供的 SQLite 資料庫中獲取資料，並把它轉換為符合 JSON 的資料。

要使用 Flask-Marshmallow，首先要建立一個 marshmallow 實例（`ma`），並使用 Flask 應
用程式進行初始化。然後，使用它來建立 marshmallow 綱要，使用 SQLAlchemy Winner
模型作為其基礎。該綱要還有一個 `fields` 屬性，允許您指明要序列化的（資料庫）
欄位：

```
ma = Marshmallow(app)

class WinnerSchema(ma.Schema):
    class Meta:
        model = Winner
        fields = ('category', 'country', 'date_of_birth', 'date_of_death',  ❶
                  'gender', 'link', 'name', 'place_of_birth', 'place_of_death',
```

```
                           'text', 'year', 'award_age')

    winner_schema = WinnerSchema()  ❷
    winners_schema = WinnerSchema(many=True)
```

❶ 要序列化的資料庫欄位。

❷ 宣告兩個綱要實例，一個用於傳回單一紀錄，一個用於傳回多個紀錄。

添加 RESTful API 路由

現在主幹已經到位，讓我們製作一些 Flask 路由來定義一個小型 RESTful API。對於第一個測試，我們將建立一條路由，它會傳回資料庫表中的所有諾貝爾獎得主：

```
@app.route('/winners/')
def winner_list():
    all_winners = Winner.query.all()  ❶
    result = winners_schema.jsonify(all_winners)  ❷
    return result
```

❶ 用來獲取獲獎者表中的所有列的資料庫查詢。

❷ 許多列的 marshmallow 綱要接受 all-winners 的結果，並將其序列化為 JSON。

使用一些命令行 curl 來測試 API：

```
$ curl http://localhost:5000/winners/
[
  {
    "award_age": 57,
    "category": "Physiology or Medicine",
    "country": "Argentina",
    "date_of_birth": "1927-10-08",
    "date_of_death": "2002-03-24",
    "gender": "male",
    "link": "http://en.wikipedia.org/wiki/C%C3%A9sar_Milstein",
    "name": "C\u00e9sar Milstein",
    "place_of_birth": "Bah\u00eda Blanca , Argentina",
    "place_of_death": "Cambridge , England",
    "text": "C\u00e9sar Milstein , Physiology or Medicine, 1984",
    "year": 1984
  },
  {
    "award_age": 80,
    "category": "Peace", ...
  }...
]
```

所以現在有一個 API 端點來傳回所有獲獎者。如果能夠透過 ID（獲獎者表的主鍵）來檢索個人又如何呢？為此，我們使用 Flask 的路由樣式匹配來從 API 呼叫中檢索 ID，並使用它來進行特定的資料庫查詢。然後使用單列 marshmallow 綱要來將其序列化為 JSON：

```
@app.route('/winners/<id>/')
def winner_detail(id):
    winner = Winner.query.get_or_404(id) ❶
    result = winner_schema.jsonify(winner)
    return result
```

❶ Flask-SQLAlchemy 提供了預設的 404 錯誤資訊，如果查詢無效，可以透過 marshmallow 來把它序列化為 JSON。

使用 curl 進行測試會顯示傳回了預期的單一 JSON 物件：

```
$ curl http://localhost:5000/winners/10/
{
  "award_age": 60,
  "category": "Chemistry",
  "country": "Belgium",
  "date_of_birth": "1917-01-25",
  "date_of_death": "2003-05-28",
  "gender": "male",
  "link": "http://en.wikipedia.org/wiki/Ilya_Prigogine",
  "name": "Ilya Prigogine",
  "place_of_birth": "Moscow , Russia",
  "place_of_death": "Brussels , Belgium",
  "text": "Ilya Prigogine , born in Russia , Chemistry, 1977",
  "year": 1977
}
```

能夠在單一 API 呼叫中檢索所有獲獎者並不是特別有用，所以要添加能夠使用請求中所提供的一些引數來過濾這些結果的功能。這些引數是在 URL 查詢字串中找到的，以 ? 開頭並在端點之後由 & 分隔，例如 http://nobel.net/api/winners?category=Physics&year=1980。Flask 提供了一個 request.args 物件，它有一個 to_dict 方法，可以傳回一個 URL 引數的字典。[3] 我們可以使用它來指明資料表過濾器，它可以使用 SQLAlchemy 的 to_filter 方法來應用成鍵值對，而此方法可以應用在查詢上。這是一個簡單的實作：

---

3 從技術上講，URL 查詢字串形成一個多字典（multidictionary），允許同一鍵多次出現。出於 API 的目的，我們希望每個鍵只有一個實例，從而可以沒問題地轉換為字典。

```
@app.route('/winners/')
def winner_list():
    valid_filters = ('year', 'category', 'gender', 'country', 'name') ❶
    filters = request.args.to_dict()

    args = {name: value for name, value in filters.items()
            if name in valid_filters} ❷
    # 下面這個 for 迴圈和上面的字典理解
    # 做同樣的事
    # args = {}
    # for vf in valid_filters:
    #     if vf in filters:
    #         args[vf] = filters.get(vf)
    app.logger.info(f'Filtering with the fields: {args}')
    all_winners = Winner.query.filter_by(**args) ❸
    result = winners_schema.jsonify(all_winners)
    return result
```

❶ 這些是將允許過濾的欄位。

❷ 遍歷提供的過濾器欄位,並使用有效的欄位來建立過濾器字典。這裡使用 Python 字典理解(dictionary comprehension,*https://oreil.ly/wmy3c*)來建構 args 字典。

❸ 使用 Python 的字典解包裝來指明方法參數。

以下用 curl 來測試過濾能力,使用 -d(資料)引數來指明查詢參數:

```
$ curl -d category=Physics -d year=1933 --get http://localhost:5000/winners/

[
  {
    "award_age": 31,
    "category": "Physics",
    "country": "United Kingdom",
    "date_of_birth": "1902-08-08",
    "date_of_death": "1984-10-20",
    "gender": "male",
    "link": "http://en.wikipedia.org/wiki/Paul_Dirac",
    "name": "Paul Dirac",
    "place_of_birth": "Bristol , England",
    "place_of_death": "Tallahassee, Florida , US",
    "text": "Paul Dirac , Physics, 1933",
    "year": 1933
  },
  {
    "award_age": 46,
    "category": "Physics",
    "country": "Austria",
```

```
        "date_of_birth": "1887-08-12",
        "date_of_death": "1961-01-04",
        "gender": "male",
        "link": "http://en.wikipedia.org/wiki/Erwin_Schr%C3%B6dinger",
        "name": "Erwin Schr\u00f6dinger",
        "place_of_birth": "Erdberg, Vienna, Austria",
        "place_of_death": "Vienna, Austria",
        "text": "Erwin Schr\u00f6dinger , Physics, 1933",
        "year": 1933
    }
]
```

現在對獲獎者資料集進行了相當細粒度的過濾,對於許多資料視覺化,這足以提供一個大型的、使用者驅動的資料集,能根據需要從 RESTful API 獲取資料。從 API 或 Web 表單發布或建立資料條目的能力是不時出現的要求之一,值得花時間理解。這意味著您可以將 API 用作中央資料池,並從不同位置向其中添加內容。使用 Flask 和我們的擴展也很容易做到。

將資料發布到 API

Flask 路由接受可選的 `methods` 引數,它會指明接受的 HTTP 動詞。GET 動詞是預設值,但透過將其設定為 POST,可以使用 `request` 物件上可用的封包將資料發布到此路由,在本案例中為 JSON 編碼資料。

添加另一個 `/winners` 端點,其中包括一個含有 POST 的 `methods` 陣列,然後使用 JSON 資料建立一個 `winner_data` 字典,用於在獲獎者表中建立一個條目。然後將其添加到資料庫會話期並最終進行提交。最後使用 marshmallow 的序列化來傳回新條目:

```
@app.route('/winners/', methods=['POST'])
def add_winner():
    valid_fields = winner_schema.fields

    winner_data = {name: value for name,
                   value in request.json.items() if name in valid_fields}
    app.logger.info(f"Creating a winner with these fields: {winner_data}")
    new_winner = Winner(**winner_data)
    db.session.add(new_winner)
    db.session.commit()
    return winner_schema.jsonify(new_winner)
```

使用 curl 測試傳回預期結果：

```
$ curl http://localhost:5000/winners/ \
    -X POST \
    -H "Content-Type: application/json" \
    -d '{"category":"Physics","year":2021,
        "name":"Syukuro Manabe","country":"Japan"}' ❶
{
    "award_age": null,
    "category": "Physics",
    "country": "Japan",
    "date_of_birth": null,
    "date_of_death": null,
    "gender": null,
    "link": null,
    "name": "Syukuro Manabe",
    "place_of_birth": null,
    "place_of_death": null,
    "text": null,
    "year": 2021
}
```

❶ 輸入資料是一個 JSON 編碼的字串。

也許對資料管理更有用的是一個可以更新獲獎者資料的 API 端點。為此，可以使用在個別 URL 上呼叫的 HTTP PATCH 動詞。和用來建立新獲獎者的 POST 一樣，我們會遍歷 request.json 字典並使用任何有效欄位（在本案例中所有欄位都可用於 marshmallow 的序列化程序），以透過 ID 來更新獲獎者的屬性：

```
@app.route('/winners/<id>/', methods=['PATCH'])
def update_winner(id):
    winner = Winner.query.get_or_404(id)
    valid_fields = winner_schema.fields
    winner_data = {name: value for name, value
                    in request.json.items() if name in valid_fields}
    app.logger.info(f"Updating a winner with these fields: {winner_data}")
    for k, v in winner_data.items():
        setattr(winner, k, v)
    db.session.commit()
    return winner_schema.jsonify(winner)
```

這裡使用這個 API 補丁點（patch point）來更新諾貝爾獎得主的姓名和獲獎年分，以作為示範：

```
$ curl http://localhost:5000/winners/3/ \
    -X PATCH \
    -H "Content-Type: application/json" \
```

```
        -d '{"name":"Morris Maeterlink","year":"1912"}'
{
  "award_age": 49,
  "category": "Literature",
  "country": "Belgium",
  "date_of_birth": "1862-08-29",
  "date_of_death": "1949-05-06",
  "gender": "male",
  "link": "http://en.wikipedia.org/wiki/Maurice_Maeterlinck",
  "name": "Morris Maeterlink",
  "place_of_birth": "Ghent , Belgium",
  "place_of_death": "Nice , France",
  "text": "Maurice Maeterlinck , Literature, 1911", ❶
  "year": 1912
}
```

❶ 原始細節。

至此已經建構一個有用、具針對性的 API，能夠根據細粒度過濾器來獲取資料並更新或
建立獲獎者。如果您想添加更多的端點來覆寫更多的資料庫表，Flask 路由樣版和相關
方法可能會變得有點混亂。Flask MethodViews 提供了一種把端點 API 呼叫封裝在單一
類別實例中的方法，可以讓事情更清晰、更可擴展。把現有 API 轉移到 MethodViews 很
容易，並且隨著您的 API 得到更多參與，所減少的認知負擔將得到回報。

使用 MethodViews 擴展 API

我們可以重用大部分 API 程式碼，把它轉移到 MethodViews 也會丟失大量樣版檔案。
MethodViews 會把端點及其關聯的 HTTP 動詞（GET、POST 等）封裝在單一類別實例
中，可以輕鬆地進行擴展和調整。要將獲獎者表轉移到專用資源，只需將現有的 Flask
路由方法提升到 MethodView 類別中並進行一些小的調整。首先需要匯入 MethodView 類
別：

```
#...
from flask.views import MethodView
#...
```

SQLAlchemy 模型和 marshmallow 綱要不需要更改。現在使用相關 HTTP 動詞的方法來
為獲獎者集合建立一個 MethodView 實例。可以重用現有的路由方法，然後使用 Flask 應
用程式的 add_url_rule 方法來提供一個端點，而視圖將處理該端點：

```
class WinnersListView(MethodView):
```

```
    def get(self):
        valid_filters = ('year', 'category', 'gender', 'country', 'name')
        filters = request.args.to_dict()
        args = {name: value for name, value in filters.items()
                if name in valid_filters}
        app.logger.info('Filtering with the %s fields' % (str(args)))
        all_winners = Winner.query.filter_by(**args)
        result = winners_schema.jsonify(all_winners)
        return result

    def post(self):
        valid_fields = winner_schema.fields
        winner_data = {name: value for name,
                        value in request.json.items() if name in valid_fields}
        app.logger.info("Creating a winner with these fields: %s" %
                        str(winner_data))
        new_winner = Winner(**winner_data)
        db.session.add(new_winner)
        db.session.commit()
        return winner_schema.jsonify(new_winner)

app.add_url_rule("/winners/",
                view_func=WinnersListView.as_view("winners_list_view"))
```

為個別的表條目建立 HTTP 方法遵循相同的樣式。我們將添加一個刪除方法以備不時之需。成功的 HTTP 刪除應該會傳回 204（無內容）HTTP 碼和一個空的內容套件：

```
class WinnerView(MethodView):

    def get(self, winner_id):
        winner = Winner.query.get_or_404(winner_id)
        result = winner_schema.jsonify(winner)
        return result

    def patch(self, winner_id):
        winner = Winner.query.get_or_404(winner_id)
        valid_fields = winner_schema.fields
        winner_data = {name: value for name,
                        value in request.json.items() if name in valid_fields}
        app.logger.info("Updating a winner with these fields: %s" %
                        str(winner_data))
        for k, v in winner_data.items():
            setattr(winner, k, v)
        db.session.commit()
        return winner_schema.jsonify(winner)

    def delete(self, winner_id):
```

```
        winner = Winner.query.get_or_404(winner_id)
        db.session.delete(winner)
        db.session.commit()
        return '', 204

app.add_url_rule("/winners/<winner_id>",
                 view_func=WinnerView.as_view("winner_view")) ❶
```

❶ 命名的、樣式匹配的引數被傳遞給所有 MethodViews 方法。

使用 curl 來刪除獲獎者之一，並指明要詳細（verbose）輸出：

```
$ curl http://localhost:5000/winners/858 -X DELETE -v
*   Trying 127.0.0.1...
* Connected to localhost (127.0.0.1) port 5000 (#0)
> DELETE /winners/858 HTTP/1.1
> Host: localhost:5000
> User-Agent: curl/7.47.0
> Accept: */*
>
* HTTP 1.0, assume close after body
< HTTP/1.0 204 NO CONTENT
< Content-Type: application/json
< Server: Werkzeug/2.0.2 Python/3.8.9
< Date: Sun, 27 Mar 2022 15:35:51 GMT
<
* Closing connection 0
```

透過在專用端點上使用 MethodViews，削減了許多 Flask 的路由樣版，並使程式碼庫更易於使用和擴展。例如，看看如何添加一個非常方便的 API 功能，也就是分頁或分塊資料的能力。

分頁資料傳回

如果您有大型的資料集並預計會有大型的結果集，那麼以分頁塊來接收資料的能力是一項非常有用的 API 功能；對於許多使用案例來說，這是一個至關重要的功能。

SQLAlchemy 有一個方便的 **paginate** 方法，可以在查詢中呼叫該方法以傳回所指明大小的資料頁面。要為獲獎者 API 添加分頁，只需要添加幾個查詢參數來指定頁面和頁面大小。這裡將使用 _page 和 _page-size，並在它們前面加上底線，和我們可能應用的任何過濾器查詢區分開來。

這是修改後的 get 方法：

```python
class WinnersListView(MethodView):

    def get(self):
        valid_filters = ('year', 'category', 'gender', 'country', 'name')
        filters = request.args.to_dict()
        args = {name: value for name, value in filters.items()
                if name in valid_filters}

        app.logger.info(f'Filtering with the {args} fields')

        page = request.args.get("_page", 1, type=int) ❶
        per_page = request.args.get("_per-page", 20, type=int)

        winners = Winner.query.filter_by(**args).paginate(page, per_page) ❷
        winners_dumped = winners_schema.dump(winners.items)

        results = {
            "results": winners_dumped,
            "filters": args,
            "pagination": ❸
            {
                "count": winners.total,
                "page": page,
                "per_page": per_page,
                "pages": winners.pages,
            },
        }

        make_pagination_links('winners', results) ❹

        return jsonify(results)
    # ...
```

❶ 具有合理預設值的分頁參數。

❷ 在這裡將 SQLAlchemy 的 paginate 方法用於我們的 page 和 per_page 分頁變數。

❸ 傳回分頁結果和任何其他有意義的東西。在 pagination 字典中，我們提供有用的回饋——傳回的頁面和總資料集的大小。

❹ 使用此函數來添加一些方便的 URL 來獲取上一頁面或下一頁面。

按照慣例，傳回上一頁面和下一頁面的 URL 端點很有用，讓我們可以輕鬆使用整個資料集。為此，我們有一個小的 make_pagination_links 函數，它會把這些方便的 URL 添加到分頁字典中。以下使用 Python 的 *urllib* 程式庫來構造 URL 的查詢字串：

```
#...
import urllib.parse
#...
def make_pagination_links(url, results):
    pag = results['pagination']
    query_string = urllib.parse.urlencode(results['filters'])   ❶

    page = pag['page']
    if page > 1:
        prev_page = url + '?_page=%d&_per-page=%d%s' % (page-1,
                                                        pag['per_page'],
                                                        query_string)
    else:
        prev_page = ''

    if page < pag['pages']:   ❷
        next_page = url + '?_page=%d&_per-page=%d%s' % (page+1,
                                                        pag['per_page'],
                                                        query_string)
    else:
        next_page = ''

    pag['prev_page'] = prev_page
    pag['next_page'] = next_page
```

❶ 從過濾器查詢中重新製作查詢字串，例如 &category=Chemistry&year=1976。*urllib* 的
剖析模組將過濾器字典轉換為格式正確的 URL 查詢。

❷ 在適用的情況下添加上一頁和下一頁 URL，將任何過濾器查詢附加到結果中。

使用 curl 來測試分頁資料。添加一個過濾器來獲取所有獲得諾貝爾獎的物理學家：

```
$ curl -d category=Physics   --get http://localhost:5000/winners/

{
  "filters": {
    "category": "Physics"
  },
  "pagination": {
    "count": 201,
    "next_page": "?_page=2&_per-page=20&category=Physics",   ❶
    "page": 1,
    "pages": 11,
    "per_page": 20,
    "prev_page": ""
  },
  "results": [   ❷
```

```
{
  "award_age": 81,
  "category": "Physics",
  "country": "Belgium",
  "date_of_birth": "1932-11-06",
  "date_of_death": "NaT",
  "gender": "male",
  "link": "http://en.wikipedia.org/wiki/Fran%C3%A7ois_Englert",
  "name": "Fran\u00e7ois Englert",
  "place_of_birth": "Etterbeek ,  Brussels ,  Belgium",
  "place_of_death": null,
  "text": "Fran\u00e7ois Englert , Physics, 2013",
  "year": 2013
},
{
  "award_age": 37,
  "category": "Physics",
  "country": "Denmark",
  "date_of_birth": "1885-10-07",
  "date_of_death": "1962-11-18",
  "gender": "male",
  "link": "http://en.wikipedia.org/wiki/Niels_Bohr",
  "name": "Niels Bohr",
  ...
}]}
```

❶ 這是第一頁,因此沒有以前的頁面可用,但提供了下一頁的 URL 以便輕鬆使用資料。

❷ 包含獲獎者表中前 20 位物理學家的結果陣列。

透過將 marshmallow 等強大的程式庫整合為 Flask 擴展,可以很容易地推出自己的 API,而無需求助於專用的 RESTful Flask 程式庫,因為經驗表明,這種程式庫可能不會存在太久。

使用 Heroku 遠端部署 API

擁有一個像剛剛所建構的本地端開發資料伺服器,很適合進行原型設計、測試資料流以及處理資料集的所有資料視覺化事項,而這些資料集因為太大而無法輕鬆地作為 JSON(或等效的)檔案來使用。但這確實意味著,任何嘗試視覺化的人,都需要執行本地端資料伺服器,這只是需要考慮的另一件事。這是要把資料伺服器作為遠端資源放在 Web 上非常有用的地方。有多種方法可以做到這一點,但可能包括我在內的 Python 族最喜歡的是 Heroku(*https://oreil.ly/V4Q6h*),它是一種雲端服務,可以讓部署 Flask 伺服器變得非常簡單。現在就把我們的諾貝爾資料伺服器放在網路上來示範。

首先，您需要建立一個免費的 Heroku 帳戶（*https://signup.heroku.com*）。然後，您需要在作業系統上安裝 Heroku 客戶端工具（*https://oreil.ly/wutXG*）。

安裝工具後，您可以透過從命令行執行 login 來登錄 Heroku：

```
$ heroku login
heroku: Press any key to open up the browser to login or q to exit
 ›    Warning: If browser does not open, visit
 ›    https://cli-auth.heroku.com/auth/browser/***
heroku: Waiting for login...
Logging in... done
Logged in as me@example.com
```

現在您已登錄，我們將建立一個 Heroku 應用程式並將其部署到網路上。首先，建立一個應用程式目錄（*heroku_api*）並將 Flask API 的 *api_rest.py* 檔案放入其中。我們還需要一個 Procfile、一個 *requirements.txt* 檔案和要提供的 nobel_winners_cleaned_api.db SQLite 資料庫：

```
heroku_api
├── api_rest.py
├── data
│   ├── nobel_winners_cleaned_api.db
├── Procfile
└── requirements.txt
```

Heroku 使用 Procfile 來瞭解要部署的內容及方式。在這種情況下，我們將使用 Python 的 Gunicorn WSGI HTTP 伺服器（*https://oreil.ly/yBTdb*）和 Flask 應用程式協商網路流量，並把它當作是 Heroku 應用程式執行。Procfile 看起來像這樣：

```
web: gunicorn api_rest:app
```

除了 Procfile，Heroku 還需要知道為應用程式安裝 Python 程式庫。這些可以在 *requirements.txt* 檔案中找到：

```
Flask==2.0.2
gunicorn==20.1.0
Flask-Cors==3.0.10
flask-marshmallow==0.14.0
Flask-SQLAlchemy==2.5.1
Jinja2==3.0.1
marshmallow==3.15.0
marshmallow-sqlalchemy==0.28.0
SQLAlchemy==1.4.26
Werkzeug==2.0.2
```

有了 Heroku 配置檔案，可以透過從命令行執行 create 來建立一個 Heroku 應用程式。

現在要使用 git 來初始化 Git 目錄並添加現有檔案：

```
$ git init
$ git add .
$ git commit -m "First commit"
```

初始化 git 後，只需建立 Heroku 應用程式：[4]

```
$ heroku create flask-rest-pyjs2
```

部署到 Heroku 現在只需一個 git push 即可：

```
$ git push heroku master
```

每次您對本地端程式碼庫進行更改時，只需把它們推送到 Heroku，網站就會更新。

讓我們透過使用 curl 來獲取物理獎得主的第一頁以測試 API：

```
$ curl -d category=Physics --get
                        https://flask-rest-pyjs2.herokuapp.com/winners/
{"fillers":{"category":"Physics"},"pagination":{"count":201,
"next_page":"winners/?_page=2&_per-page=20&category=Physics","page":1,
"pages":11,"per_page":20,"prev_page":""},"results":[{"award_age":81,
"category":"Physics","country":"Belgium","date_of_birth":"1932-11-06",
"date_of_death":"NaT","gender":"male","link":"http://en.wikipedia.org/wiki/
Fran%C3%A7ois_Englert","name":"Fran\u00e7ois Englert", ... }
```

CORS

為了從 Web 瀏覽器使用 API，需要處理伺服器資料請求的跨來源資源共享（Cross-Origin Resource Sharing, CORS，*https://oreil.ly/ECpu0*）限制。

我們會使用 Flask CORS 擴展並預設要執行它，以允許來自任何網域的存取資料伺服器請求。這只需要在 Flask 應用程式中添加幾行：

```
# ...
from flask_cors import CORS
# Init app
app = Flask(__name__)
CORS(app)
```

---

4 您可以從 Heroku 儀表板執行此操作，然後使用 git remote - <app_name> 把目前的 Git 目錄附加到應用程式。

Flask-CORS 程式庫（*https://oreil.ly/bCKME*）可用於指明要允許哪些網域來存取哪些資源。我們在這裡允許一般存取。

使用 JavaScript 來使用 API

要從 Web 應用程式 / 頁面使用資料伺服器，只需使用 fetch 來請求資料。以下範例透過持續獲取頁面直到 next_page 屬性為空字串，來使用所有分頁資料：

```
let data
async function init() {
  data = await getData('winners/?category=Physics&country=United States') ❶
  console.log(`${data.length} US Physics winners:`, data)
  // 把資料發送到適當的圖表繪製函數
  drawChart(data)
}

init()

async function getData(ep='winners/?category=Physics'){ ❶
  let API_URL = 'https://flask-rest-pyjs2.herokuapp.com/'
  let data = []
  while(true) {
    let response = await fetch(API_URL + ep) ❷
    .then(res => res.json()) ❸
    .then(data => {
      return data
    })

    ep = response.pagination.next_page
    data = data.concat(response.results) // 添加頁面結果
    if(!ep) break // 沒有下一頁故打斷迴圈
  }
  return data
}
```

❶ 來自伺服器的資料是非同步的，所以使用非同步函數來使用它。

❷ await（*https://oreil.ly/EWHec*）會等待非同步 Promise 來自行剖析，並提供其值。

❸ 把回應資料轉換為 JSON，並把它傳遞給下一個 then 呼叫，這會傳回伺服器資料。

預期結果輸出到控制台：

```
89 US Physics winners:
[{
    award_age: 42
    category: "Physics"
    country: "United States"
    date_of_birth: "1969-12-16"
    date_of_death: "NaT"
    gender: "male"
    link: "http://en.wikipedia.org/wiki/Adam_G._Riess"
    name: "Adam G. Riess"
    place_of_birth: "Washington, D.C., United States"
    place_of_death: null
    text: "Adam G. Riess , Physics, 2011"
    year: 2011
  }, ...
}]
```

我們現在有一個基於 Web 的 RESTful 資料 API 了，它可以從任何地方進行存取（但受我們的 CORS 限制）。如您所見，低額外負擔和易用性使 Heroku 的對手難以匹敵。它已經存在一段時間了，早已是一個非常精煉的設定。

總結

我希望本章能向您展示，透過一些強大的擴展，就可以容易地推出自己的 RESTful API。要讓它成為產業標準需要更多的工作和一些測試，但對於大多數資料視覺化任務來說，此 API 可以提供處理大型資料集並允許使用者自由探索的能力。至少它顯示了要把開發伺服器放在一起是多麼容易，讓您能夠快速測試用於使用者優化資料集的視覺化方法。儀表板是需要這種遠端獲取資料能力的領域之一。

使用 Heroku 來輕鬆地遠端部署 API 的能力，意味著可以對大型資料集進行切片和切塊，而無需執行本地端資料伺服器——這非常適合向客戶或同事展示雄心壯志的資料視覺化。

## 第五部分

使用 D3 和 Plotly 來視覺化您的資料

本書這一部分會使用來之不易、在第 6 章從網路上爬取,並在第 9 章中清理的諾貝爾獎資料集,並使用基於 Python,和 JS 的 Plotly 程式庫,以及重量級 JS dataviz 程式庫 D3,來將它轉換為既現代又迷人的互動式網頁視覺化(參見圖 V-1)

我們將詳細介紹 D3 諾貝爾獎資料視覺化的實現,同時也獲取 D3 和 JavaScript 知識。首先,讓我們利用在第 11 章中獲得的洞察,想像一下視覺化應有的內容。

您可以在本書 GitHub 儲存庫的 *nobel_viz* 目錄中找到此視覺化的 Python 和 JavaScript 原始碼;相關詳細資訊,請參閱第 3 頁的「伴隨程式碼」)。

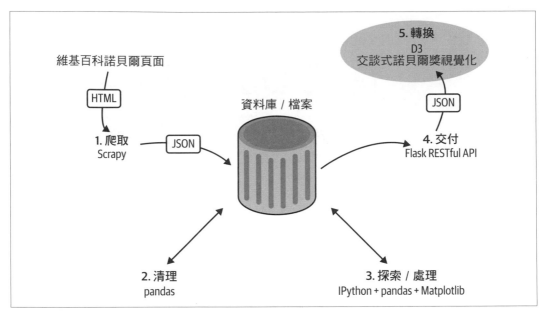

圖 V-1　我們的 dataviz 工具鏈：轉換

 您可以在本書的 GitHub 儲存庫（*https://github.com/Kyrand/dataviz-with-python-and-js-ed-2*）中找到這一部分的程式碼。

## 第十四章

使用 Matplotlib 和 Plotly 把您的圖表帶到網路上

本章將看到如何把利用 pandas 進行資料清理和探索的成果帶到網路上。通常，良好的靜態視覺化是呈現資料的好方法，我們會首先展示如何使用 Matplotlib 來做到這一點。有時使用者互動確實可以豐富資料視覺化——我們也會看到如何使用 Python 的 Plotly 程式庫，在 Jupyter notebook 中建立互動式視覺化，並把這些使用者互動（user interaction, UI）和所有內容傳輸到網頁。

我們還將瞭解學習 Plotly 的 Python 程式庫如何讓您具備使用原生 JavaScript 程式庫的能力，而這個能力可以真正擴展您的 Web 資料視覺化的可能性；也將透過建立一些簡單的 JS UI 來更新我們的原生 Plotly 圖表以示範。

使用 Matplotlib 的靜態圖表

通常，最適合這項工作的圖表是靜態圖表，在其中建立者擁有完全的編輯控制權。Matplotlib 的優勢之一是它能夠產生各種格式的列印品質圖表，從高清網路 PNG 到 SVG 渲染，以及完美縮放到說明文件大小的向量基元（primitive）。

對於 Web 圖形，普遍推薦的格式是可攜式網路圖形（portable network graphics, PNG），顧名思義，它是為這項工作而設計的。讓我們從諾貝爾獎探索中選擇一些圖表（見第 11 章），並把它們以 PNG 格式交付到網路上，並在途中做一些示範。

在第 286 頁的「國家趨勢」中可以看到，在考慮到人口規模的情況下，按絕對數量來衡量國家獎項的結果和按人均來衡量的結果截然不同。我們製作了幾個直條圖來顯示這一點，現在就把這個探索性的發現變成一個簡報，以下將使用垂直直條圖來讓國家名稱更易於閱讀。

接受 pandas 的繪圖方法傳回的 Matplotlib 軸，並使用它來進行一些調整，把表面顏色更改為淺灰色（#eee）並添加一兩個標籤：

```
ax = df_countries[df_countries.nobel_wins > 2]\ ❶
    .sort_values(by='nobel_wins_per_capita', ascending=True)\
    .nobel_wins_per_capita.plot(kind='barh',\ ❷
        figsize=(5, 10), title="Relative prize numbers")
ax.set_xlabel("Nobel prizes per capita")
ax.set_facecolor("#eee")
plt.tight_layout() ❸
plt.savefig("country_relative_prize_numbers.png")
```

❶ 至少要獲得三個獎項的國家門檻。

❷ 想要一個 barh 類型的水平直條圖。

❸ 使用 tight_layout 方法可以減少圖表元素在儲存的圖形中丟失的可能性。

對絕對數字執行相同的運算，產生兩個水平直條圖 PNG。為了在網路上呈現這些內容，使用第 4 章中教授的一些 HTML 和 CSS：

```html
<!-- index.html -->
<div class="main">
  <h1 class='title'>The Nobel Prize</h1>
  <h2>A few exploratory nuggets</h2>

  <div class="intro">
    <p>Some nuggets of data mined from a dataset of Nobel prize
    winners (2016).</p>
  </div>

  <div class="container" id="by-country-container">

    <div class="info-box">
      <p>These two charts compare Nobel prize winners by
         country. [...] that Sweden, winner by a relative
         metric, hosts the prize.</p>
    </div>

    <div class="chart-wrapper" id="by-country">
```

```
    <div class="chart">
      <img src="images/country_absolute_prize_numbers.png" ❶
       alt="">
    </div>
    <div class="chart">
      <img src="images/country_relative_prize_numbers.png"
       alt="">
    </div>

  </div>
 </div>
</div>
```

❶ 影像位於相對於 *index.html* 的子目錄中

在標題、副標題和簡介之後會有一個主容器，在其中有一個包含了兩個圖表和一個資訊框（info-box）的圖表包裝器（chart-wrapper）div。

使用一些 CSS 來調整內容的大小、位置和樣式。關鍵的 CSS 是使用 flex-box 來把圖表和資訊框放在一列中，並透過把圖表包裝器的 flex 權重設為 2 和資訊框的 flex 權重設為 1，來讓它們具有相等的寬度：

```
html,
body {
  height: 100%;
  font-family: Georgia, serif;
  background: #fff1e5;
  font-size: 1.2em;
}

h1.title {
  font-size: 2.1em;
}

.main {
  padding: 10px;
  padding-bottom: 100px;
  min-width: 800px;
  max-width: 1200px;
}

.container {
  display: flex;
}

.chart-wrapper {
  display: flex; ❶
```

```
    flex: 2; ❷
  }

  .chart {
    flex: 1;
    padding: 0 1.5em;
  }
  .chart img {
    max-height: 600px;
  }

  .info-box {
    font-family: sans-serif;
    flex: 1; ❷
    font-size: 0.7em;
    padding: 0 1.5em;
    background: #ffebd9;
  }
```

❶ 此容器的圖表和資訊框子項受 flex 控制。

❷ 圖表包裝器是資訊框寬度的兩倍。

圖 14-1（左）顯示了產生的網頁。

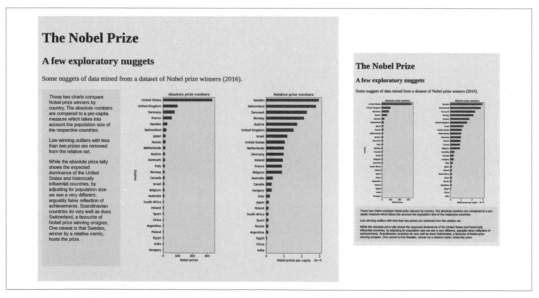

圖 14-1　幾個靜態圖表

適應螢幕尺寸

現代網路開發和相關資料視覺化的一項挑戰，是去適應現在被用來存取網路的許多設備。大多數時候，智慧型手機和平板電腦的平移（pan）和捏合（pinch）／縮放（zoom）功能，意味著可以在所有設備上使用相同的視覺化。使視覺化具有適應性並不容易，並且很快就會出現組合爆炸。通常折衷的組合是最好的方法。

但在某些情況下，使用 CSS media 屬性來讓樣式適應設備螢幕大小會更好，通常會透過更改螢幕寬度來觸發專用樣式的使用。這裡將使用剛剛建立的諾貝爾獎網頁來示範這一點。

圖 14-1 中的預設圖表布局適用於大多數筆記型電腦或 PC 螢幕，但隨著設備寬度的縮小，圖表和資訊框變得有點混亂，而資訊框會被拉長以包含文本。透過在設定的 1,000 像素寬度處觸發彈性框（flex-box）更改，可以讓視覺化更容易在小螢幕設備上使用。

這裡添加一個媒體螢幕觸發器，以將不同的 flex-direction 值應用於 1,000 或更少像素寬的設備。我們不是把資訊框和圖表顯示在一列中，而是將它們顯示在一行中，並顛倒順序來把資訊框放在底部。結果如圖 14-1（右）所示：

```
/* 當瀏覽器寬度小於或等於 1000 像素時 */
@media screen and (max-width: 1000px) {
  #by-country-container {
    flex-direction: column-reverse;
  }
}
```

使用遠端影像或資產

您可以透過獲取遠端資產（例如 Dropbox 或 Google 託管的影像）的共享連結，並把它用來當作影像來源以使用遠端資產。例如，以下 img 標記使用圖 14-1 的 Dropbox 影像而不是本地託管的影像：

```
<div class="chart">
  <img src="https://www.dropbox.com/s/422ugyhvfc0zg99/
  country_absolute_prize_numbers.png?raw=1" alt="">
</div>

<div class="chart">
  <img src="https://www.dropbox.com/s/n6rfr9kvuvir7gi/
  country_relative_prize_numbers.png?raw=1" alt="">
</div>
```

使用 Plotly 繪製圖表

對於以 PNG 或 SVG 格式呈現的靜態圖表，Matplotlib 具有出色的客製化程度，儘管它的 API 可能更直觀。但是，如果您希望圖表具有任何動態 / 互動式元素，例如使用按鈕或選擇器來更改或過濾資料集的能力，那麼您將需要一個不同的圖表程式庫，這就是 Plotly[1] 的用武之地。

Plotly（*https://plotly.com/python*）是一個基於 Python（和其他語言）的圖表程式庫，它和 Matplotlib 一樣，可以在互動式 Jupyter notebook 會話期期間使用。它提供了廣泛的圖表形式，其中一些在 Matplotlib 穩定版中找不到，並且可以說比 Matploblib 更容易配置。光這個原因就足以讓它成為一個有用的工具，但 Plotly 的亮點在於它能夠將這些圖表以及任何腳本化的互動式小器件（widget）匯出到網路。

如前所述，使用者互動和動態圖表通常超出了需求，但即使在這種情況下，Plotly 也有一些不錯的增值功能，例如工具提示資訊，它會在滑鼠滑過直條群組時提供有關的特定資訊。

基本圖表

先來看看 Plotly 如何透過複製第 291 頁「獎項分配的歷史趨勢」中的一個 Matploblib 圖表來工作。首先，從諾貝爾獎資料集建立一個 DataFrame，其中展示了三個地理區域的累積獎項：

```
new_index = pd.Index(np.arange(1901, 2015), name='year')

by_year_nat_sz = df.groupby(['year', 'country'])\
    .size().unstack().reindex(new_index).fillna(0)

# 每個大陸中的國家串列是由
# 選出的二或三個最大贏家所建立。
regions = [
{'label':'N. America',
'countries':['United States', 'Canada']},
{'label':'Europe',
'countries':['United Kingdom', 'Germany', 'France']},
{'label':'Asia',
'countries':['Japan', 'Russia', 'India']}
]
# 對 regions 串列中的每個字典建立一個具有地區標籤的新行，
# 並加總它的國家成員。
```

1　Bokeh（*https://bokeh.org*）是另一種不錯的選擇。

```
for region in regions:
    by_year_nat_sz[region['label']] =\
        by_year_nat_sz[region['countries']].sum(axis=1)
# 使用新的地區行的累積和
# 來建立一個新的 DataFrame。
df_regions = by_year_nat_sz[[r['label'] for r in regions]].\
    cumsum()
```

這為我們提供了一個具有行狀（columnar）累積和的 df_regions DataFrame：

```
df_regions
country  N. America  Europe  Asia
year
1901            0.0     4.0   0.0
1902            0.0     7.0   0.0
1903            0.0    10.0   0.0
1904            0.0    13.0   1.0
1905            0.0    15.0   1.0
...             ...     ...   ...
2010          327.0   230.0  36.0
2011          333.0   231.0  36.0
...
```

Plotly Express

Plotly 提供了一個 express 模組（*https://oreil.ly/bJRlf*），可以快速繪製圖表，非常適合在 notebook 中進行探索性迭代。該模組具有折線圖、直條圖等進階物件，可以把 pandas DataFrames 作為用來解讀行狀資料的引數。[2] 我們剛剛建立的地區 DataFrame 可以直接由 Plotly Express 用幾行程式碼建構折線圖。這將產生圖 14-2（左）中的圖表：

```
# 載入 express 模組
import plotly.express as px
# 使用帶有合適 DataFrame 的 line 方法
fig = px.line(df_regions)
fig.show()
```

2　您可以使用 DataFrame 的 T 運算子，輕鬆地把 DataFrame 轉置為所需的行狀形式。

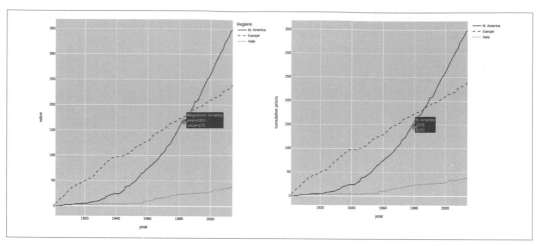

圖 14-2　用 Plotly 呈現累積獎項

請注意預設情況下用於 x 軸的列索引標籤和滑鼠懸停時出現的工具提示，在本案例中會
顯示有關線段的資訊。

另一件需要注意的事情是，圖例標籤取自用來分組的索引，在本案例中為 country。我
們可以透過把它重新標記為更合理的內容來輕鬆解決此問題，在本案例中為 Regions：

```
fig = px.line(df_regions, labels={'country': 'Regions'})
    line_dash='country', line_dash_sequence=['solid', 'dash', 'dot']) ❶
)
fig.show()
```

❶ Plotly 預設會為線條著色，但為了在本書中區分，可以調整它們的樣式。為此，我
　們將 line_dash 引數設定為國家群組，並把 line_dash_sequence 設定為想要的線條
　樣式[3]。

Plotly Express 很容易使用，並帶來了一些新穎的圖表[4]。對於快速資料草圖，它可以和
pandas 的 Matplotlib 包裝器競爭，後者直接在 DataFrames 上工作。但是如果您想進一
步控制繪圖並真正利用 Plotly 優勢，我建議專注於使用 Plotly 圖形（figure）和圖物件
（graph-object）。這個 API 更複雜，但功能更強大，它也反映在 JavaScript API 中，這
意味著您本質上是在學習兩個程式庫——本章後面將可看出這一點非常有用。

---

[3]　有關 Plotly 的線條樣式選項，請參閱 *https://oreil.ly/zUyxK*。
[4]　有關一些示範，請參閱 Plotly 網站（*https://plotly.com/python*）。

Plotly 圖物件

使用 Plotly 圖物件涉及更多的樣版程式碼，但無論是建立直條圖、小提琴圖、地圖等，在本質上都是相同的。這個想法是使用一個圖物件的陣列，例如散布點（線模式中的線）、直條圖、蠟燭圖、盒狀圖等作為圖形資料。layout 物件用於提供其他圖表功能。

以下程式碼會產生圖 14-2（右）中的圖表。請注意滑鼠懸停時的客製化工具提示：

```python
import plotly.graph_objs as go

traces = []  ❶
for region in regions:
    name = region['label']
    traces.append(
        go.Scatter(
            x=df_regions.index, # years
            y=df_regions[name], # cum. prizes
            name=name,
            mode="lines",  ❷
            hovertemplate=f"{name}<br>%{{x}}<br>$%{{y}}<extra></extra>"  ❸
            line=dict(dash=['solid', 'dash', 'dot'][len(traces)])  ❹
        )
    )
layout = go.Layout(height=600, width=600,\  ❺
    xaxis_title="year", yaxis_title="cumulative prizes")
fig = go.Figure(traces, layout)  ❻
fig.show()
```

❶ 建立一個線條圖物件陣列，用來當作圖形資料。

❷ 在線條模式下，散布物件的點是相連的。

❸ 您可以提供將在滑鼠懸停時出現的 HTML 字串樣版。目前所在點的 x 和 y 變數會被提供出來。

❹ Scatter 物件有一個 *line* 屬性，允許您設定各種線條屬性，如顏色、線條樣式、線條形狀等。[5] 為了在黑白印刷書中區分線條，可以設定它們的風格，為此使用 traces 陣列的大小 (len) 來作為樣式陣列的索引，以按順序設定線條樣式。

❺ 除了資料還提供 layout 物件，定義像是圖表的維度、x 軸標題等內容。

❻ 使用圖物件陣列和布局來建立圖形。

5　有關詳細資訊，請參閱 *https://oreil.ly/8UDgA*。

使用 Plotly 繪製地圖

Plotly 的另一大優勢是它的地圖程式庫，尤其是整合 Mapbox 生態系統（*https://oreil.ly/965Zv*）的能力，Mapbox 生態系統是用於網路最強大基於圖塊的地圖資源之一。Mapbox 的切片（tiling）系統快速高效，開啟地圖視覺化雄心壯志的可能性。

這裡使用諾貝爾獎資料集來示範一些 Plotly 地圖繪製，目標是視覺化全球的獎項分布。

首先，製作一個 DataFrame，其中包含獲獎國家按類別分類的獎項統計，並透過匯總類別數目來添加 Total 行：

```
df_country_category = df.groupby(['country', 'category'])\
    .size().unstack()
df_country_category['Total'] = df_country_category.sum(1)
df_country_category.head(3) # top three rows
#category    Chemistry  Economics  Literature  Peace  Physics  \
#country
#Argentina       1.0        NaN         NaN      2.0      NaN
#Australia       NaN        1.0         1.0      NaN      1.0
#Austria         3.0        1.0         1.0      2.0      4.0
#
#category    Physiology or Medicine  Total
#country
#Argentina                     2.0    5.0
#Australia                     6.0    9.0
#Austria                       4.0   15.0
```

使用 Total 行來設定列數的門檻，限制為至少獲得 3 次諾貝爾獎的國家；複製此切片以避免在嘗試更改視圖時出現任何 pandas DataFrame 錯誤：

```
df_country_category = df_country_category.\
    loc[df_country_category.Total > 2].copy()
df_country_category
```

有了各國的獎項統計，還需要一些地理資料，也就是各國的質心（中心）坐標。這是一個示範 Geopy（*https://github.com/geopy/geopy*）的機會，它是一個很酷的小型 Python 程式庫，可以完成這項工作及許多其他地理資訊。

首先，使用 pip 或等效工具進行安裝：

```
!pip install geopy
```

使用 Nominatim 模組來根據國家名稱字串提供位置，透過提供使用者代理（user-agent）
字串來建立地理定位器（geolocator）：

```
from geopy.geocoders import Nominatim

geolocator = Nominatim(user_agent="nobel_prize_app")
```

使用地理定位器，可以遍歷 DataFrame 索引中的幾個國家，以顯示可用的地理資料：

```
for name in df_country_category.index[:5]:
    location = geolocator.geocode(name)
    print("Name: ", name)
    print("Coords: ", (location.latitude, location.longitude))
    print("Raw details: ", location.raw)
#Name:  Argentina
#Coords:  (-34.9964963, -64.9672817)
#Raw details:  {'place_id': 284427148, 'licence': 'Data ©
#OpenStreetMap contributors, ODbL 1.0. https://osm.org/
#copyright', 'osm_type': 'relation', 'osm_id': 286393,
#'boundingbox': ['-55.1850761', '-21.7808568', '-73.5605371',
#[...] }
```

使用地理定位器把地理緯度（Lat）和經度（Lon）行添加到 DataFrame 中：

```
lats = {}
lons = {}
for name in df_country_category.index:
    location = geolocator.geocode(name)
    if location:
        lats[name] = location.latitude
        lons[name] = location.longitude
    else:
        print("No coords for %s"%name)

df_country_category.loc[:,'Lat'] = pd.Series(lats)
df_country_category.loc[:,'Lon'] = pd.Series(lons)
df_country_category
#category   Chemistry  Economics  Literature  Peace  Physics  \
#country
#Argentina      1.0        NaN        NaN       2.0     NaN
#Australia      NaN        1.0        1.0       NaN     1.0
#
#category  Physiology or Medicine  Total      Lat        Lon
#country
#Argentina                  2.0      5.0 -34.996496  -64.967282
#Australia                  6.0      9.0 -24.776109  134.755000
```

使用一些地圖標記來反映各個國家的獎品數量。我們希望圓的大小反映獎項總數，因此需要一個小函數來獲得合適的半徑。這裡會有一個 scale 參數來允許手動調整標記大小：

```
def calc_marker_radius(size, scale=5):
    return np.sqrt(size/np.pi) * scale
```

和基本圖表一樣，有一個 Plotly Express 地圖繪製選項，它允許使用 pandas DataFrame 來快速建立地圖。Express 有一個專用的 scatter_mapbox 方法，它會傳回一個圖形物件。在這裡，使用此圖形來更新一些地圖布局，並使用 Plotly 提供的一種免費地圖樣式（carto-positron）（見圖 14-3）：

```
import plotly.express as px
init_notebook_mode(connected=True)

size = df_country_category['Total'].apply(calc_marker_radius, args=(16,)) ❶
fig = px.scatter_mapbox(df_country_category, lat="Lat", lon="Lon", ❷
                        hover_name=df_country_category.index, ❸
                        hover_data=['Total'],
                        color_discrete_sequence=["olive"],
                        zoom=0.7, size=size)
fig.update_layout(mapbox_style="carto-positron", width=800, height=450) ❹
fig.update_layout(margin={"r":0,"t":0,"l":0,"b":0})
fig.show()
```

❶ 為圓形標記的半徑建立一個大小的陣列。

❷ mapbox 接受緯度和經度陣列來放置標記，以及我們計算的 size 陣列。縮放（zoom）指出相機在地球上方的位置，0.7 是標準的全域預設值。

❸ hover_name 給出了滑鼠懸停工具提示的標題和我們想要的任何額外資訊，在本案例中為 Total 行。

❹ Plotly 提供許多免費使用的地圖繪製樣式圖塊集（*https://oreil.ly/NbTg1*）。

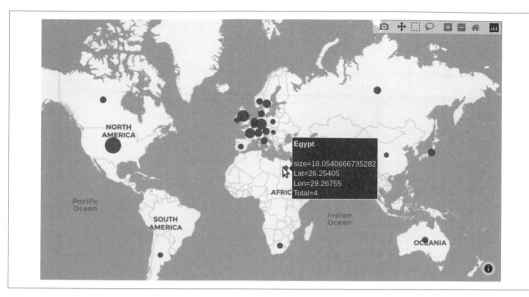

圖 14-3　使用 Plotly Express 快速製地圖

和基本圖表一樣，Plotly 還提供了一個更強大的資料 + 布局地圖繪製選項，它會遵循熟悉的配方，建立一個圖表軌跡（*trace*）陣列和一個布局來指明圖例框、標題、地圖縮放等內容。下面是製作諾貝爾地圖的方式：

```
mapbox_access_token = "pk.eyJ1Ij...JwFsbg" ❶

df_cc = df_country_category

site_lat = df_cc.Lat ❷
site_lon = df_cc.Lon
totals = df_cc.Total
locations_name = df_cc.index

layout = go.Layout(
    title='Nobel prize totals by country',
    hovermode='closest',
    showlegend=False,
    margin ={'l':0,'t':0,'b':0,'r':0},
    mapbox=dict(
        accesstoken=mapbox_access_token,
        # we can set map details here including center, pitch and bearing..
        # try playing  with these.
#        bearing=0,
# #        center=dict(
# #            lat=38,
```

```
# #             lon=-94
# #         ),
#         pitch=0,
        zoom=0.7,
        style='light'
    ),
    width=875, height=450
)

traces = [
        go.Scattermapbox(
        lat=site_lat,
        lon=site_lon,
        mode='markers',
        marker=dict(
            size=totals.apply(calc_marker_radius, args=(7,)),
            color='olive',
            opacity=0.8
        ),
        text=[f'{locations_name[i]} won {int(x)} total prizes'\
            for i, x in enumerate(totals)],
        hoverinfo='text'
         )
]

fig = go.Figure(traces, layout=layout)
fig.show()
```

❶ Plotly 提供許多免費的、基於開放街道地圖（open-streetmap）的地圖集，但要使用特定於 Mapbox 的圖層，您需要獲得 Mapbox 存取符記（access token，*https://oreil.ly/7zzug*）。這些符記可免費供個人使用。

❷ 我們將以對使用者更友善的形式來儲存 DataFrame 的行和索引。

產生的地圖如圖 14-4（左）所示。請注意滑鼠懸停時產生的客製化工具提示。圖 14-4（右）顯示了一些經過使用者互動、平移和縮放以突顯歐洲獎項分布的結果。

圖 14-4　使用 Plotly 的圖物件進行地圖繪製

讓我們擴展地圖以添加一些客製化控制項，使用按鈕來選擇要視覺化的獎項類別。

使用 Plotly 添加客製化控制項

Plotly 互動式地圖一項很酷的功能是，能夠在 Python 中添加客製化控制項（control，*https://oreil.ly/xo62V*），這些控制項可以被當作是 HTML+JS 控制項移植到網路上。在我看來，控制項 API 有點笨拙，並且僅限於一小組控制項，但是能夠添加資料集選擇器（selector）、滑桿（slider）、過濾器（filter）等的能力是一項很好的資產。在這裡，我們將向諾貝爾獎地圖添加幾個按鈕，允許使用者按類別來過濾資料集。

在繼續之前，需要把按國家和類別 DataFrame 獎項中的非數字替換為零，以避免 Plotly 標記錯誤。您可以在前兩列中看到這些：

```
df_country_category.head(2)
# Out:
# category   Chemistry  Economics  Literature  Peace  Physics  \
# country
# Argentina      1.0        NaN        NaN      2.0      NaN
# Australia      NaN        1.0        1.0      NaN      1.0
```

一行 pandas 就可以把這些 NaN 填充為零，就地進行更改：

```
df_country_category.fillna(0, inplace=True)
```

這會涉及一種和截至目前為止所使用略有不同的 Plotly 樣式。我們將首先建立帶有 layout 的圖形，然後使用 add_trace 透過遍歷諾貝爾獎類別來添加資料軌跡，同時將按鈕添加到 button 陣列。

然後使用它的 update 方法來把這些按鈕添加到布局中：

```python
# ...
categories = ['Total', 'Chemistry',   'Economics', 'Literature',\
    'Peace', 'Physics','Physiology or Medicine',]
# ...
colors = ['#1b9e77','#d95f02','#7570b3','#e7298a','#66a61e','#e6ab02','#a6761d']
buttons = []
# ... 把布局定義成和之前一樣
fig = go.Figure(layout=layout)
default_category = 'Total'

for i, category in enumerate(categories):
    visible = False
    if category == default_category: ❶
        visible = True
    fig.add_trace(
        go.Scattermapbox(
            lat=site_lat,
            lon=site_lon,
            mode='markers',
            marker=dict(
                size=df_cc[category].apply(calc_marker_radius, args=(7,)),
                color=colors[i],
                opacity=0.8
            ),
            text=[f'{locations_name[i]} prizes for {category}: {int(x)}'\
                for i, x in enumerate(df_cc[category])],
            hoverinfo='text',
            visible=visible
             ),
    )
    # 我們從布林值 False 的遮罩陣列開始，每個類別一個（包括 Total）
    # 在 Python 中 [True] * 3 == [True, True, True]
    mask = [False] * len(categories)
    # 我們現在把目前類別對應的遮罩索引設置為 True
    # 也就是說 'Chemistry' 按鈕的遮罩為 [False, True, False, False, False, False]
    mask[categories.index(category)] = True
    # 現在我們可以使用該布林遮罩來把按鈕添加到我們的按鈕串列中
    buttons.append(
        dict(
            label=category,
            method="update",
            args=[{"visible": mask}], ❷
        ),
    )

fig.layout.update( ❸
```

```
        updatemenus=[
            dict(
                type="buttons",
                direction="down",
                active=0,
                x=0.0,
                xanchor='left',
                y=0.65,
                showactive=True, # 顯示最後點擊的按鈕
                buttons=buttons
            )
        ]
    )

    fig.show()
```

❶ 類別標記集最初是不可見的——只顯示預設的 Total。

❷ 使用遮罩為此按鈕設定一個可見性陣列，該陣列只會使相關聯的類別資料標記可見。

❸ 現在把按鈕添加到布局中，調整方向（向下）並使用 x 和 y 來定位以垂直放置按鈕群組的中心，並讓按鈕框固定在左側。

單擊按鈕（參見圖 14-5）會透過應用按鈕的可見性遮罩來顯示與該類別相關聯的資料標記。雖然這感覺有點怪異，但它是透過按鈕過濾資料的可靠方法。和本章稍後將介紹的 JavaScript+HTML 控制項不同，您可以在設定按鈕樣式方面做很多事情。

圖 14-5　向 Plotly 地圖添加客製化控制項

使用 Plotly 來從 Notebook 到 Web

現在我們已經在 notebook 中顯示了 Plotly 圖表，來看看如何把它們轉移到一個小的 Web 示範簡報中。我們將使用 Plotly 的 offline 模組中的 plot 函數來產生所需的可嵌入 HTML+JS，因此首先匯入它：

```
from plotly.offline import plot
```

使用 plot，可以從圖中建立一個可嵌入的字串，該字串可以直接提升到網路上，包含必要的 HTML 和 JavaScript 標記來啟動 Plotly 的 JavaScript 程式庫並建立圖表：

```
embed_string = plot(fig, output_type='div', include_plotlyjs="cdn")
embed_string
#'<div>                           <script type="text/javascript">window.PlotlyConfig
#= {MathJaxConfig: \'local\'};</script>\n          <script src="https://cdn.plot.ly/
#plotly-2.9.0.min.js"></script>                    <div
#id="195b2d71-f59d-4f8a-a40a-3b8c797a918b" class="plotly-graph-div"
#style="height:600px; width:600px;"></div>                    <script type="text/
#javascript"> [...]     </script>
#</div>'
```

如果整理那個字串，會看到它分為四個部分，一個帶有圖表 ID 的 HTML div 標記和一些 JavaScript，其中包含帶有以資料和布局作為參數傳入的 newPlot 呼叫：

```
<div>
  <!-- (1) JavaScript Plotly config, placed with JavaScript (.js) file -->
  <script type="text/javascript">window.PlotlyConfig = {MathJaxConfig: 'local'};
  </script>
  <!-- (2) Place bottom of HTML file to import the Plotly library
          from the cloud (content delivery network) -->
  <script src="https://cdn.plot.ly/plotly-2.9.0.min.js"></script>
  <!-- create a content div for the chart, with ID tag (to be inflated)
     (3) !! Put this div in the HTML section of the code-pen !! -->
  <div id="4dbeae4f-ed9b-4dc1-9c69-d4bb2a20eaa7" class="plotly-graph-div"
      style="height:100%; width:100%;"></div>

  <script type="text/javascript">
    // (4) Everything within this tag goes to a JavaScript (.js) file -->
    window.PLOTLYENV=window.PLOTLYENV || {};
    // Grab the 'div' tag above by ID and call Plotly's JS API on it, using the
    // embedded data and annotations
    if (document.getElementById("4dbeae4f-ed9b-4dc1-9c69-d4bb2a20eaa7"))
    {                   Plotly.newPlot("4dbeae4f-ed9b-4dc1-9c69-d4bb2a20eaa7",
                  [{"mode":"lines","name":"Korea, South",
                  "x": [0,1,2,3,4,5,6,7,8,9,10,11,12,...]}])
              };
```

```
  </script>
</div>
```

雖然可以直接將 HTML+JS 貼上到網頁中並查看渲染的圖表，但更好的做法是把 JS 和 HTML 層面分開。首先，將圖表 div 放在一個帶有幾個標頭的小網頁中，為資訊框等物件添加一些容器：

```
<!-- index.html -->
<div class="main">
  <h1 class='title'>The Nobel Prize</h1>
  <h2>From notebook to the web with Plotly</h2>

  <div class="intro">
    <p>Some nuggets of data mined [...]</p>
  </div>

  <div class="container" id="by-country-container">

    <div class="info-box">
      <p>This chart shows the cumulative Nobel prize wins by region, taking the
        two or three highest winning countries from each.[...]</p>
    </div>

    <div class="chart-wrapper" id="by-country">
      <div id="bd54c166-3733-4b20-9bb9-694cfff4a48e"  ❶
        class="plotly-graph-div" style="height:100%; width:100%;"></div>
    </div>
  </div>
</div>

<script scr="scripts/plotly_charts.js"></script>
<script src="https://cdn.plot.ly/plotly-2.9.0.min.js"></script>  ❷
```

❶ 由 Plotly 產生的 div 容器，其 ID 對應於 JavaScripted 圖表。

❷ Plotly 產生用來匯入 JS 圖表程式庫的 script 標記。

剩下的兩個 JavaScript 標記內容，放在一個 *plotly_charts.js* JS 檔案中：

```
// scripts/plotly_charts.js
window.PLOTLYENV=window.PLOTLYENV || {};
if (document.getElementById("bd54c166-3733-4b20-9bb9-694cfff4a48e")){  ❶
  Plotly.newPlot("bd54c166-3733-4b20-9bb9-694cfff4a48e",  ❷
    [{"hovertemplate":"N. America<br>%{x}<br>$%{y}<extra></extra>",  ❸
      "mode":"lines","name":"N. America",
      "x":[1901,1902,1903,1904,1905,1906,1907,1908,1909,1910,1911,1912,1913,
          1914,1915,1916,1917,1918,1919,1920,1921,1922,...]
```

```
            }])
    }
```

❶ 檢查是否存在具有正確 ID 的 div。

❷ Plotly 的 newPlot 方法將在識別的容器中建構圖表。

❸ 一個圖表物件陣列,在本案例中包含把圖表從 notebook 傳輸到網頁所需的所有資料
   (x 和 y 陣列)。

在頁面載入時,Plotly 程式庫的 newPlot 方法會使用嵌入資料和布局,以及在以 ID 指明
的 div 容器中使用了 JS 來建構的圖表來執行。這會產生如圖 14-6 所示的網頁。

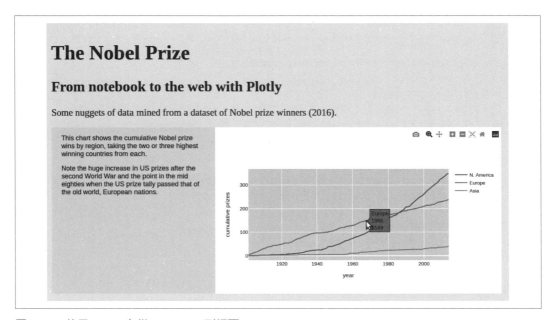

圖 14-6　使用 Plotly 來從 notebook 到網頁

所有使用 Python 和 Plotly 產生的圖表都可以透過這種方式傳輸到網路上。如果您計畫
使用多個圖表,我建議為每個圖表準備單獨的 JS 檔案,因為嵌入的資料會導致檔案非
常長。

使用 Plotly 的原生 JavaScript 圖表

能夠輕鬆地把喜歡的圖表從 notebook 轉移到網頁非常棒,但是如果您需要改進,則需要在 notebook 和網頁開發之間來回移動,一段時間後這會變得煩人。關於 Plotly 一件非常酷的事情是,您可以說是正在免費學習 JavaScript 圖表程式庫。Python 和 JS 的圖形樣式非常相似,因此很容易把圖表程式碼從 Python 轉換為 JS,並從頭開始編寫 JS 圖表。讓我們透過把 seaborn 圖表轉換為 JavaScripted Plotly 來證明這一點。

在第 299 頁的「獲獎時的年齡」中,我們使用 seaborn 製作了一些小提琴圖。要把這些傳輸到網頁,首先需要一些資料。轉移小型資料集的一種有用方法是把精煉後的資料集轉換為 JSON,然後複製所產生的字串,再把它貼上到 JS 檔案中,然後再把字串剖析為 JS 物件。首先,使用 pandas 建立一個只有 award_age 和 gender 行的小資料集,然後產生所需的 JSON 物件陣列:

```
df_select = df[['gender', 'award_age']]
df_select.to_json(orient='records')
#'[{"gender":"male","award_age":57},{"gender":"male","award_age":80},
#{"gender":"male","award_age":49},{"gender":"male","award_age":59},
#{"gender":"male","award_age":49},{"gender":"male","award_age":46},...}]'
```

獲取 JSON 字串後將其貼上到 JS 檔案中,並使用內建的 JSON 程式庫,將字串剖析為 JS 物件陣列:

```
let data = JSON.parse('[{"gender":"male","award_age":57}
',{"gender":"male","award_age":80},'
'{"gender":"male","award_age":49},{"gender":"male","award_age":59},'
'{"gender":"male","award_age":48}, ... ]')
```

有了手邊的資料,我們需要一個帶有圖表容器、ID award_age 的小 HTML 鷹架來包含 Plotly 圖表:

```
<div class="main">
  <h1 class='title'>The Nobel Prize</h1>
  <!-- ... -->
    <div class="chart-wrapper">
      <div class='chart' id='award_age'></div> ❶
  </div>

</div>

<script src="https://cdn.plot.ly/plotly-2.9.0.min.js"></script>
```

❶ 使用此容器的 ID 來告訴 Plotly 在何處建構圖表。

現在可以開始建構第一個 JS 原生 Plotly 圖表了，其樣式和我們 notebook 中的 Python Plotly 繪圖中所見的樣式相匹配。首先，用一些圖物件來建立一個資料陣列（traces），然後提供標題、標籤、顏色等布局。接著使用 newPlot 來建構圖表，和 Python 的主要區別在於 newPlot 的第一個參數是要在其中建構圖表的容器 ID：

```
var traces = [{ ❶
  type: 'violin',
  x: data.map(d => d.gender), ❷
  y: data.map(d => d.award_age),
  points: 'none',
  box: {
    visible: true
  },
  line: {
    color: 'green',
  },
  meanline: {
    visible: true
  },
}]

var layout = {
  title: "Nobel Prize Violin Plot",
  yaxis: {
    zeroline: false
  }
}

Plotly.newPlot('award_age', traces, layout); ❸
```

❶ 按照通常的 Plotly 樣式，首先建立一個圖物件陣列。

❷ 使用 JS 陣列的 map 方法和速記箭頭函數來產生獲獎者性別和年齡的陣列。

❸ Plotly 會把圖表渲染到 ID 為 'award_age' 的 div 容器。

產生的小提琴圖如圖 14-7 所示。

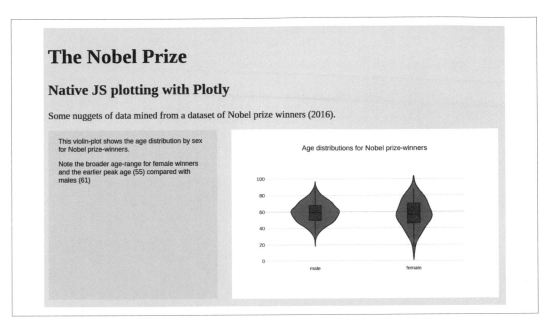

圖 14-7　使用 Plotly JS 繪製小提琴圖

如您所見，Plotly 的 JS API 和 Python 的 API 相匹配，而且更簡潔。把資料交付與圖表
建構分開會讓程式碼庫更易於使用，並且意味著調整和改進不需要返回到 Python API 去
進行。對於小資料草圖，剖析 JSON 字串就可以快速完成工作。

但是，如果您想要處理更大的資料集並真正利用 JS Web 上下文的強大功能，則標準資
料交付是透過 JSON 檔案進行[6]。對於幾百萬位元組的資料集，這為資料視覺化工作者提
供了最大的靈活性。

獲取 JSON 檔案

將資料獲取到網頁的另一種方法是將 DataFrame 匯出為 JSON，然後使用 JavaScript 來獲
取它、進行任何必要的進一步處理、然後將其傳遞到原生 JS 圖表程式庫（或 D3）。這
是一個非常有彈性的工作流程，為 JS 資料視覺化提供了最大的自由度。

力量的分離，允許 Python 專注於其資料處理能力，而 JavaScript 則專注於其卓越的資料
視覺化能力，提供了資料視覺化的最佳點，並且是產生雄心壯志網路資料視覺化的最常
見方式。

6　對於具有大型資料集的更進階、使用者驅動的資料視覺化，具有 API 的資料伺服器是另一條途徑。

首先，使用專門方法把諾貝爾獎得主 DataFrame 儲存至 JSON。通常需要物件陣列形式的資料，這需要一個值為 'records' 的 orient 參數：

```
df.to_json('nobel_winners.json', orient='records')
```

有了手頭的 JSON 資料集，使用它來利用 JavaScript API 產生 Plotly 圖表，就像上一節一樣。我們需要一些 HTML，包括一個用於建構圖表的 ID 容器和一個用於匯入 JS 程式碼的腳本連結：

```
<!-- index.html -->
<link rel="stylesheet" href="styles/index.css">

<div class="main">
  <h1 class='title'>The Nobel Prize</h1>
  <!-- ... -->
    <div class="chart-wrapper">
      <div class='chart' id='gender-category'> </div> ❶
    </div>
  </div>
</div>

<script src="https://cdn.plot.ly/plotly-2.9.0.min.js"></script>
<script src="https://cdnjs.cloudflare.com/ajax/libs/d3/7.4.2/d3.min.js"></script>
<script src="scripts/index.js"></script> ❷
```

❶ 使用 ID 來告訴 Plotly 要在何處建構圖表。

❷ 從腳本資料夾中匯入索引 JS 檔案。

在 JS 入口點中，使用 D3 的 json 工具程式方法來匯入諾貝爾獎得主資料集，並把它轉換為 JS 物件陣列。然後把資料交給 makeChart 函數，Plotly 會在其中發揮它的魔力：

```
// scripts/index.js
d3.json('data/nobel_winners.json').then(data => {
  console.log("Dataset: ", data)
  makeChart(data)
})
```

控制台顯示的獲獎者陣列：

```
[
  {category: 'Physiology or Medicine', country: 'Argentina',
   date_of_birth: -1332806400000, date_of_death: 1016928000000,
   gender: 'male', ⋯},
  {category: 'Peace', country: 'Belgium',
   date_of_birth: -4431715200000, date_of_death: -1806278400000,
   gender: 'male', ⋯}
```

```
      [...]
   ]
```

在 makeChart 函數中，使用 D3 非常方便的匯總（rollup）方法（*https://oreil.ly/wLVAZ*），來按性別和類別對諾貝爾獎資料集分組，然後透過獲取傳回的成員陣列的長度來提供群組大小：

```
function makeChart(data) {
  let cat_groups = d3.rollup(data, v => v.length, ❶
                    d=>d.gender, d=>d.category)
  let male = cat_groups.get('male')
  let female = cat_groups.get('female')
  let categories = [...male.keys()].sort() ❷

  let traceM = {
    y: categories,
    x: categories.map(c => male.get(c)), ❸
    name: "male prize total",
    type: 'bar',
    orientation: 'h'
  }
    let traceF= {
    y: categories,
    x: categories.map(c => female.get(c)),
    name: "female prize total",
    type: 'bar',
    orientation: 'h'
  }
  let traces = [traceM, traceF]
  let layout = {barmode: 'group', margin: {l:160}} ❹

  Plotly.newPlot('gender-category', traces, layout)
}
```

❶ 從獲獎者物件陣列中，依次按性別 rollup 群組、類別、把結果群組的陣列大小／度作為 JS Map 給出：{male:{Physics: 199, Economics: 74, ...}, female: {...}}。

❷ 使用 JS ... 展開運算子（*https://oreil.ly/ZsIzM*）從類別鍵產生一個陣列，然後對它排序以產生水平直條圖的 y 值。

❸ 把排序後的類別映射到它們的群組值以提供直條圖的高度。

❹ 增加水平直條圖的左邊距以容納長標籤。

產生的直條圖如圖 14-8 所示。有了完整的諾貝爾獎得主資料集，就可以很容易地衍生出一系列圖表，而無需把上下文從 Python 切換到 JS。Plotly API 非常直觀且容易發現，讓它成為 dataviz 工具集的重要補充。現在來看看用幾個 HTML+JS 客製化控制項來擴展它有多麼容易。

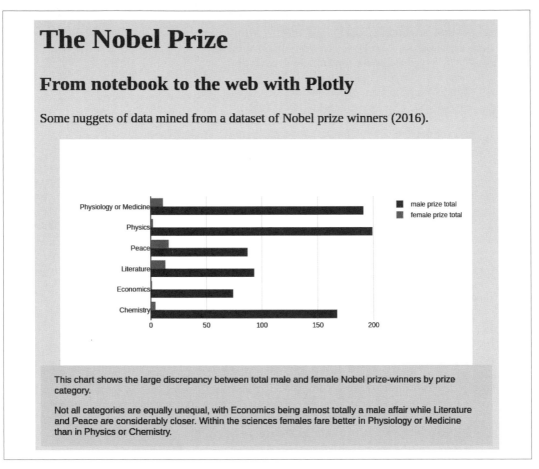

圖 14-8　使用 Plotly JS 的直條圖

使用 JavaScript 和 HTML 的使用者驅動 Plotly

正如第 361 頁的「使用 Plotly 添加客製化控制項」中看到的那樣，Plotly 允許您在 Python 中添加客製化控制項，例如按鈕或下拉式選單，這些控制項可以作為 JS 驅動的 HTML 控制項傳輸到 Web。雖然這是 Plotly 一個非常有用的功能，但它有一點限制，特別是在這些小部件的放置和樣式方面。更新 Plotly 網路圖表的另一種方法是使用原生 JS+HTML 控制項來更改圖表、過濾資料集或調整樣式。事實證明，這很容易做到，只要掌握一點 JS 知識，它就代表了一種更靈活、更強大的控制項設定。

讓我們使用在第 367 頁「使用 Plotly 的原生 JavaScript 圖表」中建構的圖表之一，來示範一些 JS 客製化控制項。我們會添加一個下拉選單以允許使用者更改顯示的 x 軸群組。兩個明顯的選擇是現有的按性別細分，以及按獎項類別對年齡進行分組。

首先，向頁面添加一個 HTML 下拉選單（dropdown select），並使用一些 flex-box CSS 來把它置中：

```
<div class="main">
  <h1 class='title'>The Nobel Prize</h1>
  <h2>From notebook to the web with Plotly</h2>

  <!-- ... -->
  <div class="container">
  <!-- ... -->
    <div class="chart-wrapper">
      <div class='chart' id='violin-group'> </div>
    </div>
  </div>

  <div id="chart-controls">

    <div id="nobel-group-select-holder">
      <label for="nobel-group">Group:</label>
      <select name="nobel-group" id="nobel-group"></select> ❶
    </div>

  </div>

</div>
```

❶ 此 select 標記包含了會隨 JS 和 D3 添加的 option 標記。

一點 CSS 會讓控制項容器中的所有控制項置中並調整字型樣式：

```
#chart-controls {
  display: flex;
  justify-content: center;
  font-family: sans-serif;
  font-size: 0.7em;
  margin: 20px 0;
}

select {
  padding: 2px;
}
```

現在我們有了一些在其上可以建構 HTML 的東西了，我們將使用一些 JS 和 D3 來把 select 標記添加到群組控制項中。但首要來調整 Plotly 圖表函數，以允許它使用新群組來更新。JSON 資料像以前一樣匯入，但現在資料儲存為區域變數並用於更新 Plotly 小提琴圖表。這裡的 updateChart 函數使用 Plotly 的 update 方法（*https://oreil.ly/tayov*）來建立繪圖。這和 newPlot 類似，但會在資料或布局更改時呼叫，有效率地重繪繪圖以反映任何更改。

還有一個新的 selectedGroup 變數，它將在下拉選單 select 中使用來更改正在繪製的欄位：

```
let data
d3.json("data/nobel_winners.json").then((_data) => {
  console.log(_data);
  data = _data
  updateChart();
});

let selectedGroup = 'gender' ❶

function updateChart() {
  var traces = [
    {
      type: "violin",
      x: data.map((d) => d[selectedGroup]), ❶
      y: data.map((d) => d.award_age),
      points: "none",
      box: {
        visible: true
      },
      line: {
        color: "green"
      },
      meanline: {
```

```
          visible: true
        }
      }
    ];

    var layout = {
      title: "Age distributions of the Nobel prizewinners",
      yaxis: {
        zeroline: false
      },
      xaxis: {
        categoryorder: 'category ascending' ❷
      }
    };

    Plotly.update("violin-group", traces, layout); ❸
}
```

❶ selectedGroup 變數允許使用者更改 x 軸群組。

❷ 希望獎項群組按字母順序排列（從 *Chemistry* 開始），因此更改布局。

❸ 呼叫 update 來代替 newPlot，它具有相同的函數簽名但用於反映資料（traces）或更改布局。

有了 updateChart 方法，現在需要添加選擇選項和一個回呼函數，以便在使用者更改獎項群組時呼叫：

```
let availableGroups = ['gender', 'category']
availableGroups.forEach((g) => {
  d3.select("#nobel-group") ❶
    .append("option")
    .property("selected", g === selectedGroup) ❷
    .attr("value", g)
    .text(g);
});

d3.select("#nobel-group").on("change", function (e) {
  selectedGroup = d3.select(this).property("value"); ❸
  updateChart();
});
```

❶ 對於每個可用的群組，使用 D3 來按 ID 選擇下拉選單，並附加一個 <option> 標記，其中文本和值設定為群組字串。

❷ 這透過把 selected 屬性設置為真，來確保初始選擇是 selectedGroup 的值。

❸ 使用 D3 在進行選擇時添加回呼函數。這裡獲取選項的值（*gender* 或 *category*）並使用它來設定 selectedGroup 變數。然後更新圖表以反映這一變化。

現在接線已完成，我們有一個群組下拉選單，可以更改小提琴圖以反映所選的群組。圖 14-9 顯示了選擇獎項類別群組的結果。請注意，Plotly 會幫忙旋轉類別群組標籤以防止重疊。

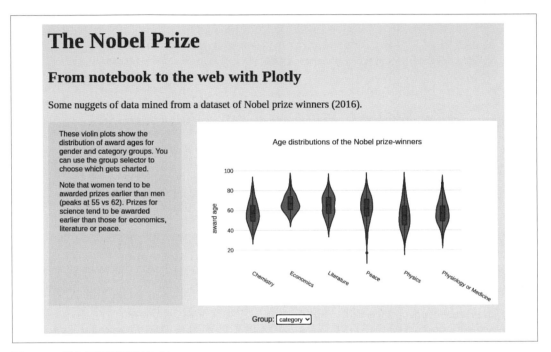

圖 14-9　添加下拉選單以控制 Plotly

我們將在後面示範按鈕（button）和單選框（radio-box）的章節中看到更多 HTML 控制項。在 JS 中建立控制項比 Python 驅動的選項有彈性多了，代價是少量的網路開發技能。

總結

本章瞭解如何將 notebook 探索中的最佳圖表變成網路簡報。有許多選項可用，從靜態 PNG（可能帶有一些額外的 Matplotlib 樣式）到使用客製化 JavaScript 控制項的互動式 Plotly 圖表。資料可以嵌入到 Plotly 圖表呼叫中、使用 Plotly 的離線程式庫產生、或者作為 JSON 字串（非常適合資料草圖）或檔案匯入。

Plotly 是一個很好的圖表程式庫，在學習 Python API 的過程中，您幾乎可以同時學習 JS API——這是一個很大的優勢。對於傳統圖表和一些專業（例如機器學習）圖表都是不錯的選擇。對於任何更定製或更複雜的東西，D3 提供更多功能，我們將在接下來的章節中看到。

## 第十五章

想像一個諾貝爾獎視覺化

第 13 章探索了諾貝爾獎資料集,根據應該參與和教育的資料層面尋找可以說的有趣的故事而發現了一些有趣的金塊,其中包括:

- Maria Goeppert 是除了居禮夫人外唯一獲得諾貝爾獎物理學獎的女物理學家
- 二戰後美國諾貝爾得獎激增,超越歐洲三大獲獎國:英國、德國和法國持續下降的總數
- 各大陸獎項分配的差異
- 當根據人口規模來調整獎項統計時,斯堪地納維亞國家占主導地位

這些和許多其他敘述需要特定類型的視覺化。按國家來比較諾貝爾獎人數可能最好透過傳統的直條圖來達成,而地理獎項分布則需要一張地圖。本章將嘗試設計一個現代的互動式視覺化,其中包含我們在探索資料集時發現的一些關鍵故事。

這適合誰?

想像視覺化時,首先要考慮的是它的目標受眾。用在畫廊或博物館中展示的視覺化可能和用於內部儀表板的視覺化有很大不同,即使它們可以使用相同的資料集。本書所期望的諾貝爾獎視覺化,主要限制是它教授了 D3 的一個關鍵子集和建立現代互動式 Web 視覺化所需的 JavaScript。這是一個極為非正式的資料視覺化,應該具娛樂性和資訊性,不需要專業觀眾。

選擇視覺元素

諾貝爾獎視覺化的第一個限制是它要夠簡單,可以教授和提供一些關鍵的 D3 技能。但即使沒有這種限制,局限任何視覺化的範圍也可能是明智的。這個範圍在很大程度上取決於上下文[1],但是,正如在許多學習環境中一樣,少即是多。過多的互動可能會讓使用者不知所措,並削弱我們可能希望講述的任何故事的影響。

考慮到這一點,來看看想要包含的關鍵元素以及如何在視覺上安排這些元素。

某種選單列(menu bar)是必須的,它允許使用者參與視覺化和操作資料。它的功能將取決於我們選擇講述的故事,但它肯定會提供一些探索或過濾資料集的方法。

理想情況下,視覺化應按年分來顯示每個獎項,並且此顯示應隨著使用者透過選單列細化資料時自動更新。鑑於國家和地區的趨勢很重要,因此應包括一張地圖,突顯所選的獲獎國家並給出一些統計數字的指示。直條圖是按國家來比較獎項數量的最佳方式,它也應該動態適應任何資料變化。考慮到各自的人口規模,還應該選擇按國家或人均來衡量獲獎的絕對數量。

為了個性化視覺化,我們應該能夠選擇個人獲獎者,顯示任何可用的圖片和從維基百科爬取的簡短傳記。這需要一個目前選定的獲獎者串列和一個顯示選定的個人視窗。

前面提到的元素提供足夠範圍來講述上一章發現的關鍵故事,並且經過一些手段後應該能適合標準的外形[2]。

我們的諾貝爾獎視覺化對所有裝置都使用固定大小,這意味著要犧牲更大的裝置和更高解析度,以適應更小的裝置,例如上一代智慧型手機或平板電腦。我發現很多視覺化工作,若是固定大小可以對視覺內容區塊、資訊框、標籤等特定位置,進行迫切需要的控制。對於某些視覺化,特別是多元素儀表板,可能需要不同的方法。回應式網頁設計(responsive web design, RWD,*https://oreil.ly/AURTe*)會嘗試調整視覺化的外觀,以針對特定裝置進行優化。一些流行的 CSS 程式庫,例如 Bootstrap(*https://getbootstrap.com*)會偵測裝置尺寸,例如,解析度為 1,280×800 像素的平板電腦,並更改應用的樣式表以充分利用可用螢幕資產。如果您需要精確控制視覺元素的位置,則為視覺化指定固定大小並在其中使用絕對定位是可行的方法。但是,您應該意識到 RWD 的挑戰,尤其是在需要建構多元件儀表板等事情時。

---

1 專為專家設計的專用儀表板比通用教育性視覺化具有更多功能。
2 透過像素測量,追蹤不斷變化的裝置解析度很值得。截至 2022 年 5 月,幾乎所有設備都可以容納 1,000×800 像素的視覺化。

現在的目標是確定諾貝爾獎視覺化的各個元素的外觀、感覺和要求，從主要的使用者控制項選單列開始。

選單列

互動式視覺化是由使用者從選項中選擇、單擊事物、操縱滑桿等驅動的。它們允許使用者定義視覺化的範圍，這就是要首先處理的原因。我們的使用者控制項將顯示為視覺化頂部的工具欄。

推動有趣發現的標準方法是允許使用者去使用關鍵維度來過濾資料。我們的諾貝爾獎視覺化的明顯選項是類別、性別和國家，這是上一章探索的重點。這些過濾器應該是累積的，舉例來說，選擇性別為女性和類別為物理應該傳回兩位獲獎的女性物理學家。除了這些過濾器之外，還應該有一個單選按鈕來選擇要顯示國家獲獎者的絕對數量還是人均數量。

圖 15-1 顯示了一個滿足這些要求的選單列，放置在視覺化頂部，有選擇器來過濾我們所需的維度，和一個單選按鈕，來選擇以絕對還是人均為國家獲獎者度量。

圖 15-1　使用者的控制項

選單列將位於視覺化的關鍵元件之上，這是一張顯示所有諾貝爾獎隨時間變化的圖表。如以下所描述。

年度獎項

上一章顯示了諾貝爾獎在國家方面的許多有趣歷史趨勢，可看出儘管女性獲獎者近年來有所增加，但在科學方面仍遠遠落後。允許發現這些趨勢的一種方法是在時間軸上顯示所有諾貝爾獎，並提供過濾器以按性別、國家和類別（使用剛才討論的選單列）來選擇獎項。

如果把視覺化設定為 1,000 像素寬，那麼，要涵蓋 114 年的獎項，我們允許每個獎項大約占 8 像素，這足以區分它們。2000 年所頒發的獎項數量是歷年最多，共 14 個，故此元素的最小高度為 8×14 像素，約為 120。按類別來用顏色編碼的圓圈似乎是表達個別獎項的好方式，這給出類似於圖 15-2 所示的圖表。

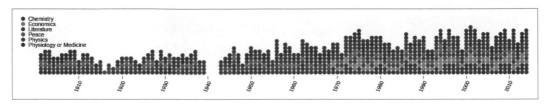

圖 15-2　按年劃分的諾貝爾獎時間軸，按類別進行顏色編碼

個別獎項是此視覺化的本質，因此我們會把這條時間軸放在中央元素上方的顯著位置，而此中央元素應該是一張地圖，反映獎項的國際本質，並讓使用者看到任何全球趨勢。

顯示選定的諾貝爾獎國家地圖

繪製地圖是 D3 的優勢之一，有許多全球投影可供使用，從經典的麥卡托（Mercator）投影到 3D 球面顯示。[3] 雖然地圖顯然很吸引人，但在顯示非地理資料時它們也經常被過度使用並且也不合適。例如，除非您很小心，否則歐洲國家或美國各州等較大的地理區域往往會比較小的地理區域更重要，即使後者的人口要多得多。當您提供人口統計資訊時，這種偏差很難避免，並且可能導致虛假陳述。[4]

但諾貝爾獎是國際性的，按大陸劃分的獎項分布最令人感興趣，這使得全球地圖成為描述過濾資料的好方法。如果在每個國家的中心疊加一個實心圓來反映獎項量度（絕對或人均），就可以避免偏向於更大的土地。在歐洲，有許多國土面積相對較小的國家，這些圓圈會相交。透過讓它們略微透明，[5] 我們仍然可以看到疊加的圓圈，並且透過增加不透明度，可以給人一種獎項密度的感覺，如圖 15-3 的示範。

3　這些 3D 正交投影是「假的」，因為它們不使用 3D 圖形上下文，例如 WebGL。Jason Davies（*https://oreil.ly/E7Rf3*）、observablehq（*https://oreil.ly/mi2TC*）和 nullschool（*https://oreil.ly/dLUlD*）提供了一些不錯的範例。

4　有關範例，請參見 xkcd（*https://xkcd.com/1138*）。

5　透過使用 CSS 屬性 opacity 來調整 RGBA 程式碼中的 alpha 頻道，從 0（不透明）到 1（完全透明）。

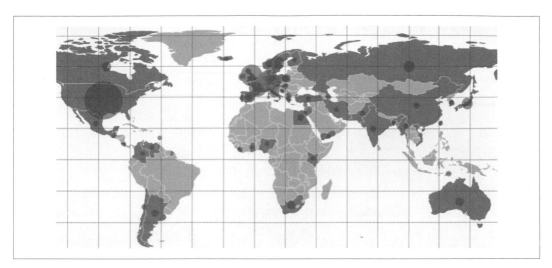

圖 15-3　獎項的全球分布

我們將為地圖提供一個小工具提示，既可以作為示範建構這個方便視覺化元件的方式，也可以為國家命名。圖 15-4 顯示目標樣式。

圖 15-4　諾貝爾獎地圖的簡單工具提示

最後一個較大的元素將放置在地圖下方：一個直條圖，讓使用者可以清楚地比較每個國家的諾貝爾獎得主數量。

按國家顯示獲獎者人數的直條圖

有很多證據表明直條圖非常適合進行數值比較[6]。可重新配置的直條圖為視覺化提供很大的彈性，允許它呈現使用者導向資料過濾的結果、度量的選擇（即絕對值與人均數量）、以及其他等等。

圖 15-5 顯示將用來比較所選國家的獎項量直條圖。坐標軸刻度和直條圖都應該要動態地回應由選單列所驅動的使用者互動（見圖 15-1）。若有直條圖狀態之間的動畫轉場會很好，並且，正如第 440 頁的「過渡」所示，D3 幾乎是免費的。除了吸引人之外，我們有理由認為這種轉場也是有效的溝通方式。請參閱這篇史丹福大學的論文（*https://stanford.io/1Ue3cBR*）來瞭解動畫轉場在資料視覺化中的有效性，以獲得一些見解。

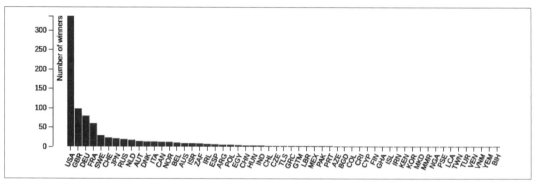

圖 15-5　直條圖元件

地圖和直條圖的一側將放置一個目前選定的獲獎者串列和一個傳記框，讓使用者可以發現有關個別獲獎者的一些資訊。

獲獎者名單

我們希望使用者能夠選擇個別獲獎者，並在有資料可用時顯示迷您傳記和圖片。達成這一點的最簡單方法是使用選單列選擇器，從完整資料集中篩選出一個列表框（list box），其中顯示了目前選定的獲獎者。按年分降序排列這些獲獎者是明智的預設設定，雖然也可以允許列表按行來排序，但這似乎是一種不必要的複雜化。

6　請參閱 Stephen Few 富有洞察力的部落格文章（*https://oreil.ly/TAK5T*）。

一個帶有行標題的簡單 HTML 表格應該可以完成這裡的工作。它將類似於圖 15-6。

Selected winners

Year	Category	Name
2014	Physics	Shuji Nakamura
2014	Chemistry	Eric Betzig
2014	Chemistry	William E. Moerner
2014	Physiology or Medicine	John O'Keefe
2014	Peace	Malala Yousafzai
2014	Physiology or Medicine	Edvard Moser
2014	Physiology or Medicine	May-Britt Moser
2014	Physics	Isamu Akasaki
2014	Physics	Hiroshi Amano
2014	Peace	Kailash Satyarthi
2014	Chemistry	Stefan Hell
2014	Literature	Patrick Modiano
2014	Economics	Jean Tirole
2013	Chemistry	Arieh Warshel
2013	Chemistry	Michael Levitt
2013	Chemistry	Martin Karplus
2013	Physiology or Medicine	Randy Schekman
2013	Physiology or Medicine	Thomas C. Südhof
2013	Physiology or Medicine	James Rothman
2013	Economics	Eugene F. Fama

圖 15-6　選定的獲獎者名單

該列表將包含可點擊的列，允許使用者選擇要顯示最後一個元素（一個小傳記框）中的個別獲獎者。

帶圖片的迷您傳記框

諾貝爾獎是頒發給個人的，每個人都有故事可以講。為了讓視覺化既人性化又豐富，我們應該使用從維基百科（見第 6 章）中蒐集的個人迷您傳記和影像，來顯示從列表元素中所選擇的個人結果。

圖 15-7 顯示一個帶有會指出獎項類別的彩色頂部邊框的傳記框（和圖 15-2 時間圖表共享色彩）、右上角的照片（如果有的話）、以及維基百科傳記條目的前幾段話。

Albert Einstein

Category Physics
Year 1921
Country Germany

Albert Einstein (/ˈælbərt ˈaɪnʃtaɪn/;
German: [ˈalbɐt ˈaɪnʃtaɪn] (🔊 listen); 14
March 1879 – 18 April 1955) was a
German-born theoretical physicist.
Einstein's work is also known for its
influence on the philosophy of
science.[4][5] He developed the general theory of relativity,
one of the two pillars of modern physics (alongside
quantum mechanics).[3][6]:274 Einstein is best known in
popular culture for his mass–energy equivalence formula $E = mc^2$ (which has been dubbed "the world's most famous
equation").[7] He received the 1921 Nobel Prize in Physics
for his "services to theoretical physics", in particular his

圖 15-7　選定的獲獎者迷您傳記（如果有的話）

傳記框完善視覺元件集合。現在可以把它們放在指定的 1,000×800 像素圖框中了。

完整的視覺化

圖 15-8 顯示完整的諾貝爾獎視覺化效果，其中包含五個關鍵元素以及排列在 1,000×800 像素圖框中最上面的使用者控制項。因為我們決定了時間軸應該占據主導地位，全球地圖更需要在中央，而其他元素則會自行排列。直條圖需要額外的寬度來容納所有 58 個國家的標籤直條，而選定的獲獎者串列和迷您傳記正好放在右側。

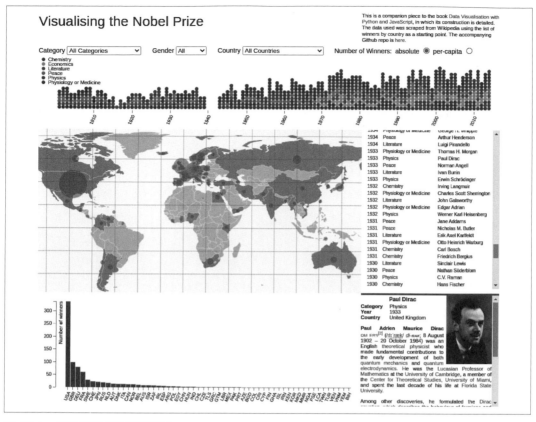

圖 15-8　完整的諾貝爾獎視覺化

在繼續下一章之前,總結一下所想像的內容,下一章都會瞭解實現它們的方式。

總結

本章想像了諾貝爾獎視覺化的樣子,建立一組最小的視覺元素,而這些元素是講述上一章探索中發現的關鍵故事所必需的。這些完全適合我們完整建立的視覺化,如圖 15-8 所示。在接下來的章節中,我將向您展示如何建構各個元素,以及如何把它們拼接在一起,以形成現代的互動式 Web 視覺化。我們將透過直條圖的簡單故事,從對 D3 的簡單介紹開始。

## 第十六章

建構視覺化

第 15 章使用 pandas 探索諾貝爾獎資料集（見第 11 章）的結果來想像一個視覺化。圖 16-1 顯示我們想像的視覺化效果，本章中我們將看到如何利用 JavaScript 和 D3 的強大功能來建構它。

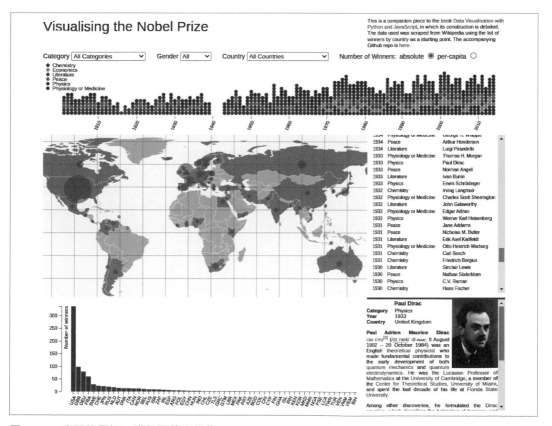

圖 16-1　我們的目標，諾貝爾獎視覺化

我將展示如何結合我們構想的視覺元素,並把我們剛剛清理和處理過的諾貝爾獎資料集轉換為互動式 Web 視覺化,且只需輕按一下開關即可部署到數十億台裝置。但在深入細節之前,讓我們先瞭解一下現代 Web 視覺化的核心元件。

預備知識

在開始建構 Nobel 視覺化之前,先來考慮將使用的核心元件,以及將如何組織檔案。

核心元件

正如第 95 頁的「帶占位符的基本頁面」中看到的那樣,建構現代 Web 視覺化需要四個關鍵元件:

- 一個 HTML 骨架,用於貼上我們的 JavaScript 創作

- 一個或多個 CSS 檔案來管理資料視覺化的外觀和感覺

- JavaScript 檔案本身,包括您可能需要的任何第三方程式庫(D3 是我們最大的依賴項)

- 最後的壓軸是,要轉換的資料,它們最好是 JSON 或 CSV(如果是完全靜態資料)格式

在開始查看資料視覺化元件之前,讓我們為諾貝爾獎視覺化(Nobel-viz)專案準備好檔案結構,並確定要如何把資料提供給視覺化。

組織檔案

範例 16-1 顯示專案目錄的結構。按照慣例,根目錄中有一個 *index.html* 檔案,根目錄包含一個 *static* 目錄,其中包含了用於視覺化的所有程式庫和資產(影像和資料)。

範例 *16-1　我們的 Nobel-viz 專案的檔案結構*

```
nobel_viz
├── index.html
└── static
    ├── css
    │   └── style.css
    ├── data          ❶
    │   ├── nobel_winners_biopic.json
    │   ├── winning_country_data.json
    │   ├── world-110m.json
```

```
│      └── world-country-names-nobel.csv
├── images
│   └── winners ❷
│       └── full
│           ├── 002b4f05aa3758e2d6acadde4ed80aa991ed6357.jpg
│           ├── 00d7ed381db8b5d18edc84694b7f9ce14ee57c5b.jpg
│           ├── ...
└── js                              ❸
    ├── nbviz_bar.mjs
    ├── nbviz_core.mjs
    ├── nbviz_details.mjs
    ├── nbviz_main.mjs
    ├── nbviz_map.mjs
    ├── nbviz_menu.mjs
    └── nbviz_time.mjs
    └── libs
        ├── crossfilter.min.js
        ├── d3.min.js
        └── topojson.min.js
```

❶ 我們將使用的靜態資料檔案，包括 TopoJSON 世界地圖（參見第 19 章），和從網路上獲取的國家資料（參見第 128 頁的「為諾貝爾獎 Dataviz 獲取國家資料」）。

❷ 使用第 174 頁的「使用生產線爬取文本和影像」中的 Scrapy 來爬取諾貝爾獎得主的照片。

❸ *js* 子目錄包含 Nobel-viz JavaScript 模組檔案（*.mjs*），分成為核心元素並以 *nbviz_* 開頭。

服務資料

第 6 章爬取，帶有迷您傳記的完整諾貝爾獎資料集，總計大約為 3 百萬位元組的資料，為了網路傳輸，會壓縮後減少許多。按照現代網頁的標準，這並不算大量的資料。事實上，網頁的平均大小在 2MB 到 3MB 左右[1]。然而，我們可能會考慮將其分成更小的分塊（chunk），以便根據需要來載入。我們也可以使用像 SQLite 這樣的資料庫，從 Web 伺服器（見第 13 章）動態地提供資料。事實上，初始等待時間帶來的小小不便可以透過之後的快速效能而得到補償，因為所有資料都會由瀏覽器快取。只需一次初始資料提取，會讓事情變得簡單得多。

---

[1] 請參閱 SpeedCurve（*https://oreil.ly/ngdOJ*）和 Web Almanac（*https://oreil.ly/qIvox*）的這些貼文，以瞭解對平均網頁大小的一些分析。

我們的 Nobel 視覺化將從資料目錄（參見範例 16-1，#2）來提供所有資料，這些資料會在應用程式初始化時獲取。

HTML 骨架

儘管我們的 Nobel 視覺化具有許多動態元件，但所需的 HTML 框架非常簡單。這展示了本書的一個核心主題——您只需很少的常規 Web 開發，就可以為資料視覺化程式設計奠定基礎。

在載入時用來建立視覺化的 *index.html* 檔案如範例 16-2 所示。這三個組成部分是：

- 匯入用來設定字型、內容區塊位置等事項的 CSS 樣式表 *style.css*。

- 視覺元素的 HTML 占位符，其 ID 形式為 nobel-[foo]。

- JavaScript；首先是第三方程式庫，然後是原始腳本。

我們將在接下來章節中詳細介紹各個 HTML 部分，但我希望您瞭解諾貝爾獎視覺化的整個非程式設計元素本質。有了這個骨架，您就可以轉向創造性程式設計的工作，這是 D3 所鼓勵和擅長的事情。當您習慣於在 HTML 中定義內容區塊、並使用 CSS 來固定尺寸和定位時，您會發現用來做自己最喜歡事情的時間會越來越多：使用程式碼來處理資料。

 我發現把已標識的占位符（例如地圖占位符 `<div id="nobel-map">` `</div>`）視為由其各自元素所擁有的面板很有幫助。我們在主 CSS 或 JS[2] 檔案中設定這些框架的尺寸和相對定位，並且像動態地圖等元素會根據框架的大小調整。這允許非程式設計人員透過 CSS 樣式來更改視覺化的外觀和感覺。

範例 16-2　我們的單頁視覺化的 index.html 存取檔案

```
<!DOCTYPE html>
<meta charset="utf-8">
<title>Visualizing the Nobel Prize</title>
<!-- 1. IMPORT THE visualization'S CSS STYLING -->
<link rel="stylesheet" href="static/css/style.css"
media="screen" />
<body>
  <div id='chart'>
```

2　我建議為特殊場合保留 JavaScript 樣式，盡可能多地使用單純的 CSS。

```html
<!-- 2. A HEADER WITH TITLE AND SOME EXPLANATORY INFO -->
<div id='title'>Visualizing the Nobel Prize</div>
<div id="info">
  This is a companion piece to the book <a href='http://'>
  Data visualization with Python and JavaScript</a>, in which
  its construction is detailed. The data used was scraped
  Wikipedia using the <a href=
  'https://en.wikipedia.org/wiki
  /List_of_Nobel_laureates_by_country'>
  list of winners by country</a> as a starting point. The
  accompanying GitHub repo is <a href=
  'http://github.com/Kyrand/dataviz-with-python-and-js-ed-2'>
  here</a>.
</div>
<!-- 3. THE PLACEHOLDERS FOR OUR VISUAL COMPONENTS  -->
<div id="nbviz">
  <!-- BEGIN MENU BAR -->
  <div id="nobel-menu">
    <div id="cat-select">
      Category
      <select></select>
    </div>
    <div id="gender-select">
      Gender
      <select>
        <option value="All">All</option>
        <option value="female">Female</option>
        <option value="male">Male</option>
      </select>
    </div>
    <div id="country-select">
      Country
      <select></select>
    </div>
    <div id='metric-radio'>
      Number of Winners: 
      <form>
        <label>absolute
          <input type="radio" name="mode" value="0" checked>
        </label>
        <label>per-capita
          <input type="radio" name="mode" value="1">
        </label>
      </form>
    </div>
  </div>
  <!-- END MENU BAR  -->
```

```html
<!-- BEGIN NOBEL-VIZ COMPONENTS -->
<div id='chart-holder' class='_dev'>
  <!-- TIME LINE OF PRIZES -->
  <div id="nobel-time"></div>
  <!-- MAP AND TOOLTIP -->
  <div id="nobel-map">
    <div id="map-tooltip">
      <h2></h2>
      <p></p>
    </div>
  </div>
  <!-- LIST OF WINNERS -->
  <div id="nobel-list">
    <h2>Selected winners</h2>
    <table>
      <thead>
        <tr>
          <th id='year'>Year</th>
          <th id='category'>Category</th>
          <th id='name'>Name</th>
        </tr>
      </thead>
      <tbody>
      </tbody>
    </table>
  </div>
  <!-- BIOGRAPHY BOX -->
  <div id="nobel-winner">
    <div id="picbox"></div>
    <div id='winner-title'></div>
    <div id='infobox'>
      <div class='property'>
        <div class='label'>Category</div>
        <span name='category'></span>
      </div>
      <div class='property'>
        <div class='label'>Year</div>
        <span name='year'></span>
      </div>
      <div class='property'>
        <div class='label'>Country</div>
        <span name='country'></span>
      </div>
    </div>
    <div id='biobox'></div>
    <div id='readmore'>
      <a href='#'>Read more at Wikipedia</a>
```

```
                </div>
              </div>
              <!-- NOBEL BAR CHART -->
              <div id="nobel-bar"></div>
            </div>
            <!-- END NOBEL-VIZ COMPONENTS -->
          </div>
        </div>
        <!-- 4. THE JAVASCRIPT FILES -->
        <!-- THIRD-PARTY JAVASCRIPT LIBRARIES, MAINLY D3  -->
        <script src="libs/d3.min.js"></script>
        <!-- ... -->
        <!-- THE MAIN JAVASCRIPT MODULE FOR OUR NOBEL ELEMENTS -->
        <script src="static/js/nbviz_main.mjs" ></script>
      </body>
```

HTML 框架（範例 16-2）定義 Nobelviz 元件的階層式架構，但它們的視覺大小調整和定位是在 *style.css* 檔案中設定的。下一節將會看到這是如何完成的，並查看視覺化的一般樣式。

CSS 樣式

我們將在各自的章節中處理圖表（圖 16-1）的各個圖表元件樣式。本節將涵蓋剩餘的非特定 CSS，最重要的是元素內容區塊：面板（*panel*）的大小和定位。

視覺化的大小可能是一個棘手的選擇。現在有更多的裝置格式，智慧型手機、平板電腦、行動裝置等具有各種不同的解析度，例如「視網膜」（retina）[3] 和全高清（full HD）（1,920×1,080）。因此，像素大小比以前更加多樣化，像素密度成為一個更有意義的度量。大多數裝置都會執行像素縮放以對此進行補償，這就是為什麼您仍然可以在智慧型手機上閱讀文本，即使它的像素和大型桌面顯示器一樣多。此外，大多數手持裝置都具有捏合縮放和平移功能，讓使用者可以輕鬆地關注更大資料視覺化的區域。我們的諾貝爾獎資料視覺化將選擇 1,280×800 像素的折衷解析度，這在大多數桌面顯示器上應該看起來不錯，並且可以在行動裝置上以橫向模式使用，包括 50 像素高的最頂部使用者控制項。

首先，我們使用 body 選擇器來設定一些想要應用於整個文件的通用樣式；指定無襯線（sans-serif）字型、灰白色背景、以及一些連結細節。還設定了視覺化的寬度及其邊距：

---

3 目前約為 2,560×1,600 像素。

```
body {
    font-family: "Helvetica Neue", Helvetica, Arial, sans-serif;
    background: #fefefe; ❶
    width: 1000px;
    margin: 0 auto; /* top and bottom 0, left and right auto */
}

a:link {
    color: royalblue;
    text-decoration: none; ❷
}
a:hover {
    text-decoration: underline;
}
```

❶ 這種顏色剛好接近全白（#ffffff），應該有助於讓頁面稍微不那麼明亮，並且更不傷眼。

❷ 在我看來，預設帶有底線的超連結看起來有點花俏，因此我們移除了裝飾。

我們的 Nobel-viz 有三個主要的 div 內容區塊，這裡把它們絕對定位在 #chart div（它們的相對父級）中。這些是主要標題（#title）、有關視覺化的一些資訊（#info）和主要容器（#nbviz）。標題和資訊是靠眼睛放置的，而主容器放置在距頁面頂部 90 像素的位置以留出空間，並賦予 100% 的寬度以讓它擴展到整個可用空間。以下的 CSS 達成了這一點：

```
#nbviz {
    position: absolute;
    top: 90px;
    width: 100%;
}

#title {
    position: absolute;
    font-size: 30px;
    font-weight: 100;
    top: 20px;
}

#info {
    position: absolute;
    font-size: 11px;
    top: 18px;
    width: 300px;
    right: 0px;
    line-height: 1.2;
}
```

chart-holder 的高度為 750 像素，寬度為其父級的 100%，另 position 屬性為 relative，
這意味著其子面板的絕對定位將相對於其左上角。我們圖表的底部填充了 20 像素：

```
#chart-holder {
    width: 100%;
    height: 750px;
    position: relative;
    padding: 0 0 20px 0; /* top right bottom left */
}

#chart-holder svg { ❶
    width: 100%;
    height: 100%;
}
```

❶ 希望元件的 SVG 上下文能夠擴展以適應它們的容器。

考慮到 Nobel-viz 的高度限制為 750 像素、我們的等距長方（equirectangular）地圖[4] 的
寬度 / 高度比為 2、以及需要將超過 100 年的諾貝爾獎圓形指標納入時間軸中等因素，
嘗試各種尺寸後，如圖 16-2 的視覺元素大小一個很好的折衷方案。

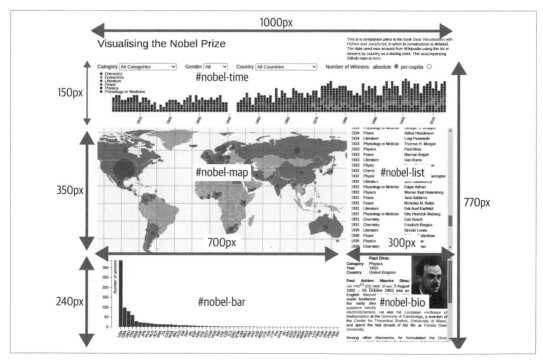

圖 16-2　諾貝爾獎的尺寸

4　有關不同幾何投影的比較，請參見第 468 頁的「投影」。考慮到要顯示所有諾貝爾獎獲獎國家的限制，等
　　距長方投影已證明是最有效的。

該 CSS 元件的位置和大小如圖 16-2 所示：

```
#nobel-map, #nobel-winner, #nobel-bar, #nobel-time, #nobel-list{
    position:absolute; ❶
}

#nobel-time {
    top: 0;
    height: 150px;
    width: 100%; ❷
}

#nobel-map {
    background: azure;
    top: 160px;
    width: 700px;
    height: 350px;
}

#nobel-winner {
    top: 510px;
    left: 700px;
    height: 240px;
    width: 300px;
}

#nobel-bar {
    top: 510px;
    height: 240px;
    width: 700px;
}

#nobel-list {
    top: 160px;
    height: 340px;
    width: 290px;
    left: 700px;
    padding-left: 10px; ❸
}
```

❶ 想要絕對的、手動調整的定位，相對於 chart-holder 父容器而言。

❷ 時間軸貫穿視覺化的整個寬度。

❸ 您可以使用填充來讓元件「有喘息空間」。

其他 CSS 樣式是特定於各個元件的，將在各自章節中介紹。使用前面的 CSS，我們有了一個 HTML 骨架，可以在其上使用 JavaScript 來充實視覺化效果。

JavaScript 引擎

對於任何規模的視覺化，儘早開始實施一些模組化是很好的。web 上的很多 D3 範例[5] 都是單頁解決方案，它們把 HTML、CSS、JS，甚至資料都組合在一頁上。雖然這對於範例教學來說非常有用，但隨著程式碼庫的增加，事情會很快地退化，讓更改成為一個難題，並增加名稱空間衝突等狀況的機會。

匯入腳本

我們使用位於入口 *index.html* 檔案中 `<body>` 標記底部的 `<script>` 標記，來包含視覺化的 JavaScript 檔案，如範例 16-2 所示：

```
<!DOCTYPE html>
<meta charset="utf-8">
...
<body>
...
  <!-- 第三方 JAVASCRIPT 程式庫，主要是基於 D3 --> ❶
  <script src="static/libs/d3.min.js"></script>
  <script src="static/libs/topojson.min.js"></script>
  <script src="static/libs/crossfilter.min.js"></script>
  <!-- 用於我們的諾貝爾獎元素的 JAVASCRIPT -->
  <script src="static/js/nbviz_main.mjs"></script> ❷
</body>
```

❶ 使用第三方程式庫的本地副本。

❷ 諾貝爾獎應用程式的主要入口點，它在其中請求它的第一個資料集並設定讓顯示球滾動。該模組匯入視覺化所使用的所有其他模組。

內容交付網路

如果您查看（典型的）*index.html* 頁面中的腳本標記，您會看到很多東西是使用內容交付網路（Content Delivery Network, CDN）透過中央儲存區，來有效地提供可快取的程式庫。因此，您可以使用 Cloudflare 的 CDN 來匯入 D3：

```
<script src="https://cdnjs.cloudflare.com/ajax/libs/d3/7.3.1/d3.js"></script>
```

---

5 請參閱 D3 GitHub（*https://oreil.ly/khvac*）上的集合。

CDN 是匯入程式庫一種非常有效的方式，如果您常常使用這些程式庫而且它們是相對重量級的，它可以提供確實的好處。但當然出於開發目的，最好使用程式庫的本地副本，這就是我們所做的，視覺化中所使用的三個程式庫是從 *static* 的 *libs* 子目錄中檢索而來的。

使用匯入的模組化 JS

本書的第一版，使用了一個常見但相當粗略的樣式來建立一個 nbviz 名稱空間，並在該名稱空間中放置諾貝爾獎資料視覺化的各個元件所使用的函數、變數、常數等。以下是一個範例，因為您很可能會在實際應用上遇到類似的樣式：

```
/* js/nbviz_core.js
/* global $, _, crossfilter, d3  */ ❶
(function(nbviz) {
    //... 模組私有變數等 ..
    nbviz.foo = function(){ //... ❷
    };
}(window.nbviz = window.nbviz || {})); ❸
```

❶ 將變數定義為全域變數，會防止它們觸發 JSLint 錯誤（*https://www.jslint.com*）。

❷ 將此函數作為共享的 nbviz 名稱空間的一部分，公開給其他腳本。

❸ 如果可用，則使用 nbviz 物件，否則就建立它。

每個 JS 腳本都用這種樣式封裝，所有必需的腳本都包含在主 *index.html* 入口點的 <script> 標記中。隨著對 JS 模組跨瀏覽器支援的到來，現在有了一種更加簡潔、現代的方式，來使用任何 Python 族都會熟悉的模組化匯入（參見第 18 頁的「JavaScript 模組」），以包含我們的 JavaScript。

現在只需要在 *index.html* 中包含我們的主要 JS 模組，這會匯入所有其他所需的模組：

```
// static/js/nbviz_main.mjs
import nbviz from './nbviz_core.mjs'
import { initMenu } from './nbviz_menu.mjs'
import { initMap } from './nbviz_map.mjs'
import './nbviz_bar.mjs' ❶
import './nbviz_details.mjs'
import './nbviz_time.mjs'
```

❶ 這些被匯入來初始化它們的更新回呼。本章後面會知道該如何運作。

接下來的章節會詳細解釋用於產生視覺化元素的 JavaScript/D3。首先，我們會處理由使用者互動所驅動的穿過 Nobel-viz 的資料流，不論是從（資料）伺服器到客戶端瀏覽器或者在客戶端內。

基本資料流

處理具有任何複雜性專案的資料有很多方法。對於互動式應用程式，尤其是資料視覺化，我發現最穩健的樣式是擁有一個中央資料物件來快取目前資料。除了快取的資料，我們還有一些這個資料集的活躍反射（reflection）或子集合，它們會被儲存在主資料物件中。例如，在我們的 Nobel-viz 中，使用者可以選擇多個資料子集合（例如，只選擇物理類別的獲獎者）。

如果使用者觸發了不同的資料反射，例如透過選擇人均獎項度量，則設定旗標[6]（在此案例中，valuePerCapita 設定為 0 或 1）。然後更新所有視覺元件，而那些依賴於 valuePerCapita 的元件會相應地進行調整。地圖指示器的大小會發生變化，直條圖也會重新組織。

關鍵思想是確保視覺元素和任何使用者驅動資料的更改會同步。一種可靠的方法是使用一個單一的更新方法（此處稱為 onDataChange），只要使用者執行某些操作來更改資料，該方法就會被呼叫。此方法提醒所有活動的視覺元素要注意已更改的資料，並且做出相應的回應。

現在來看看應用程式的程式碼如何組合，從共享核心實用程式開始。

核心程式碼

第一個被載入的 JavaScript 檔案是 *nbviz_core.js*，該腳本包含了我們可能希望和其他腳本共享的任何程式碼。例如，我們有一個 categoryFill 方法，它會為每個類別傳回特定的顏色。這既被時間軸元件使用，也被用作傳記框中的邊框。這個核心程式碼包括可能想要隔離以測試的功能，或者只是為了讓其他模組不那麼混亂。

6　在我們的應用程式中，我盡量保持簡單；但隨著 UI 選項數量的增加，把旗標、範圍等儲存在專用物件中會是明智的作法。

在程式設計中，我們經常使用字串常數作為字典鍵和其他類似的東西，及產生的標籤中。我們很容易養成在需要它們時自己鍵入這些字串的壞習慣，但更好的方法是定義一個常數變數。例如，使用 `'if option === nbviz.ALL_CATS'` 而不是 `'if option === "All Categories"'`。在後者中，錯誤地輸入 `'All Cat egories'` 並不會標示錯誤，但意外等著發生。使用 `const` 還意味著只需要一次編輯即可更改所有出現的字串。JavaScript 有一個新的 `const` 關鍵字，雖然它只是防止變數被重新指派，但它會讓強制保持不變更容易一些。請參閱 Mozilla 說明文件（*https://oreil.ly/AlEbm*）以獲取一些範例和 `const` 限制的詳細分解。

範例 16-3 顯示了其他模組之間共享的程式碼。任何打算被其他模組使用的東西都附加到共享的 `nbviz` 名稱空間。

範例 16-3　nbviz_core.js 中的共享程式碼庫

```javascript
let nbviz = {}
nbviz.ALL_CATS = 'All Categories'
nbviz.TRANS_DURATION = 2000 // time in ms for our visual transitions
nbviz.MAX_CENTROID_RADIUS = 30
nbviz.MIN_CENTROID_RADIUS = 2
nbviz.COLORS = { palegold: '#E6BE8A' } // any named colors used

nbviz.data = {} // our main data store
nbviz.valuePerCapita = 0 // metric flag
nbviz.activeCountry = null
nbviz.activeCategory = nbviz.ALL_CATS

nbviz.CATEGORIES = [
    "Chemistry", "Economics", "Literature", "Peace",
    "Physics", "Physiology or Medicine"
];
// takes a category like Physics and returns a color
nbviz.categoryFill = function(category){
    var i = nbviz.CATEGORIES.indexOf(category);
    return d3.schemeCategory10[i]; ❶
};

let nestDataByYear = function(entries) {          ❷
//...
};
nbviz.makeFilterAndDimensions = function(winnersData){
//...
};
```

```
nbviz.filterByCountries = function(countryNames) {
//...
};

nbviz.filterByCategory = function(cat) {
//...
};

nbviz.getCountryData = function() {
// ...
};

nbviz.callbacks = []
nbviz.onDataChange = function () { ❸
  nbviz.callbacks.forEach((cb) => cb())
}

export default nbviz ❹
```

❶ 使用 D3 的一種內建配色方案來提供獎項類別顏色。schemeCategory10 是一個包含 10 個顏色十六進位碼（['#1f77b4', '#ff7f0e',...]）的陣列，我們會使用類別索引來存取它。

❷ 這個和之後的空方法，會在後面章節中一個使用情況的上下文中詳細解釋。

❸ 當資料集發生變化時（應用程式初始化後，這是使用者驅動的）會呼叫此函數以更新 Nobel-viz 元素。會依次呼叫由元件模組設定並儲存在 callbacks 陣列中的更新回呼，並觸發任何必要的視覺變化。有關詳細資訊，請參見第 401 頁的「基本資料流」。

❹ 具有實用函數、常數和變數的 nbviz 物件，是此模組的預設匯出，它會由其他模組匯入，因此要用 import nbviz from ./nbviz_core。

有了核心程式碼，來看看如何使用 D3 的實用方法，透過獲取靜態資源來初始化我們的應用程式。

初始化諾貝爾獎視覺化

為了啟動應用程式，我們需要一些資料。我們使用 D3 的 json 和 csv 輔助函數來載入資料，並把它轉換為 JavaScript 的物件和陣列。Promise.all[7] 方法用於同時觸發這些資料提取、等待所有四個都被剖析、然後把資料傳遞給指定的處理函數，在本案例中為 ready：

---

7 您可以在 Mozilla 說明文件（*https://oreil.ly/67Odo*）中閱讀有關 Promise.all 的更多資訊。

```
// static/js/nbviz_main.mjs
//...
  Promise.all([ ❶
    d3.json('static/data/world-110m.json'),
    d3.csv('static/data/world-country-names-nobel.csv'),
    d3.json('static/data/winning_country_data.json'),
    d3.json('static/data/nobel_winners_biopic.json'),
  ]).then(ready)

  function ready([worldMap, countryNames, countryData, winnersData]) { ❷
    // STORE OUR COUNTRY-DATA DATASET
    nbviz.data.countryData = countryData
    nbviz.data.winnersData = winnersData
    //...
}
```

❶ 觸發對四個資料檔案的同時請求。靜態檔案包含一張世界地圖（110 公尺解析度），和一些將在視覺化中使用的國家資料。

❷ 傳回到 ready 的陣列使用 JavaScript 解構（destructuring，*https://oreil.ly/RZzXm*）來把循序資料指派給其各自的變數。

如果資料請求成功，ready 函數會收到請求的資料，就可以開始向視覺元素發送資料了。

準備好出發

在 Promise.all 方法發出的延遲資料請求得到解決後，它會呼叫指明的 ready 函數，按照資料集添加的順序，把它們當作是引數傳遞。

ready 函數如範例 16-4 所示。如果資料下載無誤，我們會使用獲獎者的資料來建立活動過濾器（由 Crossfilter 程式庫提供），我們將使用該過濾器來允許使用者根據類別、性別和國家，來選擇諾貝爾獎得主的子集合。然後呼叫一些初始化方法，最後使用 onDataChange 方法觸發 dataviz 視覺化元素的繪製、更新直條圖、地圖、時間軸等等。圖 16-3 中的示意圖顯示了資料更改傳播的方式。

範例 *16-4　當初始資料請求已解決時會呼叫 ready 函數*

```
//...
  function ready([worldMap, countryNames, countryData, winnersData]) {
    // 儲存我們的國家資料資料集
    nbviz.data.countryData = countryData
    nbviz.data.winnersData = winnersData
    // 製作過濾器以及它的維度
```

```
nbviz.makeFilterAndDimensions(winnersData) ❶
// 初始化選單和地圖
initMenu()
initMap(worldMap, countryNames)
// 使用完整獲獎者資料集觸發更新
nbviz.onDataChange()
}
```

❶ 此方法使用新載入的諾貝爾獎資料集來建立過濾器，我們將使用它來允許使用者選擇要視覺化的資料子集合。有關詳細資訊，請參閱第 407 頁的「使用 Crossfilter 過濾資料」。

當我們在第 407 頁的「使用 Crossfilter 過濾資料」中介紹 Crossfilter 程式庫時，可看出 makeFilterAndDimensions（範例 16-4）的運作方式。現在，假設有一種方法來獲取由使用者透過一些選單選擇器，例如，選擇所有女性獲獎者目前所選擇的資料。

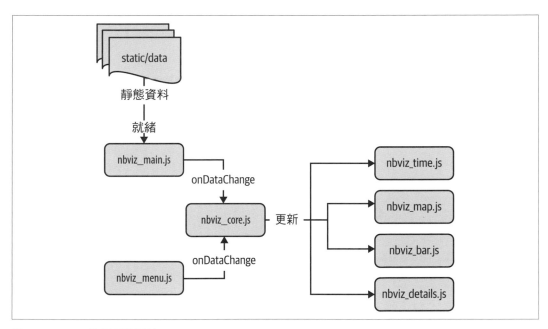

圖 16-3　App 的主要資料流

資料驅動更新

在 ready 函數中初始化選單和地圖後（我們將在它們各自的章節中看到運作方式：第 19 章是地圖，第 21 章是選單），使用在 *nbviz_core.js* 中定義 onDataChange 方法來觸發視覺元素的更新。onDataChange（見範例 16-5）是一個共享函數，只要顯示的資料集合因為回應使用者互動而發生變化、或者當使用者選擇不同的國家獎項度量時，例如衡量人均而不是絕對數字，就會呼叫該函數。

範例 16-5　當所選資料更改時會呼叫以更新視覺元素的函數

```
// nbviz_core.js
nbviz.callbacks = [] ❶

nbviz.onDataChange = function () {
  nbviz.callbacks.forEach((cb) => cb()) ❷
}
```

❶ 每個需要更新的元件模組都會將它的回呼附加到此陣列。

❷ 在資料更改時，元件回呼將依次呼叫，並觸發要反射新資料所需的任何視覺更改。

首次匯入模組時，它們會把回呼添加到核心模組中的 callbacks 陣列中。例如以下是直條圖：

```
// nbviz_bar.mjs
import nbviz from './nbviz_core.mjs'
// ...
nbviz.callbacks.push(() => {
  let data = nbviz.getCountryData()
  updateBarChart(data) ❶
})
```

❶ 當主要的核心更新函數呼叫此回呼函數時，本地更新函數會使用國家資料來更改直條圖。

時間軸、地圖和直條圖使用的主要資料集由 getCountryData 方法產生，該方法會按國家對獲獎者進行分組並添加一些國家資訊，也就是人口規模和國際字母碼。範例 16-6 分解了這個方法。

範例 16-6　建立主要國家資料集

```
nbviz.getCountryData = function() {
    var countryGroups = nbviz.countryDim.group().all(); ❶

    // 製作主要的資料球
```

```
        var data = countryGroups.map( function(c) { ❷
            var cData = nbviz.data.countryData[c.key]; ❸
            var value = c.value;
            // 若為人均值則除以人口規模
            if(nbviz.valuePerCapita){
                value = value / cData.population; ❹
            }
            return {
                key: c.key, // 例如，Japan
                value: value, // 例如， 19 ( 獎項 )
                code: cData.alpha3Code, // 例如，JPN
            };
        })
            .sort(function(a, b) { ❺
                return b.value - a.value; // 降序
            });

        return data;
    };
```

❶ countryDim 是我們的 Crossfilter 維度之一（請參閱第 407 頁的「使用 Crossfilter 過濾資料」），此處提供群組鍵、值計數（例如，{key:Argen tina, value:5}）。

❷ 使用陣列的 map 方法來建立一個新陣列，其中添加了國家資料集中的元件。

❸ 使用群組鍵來獲取國家資料（例如澳大利亞）。

❹ 如果 valuePerCapita 單選開關為開啟的，就將獎項數量除以國家人口規模，以給出一個更公平、相對的獎項統計。

❺ 使用 Array 的 sort 方法來讓陣列按值降序排列。

我們的 Nobel-viz 元素的更新方法都使用了由 Crossfilter 程式庫過濾的資料。現在來看看是怎麼做到的。

使用 Crossfilter 過濾資料

Crossfilter[8] 由 D3 建立者 Mike Bostock 和 Jason Davies 開發，是一個高度優化的程式庫，用於使用 JavaScript 來探索大型多變量資料集。它速度非常快，可以輕鬆處理比我們的諾貝爾獎資料集大得多的資料集。我們將使用它按類別、性別和國家維度來過濾我們的獲獎者資料集。

---

8 請參閱此 Square 頁面（*https://square.github.io/crossfilter*）以獲取令人印象深刻的範例。

會選擇 Crossfilter 有點冒險，但我想展示它的實際效果，因為我個人發現它非常有用。它也是非常流行的 D3 圖表程式庫 *dc.js*（*https://dc-js.github.io/dc.js*）的基礎，這證明了它的實用性。雖然 Crossfilter 可能有點難以掌握，尤其是當我們開始交集維度過濾器時，但大多數使用案例都遵循一個可以快速消化的基本樣式。如果您發現自己試圖切割大型資料集，Crossfilter 的優化將證明這是一個福音。

建立過濾器

在初始化 Nobel-viz 時，會從 *nbviz_main.js* 中的 ready 方法，呼叫在 *nbviz_core.js* 中定義的 makeFilterAndDimensions 方法（參見第 404 頁的「準備好出發」）。makeFilter AndDimensions 會使用新載入的諾貝爾獎資料集建立一個 Crossfilter 過濾器和一些基於它的維度（例如，獎項類別）。

我們首先使用初始化時所獲取的諾貝爾獎得主資料集來建立過濾器。先提醒一下自己資料集的樣子：

```
[{
  name:"C\u00e9sar Milstein",
  category:"Physiology or Medicine",
  gender:"male",
  country:"Argentina",
  year: 1984
  },
  {
  name:"Auguste Beernaert",
  category:"Peace",
  gender:"male",
  country:"Belgium",
  year: 1909
  },
  ...
}];
```

要建立過濾器，請使用獲獎者物件陣列呼叫 crossfilter 函數：

```
nbviz.makeFilterAndDimensions = function(winnersData){
    // 添加過濾器並建立類別維度
    nbviz.filter = crossfilter(winnersData);
    //...
};
```

Crossfilter 的工作原理是允許您在資料上建立維度過濾器。您可以透過對物件應用一個函數來做到這一點。最簡單的情況是,這會建立一個基於單一類別的維度 —— 例如,按性別。以下建立將用於過濾諾貝爾獎的性別維度:

```
nbviz.makeFilterAndDimensions = function(winnersData){
//...
    nbviz.genderDim = nbviz.filter.dimension(function(o) {
        return o.gender;
    });
//...
}
```

這個維度現在可以按性別欄位來對資料集進行有效率的排序。我們可以像下面這樣使用它,來傳回所有性別為女性的物件:

```
nbviz.genderDim.filter('female'); ❶
var femaleWinners = nbviz.genderDim.top(Infinity); ❷
femaleWinners.length // 47
```

❶ filter 接受單一值,或者在適當情況下接受一個範圍(例如,[5, 21]——5 到 21 之間的所有值)。它還可以接受值的布林函數。

❷ 應用過濾器後,top 會傳回所指明數量的已排序物件。指明 Infinity[9] 會傳回所有過濾後的資料物件。

當我們開始應用多維過濾器時,Crossfilter 真正發揮了作用,能夠把資料切片和切塊成我們需要的任何子集合,所有這些都以令人印象深刻的速度達成[10]。

讓我們清除性別維度並添加一個新維度,按獲獎類別來過濾。要重設維度[11],只要應用不引參數的 filter 方法:

```
nbviz.genderDim.filter();
nbviz.genderDim.top(Infinity) //  完整的由物件所構成的 Array[858]
```

現在將建立一個新的獎項類別維度:

```
nbviz.categoryDim = nbviz.filter.dimension(function(o) {
    return o.category;
});
```

9　JavaScript 的 Infinity(*https://oreil.ly/Ll5xV*)是一個代表無窮大的數值。
10　Crossfilter 旨在即時更新,用以回應使用者輸入的數百萬條紀錄。
11　這會清除該維度上的所有過濾器。

現在可以按順序來過濾性別和類別維度，例如，允許找出所有女性物理學獎獲獎者：

```
nbviz.genderDim.filter('female');
nbviz.categoryDim.filter('Physics');
nbviz.genderDim.top(Infinity);
// Out:
// [
//   {name:"Marie Sklodowska-Curie", category:"Physics",...
//   {name:"Maria Goeppert-Mayer", category:"Physics",...
// ]
```

請注意，我們可以選擇性地開啟和關閉過濾器。舉例來說，可以移除物理類別過濾器，這意味著性別維度現在包含所有女性諾貝爾獎得主：

```
nbviz.categoryDim.filter();
nbviz.genderDim.top(Infinity); // 由物件所構成的 Array[47]
```

在我們的 Nobel-viz 中，這些過濾器運算將由使用者在最頂層的選單列中進行選擇來驅動。

除了傳回過濾後的子集合之外，Crossfilter 還可以對資料執行分組運算。我們用它來獲得直條圖和地圖指示器的國家獎項合計：

```
nbviz.genderDim.filter(); // 重設性別維度
var countryGroup = nbviz.countryDim.group(); ❶
countryGroup.all(); ❷

// Out:
// [
//   {key:"Argentina", value:5}, ❸
//   {key:"Australia", value:9},
//   {key:"Austria", value:14},
// ...]
```

❶ group 會接受一個可選的函數作為引數，但預設值通常是您想要的。

❷ 按鍵和值傳回所有群組。不要修改傳回的陣列[12]。

❸ value 是阿根廷獲得諾貝爾獎的總人數。

要建立 Crossfilter 過濾器和維度，使用在 *nbviz_core.js* 中定義的 makeFilterAndDimensions 方法。範例 16-7 顯示了整個方法。請注意，過濾器的建立順序並不重要——它們的交集仍然相同。

---

12 請參閱 Crossfilter GitHub 頁面（*https://oreil.ly/saEpG*）。

範例 16-7　製作我們的 *Crossfilter* 過濾器和維度

```javascript
nbviz.makeFilterAndDimensions = function(winnersData){
    // 添加濾器並建立類別維度
    nbviz.filter = crossfilter(winnersData);
    nbviz.countryDim = nbviz.filter.dimension(function(o){ ❶
        return o.country;
    });

    nbviz.categoryDim = nbviz.filter.dimension(function(o) {
        return o.category;
    });

    nbviz.genderDim = nbviz.filter.dimension(function(o) {
        return o.gender;
    });
};
```

❶ 為了教學方便，我們使用完整的 JavaScript 函數，但最近可能比較常使用縮寫形式：
o => o.country。

執行諾貝爾獎視覺化應用程式

要執行 Nobel 視覺化，需要一個可以存取根 *index.html* 檔案的 Web 伺服器。出於開發目的，可以使用 Python 內建的 http 模組來啟動所需的伺服器。在包含索引檔案的根目錄中，執行：

```
$ python -m http.server 8080
Serving HTTP on 0.0.0.0 port 8080 ...
```

現在開啟瀏覽器視窗並轉到 *http:localhost:8080*，您應該會看到圖 16-4。

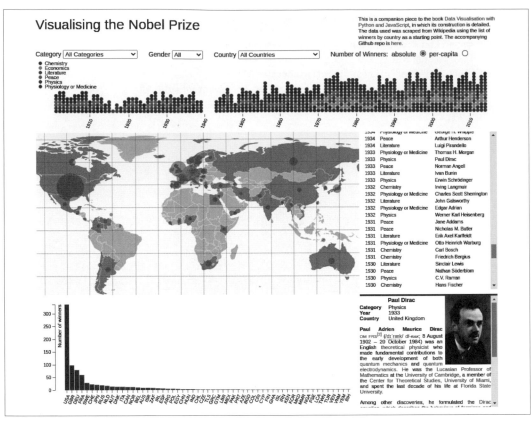

圖 16-4　完成的 Nobel-viz 應用程式

總結

本章概述如何實作在第 15 章中設想的視覺化。骨幹由 HTML、CSS 和 JavaScript 積木組裝而成，並描述了應用程式的資料饋送和其中的資料流。在接下來的章節中，將看到我們的 Nobel-viz 的各個元件如何使用發送給它們的資料來建立互動式視覺化。我們將從一個大章節開始，介紹 D3 的基礎知識，同時展示如何建構應用程式的直條圖元件。這應該會為後續以 D3 為重點的章節做好準備。

## 第十七章

介紹 D3 ── 直條圖的故事

第 16 章透過把諾貝爾獎視覺化分解成元件元素以發想；本章則將透過向您展示如何建構我們需要的直條圖（圖 17-1），來為您介紹 D3。

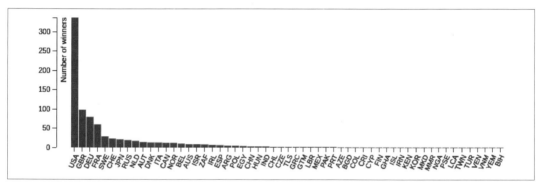

圖 17-1　本章的目標直條圖

D3 不只是一個圖表程式庫。它還是一個用於建構圖表程式庫的程式庫。那麼，為什麼我要透過非常傳統的視覺化 ── 直條圖 ── 來向您介紹 D3 呢？首先，因為第一次從頭開始製作一個圖表應該有點讓人害怕，因為可以完全控制圖表的外觀和感覺、並且不受特定圖表程式庫任何偏見的約束。其次，因為它剛好是涵蓋了 D3 基本元素的好方法，特別是資料連接和進入─退出─刪除─更新樣式，它們現在完整封裝在 D3 的新 join 方法中了。如果您掌握了這些基礎知識，您就可以好好利用 D3 所提供的全部威力和表現力，並產生比直條圖更新穎的東西。

我們將使用第 4 章中介紹的一些 webdev，特別是 D3 專長的 SVG 圖形（請參閱第 105 頁的「可縮放向量圖形」）。您可以使用 CodePen（*https://codepen.io*），或有大量精選資料視覺化範例的 VizHub（*https://vizhub.com*）等線上編輯器，來試用程式碼片段。

在開始建構直條圖之前，先考慮一下它的元素。

建構問題

直條圖具有三個關鍵組成部分：軸、圖例和標籤，另外當然還有直條。製作一個現代的、互動式的直條圖元件時，需要軸和直條來轉換以回應使用者互動——也就是透過頂部選擇器來過濾一組獲獎者（見圖 15-1）。

我們將一步一步建構圖表，並以 D3 的過渡（transition）來結束，這可以讓您的 D3 創作更具魅力和吸引力。但首先先介紹 D3 的基礎知識：

- 選擇網頁中的 DOM 元素
- 獲取和設定它們的屬性、特性和樣式
- 附加和插入 DOM 元素

有了這些基礎知識，我們將繼續享受資料綁定的樂趣，在其中 D3 會開始展示它的力量。

使用選擇

選擇是 D3 的支柱。使用類似 jQuery 的 CSS 選擇器，D3 可以選擇和操作個別和群組的 DOM 元素。所有 D3 鍊式運算都首先使用 select 和 selectAll 方法來選擇一個 DOM 元素或一組元素。select 會傳回第一個匹配的元素；selectAll 則傳回匹配元素的集合。

圖 17-2 顯示了 D3 選擇的範例，使用了 select 和 selectAll 方法。這些選擇可以更改一個或多個直條的 height 屬性。select 方法會傳回第一個帶有 bar 類別的 rect（ID barL），而 selectAll 則可以根據提供的查詢傳回 rect 的任意組合。

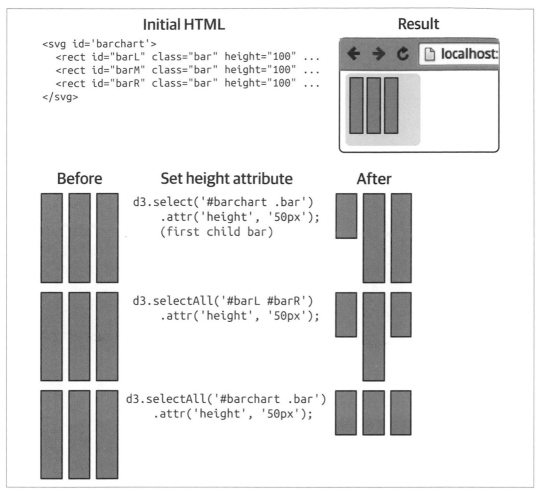

圖 17-2　選擇元素和改變屬性：由初始 HTML 建構的三個矩形，然後可以選擇並調整一個或多個直條的高度屬性。

除了設定屬性：DOM 元素上的命名字串，例如 id 或 class 之外，D3 還允許您設定元素的 CSS 樣式、特性，例如是否選中複選框（checkbox），及文本和 HTML。

圖 17-3 顯示了可以使用 D3 來更改 DOM 元素的所有方式。使用這幾種方法，您幾乎可以達成任何想要的外觀和感覺。

圖 17-3　使用 D3 來更改 DOM 元素

圖 17-4 顯示如何透過向元素添加類別或直接設定樣式來應用 CSS 樣式。我們首先使用它的 ID barM 來選擇中間的直條。然後 classed 方法被用來應用黃色的突顯（請參閱 CSS）並把 height 屬性設定為 50 像素。然後再使用 style 方法來把紅色填充直接應用於直條圖上。

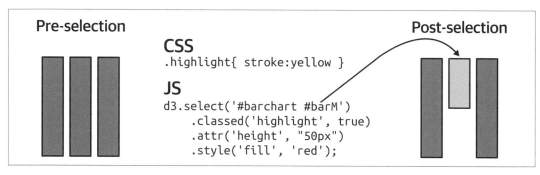

圖 17-4　設定屬性和樣式

D3 的 text 方法會設定適用的 DOM 標記的文本內容，例如 div、p、h* 標頭和 SVG 文本元素。要查看 text 方法的實際效果，可用一些 HTML 來建立一個小標題占位符：

```
<!DOCTYPE html>
<meta charset="utf-8">

<style>font-family: sans-serif;</style>

<body>
  <h2 id="title">title holder</h2>
</body>
```

圖 17-5 的「之前」，顯示了產生的瀏覽器頁面。

現在建立一個帶有大號粗體字型的 fancy-title CSS 類別：

```
.fancy-title {
    font-size: 24px;
    font-weight: bold;
}
```

可以使用 D3 來選擇標題標頭、向其添加 fancy-title 類別、然後把它的文本設定為 My Bar Chart：

```
d3.select('#title')
  .classed('fancy-title', true)
  .text('My Bar Chart');
```

圖 17-5 的「之後」，顯示了產生的放大和加粗的標題。

圖 17-5　使用 D3 來設定文本和樣式

除了設定 DOM 元素的屬性外，還可以使用選擇來獲取這些屬性。省略圖 17-3 中所列出方法的第二個引數，可以讓您獲得有關網頁設定的資訊。

圖 17-6 顯示了如何從 SVG 矩形獲取關鍵屬性。正如以下所見，從 SVG 元素獲取 width 和 height 等屬性，對於程式設計的適配和調整非常有用。

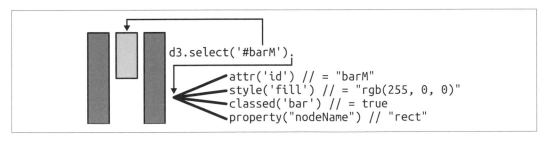

圖 17-6　獲取 rect 直條的詳細資訊

圖 17-7 示範 html 和 text getter 方法。在建立一個小串列（ID silly-list）後，我們使用 D3 來選擇它並獲取各種屬性。html 方法傳回串列的子 \<li\> 標記的 HTML，而 text 方法則傳回串列所包含的文本，其中去除了 HTML 標記。請注意，對於父標記，傳回的任何文本的格式都有些混亂，但對於一兩次的字串搜尋來說可能已經足夠了。

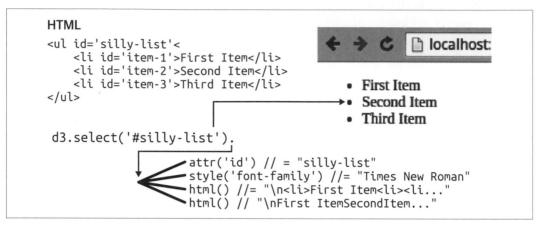

圖 17-7　從 list 標記中獲取 HTML 和文本

到目前為止，我們一直在操作現有 DOM 元素的屬性、樣式和特性。這是一項有用的技能，但是開始使用 D3 的 append 和 inser 方法，以程式設計方式建立 DOM 元素時，D3 就派上用場了。以下就是這些方法。

添加 DOM 元素

在瞭解如何選擇和操作 DOM 元素屬性、樣式及特性後，現在來瞭解 D3 如何允許附加和插入元素，以程式設計方式調整 DOM 樹。

從一個包含 nobel-bar 占位符的小 HTML 框架開始：

```
<!DOCTYPE html>
<meta charset="utf-8">
<link rel="stylesheet" href="style.css" />

<body>
  <div id='nobel-bar'></div>

  <script
    src="https://cdnjs.cloudflare.com/ajax/libs/d3/7.3.1/d3.min.js">
  </script>
```

```
<script type="text/javascript" src="script.js"></script> ❶
</body>
```

❶ *script.js* 檔案是要添加直條圖 JavaScript 程式碼的地方。

用一些 CSS 來設定 nobel-bar 元素的大小，並把它放在 *style.css* 中：

```
#nobel-bar {
  width: 600px;
  height: 400px;
}

.bar {
    fill: blue; /* blue bars for the chapter */
}
```

通常在使用 D3 建立圖表時，所做的第一件事就是為它提供 SVG 框架。這涉及把 <svg> 畫布元素附加到 div 圖表占位符，然後把一個 <g> 群組附加到此 <svg> 以容納特定圖表元素（在此案例中為圖表直條）。該群組具有可以容納軸、軸標籤和標題的邊距。

獲取元素的尺寸

在用 D3 或任何其他 JavaScript 視覺化程式庫來進行程式設計時，要求 SVG 或 HTML 元素的寬度和高度，以作為設定元件元素大小時的基礎很常見。一種方法是使用 D3 的 style 元件來獲取 CSS 尺寸，然後使用 parseInt 函數來獲取整數值：

```
//* CSS: #nobel-bar { width: 600px }; */

var width = parseInt(d3.select('#nobel-bar')
                        .style('width'), 10); ❶
```

❶ 呼叫 style 方法的結果是字串 '600px'，可以使用 parseInt 函數把它轉換為數字 600。

此方法通常運作良好，儘管 parseInt 在把字串 '600px' 轉換為數字 600 時感覺有點笨拙。另外，如果寬度是用父容器的百分比來指明時，它也會失敗。

可以說，更好、更穩健的方法是去獲取相關 HTML 或 SVG 元素定界框的尺寸。
它們會給出元素的寬度、高度和相對位置，使用 node 方法來獲取 DOM 元素：

```
let ele = d3.select("#chart-holder")
// 對一 HTML 元素，以 D3 +ele+ 選擇開始
let bRect = ele.node().getBoundingClientRect();
// 例如，bRect 為 {width: 600, height: 400, ... }
// 對 SVG 元素使用 getBBox 方法：
let bBox = eleSVG.node().getBBox();
// 例如，bBox 為 {width: 600, height: 400, x: 100, y: 100}
```

按照慣例，您將在 margin 物件中指明圖表的邊距，然後使用它以及圖表容器的 CSS 所指
明的寬度和高度，來導出圖表群組的寬度和高度。所需的 JavaScript 類似於範例 17-1。

範例 *17-1 獲取直條圖的尺寸*

```
var chartHolder = d3.select("#nobel-bar");

var margin = {top:20, right:20, bottom:30, left:40};

var boundingRect = chartHolder.node()
  .getBoundingClientRect(); ❶
var width = boundingRect.width - margin.left - margin.right,
height = boundingRect.height - margin.top - margin.bottom;
```

❶ 獲取我們的諾貝爾獎直條圖面板的定界矩形，並使用它來設定其直條容器群組的寬
度和高度。

有了直條群組的寬度和高度之後，使用 D3 來建構圖表的框架、附加所需的 <svg> 和 <g>
標記，並指定 SVG 畫布的大小和直條群組的平移：

```
d3.select('#nobel-bar').append("svg")
    .attr("width", width + margin.left + margin.right)
    .attr("height", height + margin.top + margin.bottom)
    .append("g").classed('chart', true)
    .attr("transform", "translate(" + margin.left + ","
                          + margin.top + ")");
```

這會更改 nobel-bar 內容區塊的 HTML：

```
...
    <div id="nobel-bar">
      <svg width="600" height="400">
        <g class="chart" transform="translate(40, 20)"></g>
```

```
            </svg>
          </div>
    ...
```

產生的 SVG 框架如圖 17-8 所示。<svg> 元素的寬度和高度是其子群組和周圍邊距的總和。子群組使用 transform 進行偏移，將其 margin.left 像素向右平移、margin.top 像素向下平移（按照 SVG 的慣例，這是正 y 方向）。

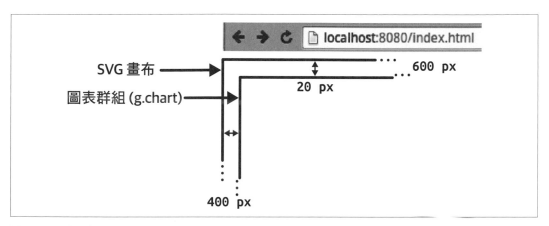

圖 17-8　建構直條圖框架

有了框架之後，可以使用 append 來添加一些直條。我們會使用一些虛擬資料：一個物件陣列，其中包含諾貝爾獎獲獎的領先國家（按獎項數量）：

```
var nobelData = [
    {key:'United States', value:336},
    {key:'United Kingdom', value:98},
    {key:'Germany', value:79},
    {key:'France', value:60},
    {key:'Sweden', value:29},
    {key:'Switzerland', value:23},
    {key:'Japan', value:21},
    {key:'Russia', value:19},
    {key:'Netherlands', value:17},
    {key:'Austria', value:14}
];
```

要建構粗略的直條圖 [1]，可以遍歷 nobelData 陣列，同時把直條圖附加到圖表群組。範例 17-2 示範了這一點。為圖表建構基本框架後，我們遍歷 nobelData 陣列，使用 value 欄位來設定直條的高度和 y 位置。圖 17-9 顯示了如何使用物件值來把直條圖附加到圖表群組。請注意，由於 SVG 使用向下的 y 軸，因此您必須把直條位移直條圖的高度，減去直條高度，以便把直條圖正確地向上放置。正如稍後將看到的，透過使用 D3 的尺度，可以限制這種幾何簿記。

範例 17-2　使用 append 建構粗略直條圖

```
var chartHolder = d3.select("#nobel-bar");

    var margin = {top:20, right:20, bottom:30, left:40};
    var boundingRect = chartHolder.node().getBoundingClientRect();
    var width = boundingRect.width - margin.left - margin.right,
    height = boundingRect.height - margin.top - margin.bottom;
    var barWidth = width/nobelData.length;

    var svg = d3.select('#nobel-bar').append("svg")
        .attr("width", width + margin.left + margin.right)
        .attr("height", height + margin.top + margin.bottom)
        .append("g").classed('chart', true)
        .attr("transform", "translate(" + margin.left + ","
        + margin.top + ")");

    nobelData.forEach(function(d, i) { ❶
        svg.append('rect').classed('bar', true)
            .attr('height', d.value)
            .attr('width', barWidth)
            .attr('y', height - d.value)
            .attr('x', i * (barWidth));
    });
};
```

❶ 遍歷 nobelData 中的每個物件，forEach 方法為匿名函數提供了物件和陣列索引。

1　本章稍後會讓 D3 火力全開，並開始綁定資料時處理軸、標籤等物件。

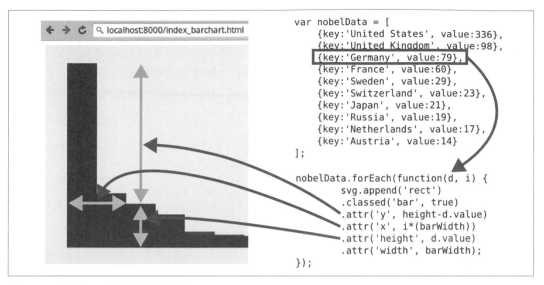

圖 17-9　使用 D3 編寫基本直條圖

D3 把元素添加到 DOM 樹的另一種方法，是使用其 insert 方法。insert 的運作方式與 append 類似，但添加了第二個選擇器引數，以允許您把元素放置在標記序列中的特定位置之前，例如在有序串列的開頭。圖 17-10 示範了 insert 的使用：silly-list 中的串列項目就像 append 一樣被選中，然後第二個引數（例如，':first-child'）則指定要插入的元素。

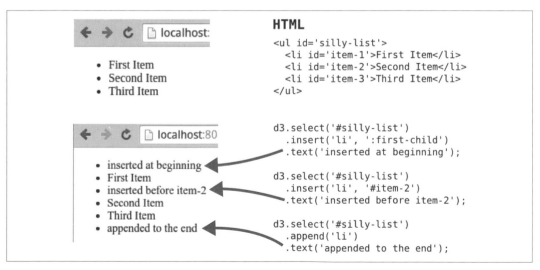

圖 17-10　使用 D3 的 insert 方法添加串列項目

對於使用 x 和 y 坐標來在其父群組中直接定位的 SVG 元素，insert 可能看起來是多餘的。但是，正如第 115 頁的「分層和透明度」中所討論的，DOM 順序在 SVG 中很重要，因為元素是分層的，這意味著 DOM 樹中的最後一個元素會覆寫所有之前的元素。第 19 章也會看到這樣的例子，我們的世界地圖有一個網格重疊（或 graticule）。我們希望將此網格繪製在所有其他地圖元素之上，因此使用 insert 來把這些元素放置在它之前。

圖 17-9 中的粗略直條圖急需改進。改進方法為，首先使用 D3 強大的 scale 物件，然後是 D3 最大的抱負，資料綁定（data binding）。

發揮 D3 的威力

範例 17-2 使用 D3 建構了一個基本的、簡潔的直條圖。這個圖表有很多問題。首先，遍歷資料陣列有點笨拙。如果想為圖表調整資料集時讓怎麼辦？我們需要某種方法來添加或刪除直條以作為回應，然後使用新資料來更新產生的直條並重繪所有內容。我們還需要不斷縮放 x 和 y 中的直條尺寸，以反映不同的直條數量和不同的最大直條值。這已經是相當多的簿記工作了，事情很快就會變得一團糟。另外，我們是在哪裡保存不斷變化的資料集？圖表的每個資料驅動更改都需要傳遞資料集，然後建構一個迴圈來迭代元素。當資料確實需要整合到鍊式 D3 工作流程中的時候，卻感覺好像是存在於鍊式 D3 工作流程之外。

要優雅地整合資料集和 D3 的解決方案在於資料綁定的概念，這是 D3 最大的抱負。縮放問題按 D3 最有用的實用程式程式庫之一解決：尺度（scale）。現在就來看看，然後透過一些資料綁定來釋放 D3 的力量。

使用 D3 的尺度測量

D3 尺度背後的基本思想是一種從輸入定義域（domain）到輸出值域（range）的映射。這個簡單的過程可以消除建構圖表、視覺化等事務的許多挑剔層面。隨著您對尺度越來越熟悉，您會發現有越來越多的情況可以應用它們。掌握它們是建構輕鬆、無負擔 D3 的關鍵組成部分。

D3 提供了很多尺度，並把它們分為三大類：定量（quantitative）、順序（ordinal）和時間（time）[2] 尺度。有一些奇特的映射可以適應大多數可以想到的情況，但您可能會發現自己大部分時間都在使用線性（linear）和順序尺度。

在使用上，D3 尺度可能會顯得有些奇怪，因為它們部分是物件，部分是函數。這意味著在建立尺度後，您可以呼叫它的各種方法來設定它的屬性（例如，domain 來設定它的定義域），但您也可以把它作為帶有定義域引數的函數來呼叫以傳回一個值域值。下面的例子應該清楚地說明了區別：

```
var scale = d3.scaleLinear(); // 建立線性尺度
scale.domain([0, 1]).range([0, 100]); ❶
scale(0.5) // 傳回 50 ❷
```

❶ 使用尺度的 domain 和 range 方法來從 0 → 1 映射到 0 → 100。

❷ 使用定義域引數 0.5 來像函數一樣呼叫尺度，這傳回的值域值為 50。

讓我們看看兩個主要的 D3 尺度，定量尺度和順序尺度，並展示要如何使用它們來建構直條圖。

定量尺度

在建構折線圖、直條圖、散布圖等時，通常會使用的 D3 定量尺度是 linear，它會把連續的定義域映射到連續的值域。例如，我們希望直條高度是 nobelData 值的線性函數。要映射到的值的範圍，介於以像素為單位的直條最大和最小高度之間，也就是 400 像素到 0 像素；要被映射的定義域，介於最小的可能值：0，以及本案例中陣列中的最大值：336 位美國獲獎者之間。在下面的程式碼首先使用 D3 的 max 方法來獲取 nobelData 陣列中的最大值，並用它來指明定義域端點：

```
let maxWinners = d3.max(nobelData, function(d){
                return +d.value; ❶
            });

let yScale = d3.scaleLinear()
            .domain([0, maxWinners]) /* [0, 336] */
            .range([height, 0]);
```

❶ 如果像 JSON 編碼資料一樣該值有可能會是一個字串，字首 + 會把它強制轉換為數字。

2　有關完整列表，請參閱 D3 的 GitHub 頁面（*https://oreil.ly/xiKUs*）。

需要注意的一個小技巧是我們的值域會從最大值開始減小。這是因為要用它來指明沿著 SVG 的向下 y 軸的正位移，以讓直條圖的 y 軸指向上方；也就是直條高度越小，所需的 y 位移越大。相反的，您可以看到最大的直條圖（美國獲獎者的統計圖）根本沒有位移（見圖 17-11）。

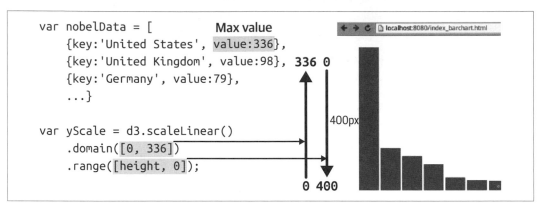

圖 17-11　使用 D3 的線性尺度來固定直條圖 y 軸的定義域和值域

我們正在為直條圖的 y 軸使用最簡單的線性尺度，從一個數字範圍映射到另一個數字範圍，但 D3 的線性尺度還可以做更多的事情。要理解這一點的關鍵是 D3 的 interpolate 方法[3]。它會接受兩個值並傳回它們之間的 interpolator。因此，對於圖 17-11 中的 yScale 值域，interpolate 會傳回值 400 和 0 的數值 interpolator：

```
var numInt = d3.interpolate(400, 0);

numInt(0); //    400 ❶
numInt(0.5); // 200
numInt(1); //    0
```

❶　內插子（interpolator）的預設定義域為 [0, 1]。

interpolate 方法可以處理的不僅僅是數字。字串、顏色碼甚至物件都會得到明智的處理。您還可以為定義域陣列指明兩個以上的數字——只需確保定義域陣列和值域陣列的大小相同[4]。結合這兩個事實可以建立一個有用的顏色圖[5]：

3　有關完整詳細資訊，請參閱 D3 說明文件（*https://oreil.ly/2IXaF*）。
4　D3 將截斷其中較大者。
5　D3 有許多內建的顏色圖和複雜的 RGB、HCL 等顏色處理。我們將在接下來的章節中看到其中一些的實際應用。

```
var color = d3.scaleLinear()
    .domain([-1, 0, 1])
    .range(["red", "green", "blue"]);

color(0) // "#008000" 綠色的十六進位碼
color(0.5) // "004080" 石板藍
```

D3 的線性尺度有很多實用的方法和豐富的功能。數值型地圖可能是您的主力尺度，但我建議閱讀 D3 說明文件（*https://oreil.ly/lZy94*）以充分瞭解線性尺度的靈活性。在該網頁上，您會找到 D3 的其他量化尺度，幾乎適用於所有量化場合：

- 冪（power）尺度，類似於線性但具有指數轉換（例如，sqrt）。

- 對數（log）尺度，類似於線性但具有對數轉換。

- 量化（quantize）尺度，具有離散範圍的線性尺度的變體；也就是說，雖然輸入是連續的，但輸出被分成區段或桶（例如，[1, 2, 3, 4, 5]）。

- 常用於調色板的分位數（quantile）尺度，類似於量化尺度，但具有離散的或分桶的定義域以及值域。

- 恆等（identity）尺度，具有相同定義域和值域的線性尺度（相當深奧）。

定量尺度非常適合處理連續賦值的數量，但我們通常希望獲得基於離散定義域（例如，名稱或類別）的值。D3 有一組專門的順序尺度來滿足這種需要。

順序尺度

順序尺度會接受一個值的陣列作為它們的定義域，並將這些值映射到離散或連續值域，並為每個值產生一個映射值。要外顯式建立一對一映射，可以使用此尺度的 range 方法：

```
var oScale = d3.scaleOrdinal()
            .domain(['a', 'b', 'c', 'd', 'e'])
            .range([1, 2, 3, 4, 5]);

oScale('c'); // 3
```

對於直條圖來說，我們希望把一個索引陣列映射到一個連續的值域，以提供直條的 x 坐標。為此，可以使用帶（band）尺度 scaleBand 的 range 或 rangeRound 方法，後者會把輸出值對映到單一像素。這裡使用 rangeRound 來把數字陣列映射到連續值域，並四捨五入為整數像素值：

```
var oScale = d3.scaleBand()
            .domain([1, 2, 3, 4, 5])
            .rangeRound([0, 400]);

oScale(3) // 160
oScale(5) // 320
```

在建構最初的原始直條圖（範例 17-2）時，我們使用了 barWidth 變數來調整直條的大小。在直條之間實作填充需要一個填充變數，以及對於 barWidth 和直條位置的必要調整。使用新的順序帶尺度可以免費獲得這些東西，從而消除了繁瑣的簿記工作。呼叫 xScale 的 bandwidth 方法會提供計算出的直條寬度。我們還可以使用尺度的 padding 方法來把直條之間的填充指定為每個直條所占據空間的一部分。bandwidth 值也會相對應地調整。以下是實際操作中的一些範例：

```
var oScale = d3.scaleBand()
            .domain([1, 2]); ❶

oScale.rangeRound([0, 100]); ❷
oScale(2); // 50
oScale.bandwidth(); // 50

oScale.rangeRound([0, 100]);
oScale.padding(0.1) // pBpBp ❸
oScale(1); // 5
oScale(2); // 52
oScale.bandwidth(); // 42，填充的直條寬度
```

❶ 儲存具有固定定義域的尺度；預計值域會發生變化時會很有用。

❷ rangeRound 將輸出值對映（四捨五入）為整數。

❸ 將填充（p）因子指明為 0.1 * 已配置的直條（B）空間。

圖 17-12 顯示了直條圖的帶狀 x 尺度，其填充因子為 0.1。連續值域為 600（像素），這是直條圖的寬度，定義域是用來表達各個直條的整數陣列。如圖所示，為 xScale 提供直條的索引數字會傳回它在 x 軸上的位置。

有了 D3 尺度，讓我們轉向 D3 的核心概念，把資料綁定到 DOM 來驅動對它進行更改。

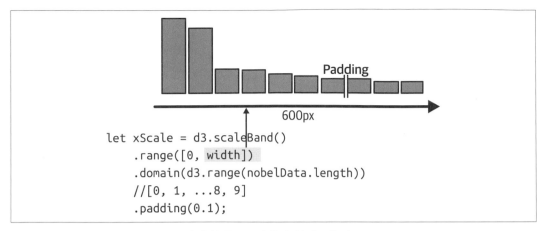

圖 17-12　使用 0.1 的填充因子設定直條圖 x 尺度的定義域和值域

透過資料綁定 / 連接釋放 D3 的威力

D3 代表資料驅動文件（*Data-Driven Documents*），不過到目前為止，我們還沒有真正用到資料驅動。為了釋放 D3 的威力，我們需要擁抱它的核心想法，也就是把資料集中的資料綁定（binding）或連接（joining）（這兩個術語都在線上使用）到其各自的 DOM 元素，並根據這種整合來更新網頁（文件）。當和最強大的 D3 方法 enter 和 exit 結合使用時，把資料連接到 DOM 的這個小步驟可以實現大量功能。

經過多次迭代之後，D3（版本 5 及以上版本）現在提供了 join 方法，大大簡化了 enter 和 exit 的使用。join 方法將是本章的重點。

為了解釋使用了較舊的 enter、exit、remove 更新樣式的數千個線上範例，瞭解更多有關 D3 連接資料時幕後所發生的事情會有所幫助。詳見附錄 A。

用資料更新 DOM

使用 D3 來用新資料更新 DOM 在過往一直不是件容易掌握的事，尤其是要嘗試教授它，或寫一本書章節時，您真的會很感激這種說法；所以我認為這樣說很公道。有許多實作，例如通用更新樣式（*https://oreil.ly/sYrAG*），它們本身在過去經歷了許多不相容的形式。這意味著網路上很多流行的使用舊版本 D3 的範例，都會引導您走上錯誤的道路。

儘管您可能希望透過單一資料綁定程序來建構一次性的圖表，但最好養成問自己「如果我需要動態更改資料時該怎麼辦呢？」的習慣。如果答案不是很明顯的話，您可能實作了一個糟糕的 D3 設計。可以當場更改，意味著您可以進行一些程式碼審核，並在事情開始惡化之前進行必要的更改。戒掉這個習慣是件好事，但也因為 D3 有點像手藝，不斷重申最佳實務會在您需要時得到回報。

好消息是最近的 D3 版本鞏固了基本方法並讓它們也變得簡單得多。因此，要應用 D3 中進行資料連接的三個關鍵方法 enter、exit 和 remove，現在可以使用具有合理預設值的單一 join 方法來完成。本節將瞭解如何使用這四種方法來更新直條圖以回應新資料，在本案例中為諾貝爾獎得主國家。

D3 背後最基本的概念可能是資料連接。本質上，資料集（通常是資料物件陣列）被用來建立一些視覺元素，例如直條圖的矩形直條。對此資料的任何更改都會反映在不斷變化的視覺化中，例如，直條圖中直條的數量或現有直條的高度或位置。我們可以將此運算分為三個階段：

1. 無需使用 enter 即可為任何資料建立視覺化元素。

2. 更新這些元素的屬性和樣式，如果需要，更新任何現有元素。

3. 使用 exit 和 remove 方法來移除所有不再有任何資料連結到它的舊視覺元素。

過去 D3 要求您自己實作更新樣式，使用 enter、exit 和（簡單地）merge 方法，新的 join（*https://oreil.ly/4mg8b*）方法把這些方法結合在一個對使用者友善的套件裡。通常您可以只用一個指明了要連接到資料的視覺元素（例如，SVG 矩形或圓形）的引數來呼叫它，但它也有更細緻的控制，允許您傳入 ente、exit 和 update 回呼函數。

讓我們現在看看要把一些由 SVG 矩形構成的水平直條連接到虛擬諾貝爾獎資料集以連接資料和視覺元素有多麼容易。我們會把以下資料集連接到矩形群組，並使用它來建立一些水平直條。您可以在 CodePen（*https://oreil.ly/YOnzx*）中找到實際使用的程式碼範例。

```
let nobelData = [
  { key: "United States", value: 336 },
  { key: "United Kingdom", value: 98 },
  { key: "Germany", value: 79 },
  { key: "France", value: 60 },
  { key: "Sweden", value: 29 },
  { key: "Switzerland", value: 23 },
  { key: "Japan", value: 21 }
];
```

使用一些 HTML 和 CSS 來建立一個 SVG 群組，以放入直條圖和一個帶有藍色填充的直條圖類別：

```
<div id="nobel-bars">
  <svg width="600" height="400">
    <g class="bars" transform="translate(40, 20)"></g>
  </svg>
</div>

<style>
.bar {
  fill: blue;
}
</style>
```

有了資料和 HTML 鷹架後，讓我們看看 D3 的 join 運算。我們將建立一個 updateBars 函數，此函數會接受鍵值（key-value）形式國家的資料陣列，並把它連接到一些 SVG 矩形。

updateBars 函數會接受一個資料陣列，並首先使用 data 方法來把它添加到類別 'bar' 的選擇中。如範例 17-3 所示，它之後會使用 join 方法，把這個直條選擇連接到一些 SVG 矩形。

範例 17-3　把我們的國家資料加入到一些 SVG 直條中

```
function updateBars(data) {
  // select and store the SVG bars group
  let svg = d3.select("#nobel-bars g");
  let bars = svg.selectAll(".bar").data(data);

  bars
    .join("rect") ❶
    .classed("bar", true) ❷
    .attr("height", 10)
    .attr("width", d => d.value)
    .attr("y", function (d, i) {
      return i * 12;
    });
}
```

❶ 這會把所有現有的直條資料連接到 SVG rect 元素。

❷ join 會傳回所有現有的 rect，然後我們使用它們的連接資料來更新它們。

呼叫 join 方法後，D3 會做明智的事情，使用 enter、exit 和 remove 來讓資料和視覺元素保持同步。讓我們透過使用不斷變化的資料來呼叫 updateBars 函數幾次以示範這一點。首先，我們將對諾貝爾獎資料集的前四個成員進行切片，並使用它們來更新直條圖：

```
updateBars(nobelData.slice(0, 4));
```

這會產生此處顯示的直條圖：

現在更新資料連接，只使用諾貝爾獎資料陣列的前兩個成員：

```
updateBars(nobelData.slice(0, 2));
```

呼叫此方法會產生上圖中顯示的兩個直條。在幕後，D3 的簿記已經刪除了冗餘矩形，這些矩形具有較小的資料集，不再與任何資料連接。

現在換個方向，看看如果使用更大的資料集會發生什麼事，這次是諾貝爾獎陣列的前六個成員：

```
updateBars(nobelData.slice(0, 6));
```

D3 再一次做了預期的事情（見上圖），這次附加了新的矩形以連接到新的資料物件。

證明了 D3 的連接可以成功地讓資料和視覺元素保持同步，並根據需要來添加和刪除矩形，就具備了諾貝爾獎直條圖的基礎。

將直條圖放在一起

現在把本章中學到的內容放在一起，並建構直條圖的主要元素。這裡將充分利用 D3 的尺度。

首先，透過 ID *#nobel-bar* 來選擇直條圖的容器，並使用其尺寸（來自 boundingClient Rectangle）和一些邊距設定來獲取圖表的寬度和高度：

```
let chartHolder = d3.select('#nobel-bar')
let margin = { top: 20, right: 20, bottom: 35, left: 40 }
let boundingRect = chartHolder.node().getBoundingClientRect()
let width = boundingRect.width - margin.left - margin.right,
height = boundingRect.height - margin.top - margin.bottom
// 用於 y 軸標籤的一些左側填充
var xPaddingLeft = 20
```

現在將使用寬度和高度來設定尺度：

```
let xScale = d3.scaleBand()
  .range([xPaddingLeft, width]) // 用於 y 軸標籤的一些左側填充
  .padding(0.1)

let yScale = d3.scaleLinear().range([height, 0])
```

現在將使用寬度、高度和邊距來建立 SVG 圖表群組，並把它儲存到一個變數中：

```
var svg = chartHolder
    .append('svg')
    .attr('width', width + margin.left + margin.right)
    .attr('height', height + margin.top + margin.bottom)
    .append('q')
    .attr('transform', 'translate(' + margin.left + ',' + margin.top + ')')
```

有了 HTML 和 SVG 鷹架後，讓我們調整 updateBars 函數（見範例 17-3）以回應真實諾貝爾獎資料的變化。更新函數將接收以下形式的資料陣列：

```
[ {key: 'United States', value: 336, code: 'USA'}
  {key: 'United Kingdom', value: 98, code: 'GBR'}
  {key: 'Germany', value: 79, code: 'DEU'} ... ]
```

在使用新資料進行呼叫時，updateBarchart 函數會先過濾掉任何沒有獲獎的國家，然後更新 x 和 y 尺度定產域以反映直條 / 國家的數量和贏得的最大獎項數，如範例 17-4 所示。

範例 17-4　更新直條圖

```
let updateBarChart = function (data) {
  // 過濾掉所有零獲獎數的國家
  data = data.filter(function (d) {
    return d.value > 0
  })
  // 改變尺度定義域以反映新的過濾後資料
  // 這會產生一個國家碼陣列：['USA', 'DEU', 'FRA' ...]
  xScale.domain(
    data.map(d => d.code)
  )
```

```
  // 我們想要依照最大獲獎數進行縮放，例如 USA: 336
  yScale.domain([
    0,
    d3.max(data, d => d.value)
  ])
// ...
}
```

使用更新的尺度，可以使用資料連接來建立資料所需的直條。這和範例 17-3 中顯示的函
數基本相同，但使用尺度來調整直條的大小並使用客製化的 entry 方法，以添加類別和
左側填充到新建立的直條：

```
let bars = svg
    .selectAll('.bar')
    .data(data)
    .join(
      (enter) => {  ❶
        return enter
          .append('rect')
          .attr('class', 'bar')
          .attr('x', xPaddingLeft)
      }
    )
    .attr('x', d => xScale(d.code))
    .attr('width', xScale.bandwidth())
    .attr('y', d => yScale(d.value))
    .attr('height', d => height - yScale(d.value))
```

❶ 客製化 enter 方法，給矩形添加一個 bar 類別。請注意，我們需要傳回 enter 物件以
在 join 呼叫後使用。

我們現在有一個直條圖來回應資料的變化，在此案例中是由使用者發起的。過濾所有化學
獎的資料顯示了圖 17-13 中的結果。儘管還缺少了一些關鍵元素，但直條圖的建構已經完
成了這件工作的艱苦部分。現在可以添加軸和一些很酷的過渡效果來做最後的潤色。

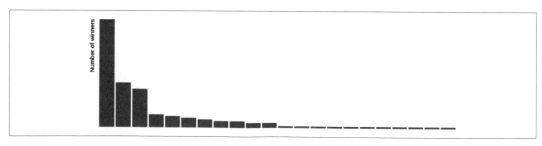

圖 17-13　最終直條圖

軸和標籤

現在有了一個有效的更新樣式，將會添加任何可自我解釋的直條圖所需的軸和軸標籤。

D3 沒有提供很多的高階圖表元素，以鼓勵您自己動手。但它確實提供了一個方便的 axis 物件，它避免了必須自己製作 SVG 元素的麻煩。它易於使用，並且正如您所期望的那樣，可以和我們的資料更新樣式配合良好，並允許軸刻度和標籤根據所呈現的資料而變化。

D3 軸

D3 軸起初可能會令人困惑，感覺有點神奇。最好把它們看作是一個外掛程式[6]，它可以為您產生正確的軸 HTML，包括線條、刻度、刻度標籤等；並且可以對資料的變化做出明智回應，也就是說，如果您更改尺度範圍，軸可以用看起來既酷又漂亮且平滑的過渡，來回應變化。

通常對於 D3 軸，您會建立一個 SVG 群組來儲存它，然後再上面呼叫軸，並設定它要表達的尺度。在 call 期間，軸物件會在 DOM 上戳印（*stamp*）正確的 HTML。因此簡單示範，以下程式碼描述了一個帶有 SVG x-axis 群組和 D3 軸的簡單圖表設定。在軸群組上呼叫軸會產生軸所需的 HTML 行和文本，在 CodePen（*https://oreil.ly/pYb4c*）中找到一個可運作範例。

```
<!DOCTYPE html>
<meta charset="utf-8">
<script src="static/libs/d3.min.js">
</script>
<style>
  svg {
    width: 600px;
    height: 400px
  }
</style>

<body>
  <svg>
```

---

6 軸遵循 Mike Bostock 在 *Towards Reusable Charts*（*https://oreil.ly/FOEoe*）中所提出的類似樣式，使用 JavaScript 物件的 call（*https://oreil.ly/4vVp3*）方法來在選定的 DOM 元素上建構 HTML。

```
      <g id='chart' transform='translate(20,20)'>
        <g id='x-axis'></g>
      </g>
    </svg>
    <script>
      var scale = d3.scaleLinear()
        .domain([0, 10]).range([0, 400]) ❶
      var xaxis = d3.axisBottom().scale(scale) ❷
      d3.select('#x-axis').call(xaxis) ❸
    </script>
  </body>
```

❶ 建立定義域為 0 到 10 且值域為 400（像素）的尺度。

❷ 使用剛定義的尺度來建立 D3 底軸。

❸ 在 x-axis 群組上呼叫 D3 軸會建立如圖 17-15 所示的軸 HTML 分支，它看起來類似於圖 17-14。

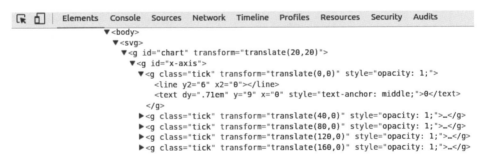

圖 17-14　一個簡單的 D3 軸

圖 17-15　由 D3 軸實例所建立的 HTML 分支

在一選擇上使用 call 方法是一種常見的 D3 技術，用於建立工具提示和畫筆等外掛程式。*bl.ocks.org* 上有大量範例，例如 Charl Botha 的範例（*https://oreil.ly/J0Hrd*）。主要的重點是它並不是魔法，而瞭解有關 call 方法期間所發生事情的基礎知識當然很重要。

為了定義 x 和 y 軸，需要知道我們希望這些軸代表的值域和定義域。在本案例中，它和 x 及 y 尺度的值域和定義域相同，因此可以把這些提供給軸的 scale 方法。D3 軸還允許您指明它們的方向，這會讓刻度和刻度標籤的相對位置固定。對於直條圖而言，我們希望 x 軸在底部，y 軸在左側。順序性 x 軸對每個長條都會有一個標籤，但對於 y 軸，刻度數字的選擇是任意的。十似乎是一個合理的數字，所以我們使用 ticks 方法來設定它。以下程式碼顯示如何宣告直條圖的軸：

```
let xAxis = d3.axisBottom().scale(xScale)

let yAxis = d3
  .axisLeft()
  .scale(yScale)
  .ticks(10)
  .tickFormat(function (d) {
    if (nbviz.valuePerCapita) { ❶
      return d.toExponential()
    }
    return d
  })
```

❶ 我們希望刻度標籤的格式會隨著選擇的度量而改變，無論是人均還是絕對。人均產生的數字非常小，最好以指數形式來表達（例如，0.000005 → 5e-6）。tickFormat 方法允許您在每個刻度獲取資料值並傳回所需的刻度字串。

我們還需要一些 CSS 來正確設定軸的樣式、刪除預設的 fill、把筆劃顏色設定為黑色、並讓形狀渲染更清晰（crisp）；也會指明字型大小和系列：

```
/* style.css */
.axis { font: 10px sans-serif; }
.axis path, .axis line {
    fill: none;
    stroke: #000;
    shape-rendering: crispEdges;
}
```

現在有了 axis 產生器，需要幾個 SVG 群組來儲存它們產生的軸。讓我們把它們以具有合理類別名稱的群組添加到主要 svg 選擇器中：

```
svg.append("g")
    .attr("class", "x axis")
    .attr("transform", "translate(0," + height + ")"); ❶

svg.append("g")
        .attr("class", "y axis");
```

❶ 按照 SVG 的慣例，y 是從上到下測量的，因此希望底部導向 x 軸從圖表頂部平移了高度像素。

直條圖的軸具有固定值域（圖表的寬度和高度），但它們的定義域會隨著使用者過濾資料集而改變。例如，如果使用者按經濟類別來過濾資料，（國家）直條的數量會減少：這會改變順序性 x 尺度（直條數）和定量性 y 尺度（最大獲獎者數）的定義域。我們希望顯示的軸會隨著這些不斷變化的定義域而變化，並具有良好的過渡效果。

範例 17-5 顯示了軸是如何更新的。首先，使用新資料（A）更新尺度定義域。當連結到尺度定義域的軸產生器在各自的軸群組上被呼叫時，這些新的尺度定義域就會反映出來。

範例 *17-5* 更新我們的直條圖的軸

```
let updateBarChart = function(data) {
    // A. 用新資料來更新尺度定義域
    xScale.domain( data.map(d => d.code) );
    yScale.domain([0, d3.max(data, d => +d.value)])
    // B. 用新的尺度定義域來使用軸產生器
    svg.select('.x.axis')
        .call(xAxis) ❶
        .selectAll("text") ❷
        .style("text-anchor", "end")
        .attr("dx", "-.8em")
        .attr("dy", ".15em")
        .attr("transform", "rotate(-65)");

    svg.select('.y.axis')
        .call(yAxis);
    // ...
}
```

❶ 在 x 軸群組元素上呼叫 D3 軸會在其中建構所有必要的軸 SVG，包括刻度和刻度標籤。D3 axis 使用內部更新樣式來啟用到新綁定資料的過渡。

❷ 建立 x 軸後，對產生的文本標籤執行一些 SVG 操作。首先，選擇軸的 text 元素，也就是刻度標記。然後把它們的文本錨點放在元素的末尾並稍微移動它們的位置。這是因為文本會圍繞它的錨點旋轉，而我們想要圍繞國家標籤的末端旋轉，此標籤現在位於刻度線下方。操作結果如圖 17-16 所示。請注意，如果不旋轉標籤，它們將併在一起。

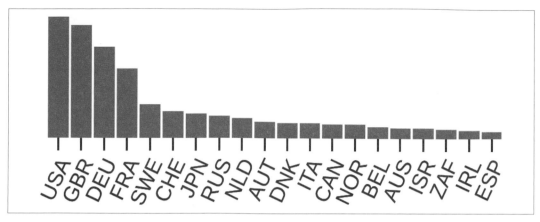

圖 17-16　重新定向 x 軸上的刻度標籤

現在有了工作軸，可以在 x 軸上添加一個小標籤，然後看看直條圖如何處理真實資料：

```
let xPaddingLeft = 20 ❶

let xScale = d3.scaleBand()
  .range([xPaddingLeft, width])
  .padding(0.1)
//...
svg.append("g")
    .attr("class", "y axis")
    .append("text")
    .attr('id', 'y-axis-label')
    .attr("transform", "rotate(-90)") ❷
    .attr("y", 6)
    .attr("dy", ".71em") ❸
    .style("text-anchor", "end")
    .text('Number of winners');
```

❶　一個左填充常數，以像素為單位，為 y 軸標籤讓出空間。

❷　將文本逆時針旋轉到直立位置。

❸　dy 是相對坐標 [相對於剛剛指明的 y 坐標 (6)]。透過使用 em 單位（相對於字型大小），可以方便地調整文本邊距和基線。

圖 17-17 顯示了使用類別選擇器過濾器過濾諾貝爾獎得主資料集中的化學獎獲獎者的結果。直條寬度會增加以反映國家數量的減少，並且兩個軸都適應新的資料集。

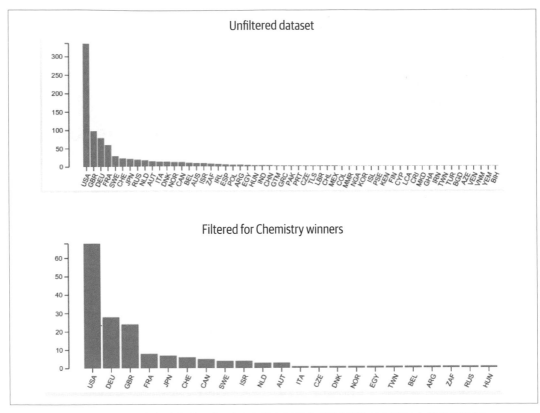

圖 17-17　我們對諾貝爾獎資料集應用類別過濾器來過濾化學獎獲獎者之前和之後的直條圖

現在有一個可運作的直條圖，它使用了更新樣式以隨著使用者驅動的資料集變化而自我調整。只是，儘管它是可用的，但回應資料變化時的過渡在視覺上是僵硬的，甚至是不和諧的。讓更改更具吸引力甚至更具資訊性的一種方法，是讓圖表在短時間內連續更新，在其中被保留的國家直條會從舊位置移動到新位置，同時還會調整它們的高度和寬度。這種連續的過渡確實為視覺化增添了生命力，並且在許多最令人印象深刻的 D3 作品中都可以看到。好消息是過渡已緊密整合到 D3 的工作流程中，這意味著您只需幾行程式碼即可達成這些炫酷的視覺效果。

過渡

就目前而言，我們的直條圖功能完美。它透過添加或刪除直條元素、然後使用新資料更新它們來回應資料更改。但是，從一種資料反映直接變化到另一種反映感覺有點僵硬，而且視覺上很不協調。

D3 的過渡讓我們可以平滑化元素的視覺性更新，讓它們在設定的時間段內不斷的變化。這可能既美觀又有時具有資訊性。[7] 重要的是 D3 過渡對使用者來說非常吸引人，這足以讓他們想要掌握它們。

圖 17-18 顯示了我們想要達到的效果。當使用新選擇的資料集來更新直條圖時，我們希望在過渡之前和之後出現的任何國家直條，會從它們的舊位置和尺寸平滑地變形到新的位置和尺寸 [8]。因此在圖 17-18 中，法國的直條在過渡過程中——大概是幾秒鐘——從開始到結束漸漸增長，過程中中間直條的寬度和高度會不斷增加。隨著 x 和 y 尺度的變化，軸刻度和標籤也會調整。

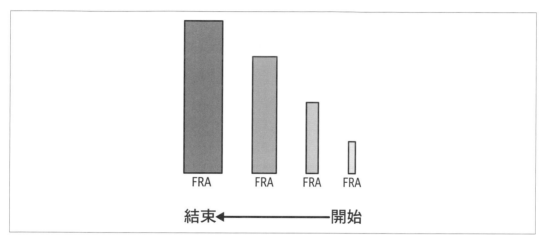

圖 17-18　更新時平滑的直條過渡

圖 17-18 中顯示的效果出奇地容易達成，但需要理解資料在 D3 中進行連接的精確方式。預設情況下，當新資料綁定到現有的 DOM 元素時，它是透過陣列索引來完成的。圖 17-19 以我們選擇的直條為例顯示了它的運作方式。第一個直條（B0），之前是綁定到美國的資料，但現在綁定到法國的資料了。它會保持在第一個位置並更新其大小和刻度標籤。從本質上講，美國直條變成法國的了 [9]。

7　例如，把按國家劃分的諾貝爾獎得主衡量標準從絕對值改為人均時，隨著國家直條圖改變了它們的順序而顯示的大量移動，強調了兩個度量之間的差異。

8　在動畫和電腦繪圖領域，這種效果稱為動畫內插（tweening），請參閱此維基百科頁面（https://oreil.ly/vr9QY）

9　請參閱 Mike Bostock 在其網站（https://oreil.ly/QZuYK）上對物件恆常性的精彩示範。

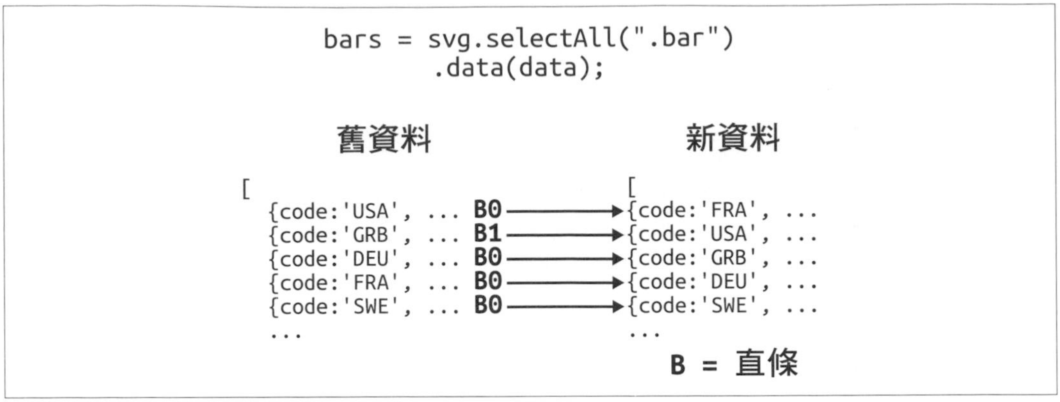

```
bars = svg.selectAll(".bar")
         .data(data);
```

舊資料　　　　　　　**新資料**

```
[                              [
  {code:'USA', ... B0 ──────▶ {code:'FRA', ...
  {code:'GRB', ... B1 ──────▶ {code:'USA', ...
  {code:'DEU', ... B0 ──────▶ {code:'GRB', ...
  {code:'FRA', ... B0 ──────▶ {code:'DEU', ...
  {code:'SWE', ... B0 ──────▶ {code:'SWE', ...
  ...                           ...
                             B = 直條
```

圖 17-19　預設情況下，新資料會透過索引連接

為了在過渡過程中獲得連續性（也就是，對於美國直條來說就是移動到它的新位置，同時改變到它的新高度和寬度），我們需要新資料被一個唯一的鍵（而不是索引）綁定。D3 允許您指明一個函數作為 data 方法的第二個引數，它會從物件資料傳回一個鍵，用於把新資料綁定到正確的相應直條，假設它們仍然存在的話。圖 17-20 顯示了完成方式。現在，第一個直條 (0) 被綁定到新的美國資料，透過索引來更改它的位置、寬度和高度，以符合新的美國直條。

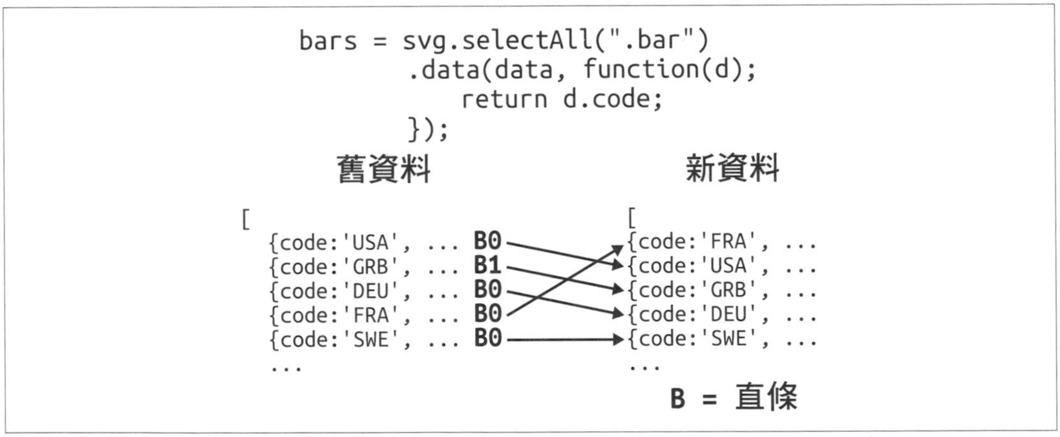

```
bars = svg.selectAll(".bar")
         .data(data, function(d);
             return d.code;
         });
```

舊資料　　　　　　　**新資料**

```
[                              [
  {code:'USA', ... B0 ──────▶ {code:'FRA', ...
  {code:'GRB', ... B1 ╲    ╱▶ {code:'USA', ...
  {code:'DEU', ... B0  ╲  ╱─▶ {code:'GRB', ...
  {code:'FRA', ... B0  ╱  ╲─▶ {code:'DEU', ...
  {code:'SWE', ... B0 ──────▶ {code:'SWE', ...
  ...                           ...
                             B = 直條
```

圖 17-20　使用物件鍵來連接新資料

依照鍵來連接資料，會提供國家直條的正確起點和終點。現在需要的是一種在它們之間建立平滑過渡的方法。我們可以透過使用幾個 D3 最酷的方法，也就是 transition 和 duration 來做到這一點。透過在更改直條尺寸和位置屬性之前呼叫它們，D3 會神奇地在它們之間執行了平滑過渡，如圖 17-18 所示。在直條圖更新時添加過渡只需要幾行程式碼：

```
// nbviz_core.mjs
nbviz.TRANS_DURATION = 2000 // 以毫秒為單位的時間
// nbviz_bar.mjs
import nbviz from ./nbviz_core.mjs
//...
svg.select('.x.axis')
    .transition().duration(nbviz.TRANS_DURATION) ❶
    .call(xAxis) //...
//...
svg.select('.y.axis')
    .transition().duration(nbviz.TRANS_DURATION)
    .call(yAxis);
//...
var bars = svg.selectAll(".bar")
    .data(data, d => d.code) ❷
//...
let bars = svg.selectAll('.bar')
  .data(data, (d) => d.code)
  .join(
   // ...
  )
  .classed('active', function (d) {
    return d.key === nbviz.activeCountry
  })
  .transition()
  .duration(nbviz.TRANS_DURATION)
  .attr("x", (d) => xScale(d.code)) ❸
  .attr("width", xScale.bandwidth())
  .attr("y", (d) => yScale(d.value))
  .attr("height", (d) => height - yScale(d.value));
```

❶ 持續時間為兩秒的過渡，也就是把 TRANS_DURATION 常數設成 2000（毫秒）。

❷ 使用資料物件的 code 屬性來進行連續資料連接。

❸ x、y、width 和 height 屬性會從目前的值平滑地變形為此處所定義的值。

過渡會作用於現有 DOM 元素的最明顯屬性和樣式 [10]。

剛剛顯示的過渡會進行屬性從起點到最終目標間的平滑變化，但 D3 允許對這些效果大量調整。例如，您可以使用 delay 方法來指明過渡開始前的時間。這種延遲也可以是資料的函數。

額外的過渡方法中最有用的可能是 ease，它讓您可以指明在過渡期間更新元素屬性的方式。預設的緩動函數是 CubicInOut（*https://oreil.ly/zP5FO*），但您也可以指明諸如 quad 之類的東西，它會隨著過渡的進行加快速度，或者指明 bounce 和 elastic，它們做的幾乎正如字面上的意思，會給變化帶來彈性。還有 sin，它會在開始時加速，並在接近尾聲時減慢。請參閱 *easings.net* 以獲得對不同緩動函數的詳細描述，以及 observablehq（*https://oreil.ly/crI0I*）以全面瞭解 D3 的緩動函數，並輔以互動式圖表。

如果 D3 可用的緩動函數不適合您的需求，或者您的野心時，那麼就像 D3 的大多數東西一樣，您可以自己動手來滿足任何微妙的要求。tween 方法提供了您可能會需要的細粒度控制。

有了一個基於 join 的有效更新樣式以及一些很酷的過渡之後，我們已經完成了 Nobel-viz 直條圖。總有改進的餘地，但此直條圖已經盡到它的責任。在繼續討論諾貝爾獎視覺化的其他組成部分之前，讓我們總結一下在這一章中學到的知識。

更新直條圖

匯入直條圖模組時，它會向核心模組中的回呼陣列追加一個回呼函數。當更新資料以回應使用者互動時，會呼叫此回呼函數並使用新的國家資料來更新直條圖：

```
nbviz.callbacks.push(() => { ❶
  let data = nbviz.getCountryData()
  updateBarChart(data)
})
```

❶ 當資料更新時，這個匿名函數會在核心模組中被呼叫。

---

10 過渡僅適用於現有元素——例如，您不能在建立 DOM 元素時淡入淡出（fade）。但是，您可以使用 opacity CSS 樣式來把它淡入淡出。

總結

這是一個龐大且極具挑戰性的章節。D3 不是最容易學習的程式庫，但我透過把內容分解為易於理解的區塊來讓學習曲線更平滑些。請花點時間吸收基本思想，最重要的是，請開始為自己設定一些小目標來擴展您的 D3 知識。我認為 D3 很像是一種藝術，而且和大多數程式庫相比，人們可以邊做邊學。

理解 D3 並有效應用它的關鍵要素，是更新樣式和所涉及的資料綁定。如果您從根本上理解這一點，那麼 D3 的大多數其他燦爛效果都可以發揮它們的作用。專注於 data、enter、exit 和 remove 方法，並確保您真正瞭解正在發生的事情。這是從 D3 的許多剪下和貼上程式設計風格中前進的唯一途徑，這種風格最初是富有成效的（四處都有很多很酷的範例），但最終會令人沮喪。使用您的瀏覽器開發人員控制台（目前 Chrome 和 Chromium 擁有最好的工具）來檢查 DOM 元素，以查看透過 __data__ 變數綁定到它們的資料。如果它不符合您的期望，您會透過找出原因而學到很多東西。

您現在應該對 D3 的核心技術有了很好的瞭解。下一章的目標是用一個更富野心的圖表──我們的諾貝爾獎時間軸來挑戰這些新技能。

## 第十八章

視覺化個人獎項

在第 17 章中，您學習了 D3 的基礎知識、如何選擇和更改 DOM 元素、如何添加新元素以及如何應用資料更新樣式，這是互動式 D3 的主軸。在本章中，我將擴展您到目前為止所學的內容，並向您展示如何建構一個相當新穎的視覺元素，按年分來顯示所有的諾貝爾獎（圖 18-1）。這條諾貝爾獎時間軸將能夠擴展上一章的知識，並展示許多新技術，包括更進階的資料處理。

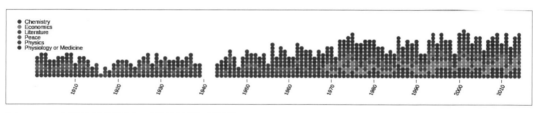

圖 18-1　本章的目標圖表，諾貝爾獎時間軸

首先展示如何為時間軸圖表建構 HTML 框架。

建構框架

我們的目標圖表的構造類似於上一章中詳細介紹的諾貝爾獎直條圖。我們首先使用 D3 來選擇 ID 為 nobel-time 的 `<div>` 容器，然後使用容器的寬度和高度，以及指定的邊距來建立 svg 圖表群組：

```
import nbviz from './nbviz_core.mjs'

let chartHolder = d3.select('#nobel-time');
```

```
let margin = {top:20, right:20, bottom:30, left:40};
let boundingRect = chartHolder.node()
  .getBoundingClientRect();
let width = boundingRect.width - margin.left
- margin.right,
height = boundingRect.height - margin.top - margin.bottom;

let svg = chartHolder.append("svg")
      .attr("width", width + margin.left + margin.right)
      .attr("height", height + margin.top
      + margin.bottom)
      .append('g')
        .attr("transform",
              "translate(" + margin.left + ","
              + margin.top + ")");
  // ...
})
```

有了 svg 圖表群組之後，接著添加尺度和軸。

尺度

為了放置圓形的指示符，我們使用了兩個順序性尺度（範例 18-1）。x 尺度使用 rangeRoundBands 方法來在圓之間指明 10% 的填充。因為我們使用 x 尺度來設定圓的直徑，所以手動調整 y 尺度的範圍的高度以適應所有指示符，讓它們之間有一點填充空間。我們使用 rangeRoundPoints 以四捨五入到整數的像素坐標。

範例 18-1　圖表的兩個順序性帶 (band) 尺度，用於 x 和 y 軸

```
let xScale = d3.scaleBand()
  .range([0, width])
  .padding(0.1) ❶
  .domain(d3.range(1901, 2015))

let yScale = d3.scaleBand()
  .range([height, 0]).domain(d3.range(15)) ❷
```

❶ 使用 0.1 的填充因子，大約是指示符直徑的 10%。

❷ 定義域是 [0, …, 15]，其中 15 是歷史上任何一年頒發的最大獎項數量。

和上一章的直條圖不同，此圖表的值域和定義域都是固定的。xScale 的值域是諾貝爾獎的年數，yScale 的值域是從零到任何給定年分的最大獎項數量（2000 年為 14 個）。這些都不會為了回應使用者互動而改變，因此我們在更新方法之外定義它們。

軸

不論哪一年，最多只會有 14 個獎項，每個獎項都有一個圓形指示符，必要時可以很容易地用眼睛數出獎項數。有鑑於此，在強調要提供是獎項分配的相對性指示符（例如，顯示二戰後美國科學獎的激增），以及圖表的冗長長度，y 軸對於我們的圖表來說是多餘的。

對於 x 軸，標記每個十年期的開始年分似乎是正確的。它減少了視覺混亂，也是繪製歷史趨勢圖表的標準人類方式。範例 18-2 顯示了 x 軸的構造，使用 D3 便捷的 axis 物件。我們使用 tickValues 方法來覆寫刻度值，過濾定義域範圍（1900–2015）來只傳回那些以零結尾的日期。

範例 18-2　製作 x 軸，每十年帶有刻度標籤

```
let xAxis = d3.axisBottom()
    .scale(xScale)
    .tickValues(
      xScale.domain().filter(function (d, i) {
        return !(d % 10) ❶
      })
    )
```

❶ 我們只想每 10 年有一個刻度，因此透過過濾 x 尺度的定義域值，並使用它們的索引來只選擇那些可被 10 整除的值，以建立刻度值。這些值會在模數（%）10 給出 0，我們對它應用非（not）布林運算子（!）以產生 true，從而通過過濾器。

對於以 0 結尾的年分，這將傳回 true，並在每十年的開始處給出一個刻度標籤。

和尺度一樣，我們料想軸不會發生變化，[1] 因此可以在 updateTimeChart 函數中接收資料集之前添加它們：

```
svg.append("g") // group to hold the axis
    .attr("class", "x axis")
    .attr("transform", "translate(0," + height + ")")
    .call(xAxis) ❶
    .selectAll("text") ❷
    .style("text-anchor", "end")
    .attr("dx", "-.8em")
    .attr("dy", ".15em")
    .attr("transform", "rotate(-65)");
```

---

1 D3 有一些方便的畫筆，可以輕鬆選擇 x 軸或 y 軸的一部分。再結合過渡，這可以提供一種引人入勝且直觀的方式來提高大型資料集的解析度。請參閱此 *bl.ocks.org* 頁面（*https://oreil.ly/2Q0j7*）以獲得一個很好的範例。

❶ 在 svg 群組上呼叫 D3 軸，axis 物件會負責建構軸元素。

❷ 和第 435 頁的「軸和標籤」一樣，我們會旋轉軸刻度標籤來把它們以對角線方向放置。

處理完軸和刻度後，我們只需要用彩色類別標籤來添加一個小圖例，就可以繼續使用圖表的酷炫互動元素。

類別標籤

最後一個靜態元件是圖例，其中包含圖 18-2 中所示的類別標籤。

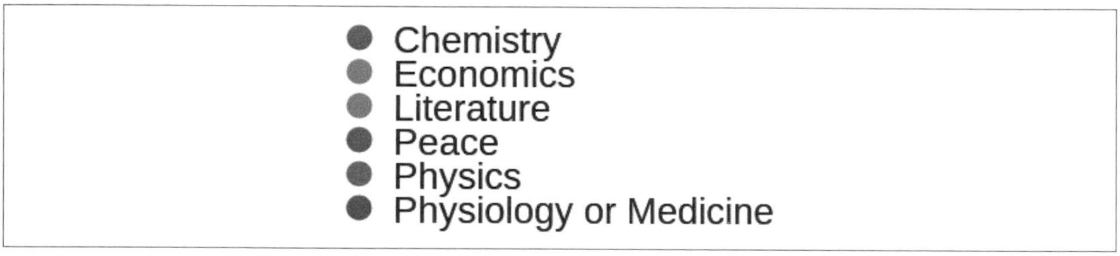

圖 18-2　類別圖例

要建立圖例，我們首先建立一個群組（類別 labels）來儲存標籤。把 nbviz.CATEGORIES 資料綁定到這個 labels 群組上的 label 選擇、輸入綁定資料、並為每個類別附加一個群組，在 y 軸上按索引位移：

```
let catLabels = chartHolder.select('svg').append('g')
        .attr('transform', "translate(10, 10)")
        .attr('class', 'labels')
        .selectAll('label').data(nbviz.CATEGORIES) ❶
        .join('g')
        .attr('transform', function(d, i) {
            return "translate(0," + i * 10 + ")"; ❷
        });
```

❶ 使用標準的 data 方法，接著再使用 join 方法來把類別陣列（["Chemistry", "Economics", …]）加入到 label 群組中。

❷ 為每個類別建立一個群組，垂直間隔 10 像素。

現在有了 catLabels 選擇，讓我們為每個群組添加一個圓形指示符（和時間軸中看到的相匹配）和文本標籤：

```
catLabels.append('circle')
    .attr('fill', (nbviz.categoryFill)) ❶
    .attr('r', xScale.bandwidth()/2); ❷

catLabels.append('text')
    .text(d => d)
    .attr('dy', '0.4em')
    .attr('x', 10);
```

❶ 使用共享的 categoryFill 方法根據綁定類別來傳回顏色。

❷ x 尺度 bandwidth 方法傳回兩個類別標籤之間的距離。會使用其中的一半來獲取圓形標籤標記的半徑。

categoryFill 函數（範例 18-3）是在 *nbviz_core.js* 中定義，應用程式使用它來為類別提供顏色。D3 以顏色十六進位碼陣列的形式提供許多配色方案，可以用來當作 SVG 填充顏色。您可以在 Observable（*https://oreil.ly/sblXu*）上看到配色方案的示範。我們正在處理類別，因此將使用 Category10 集合。

範例 *18-3　*設定類別顏色

```
// nbviz_core.js
nbviz.CATEGORIES = [
    "Physiology or Medicine", "Peace", "Physics",
    "Literature", "Chemistry", "Economics"];

nbviz.categoryFill = function(category){
    var i = nbviz.CATEGORIES.indexOf(category);
    return d3.schemeCategory10[i]; ❶
};
```

❶ D3 的 schemeCategory10 是 一 個 包 含 10 個 顏 色 十 六 進 位 碼（['#1f77b4', '#ff7f0e',...]）的陣列，可以使用獎項類別索引來應用它。

現在已經涵蓋了時間圖表的所有靜態元素，讓我們看看如何使用 D3 的 *nest* 程式庫來把它變成可用的形式。

巢套資料

為了建立這個時間軸元件，我們需要把獲獎者物件扁平陣列重新組織成一種形式，讓我們能夠把它綁定到時間軸中的個別諾貝爾獎項。為了盡可能順利地把此資料和 D3 綁定，我們需要的是按年分來排列的獎項物件陣列，其中年分群組是以陣列來使用。以下用諾貝爾獎資料集來示範轉換過程。

開始使用的扁平諾貝爾獎資料集，按年分來排序：

```
[
  {"year":1901,"name":"Wilhelm Conrad R\\u00f6ntgen",...},
  {"year":1901,"name":"Jacobus Henricus van \'t Hoff",...},
  {"year":1901,"name":"Sully Prudhomme",...},
  {"year":1901,"name":"Fr\\u00e9d\\u00e9ric Passy",...},
  {"year":1901,"name":"Henry Dunant",...},
  {"year":1901,"name":"Emil Adolf von Behring",...},
  {"year":1902,"name":"Theodor Mommsen",...},
  {"year":1902,"name":"Hermann Emil Fischer",...},
  ...
];
```

想要獲取此資料並把它轉換為以下巢套格式，也就是一個包含了年分鍵和按年分計算的獲獎者值的物件陣列：

```
[
  {"key":"1901",
   "values":[
     {"year":1901,"name":"Wilhelm Conrad R\\u00f6ntgen",...},
     {"year":1901,"name":"Jacobus Henricus van \'t Hoff",...},
     {"year":1901,"name":"Sully Prudhomme",...},
     {"year":1901,"name":"Fr\\u00e9d\\u00e9ric Passy",...},
     {"year":1901,"name":"Henry Dunant",...},
     {"year":1901,"name":"Emil Adolf von Behring",...}
   ]
  },
  {"key":"1902",
   "values":[
     {"year":1902,"name":"Theodor Mommsen",...},
     {"year":1902,"name":"Hermann Emil Fischer",...},
     ...
   ]
  },
  ...
];
```

可以遍歷這個巢套陣列並依次加入年分群組，每個年分群組都由時間軸中的一行指符來表示。

可以使用一個 D3 group 工具方法來按年分對諾貝爾獎進行分組。group 會接受一個資料資列並傳回一個按回呼函數中所指明的屬性進行分組所得的物件，在本案例中的屬性是獲獎年分，所以按年分對條目進行分組，如下所示：

```
    let nestDataByYear = function (entries) {
       let yearGroups = d3.group(entries, d => d.year) ❶
    // ...
    }
```

❶ 這裡使用現代 JavaScript lambda 速記函數，相當於 function(d) { return d.year }。

此分組傳回以下形式的條目陣列：

```
[ // yearGroups
  {1913: [{year: 1913, ...}, {year: 1913, ...}, ...]},
  {1921: [{year: 1921, ...}, {year: 1921, ...}, ...]},
  ...
]
```

現在，為了把此映射轉換為所需的鍵—值物件陣列，我們將使用 JavaScript 的 Array 物件以及它的 from 方法。我們傳入 yearGroups 映射和一個轉換器函數，該函數會接受 [鍵, 值] 陣列形式的個別群組並把它們轉換為 { 鍵 : 鍵 , 值 : 值 } 物件。再次使用解構賦值語法（destructuring assignment syntax，*https://oreil.ly/rREpC*）來映射鍵和值：

```
let keyValues = Array.from(yearGroups, [key, values] => {key, values})
```

現在具有所需的函數，可以按所需的鍵—值形式按年分來對過濾後的獲獎條目進行分組：

```
nbviz.nestDataByYear = function (entries) {
  let yearGroups = d3.group(entries, (d) => d.year);
  let keyValues = Array.from(yearGroups, ([key, values]) => {
    let year = key;
    let prizes = values;
    prizes = prizes.sort(
      (p1, p2) => (p1.category > p2.category ? 1 : -1)); ❶
    return { key: year, values: prizes };
  });
  return keyValues;
};
```

❶ 我們使用 JavaScript 陣列的 sort 方法（*https://oreil.ly/VA1ot*）來按類別的字母順序對獎項進行排序。這會讓年分之間的比較更容易。sort 需要一個正數值或負數值，而我們使用布林文數字的字串比較來產生它。

使用巢套資料連接添加獲獎者

在上一章第 432 頁的「將直條圖放在一起」中，我們看到了 D3 的新的 join 方法如何讓同步資料的更改變得更容易（在那案例中為按國家劃分的獎項數量），此同步是透過該資料的視覺化（在那案例中為直條圖中的直條）。我們的年度獲獎者圖表本質上是一個直條圖，其中各個直條由獎項（圓圈標記）來表達。現在我們將看到如何透過使用兩個資料連接，和上一節中產生的巢套資料集來輕鬆達成這一點。

巢套資料首先從 onDataChange 傳遞到時間圖表的 updateTimeChart 方法。然後使用第一個資料連接來建立年分群組，使用順序性 x 尺度來定位它們，它會把年分映射到像素位置（參見範例 18-1）並按年分來命名：

```
nbviz.updateTimeChart = function (data) {

  let years = svg.selectAll('.year').data(data, d => d.key) ❶

  years
    .join('g') ❷
    .classed('year', true)
    .attr('name', d => d.key)
    .attr('transform', function (year) {
      return 'translate(' + xScale(+year.key) + ',0)'
    })
    //...
}
```

❶ 我們希望透過年分鍵而不是預設的陣列索引來把年分資料連接到其各自的行，因為如果巢套陣列中存在著年分間隔，則預設陣列索引將會更改，而使用者選擇的資料集通常會出現這種情況。

❷ 第一個資料連接使用鍵—值陣列來按年分產生圓圈直條群組。

現在使用 Chrome 的 Elements 頁籤來查看從第一次資料連接中所做的更改。圖 18-3 顯示了我們的年分群組完整巢套在它們的父圖表群組中。

讓我們檢查一下以確保巢套資料已正確綁定到其各自的年分群組。在圖 18-4 中，我們透過年分名稱選擇了一個群組元素並對其進行了檢查。就如我們所要求的，正確的資料已按年分進行綁定，顯示了 1901 年六位諾貝爾獎得主的資料物件陣列。

更改前的 HTML

```
▼<div id="chart-holder" class="_dev">
  ▼<div id="nobel-time">
    ▼<svg width="1000" height="150">
      ▼<g class="chart" transform="translate(40,20)">
        ▶<g class="x axis" transform="translate(0,100)">…
        </g>
      ▶<g class="labels" transform="translate(10, 10)">…‹
      </svg>
    ...
```

更改後的 HTML

```
▼<div id="nobel-time">
  ▼<svg width="1000" height="150">
    ▼<g class="chart" transform="translate(40,20)">
      ▶<g class="x axis" transform="translate(0,100)">…</g>
        <g class="year" name="1901" transform="translate(18,0)
        <g class="year" name="1902" transform="translate(26,0)
        <g class="year" name="1903" transform="translate(34,0)
        <g class="year" name="1904" transform="translate(42,0)
        <g class="year" name="1905" transform="translate(50,0)
```

圖 18-3　在第一次資料連接期間建立我們年分群組的結果

Console

```
> d3.select('.year[name="1901"]')
< ▼qn {_groups: Array(1), _parents: Array(1)} ⓘ
    ▼_groups: Array(1)
      ▼0: Array(1)
        ▼0: g.year
          ▼__data__:
            key: 1901
            ▼values: Array(6)
              ▶0: {award_age: 49, category: 'Chemistry', country: 'Netherlands',
              ▶1: {award_age: 62, category: 'Literature', country: 'France', dat
              ▶2: {award_age: 79, category: 'Peace', country: 'France', date_of_
              ▶3: {award_age: 73, category: 'Peace', country: 'France', date_of_
              ▶4: {award_age: 56, category: 'Physics', country: 'Germany', date_
              ▼5:
                award_age: 47
                bio_image: "full/14336dc74f0b9e25a1b01a803f2e270d0d86994d.jpg"
                category: "Physiology or Medicine"
                country: "Germany"
                date_of_birth: -3654288000000
                date_of_death: -1664841600000
                gender: "male"
```

圖 18-4　使用 Chrome 的控制台來檢查我們第一次資料連接的結果

將年分群組資料連接到它們各自的群組之後，現在可以把這些值連接到代表每一年分的圓形標記群組。要做的第一件事，是選擇所有具有剛剛添加的鍵－值資料的年分群組，並把值陣列（當年的獎項）綁定到一些獲獎者占位符，這些占位符很快就會連接到一些圓圈標記。這是透過以下 D3 呼叫達成的：

```
let winners = svg
    .selectAll('.year')
    .selectAll('circle') ❶
    .data(
      d => d.values, ❷
      d => d.name      ❸
    );
```

❶ 為值陣列中的每個獎項建立一個圓形標記。

❷ 使用值陣列來建立帶有 D3 連接的圓。

❸ 使用一個可選的鍵來按名稱追蹤圓圈/獲獎者──這對過渡效果很有用，稍後會看到。

現在我們已經用獲勝條目資料建立了圓圈占位符，剩下的就是使用 D3 的 join 方法來把它們連接到一個圓圈。這會追蹤對資料的任何更改，並確保圓圈的建立和銷毀會同步。剩下令人印象深刻的簡潔程式碼如範例 18-4 所示。

範例 *18-4　產生獎項的圓圈指示符的第二次資料連接*

```
winners
    .join((enter) => {
      return enter.append('circle') ❶
                  .attr('cy', height)
    })
    .attr('fill', function (d) {
      return nbviz.categoryFill(d.category) ❷
    })
    .attr('cx', xScale.bandwidth() / 2) ❸
    .attr('r', xScale.bandwidth() / 2)
    .attr("cy", (d, i) => yScale(i));
```

❶ 客製化的 enter 方法用於附加所需的任何新圓圈，並為它們提供在圖表底部（對於 SVG，y 向下）預設的 y 位置。

❷ 一個會傳回給定獎品類別顏色的小輔助方法。

❸ 年分群組已經有了正確的 x 位置，所以只需要使用直條的帶寬來設定半徑，並把圓圈的中心放在直條的中間。y 尺度用於透過獲獎者陣列中的索引 i 來設定直條的高度。

範例 18-4 中的程式碼完成了建構獎項時間圖表的工作，如果有需要時則建立新的指示符圓圈，並把它們和任何現有的圓圈一起放置在正確的位置，此位置由它們的陣列索引指定（見圖 18-5）。

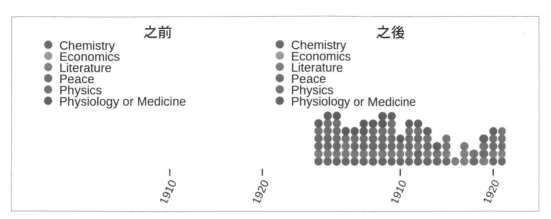

圖 18-5　成功的第二次資料連接結果

雖然已經產生了一個完美可用的時間軸，它會回應使用者驅動的資料變化，但過渡有點生硬和不吸引人 [2]。現在讓我們看看 D3 強大功能的一個很好的示範：添加兩行程式碼，就可以在時間軸改變狀態時，得到一個相當酷的視覺效果。

一點過渡的火花

按照目前的情況，當使用者選擇一個新資料集時，[3] 範例 18-4 中的更新樣式會立即設定相關圓圈的位置。我們現在要做的是為這種重新定位設定動畫，並在幾秒鐘內讓它平滑過渡。

任何使用者驅動的過濾都會留下一些現有指示符（例如，在所有類別中只選擇化學獎時）、添加一些新指符（例如，把類別從物理更改為化學）、或者兩者兼而有之。極端案例是過濾並沒有留下任何東西（例如，選擇女性經濟學獲獎者時）。這意味著我們需要決定現有的指示符應該做什麼以及如何為新指符的定位設定動畫。

2　如第 440 頁的「過渡」中所述，從一個資料集到另一個資料集的視覺過渡既可以提供資訊，又可以為視覺化提供連續感，讓它更具吸引力。

3　例如，按類別過濾獎項以只顯示物理獎獲獎者。

圖 18-6 顯示希望在選擇現有資料的子集合時會發生的事，在此案例中為過濾所有諾貝爾獎，只包括那些物理學獎獲獎者。在使用者選擇物理獎類別時，除物理獎之外的所有指符都會透過 exit 和 remove 方法刪除。同時，現有的物理獎指示符會開始進行從目前位置到結束位置的兩秒過渡，由它們的陣列索引決定。

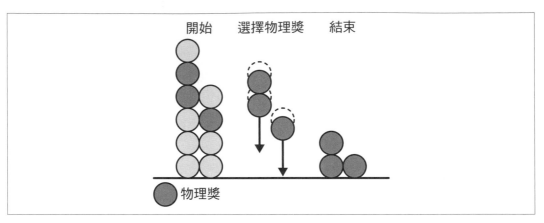

圖 18-6　選擇現有資料子集合的過渡

您可能會驚訝地發現，這兩種視覺效果，也就是把現有直條平滑地移動到新位置，以及從圖表底部增加任何新的直條，只需在現有程式碼中添加兩行即可達成。這是對 D3 資料連接概念及其成熟設計的強大功能的有力證明。

為了達成所需的過渡，我們在設定圓圈標記的 y 位置（*cy* 屬性）之前加上了對 transition 和 duration 方法的呼叫。它們讓圓圈的重新定位變平滑了，在超過兩秒（2000 毫秒）內緩動它：

```
winners
  .join((enter) => {
    return enter.append('circle').attr('cy', height) ❶
  })
  .attr('fill', function (d) {
    return nbviz.categoryFill(d.category)
  })
  .attr('cx', xScale.bandwidth() / 2)
  .attr('r', xScale.bandwidth() / 2)
  .transition() ❷
  .duration(2000)
  .attr("cy", (d, i) => yScale(i));
```

❶ 任何新的圓圈都從圖表底部開始。

❷ 在 2000 毫秒的持續時間內，所有圓圈都緩動到它們的 y 位置。

如您所見，D3 可以讓為資料過渡添加酷炫的視覺效果變得非常容易。這證明了其堅實的理論基礎。我們現在有了完整的時間軸圖表，它可以平滑地過渡以回應使用者發起的資料更改。

更新直條圖

匯入時間圖表模組時，它會在核心模組的回呼陣列中附加一個回呼函數。當資料因回應使用者互動而更新時，會呼叫此回呼函數並使用新的國家資料來更新時間圖表，並按年分巢套：

```
nbviz.callbacks.push(() => { ❶
  let data = nbviz.nestDataByYear(nbviz.countryDim\
             .top(Infinity))
  updateTimeChart(data)
})
```

❶ 當資料更新時，這個匿名函數會在核心模組中被呼叫。

總結

繼第 17 章的直條圖之後，本章擴展了更新樣式，展示了如何對巢套資料使用第二個資料連接來建立新穎的圖表。需要強調的是，這種建立新穎視覺化效果的能力是 D3 的強大優勢：您不受限於傳統圖表程式庫的特定功能，但可以達成資料的獨特轉換。正如我們的諾貝爾獎直條圖所示，建構傳統的動態圖表很容易，但 D3 讓我們可以做更多。

我們還看到，一旦可靠的更新樣式到位後，透過引人入勝的轉換來活躍您的視覺化是多麼容易。

下一章，將使用 D3 令人印象深刻的地形程式庫來建構 Nobel-viz 的地圖元件。

## 第十九章

使用 D3 繪製地圖

建構和客製化地圖視覺化是 D3 的核心優勢之一。它有一些非常複雜的程式庫，允許各種投影，從主力麥卡托（Mercator）投影和正交（orthographic）投影到更深奧的投影，例如等距圓錐（Conic Equidistant）投影。對於 D3 的核心開發人員 Mike Bostock 和 Jason Davies 來說，地圖繪製似乎是一種痴迷，他們對細節的關注很驚人。如果您有地圖繪製問題，D3 很可能可以完成所需的繁重工作。[1] 在本章中，我們將使用諾貝爾獎視覺化（Nobel-viz）地圖（圖 19-1）來介紹 D3 地圖製的核心概念。

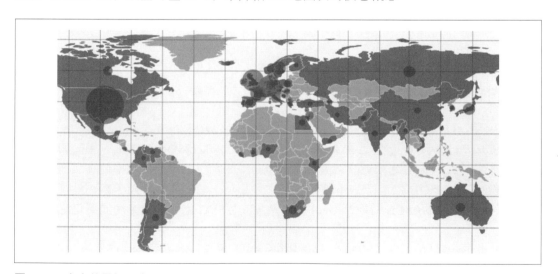

圖 19-1　本章的目標元素

1　例如，幾何投影的數學會很快變得複雜。

可用地圖

最流行的地圖繪製格式是為地理資訊系統（geographic information system, GIS）軟體而開發的陳舊 shapefile（*https://oreil.ly/XV4Cb*）。有許多免費和專有的桌面程式[2]可以操作和產生 shapefile。

不幸的是，shapefile 不是為 web 設計的，web 更想要處理基於 JSON 的地圖格式，並且需要小型、高效率的表達法來限制頻寬和相關延遲。

好消息是，有許多方便的方法可以把 shapefile 轉換為我們首選的 TopoJSON 格式[3]，這意味著您可以在軟體中操作 shapefile，然後將它們轉換為對 web 支善的格式。為 web dataviz 查找地圖的標準方法是首先查找 TopoJSON 或 GeoJSON 版本，然後才在更豐富的 shapefile 池中搜尋，最後一招就是，使用 shapefile 或等效編輯器來建立您自己的地圖。根據您打算進行什麼程度的地圖視覺化，可能會有現成的解決方案。對於世界地圖或大陸投影（例如，流行的 Albers USA 風格）之類的東西，您通常可以找到許多具有不同準確度的解決方案。

我們的諾貝爾獎地圖需要一個全球地圖，至少要顯示所有 58 個諾貝爾獎得主國家，並為幾乎所有這些國家標註形狀。幸運的是，D3 提供了許多範例世界地圖，一個是 50 公尺網格解析度，另一個是較小的 110 公尺解析度地圖。後者可以滿足我們相當粗略的要求。[4]

D3 的地圖繪製資料格式

D3 使用兩種基於 JSON 的幾何資料格式，GeoJSON（*https://geo json.org*）和 TopoJSON（*https://oreil.ly/709GD*），它是由 Mike Bostock 設計的 GeoJSON 的擴展，用於對拓撲進行編碼。GeoJSON 閱讀起來更直觀，但 TopoJSON 在大多數情況下效率更高。通常，地圖會轉換為 TopoJSON 以進行 Web 傳輸，其中大小是一個重要的考慮因素。然後在瀏覽器上透過 D3 把 TopoJSON 轉換為 GeoJSON，以簡化 SVG 路徑建立、功能優化等事情。

Stack Overflow（*https://oreil.ly/DvcaG*）詳細整理 TopoJSON 和 GeoJSON 之間的差異。

2　我使用並徹底推薦的是開源的 QGIS（*https://www.qgis.org/en/site*）。
3　Python 的 *topojson.py* 和 TopoJSON 命令行程式。
4　正如我們將看到的，它確實缺少了幾個諾貝爾獎國家，不過這些國家太小而無法點擊，我們有它們中心的坐標，可以用來疊加視覺提示。

現在讓我們看一下這兩種格式。瞭解它們的基本結構很重要，稍加努力就會有回報，尤其是當您的地圖製工作變得更加有野心時。

GeoJSON

GeoJSON 檔案包含一個 type 物件，可以是 Point、MultiPoint、LineString、MultiLineString、Polygon、MultiPolygon、GeometryCollection、Feature 或 FeatureCollection 的其中之一。類型成員值的大小寫必須是 CamelCase（*https://oreil.ly/wS4q9*），如上面所示。它們還可能包含一個 crs 成員，用來指明一個特定的坐標參考系統。

FeatureCollection 是最大的 GeoJSON 容器，具有多個區域的地圖通常會用它們來指定。FeatureCollection 包含一個 features 陣列，其中的每個元素都是上一段中所列出的類型的 GeoJSON 物件。

範例 19-1 顯示了一個典型的 FeatureCollection，其中包含一個國家地圖陣列，其邊界由 Polygon 來指明。

範例 *19-1　GeoJSON 地圖繪製資料格式*

```
{
  "type": "FeatureCollection", ❶
  "features": [ ❷
   {
     "type": "Feature",
     "id": "AFG",
     "properties": {
       "name": "Afghanistan"
     },
     "geometry": { ❸
       "type": "Polygon",
       "coordinates": [
         [
           [
             61.210817, ❹
             35.650072
           ],
           [
             62.230651,
             35.270664
           ],
           ...
         ]
       ]
     }
   }
```

```
        },
        ...
        {
          "type": "Feature",
          "id": "ZWE",
          "properties": {
            "name": "Zimbabwe"
          },
          "geometry": {
            "type": "Polygon",
            "coordinates": [
              [
                [...] ] ]
          }
        }
      ]
    }
```

❶ 每個 GeoJSON 檔案都包含一個物件，該物件具有一個類型並包含……

❷ ……一系列特徵──在此案例中為國家物件……

❸ ……它們具有基於坐標的多邊形幾何。

❹ 請注意，地理坐標以 [經度 , 緯度] 對的形式給出，這和傳統地理定位相反。這是因為 GeoJSON 使用 [X,Y] 坐標體系。

雖然 GeoJSON 比 shapefile 更簡潔，而且是我們偏好的 JSON 格式，但在地圖編碼方面存在很多冗餘。例如，共享的邊界會被指明兩次、浮點坐標格式相當不具彈性、而且對於許多作業來說過於精確。TopoJSON 格式旨在解決這些問題，並提供一種更有效率的方式來把地圖傳送到瀏覽器。

TopoJSON

TopoJSON 由 Mike Bostock 開發，是 GeoJSON 的擴充，它對拓撲進行編碼，將幾何圖形從稱為弧線（arc）的共享線段池中拼接在一起。因為它們重用了這些弧線，所以 TopoJSON 檔案通常比它們的 GeoJSON 檔案還要小 80%！此外，採用拓撲方法來表達地圖可以實現許多使用拓撲的技術。其中之一是拓撲維持（topology-preserving）的形狀簡化 [5]，它可以消除 95% 的地圖點，但同時又保留足夠的細節。製圖和自動地圖著色也很方便。範例 19-2 顯示了 TopoJSON 檔案的結構。

5　請參閱 Mike Bostock 的網站（*https://bost.ocks.org/mike/simplify*）來瞭解一個非常酷的範例。

範例 19-2　我們的 TopoJSON 世界地圖的結構

```
{
    "type": "Topology",     ❶
    "objects":{             ❷
      "countries":{
        "type": "GeometryCollection",
        "geometries": [{
        "_id":24, "arcs":[[6,7,8],[10,11,12]], ... ❸
      ...}]},
      "land":{...},
    },
    "arcs":[[[67002,72360],[284,-219],[209..]], /*<-- 0 號弧線 */ ❹
            [[70827,73379],[50,-165]], ...      /*<-- 1 號弧線 */
          ]
    "transform":{           ❺
      "scale":[
          0.003600036...,
          0.001736468...,
        ],
        "translate":[
          -180,
          -90
        ]
    }
}
```

❶ TopoJSON 物件具有 Topology 型別，並且必須包含一個 objects 物件和一個 arcs 陣列。

❷ 在本案例中，物件是 countries 和 land，都是由弧線定義的 GeometryCollections。

❸ 每個幾何圖形（在本案例中定義了一個國家形狀）由許多弧形路徑定義，包括由 arcs 陣列❹中的索引所參照的連續弧線。

❹ 於構造物件的元件弧線陣列。由索引參照。

❺ 數字必須量化位置為整數而不是浮點數。

當您必須把 TopoJSON 格式提取到您的網路瀏覽器時，它的大小較小顯然是一個很大的優勢。由於通常只有 GeoJSON 格式可用，因此能夠把它轉換為 TopoJSON 的能力非常方便。D3 提供了一個小型命令行工具程式來執行此操作。它被稱為 geo2topo，是 TopoJSON 套件的一部分，可以透過 node 來安裝。

將地圖轉換為 TopoJSON

您可以透過 node 儲存庫（請參閱第 1 章）來安裝 TopoJSON，使用 -g 旗標來讓它成為全域[6]安裝：

```
$ npm install -g topojson
```

安裝 topojson 後，要把現有的 GeoJSON 轉換為 TopoJSON 非常簡單。在這裡，我們從命令行對 GeoJSON 的 *geo_input.json* 檔案呼叫 geo2topo，並指明輸出檔案為 *topo_output.json*：

```
$ geo2topo -o topo_output.json geo_input.json
```

或者，您可以把結果透過管線（pipe）傳輸到檔案：

```
$ geo2topo geo_input.json > topo_output.json
```

geo2topo 有許多有用的選項，例如量化，它允許您指明地圖的精準度（precision）。使用此選項可以產生更小的檔案，而品質幾乎沒有下降。您可以在 geo2topo 命令行參考手冊（*https://oreil.ly/mp0RN*）上查看完整規格。如果您想以程式設計方式來轉換地圖檔案，可以使用一個方便的 Python 程式庫 *topojson.py*。您可以在 GitHub（*https://oreil.ly/8t7Ko*）上找到它。

現在我們已經用一種輕便、高效率、針對 web 優化的格式來表達地圖資料，以下就來看如何使用 JavaScript 來把它轉換為互動式 web 地圖。

D3 地理、投影和路徑

D3 有一個客戶端 *topojson* 程式庫，專門處理 TopoJSON 資料。這會把優化的、基於弧線的 TopoJSON 轉換為基於坐標的 GeoJSON，準備好由 D3 的 *d3.geo* 程式庫中的物件 projection 和 paths 來進行操作。

範例 19-3 顯示了從 TopoJSON *world-100m.json* 地圖中提取諾貝爾獎地圖所需的 GeoJSON 特徵的過程。這提供了用來代表國家及其邊界的基於坐標的多邊形。

為了從剛剛傳遞給瀏覽器的 TopoJSON world 物件中提取我們需要的 GeoJSON 特徵，我們使用了 *topojson* 的 feature 和 mesh 方法。feature 會傳回指定物件的 GeoJSON Feature 或 FeatureCollection，並對 GeoJSON MutliLineString 幾何物件進行 mesh，用以表達指定物件的網格。

6　透過全域安裝，可以在任意目錄下使用 geo2topo 命令。

feature 和 mesh 方法的第一個引數是 TopoJSON 物件，第二個引數是對要提取的特徵的參照（範例 19-3 中的 land 和 countries）。在我們的世界地圖中，countries 是一個 FeatureCollection，其中包含國家的 features 陣列（範例 19-3，❷）。

mesh 方法有第三個引數，它會指明一個過濾器函數，接受共享了網格弧線的兩個幾何物件（a 和 b）作為引數。如果弧線是非共享的，那麼 a 和 b 會是相同的，可以過濾掉世界地圖中的外部邊界（範例 19-3，❸）。

範例 *19-3　提取我們的 TopoJSON 特徵*

```
// nbviz_main.mjs
import { initMap } from './nbviz_map.mjs'

Promise.all([
    d3.json('static/data/world-110m.json'), ❶
    d3.csv('static/data/world-country-names-nobel.csv'),
    // ...
 ]).then(ready)

function ready([worldMap, countryNames, countryData, winnersData]) {
    // ...
    nbviz.initMap(worldMap, countryNames)
}
// nbviz_map.mjs
export let initMap = function(world, names) {
    // 從 TOPOJSON 中提取我們所需的特徵
    let land = topojson.feature(world, world.objects.land),
        countries = topojson.feature(world, world.objects.countries)
                    .features, ❷
        borders = topojson.mesh(world, world.objects.countries,
                    function(a, b) { return a !== b; }); ❸
    // ...
}
```

❶ 使用 D3 的輔助函數來載入地圖資料並發送到 ready 函數以啟動地圖圖表。

❷ 使用 topojson 從 TopoJSON 資料中提取想要的特徵，並以 GeoJSON 格式來交付它們。

❸ 只針對內部邊界的過濾器，在國家之間共享。如果弧線只被一個幾何體（在本案例中為一個國家）使用，則 a 和 b 是相同的。

D3 中的地圖呈現通常遵循標準樣式。我們首先建立一個 D3 projection，其中使用了 D3 的多種替代方案的其中之一。然後使用這個 projection 來建立一個 path，再使用此 path 來把從 TopoJSON 物件中提取的特徵和網格，轉換為瀏覽器視窗中所顯示的 SVG 路徑。現在來看看 D3 projection 的豐富主題。

投影

自從人們意識到地球是球體以來，地圖面臨的主要挑戰可能是以二維形式來表達三維地球或它的重要部分。1569 年，法蘭德斯人（Flemish）製圖師 Gerardus Mercator 透過把線從地球中心延伸到重要的邊界坐標，然後再把它們投影到周圍的圓柱體上解決了這個問題。這具有將恆定航線（稱為恆向線（*rhumb line*））表達為直線段的有用特性，對於打算使用該地圖的航海導航員來說是一個非常有用的特性。不幸的是，投影過程扭曲了距離和大小，放大了從赤道移動到兩極時的縮放尺度。因此，巨大的非洲大陸看起來並不比格陵蘭島大多少，而實際上它大約是格陵蘭島的 14 倍。

與麥卡托（Mercator）投影一樣，所有投影都是折衷方案，而 D3 的優點在於它豐富的選擇意味著人們可以平衡這些折衷方案來找到適合工作的投影[7]。圖 19-2 顯示了諾貝爾獎地圖的一些替代性 projection，包括為最終視覺化選擇的等距長方投影（equirectangular）。限制條件是要在矩形視窗內顯示所有諾貝爾獎獲獎國家，並盡量擴大可用空間，特別是在歐洲，因為那裡有許多國家雖然地理面積較小，但獲獎人數卻相對較多。

要建立 D3 projection，只需使用一種適用的 *d3.geo* 方法：

```
let projection = d3.geoEquirectangular()
// ...
```

D3 projection 有許多有用的方法。通常會使用 translate 方法來把地圖平移容器的一半寬度和一半高度，以覆寫預設值 [480, 250]。您還可以設定精確度，這會影響 projection 中使用的*自適應重採樣*（*adaptive resampling*）的程度。自適應重採樣是一種巧妙的技術，可以提高投影線的準確度，同時仍然可以有效率地執行。[8] 地圖的縮放尺度及其中心的經度和緯度可以透過 scale 和 center 方法來設定。

7　D3 projection 的擴充（*https://oreil.ly/14vLd*）是 D3 擴充的一部分，不在主程式庫中。

8　相關示範請參閱 *https://oreil.ly/oAppn*。

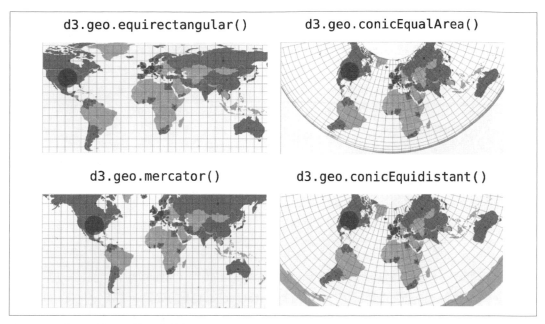

圖 19-2　諾貝爾獎地圖的一些替代地圖投影

將 projection 方法放進來，以下程式碼是我們的 Nobel-viz 世界等距長方地圖所使用
的程式碼。請注意，它是手動調整的，以能夠最大限度地增加諾貝爾獎獲獎國家的空
間。兩個極點會被截斷，因為北極或南極都沒有獲獎者（請注意，等距長方地圖假定的
寬 / 高比為 2）：

```
let projection = d3.geoEquirectangular()
    .scale(193 * (height/480)) ❶
    .center([15,15]) ❷
    .translate([width / 2, height / 2])
    .precision(.1);
```

❶ 略微放大；預設高度為 480，縮放尺度為 153。

❷ 以東經 15 度、北緯 15 度為中心。

定義了等距長方投影之後，讓我們看看如何使用它來建立一個 path，它之後會用於建立
SVG 地圖。

路徑

一旦為地圖確定了合適的 projection 之後，就可以使用它來建立 D3 地理 path 產生器，它是 SVG path 產生器（d3.svg.path）的特殊變體。此 path 會接受任何 GeoJSON 特徵或幾何物件，例如 FeatureCollection、Polygon 或 Point，並傳回 d 元素的 SVG 路徑資料字串。例如，對於我們的地圖 borders 物件，描述 MultiLineString 的地理邊界坐標會被轉換為 SVG 的路徑坐標。

通常，我們會一次就建立 path 並設定它的 projection：

```
var projection = d3.geoEquirectangular()
// ...

var path = d3.geoPath()
            .projection(projection);
```

通常，我們使用 path 作為函數來產生 SVG 路徑的 d 屬性，使用了運用 datum 方法（用於綁定單一物件——而不是陣列——並且是 data([object]) 的簡寫）綁定的 GeoJSON 資料。因此，要使用剛剛用 topojson.mesh 所提取的邊界資料來繪製國家邊界，會使用以下內容：

```
// 邊界標記
svg.insert("path", ".graticule") ❶
    .datum(borders)
    .attr("class", "boundary")
    .attr("d", path);
```

❶ 想在地圖的 graticule（網格）疊圖（overlay）之前（之下）插入邊界 SVG。

圖 19-3 顯示了從世界地圖資料中提取的 TopoJSON borders 物件的 Chrome 控制台輸出，以及我們的 d3.geo path 使用等距矩形 projection 所產生的結果路徑。

地理路徑產生器是 D3 地圖呈現的支柱。我建議嘗試使用簡單的幾何形狀來進行不同的 projection，以感受事物、調查在 *bl.ocks.org*（*https://bl.ocks.org/mbostock*）和 D3 的 GitHub 頁面上的文件中出現的數量驚人範例（*https://oreil.ly/2qgyf*），並查看這個很棒的小示範（*https://oreil.ly/NansT*）。

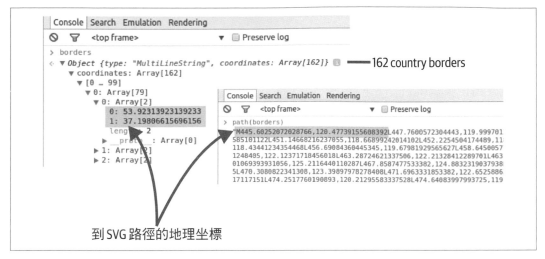

到 SVG 路徑的地理坐標

圖 19-3　路徑產生器，從幾何到 SVG 路徑

現在來看看您將在地圖中使用的一個有用的 *d3.geo* 元件，graticule（或地圖網格）。

經緯網格

d3.geo 的有用並用在諾貝爾獎地圖中的一個元件是 graticule，它是地理形狀產生器之一 [9]。它會建立一個由子午線（meridian）（經線）和平行線（緯線）所組成的全域網格，預設間隔為 10 度。當 path 應用於此 graticule 時，它會產生一個適當投影的網格，如圖 19-1 所示。

範例 19-4 顯示如何向地圖添加 graticule。請注意，如果您希望網格疊圖至地圖路徑，那麼它的 SVG 路徑應該位於 DOM 樹中的地圖路徑之後。正如您將看到的，您可以使用 D3 的 insert 方法來強制執行此順序。

範例 *19-4*　建立 graticule

```
var graticule = d3.geo.graticule()
                .step([20, 20]); ❶

svg.append("path")
    .datum(graticule) ❷
    .attr("class", "graticule")
    .attr("d", path); ❸
```

9　有關完整列表，請參閱 D3 GitHub（*https://oreil.ly/KqnF6*）。

❶ 建立一個 graticule，並將網格間距設定為 20 度。

❷ 請注意 data([graticule]) 的 datum 簡寫。

❸ 使用 path 產生器來接收 graticule 資料並傳回網格路徑。

現在我們有了網格疊圖，並且能夠把地圖檔案轉換為具有所需 projection 的 SVG 路徑，現在讓我們將這些元素放在一起。

將元素放在一起

使用之前討論的 projection、path 和 graticule 元件，我們現在要建立基本地圖。該地圖旨在回應使用者事件、突出顯示所選獲獎者所代表的國家、並在國家的中心點用實心紅圈來反映獲獎者的數量。我們將分開處理此互動式更新。

範例 19-5 顯示了建構基本全球地圖所需的程式碼。它遵循了您現在應該已經熟悉的樣式，從它的 div 容器（ID nobel-map）獲取 mapContainer、向它附加 <svg> 標記、然後繼續添加 SVG 元素，在本案例中是 D3 產生的地圖路徑。

我們的地圖具有不依賴於任何資料更改的固定元件（例如，projection 和 path 的選擇），並且在初始化 nbviz.initMap 方法之外定義。當使用來自伺服器的資料來初始化視覺化時，會呼叫 nbviz.initMap。它會接收 TopoJSON world 物件，並使用它來建構帶有 path 物件的基本地圖。圖 19-4 顯示了結果。

範例 *19-5 建構地圖基礎*

```
// 尺寸與 SVG
let mapContainer = d3.select('#nobel-map');
let boundingRect = mapContainer.node().getBoundingClientRect();
let width = boundingRect.width
    height = boundingRect.height;
let svg = mapContainer.append('svg');
// 我們選擇的投影
let projection = d3.geo.equirectangular()
    .scale(193 * (height/480))
    .center([15,15])
    .translate([width / 2, height / 2])
    .precision(.1);
// 使用投影來建立路徑
let path = d3.geoPath().projection(projection);
// 添加經緯網格
var graticule = d3.geoGraticule().step([20, 20]);
```

```
svg.append("path").datum(graticule)
    .attr("class", "graticule")
    .attr("d", path);
// 我們的中心點指示符的半徑尺度
var radiusScale = d3.scaleSqrt()
    .range([nbviz.MIN_CENTROID_RADIUS, nbviz.MAX_CENTROID_RADIUS]);
// 用來映射國家名稱到 GEOJSON 物件的物件
var cnameToCountry = {};
// 初始化地圖建立，使用下載的地圖資料
export let initMap = function(world, names) { ❶
    // 從 TOPOJSON 提取所需的特徵
    var land = topojson.feature(world, world.objects.land),
        countries = topojson.feature(world, world.objects.countries)
                    .features,
        borders = topojson.mesh(world, world.objects.countries,
                    function(a, b) { return a !== b; });
    // 建立映射國家名稱到 GEOJSON 形狀的物件
    var idToCountry = {};
    countries.forEach(function(c) {
        idToCountry[c.id] = c;
    });

    names.forEach(function(n) {
        cnameToCountry[n.name] = idToCountry[n.id]; ❷
    });
    // 主要世界地圖
    svg.insert("path", ".graticule") ❸
        .datum(land)                  ❹
        .attr("class", "land")
        .attr("d", path)
    ;
    // 國家路徑
    svg.insert("g", ".graticule")
        .attr("class", 'countries');
    // 國家值指示符
    svg.insert("g")
        .attr("class", "centroids");
    // 邊界線
    svg.insert("path", ".graticule")
        .datum(borders)
        .attr("class", "boundary")
        .attr("d", path);

};
```

❶ 具有國家特徵的 world TopoJSON 物件，names 陣列會把國家名稱連接到國家特徵 ID
（例如，{id:36, name: 'Australia'}）。

❷ 如果給定國家—名稱鍵時，則傳回其各自的 GeoJSON 幾何圖形物件。

❸ 請注意，我們在 graticule 網格之前插入此 path，使網格疊圖在頂部。

❹ 使用 datum 把整個 land 物件指派給 path。

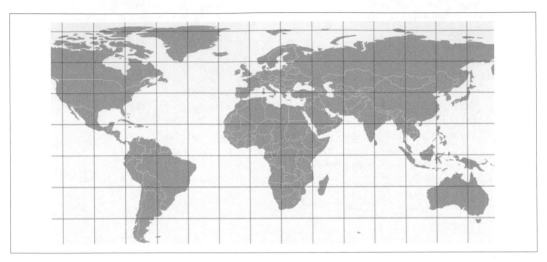

圖 19-4　基本地圖

有了地圖形狀，我們可以使用一點 CSS 來設計圖 19-4 的風格（style），為海洋添加淺藍色、為陸地添加淺灰色。graticule 是半透明的深灰色，國家邊界是白色的：

```css
/* NOBEL-MAP 風格 */
#nobel-map {
    background: azure;
}

.graticule {
    fill: none;
    stroke: #777;
    stroke-width: .5px;
    stroke-opacity: .5;
}

.land {
    fill: #ddd;
}

.boundary {
    fill: none;
    stroke: #fff;
```

```
    stroke-width: .5px;
  }
```

組裝好 SVG 地圖後,來看看如何使用獲獎者資料集來繪製諾貝爾獎獲獎國家,以及獲獎人數的紅色指示符。

更新地圖

諾貝爾獎地圖第一次更新是在初始化視覺化時。此時所選資料集是沒有過濾的,所以包含所有諾貝爾獎得主。隨後,為了回應使用者所應用的過濾器(例如,所有化學獲獎者或來自法國的獲獎者),資料集會發生變化,地圖也會發生變化來反映這一點。

因此,更新地圖涉及向它發送諾貝爾獎獲獎國家的資料集及其目前的獲獎情況,具體取決於所應用的使用者過濾器為何。為此,我們使用 updateMap 方法:

```
let updateMap = function(countryData) { //...
              }
```

countryData 陣列具有以下形式:

```
[
  {
   code: "USA",
   key: "United States",
   population: 319259000,
   value: 336 ❶
  },
  // ... 還有 56 個國家
]
```

❶ 目前所選資料集中美國的獲獎者數量。

我們希望在把它發送到 D3 地圖之前先轉換此陣列。下面的程式碼完成了這項工作,提供了具有屬性 geo(國家的 GeoJSON 幾何)、name(國家名稱)和 number(國家的諾貝爾獎得主人數)的國家物件陣列:

```
let mapData = countryData
    .filter(d => d.value > 0) ❶
    .map(function(d) {
      return {
        geo: cnameToCountry[d.key], ❷
        name: d.key,
        number: d.value
      }
    });
```

❶ 過濾掉沒有獲獎者的國家——地圖上只顯示獲獎國家。

❷ 使用國家的鍵（在本案例中為國家名稱）來檢索它的 GeoJSON 特徵。

我們想在獲獎國家的中心顯示一個紅色的圓形指示符，表示獲獎的數量。圓圈面積應和獲獎數量（絕對或人均）成正比，即（按圓圈面積 = pi× 半徑平方）它們的半徑應該是該獎項數的平方根的函數。D3 提供了一個方便的 sqrt 尺度來滿足這種需要，允許您設定定義域（在本案例中為最小和最大獎項數）和值域（最小和最大指示符半徑）。

讓我們看一個 sqrt 尺度的快速範例。在下面的程式碼中，我們設定了一個定義域在 0 到 100 之間的尺度和一個從零開始的值域，最大面積為 25（5×5）。這意味著用 50（值域的一半）來呼叫尺度應該會給出最大面積一半的平方根（12.5）：

```
var sc = d3.scaleSqrt().domain([0, 100]).range([0, 5]);
sc(50) // 傳回 3.5353...，12.5 的平方根
```

為了建立我們的指示符半徑尺度，使用 *nbviz_core.js* 中所指明的最大和最小半徑建立一個 sqrt 尺度來設定其值域：

```
var radiusScale = d3.scaleSqrt()
    .range([nbviz.MIN_CENTROID_RADIUS,
    nbviz.MAX_CENTROID_RADIUS]);
```

為了使定義域符合我們的尺度，使用此 mapData 來獲取每個國家的最大獲獎者數量，並將該值用作定義域的上限值，並以 0 為其下限值：

```
var maxWinners = d3.max(mapData.map(d => d.number))
// 值一指示符尺度的定義域
radiusScale.domain([0, maxWinners]);
```

為了把國家形狀添加到現有地圖，我們將 mapData 綁定到類別 country 的 countries 群組上的選擇，並實作更新樣式（請參閱第 429 頁的「用資料更新 DOM」）以首先添加mapData 所需的任何國家形狀。我們沒有刪除未綁定的國家路徑，而是使用 CSS opacity屬性，來看見綁定的國家，而不可看見未綁定國家。兩秒鐘的過渡是用來讓這些國家適當地淡入和淡出。範例 19-6 顯示了更新樣式。

範例 *19-6* 更新國家形狀

```
let countries = svg
    .select('.countries').selectAll('.country')
    .data(mapData, d => d.name)
// 使用資料連接來讓選定的國家可見
// 並在 TRANS_DURATION 毫秒中進行淡入淡出
```

```
countries
  .join(
    (enter) => {
      return enter
        .append('path') ❶
              .attr('d', function (d) {
                  return path(d.geo)
        })
        .attr('class', 'country')
        .attr('name', d => d.name)
        .on('mouseenter', function (event, d) { ❷
          d3.select(this).classed('active', true)
        })
        .on('mouseout', function (d) {
          d3.select(this).classed('active', false)
        })
    },
    (update) => update,
    (exit) => { ❸
      return exit
        .classed('visible', false)
        .transition()
        .duration(nbviz.TRANS_DURATION)
        .style('opacity', 0)
    }
  )
  .classed('visible', true)
  .transition() ❹
  .duration(nbviz.TRANS_DURATION)
  .style('opacity', 1)
```

❶ 使用 GeoJSON 資料透過我們的 path 物件來建立國家地圖形狀。

❷ UI 占位符，會把 SVG 路徑設定為在滑鼠懸停時為 *active* 類別。注意這裡使用的是 function 關鍵字，而不是通常會用的箭頭符號（⇒）。這是因為我們希望使用 D3 去存取透過滑鼠使用 this 關鍵字輸入的 DOM 元素（映射區域），而 this 對箭頭函數是不可用的。

❸ 客製化的 exit 函數，它會用 2000 (TRANS_DURATION) 毫秒淡出（將不透明度設定為 0）國家形狀。

❹ 任何新國家都會用 2000（TRANS_DURATION）毫秒淡入（不透明度 1）。

請注意，我們為新輸入的國家添加了一個 CSS country 類別，把它的顏色設定為淺綠色。除此之外，滑鼠事件用於在游標懸停在國家上時，將該國家的類別設定為 active，並以深綠色突出顯示該國家。以下是 CSS 類別：

```
.country{
    fill: rgb(175, 195, 186); /* light green */
}

.country.active{
    fill: rgb(155, 175, 166); /* dark green */
}
```

範例 19-6 中顯示的更新樣式會從舊資料集平滑過渡到新資料集，產生結果以回應使用者應用的過濾器並傳遞給 updateMap。我們現在所需要的只是添加類似的回應式填充圓形指示符，以活躍國家為中心並反映它們的目前的值，也就是對諾貝爾獎得主的絕對或相對（人均）衡量標準。

添加值指示符

要添加圓形值指示符，需要一個更新樣式來反映用於建立國家 SVG 路徑的樣式。我們想綁定到 mapData 資料集並相應地附加、更新和移除指示符圓圈。和國家形狀一樣，我們將調整指示符的不透明度以在地圖上添加和移除它們。

這些指示符需要放在各自國家的中心。D3 的 path 產生器提供了許多好用且實用的方法，來處理 GeoJSON 幾何圖形。其中之一是 centroid，它會計算指定特徵的投影質心：

```
// 給定國家的 GeoJSON (country.geo)
// 計算中心的 x, y 坐標
var center = path.centroid(country.geo);
// 中心 = [x, y]
```

雖然 path.centroid 通常表現理想，並且對於標記形狀、邊界等非常有用，但它會產生奇怪的結果，特別是對於高度凹陷的幾何體。方便的是，我們在第 128 頁的「為諾貝爾獎 Dataviz 獲取國家資料」中儲存的世界國家資料，包含了所有諾貝爾獎國家的中心坐標。

我們將首先編寫一個小方法來檢索給定的 mapData 物件中心：

```
var getCentroid = function(d) {
    var latlng = nbviz.data.countryData[d.name].latlng; ❶
    return projection([latlng[1], latlng[0]]); ❷
};
```

❶ 使用儲存的世界國家資料，按名稱來獲取國家中心的經緯度。

❷ 使用等距長方投影來把它們轉換為 SVG 坐標。

如範例 19-7 所示，我們把 mapData 綁定到範例 19-5 中所添加的 centroids 群組中的所有類別為 centroid 的元素的選擇上。資料是透過 name 鍵來綁定的。

範例 *19-7* 將獎項數量指示符添加到諾貝爾獎國家的質心

```
let updateMap = function(countryData) {
//...
  // 使用 NAME 鍵來綁定地圖資料
  let centroids = svg
    .select('.centroids').selectAll('.centroid')
    .data(mapData, d => d.name) ❶
  // 連接資料到圖形指示符
  centroids
    .join(
      (enter) => {
        return enter
          .append("circle")
          .attr("class", "centroid")
          .attr("name", (d) => d.name)
          .attr("cx", (d) => getCentroid(d)[0]) ❷
          .attr("cy", (d) => getCentroid(d)[1])
      },
      (update) => update,
      (exit) => exit.style("opacity", 0)
    )
    .classed("active",
      (d) => d.name === nbviz.activeCountry)
    .transition()
    .duration(nbviz.TRANS_DURATION) ❸
    .style("opacity", 1)
    .attr("r", (d) => radiusScale(+d.number))
};
```

❶ 使用 name 鍵來把地圖資料綁定到質心元素。

❷ 使用 getCentroid 函數傳回國家中心地理坐標的像素位置。

❸ 這個 2000 毫秒的過渡會透過增加其不透明度來淡入圖形標記，同時也過渡到其新半徑。

使用一點 CSS，可以把指示符設為紅色並略微透明，允許顯示地圖細節，並且在像歐洲這種密集的地方顯示其他指示符。如果使用者使用 UI 直條上的國家篩選器選擇了國家，則該國家的類別將設定為 active 並賦予金色色調。這是執行此操作的 CSS：

```
.centroid{
    fill: red;
    fill-opacity: 0.3;
    pointer-events: none; ❶
}

.centroid.active {
    fill: goldenrod;
    fill-opacity: 0.6;
}
```

❶ 這允許滑鼠事件傳播到圓圈下方的國家形狀，從而允許使用者仍然可以單擊它們。

我們剛剛添加的活動質心指示符是諾貝爾獎地圖的最後一個元素。現在就來看看完整的樣子。

完成的地圖

國家和指示符的更新樣式到位後，地圖應該以平滑過渡來回應使用者驅動的過濾選擇。圖 19-5 顯示了諾貝爾獎經濟學獎的選擇結果。只有獲獎的國家仍然會被突出顯示，並且值指示符的大小也會被調整，反映了美國在這一類別中的主導地位。

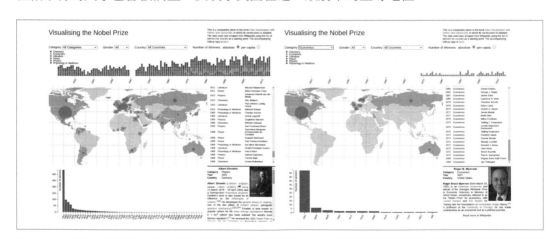

圖 19-5　（左）顯示帶有完整諾貝爾獎資料集的地圖；（右）獎項按類別篩選，顯示了經濟學獎獲獎者（以及美國經濟學家的主導地位）

地圖本身不是互動式的，但會在使用者把滑鼠懸停在特定國家上時進行顯示，透過呼叫 mouseenter 和 mouseout 回呼函數以及添加或移除 active 類別來達成。這些回呼可以很容易地用於向地圖添加更多功能，例如工具提示或把國家用作可點擊的資料過濾器。現在讓我們使用這些來建構一個簡單的工具提示，以顯示滑鼠懸停的國家和一些簡單的獲獎資訊。

建構一個簡單的工具提示

工具提示和其他互動式小工具是資料視覺化人員通常需要的東西，儘管它們涉及層面可能很廣，特別是如果它們本身是互動式的（例如，滑鼠懸停時出現的選單），認識一些簡單的方法非常有用。在本節中，我將展示如何建構一個簡單但非常有效的工具提示。圖 19-6 顯示了我們的建構目標。

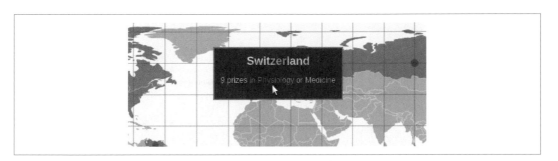

圖 19-6　諾貝爾獎地圖的簡單工具提示

讓我們提醒自己目前的 countries 更新，其中 mouseenter 和 mouseout 事件處理程序是在資料連接期間添加的：

```
// 輸入並附加任何新的國家
countries.join((enter) => {
  return enter.append('path')
  // ...
    .on('mouseenter', function(d) {
        d3.select(this).classed('active', true);
    })
    .on('mouseout', function(d) {
        d3.select(this).classed('active', false);
    })
  })
;
```

為了向地圖添加工具提示，需要做三件事：

1. 在 HTML 中建立一個工具提示框，其中包含要顯示的資訊占位符——在本案例中為國家名稱和所選獎項類別中的獲獎次數。

2. 當使用者把滑鼠移入某個國家時在滑鼠上方顯示此 HTML 框，並在他們把滑鼠移出時隱藏它。

3. 當使用綁定到滑鼠下方的國家資料來顯示時，更新此框。

透過向 Nobel-viz 地圖部分添加一個內容區塊來為工具提示建立 HTML，ID 為 map-tooltip，使用 <h2> 標頭作為標題，並使用 <p> 標記作為工具提示文本：

```
<!-- index.html  -->
   <!-- ... -->
     <div id="nobel-map">
       <div id="map-tooltip">
         <h2></h2>
         <p></p>
       </div>
   <!-- ... -->
```

還需要一些 CSS 用於工具提示的外觀和感覺，添加到 *style.css* 檔案中：

```
/* css/style.css */
/* 地圖工具提示 */
#map-tooltip {
    position: absolute;
    pointer-events: none; ❶
    color: #eee;
    font-size: 12px;
    opacity: 0.7; /* 一點點透明 */
    background: #222;
    border: 2px solid #555;
    border-color: goldenrod;
    padding: 10px;
    left: -999px; ❷
}

#map-tooltip h2 {
    text-align: center;
    padding: 0px;
    margin: 0px;
}
```

❶ 把 pointer-events 設定為 none 可以有效地讓您點擊工具提示下方的內容。

❷ 最初，工具提示會隱藏在瀏覽器視窗的（虛擬）左側，以一個大的負 x 索引。

有了工具提示的 HTML 和隱藏在瀏覽器視窗左側的元素（left 是 –9999 像素），只需要擴展我們的 mousein 和 mouseout 回呼函數來顯示或隱藏工具提示。mousein 函數是當使用者把滑鼠移動到一個國家時會被呼叫的，它會完成大部分工作：

```javascript
// ...
countries.join(
    (enter) => {
    .append('path')
    .attr('class', 'country')
    .on('mouseenter', function(event) {

        var country = d3.select(this);
        // 如果國家不可見時不要做任何事
        if(!country.classed('visible')){ return; }

        // 取得國家資料物件
        var cData = country.datum();
        // 如果只有一個獎項，使用單數的 'prize'
        var prize_string = (cData.number === 1)?
            ' prize in ': ' prizes in ';
        // 設定標頭以及工具提示的文本
        tooltip.select('h2').text(cData.name);
        tooltip.select('p').text(cData.number
            + prize_string + nbviz.activeCategory);
        // 根據選擇的獎項類別
        // 設定邊界顏色
        var borderColor =
          (nbviz.activeCategory === nbviz.ALL_CATS)?
            'goldenrod':
            nbviz.categoryFill(nbviz.activeCategory);
        tooltip.style('border-color', borderColor);

        var mouseCoords = d3.pointer(event); ❶
        var w = parseInt(tooltip.style('width')), ❷
            h = parseInt(tooltip.style('height'));
        tooltip.style('top', (mouseCoords[1] - h) + 'px'); ❸
        tooltip.style('left', (mouseCoords[0] - w/2) + 'px');

        d3.select(this).classed('active', true);
    })
    .on('mouseout', function (d) {
      tooltip.style('left', '-9999px') ❹
      d3.select(this).classed('active', false)
```

```
    })
  }, // ...
)
```

❶ D3 的 pointer 方法會以像素為單位從 event 物件傳回滑鼠坐標（此處，相對於父地圖群組），我們可以使用它來定位工具提示。

❷ 得到工具提示框計算出來的寬度和高度，它已經過調整以適應我們的國家標題和獎項字串。

❸ 使用滑鼠坐標和工具提示框的寬度和高度，把框水平置中定位並大致位於滑鼠游標的上方（寬度和高度不包括我們在工具提示的 <div> 周圍填充的 10 像素）。

❹ 當滑鼠離開一個國家時，把工具提示放置在地圖的最左側來讓其消失。

透過編寫 mouseenter 回呼函數，現在只需要一個 mouseout 來隱藏工具提示，作法是把它放置在瀏覽器視窗的最左側：

```
countries.join(
   (enter) => {
   .append('path')
   .attr('class', 'country')
   .on('mouseenter', function(event) {
   // ...
   })
   .on('mouseout', function (d) {
     tooltip.style('left', '-9999px') ❶
     d3.select(this).classed('active', false)
   })
  }, // ...
)
```

❶ 當滑鼠離開國家時，把工具提示向左移到瀏覽器視區（viewport）之外，並移除國家的 'active' 類別，把它恢復為預設國家顏色。

當 mouseenter 和 mouseout 函數協同執行時，您應該會看到工具提示在需要的地方出現和消失，如圖 19-6 所示。

更新地圖

匯入地圖模組時，它會向核心模組中的回呼陣列附加一個回呼函數。當回應使用者互動而更新資料時，會呼叫此回呼函數並使用新的國家資料來更新直條圖：

```
nbviz.callbacks.push(() => {  ❶
  let data = nbviz.getCountryData()
  updateMap(data)
})
```

❶ 當資料更新時，這個匿名函數會在核心模組中被呼叫。

現在我們已經建構了 Nobel dataviz 的地圖元件，在繼續往前展示使用者輸入會如何驅動視覺化之前，讓我們總結一下所學到的知識。

總結

D3 地圖繪製是一個豐富的領域，有許多不同的投影和實用方法來幫助處理幾何圖形。但是建構地圖會遵循相當標準的程序，如本章所示：首先要選擇您的投影——例如，麥卡托投影或常用於繪製美國地圖的 Albers 圓錐投影（*https://oreil.ly/Nz6Ar*）。然後，您要使用此投影來建立一個 D3 path 產生器，它會把 GeoJSON 特徵轉換為 SVG 路徑，從而建立您看到的地圖。GeoJSON 通常會從更有效率的 TopoJSON 資料中提取出來。

本章還示範了使用 D3 以互動方式來突出顯示地圖和要處理游標移動有多容易。總而言之，一組基本技能應該可以讓您開始建構自己的地圖視覺化。

現在我們已經建構了所有基於 SVG 的圖形元素，讓我們透過建構獲獎者名單和個人傳記框，來瞭解 D3 與傳統 HTML 元素的配合情況。

## 第二十章

視覺化個人獲獎者

我們希望諾貝爾獎視覺化（Nobel-viz）包括目前選定的獲獎者清單和一個傳記框（又名 bio-box），以顯示單一獲獎者的詳細資訊（見圖 20-1）。透過單擊清單中的獲獎者，使用者可以在傳記框中查看其人詳細資訊。本章將學習如何建構清單和傳記框、如何在使用者選擇新資料時重新填充清單（使用選單列過濾器），以及如何使清單成為可點擊的。

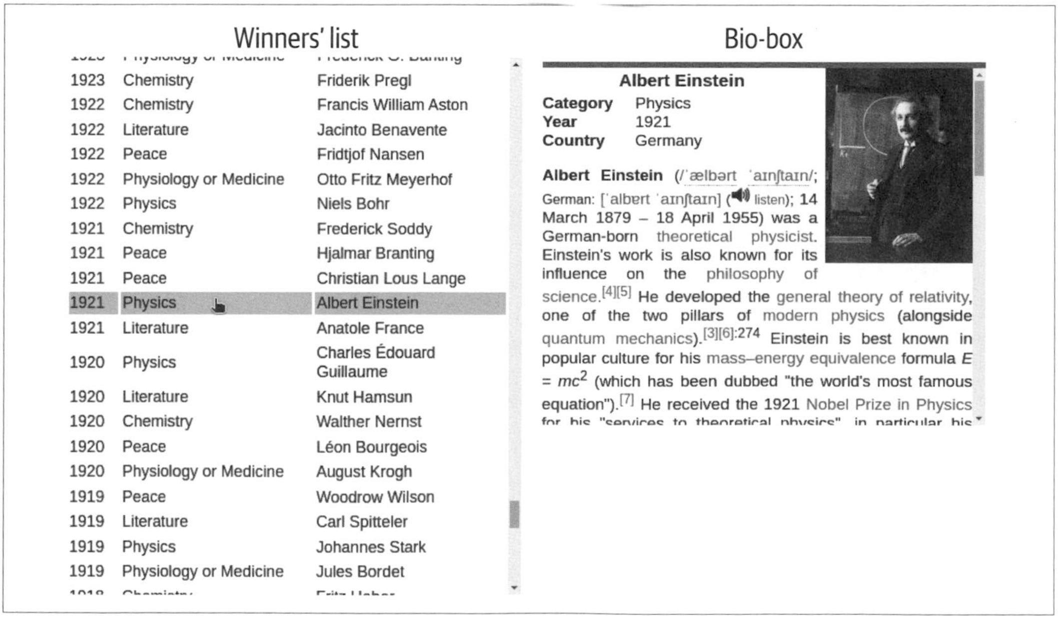

圖 20-1　本章的目標元素

正如本章將展示的，D3 不僅僅可以用於建構 SVG 視覺化。您可以把資料綁定到任何 DOM 元素，並使用它來改變它的屬性和特性，或者它的事件處理回呼函數。D3 的資料連接和事件處理（透過 on 方法達成）和常見的使用者介面配合得很好，例如本章的可點擊串列和選擇框（selection box）[1]。

讓我們先來處理獲獎者清單，以及學習使用目前選定的獲獎者資料集的建構方法。

建立清單

我們使用包含「Year」、「Category」和「Name」行的 HTML 表格來建構獲獎者清單（參見圖 20-1）。此清單的基本框架提供於 Nobel-viz 的 *index.html* 檔案：

```
<!DOCTYPE html>
<meta charset="utf-8">
<body>
...
    <div id="nobel-list">
      <h2>Selected winners</h2>
      <table>
        <thead>
          <tr>
            <th id='year'>Year</th>
            <th id='category'>Category</th>
            <th id='name'>Name</th>
          </tr>
        </thead>
        <tbody>
        </tbody>
      </table>
    </div>
...
</body>
```

我們會在 *style.css* 中使用一些 CSS 來設定此表格的樣式，並調整行的寬度和字型大小：

```
/* 獲獎者清單 */
#nobel-list { overflow: scroll; overflow-x: hidden; } ❶

#nobel-list table{ font-size: 10px; }
#nobel-list table th#year { width: 30px }
#nobel-list table th#category { width: 120px }
#nobel-list table th#name { width: 120px }
#nobel-list h2 { font-size: 14px; margin: 4px;
text-align: center }
```

---

1 我們將在第 21 章介紹選擇框（作為資料過濾器）。

---

❶ overflow: scroll 會剪輯清單的內容（把它儲存在 nobel-list 容器中）並添加一個捲軸（scroll bar），以便可以存取所有獲獎者。overflow-x: hidden 會禁止添加水平捲軸。

為了建立清單，我們將添加 <tr> 列元素（包含每行的 <td> 資料標記）到目前資料集中每個獲獎者的表的 <tbody> 元素中，產生如下內容：

```
...
<tbody>
  <tr>
    <td>2014</td>
    <td>Chemistry</td>
    <td>Eric Betzig</td>
  </tr>
  ...
</tbody>
...
```

要建立這些列，中央 onDataChange 會在初始化應用程式時呼叫 updateList 方法，隨後並會在使用者應用資料過濾器以及獲獎者清單更改時呼叫它（請參閱第 401 頁的「基本資料流」）。updateList 接收到的資料將具有以下結構：

```
// data =
[{
  name:"C\u00e9sar Milstein",
  category:"Physiology or Medicine",
  gender:"male",
  country:"Argentina",
  year: 1984
  _id: "5693be6c26a7113f2cc0b3f4"
 },
 ...
]
```

範例 20-1 顯示了 updateList 方法。接收到的資料首先會按年分排序，然後在任何現有列移除後，用來建構表的列。

範例 20-1　建立選定的獲獎者清單

```
let updateList = function (data) {
  let tableBody, rows, cells
  // 根據年分對獲獎者的資料排序
  data = data.sort(function (a, b) {
    return +b.year - +a.year
  })
  // 從 index.html 中選擇表格本體
```

```
tableBody = d3.select('#nobel-list tbody')
// 建立綁定到獲獎者資料的列占位符
rows = tableBody.selectAll('tr').data(data)

rows.join( ❶
  (enter) => {
    // 建立任何所需的列
    return enter.append('tr').on('click', function (event, d) { ❷
      console.log('You clicked a row ' + JSON.stringify(d))
      displayWinner(d)
    })
  },
  (update) => update,
  (exit) => {
    return exit ❸
      .transition()
      .duration(nbviz.TRANS_DURATION)
      .style('opacity', 0)
      .remove()
  }
)

cells = tableBody ❹
  .selectAll('tr')
  .selectAll('td')
  .data(function (d) {
    return [d.year, d.category, d.name]
  })
// 附加資料單元格，然後設定它們的文本
cells.join('td').text(d => d) ❺
// 若資料可用則顯示隨機獲獎者
if (data.length) { ❻
  displayWinner(data[Math.floor(Math.random() * data.length)])
}
}
```

❶ 現在您應該已經熟悉的連接樣式，使用綁定的獲獎者資料來建立和更新清單項目。

❷ 當使用者單擊一列時，此單擊處理函數會把綁定到該列的獲獎者資料傳遞給 displayWinner 方法，而該方法會相應地更新傳記框。

❸ 這個客製化 exit 函數會在兩秒的過渡期內淡出任何多餘的列，並在移除它們之前把它們的不透明度降低到零。

❹ 首先，使用獲獎者的資料來建立一個包含年分、類別和名稱的資料陣列，這些資料將用於建立列的 <td> 資料單元格……

---

❺ ……然後把這個陣列連接到列的資料單元格（td）並使用它來設定它們的文本。

❻ 每次更改資料時，都會從新資料集中隨機選擇一名獲獎者，並顯示在傳記框中。

當使用者將游標移到獲獎者表中的一列上時，可以單擊方式突出顯示該列，並更改指向 cursor 的指標樣式以指出該列。這兩個細節都由以下 CSS 修正，並添加到我們的 *style.css* 檔案中：

```css
#nobel-list tr:hover{
    cursor: pointer;
    background: lightblue;
}
```

我們的 updateList 方法會在單擊一列或（隨機選擇的）資料更改時，呼叫 displayWinner 方法來建立一個獲獎者的傳記框。現在讓我們看看如何建立傳記框。

建造傳記框

傳記框使用獲獎者的物件來填充一個小傳記的詳細資訊。傳記框的 HTML 框架是在 *index.html* 檔案中提供的，該檔案由傳記元素的內容區塊和提供維基百科連結的 readmore 頁腳組成，以獲取有關獲獎者的更多資訊：

```html
<!DOCTYPE html>
<meta charset="utf-8">
<body>
...
    <div id="nobel-winner">
      <div id="picbox"></div>
      <div id='winner-title'></div>
      <div id='infobox'>
        <div class='property'>
          <div class='label'>Category</div>
          <span name='category'></span>
        </div>
        <div class='property'>
          <div class='label'>Year</div>
          <span name='year'></span>
        </div>
        <div class='property'>
          <div class='label'>Country</div>
          <span name='country'></span>
        </div>
      </div>
      <div id='biobox'></div>
```

```
        <div id='readmore'>
          <a href='#'>Read more at Wikipedia</a></div>
      </div>
    ...
    </body>
```

style.css 中的一點點 CSS 設定了清單和傳記框元素的位置、調整它們內容區塊的大小，並提供邊框和字型細節：

```css
/* 獲獎者資訊框 */

#nobel-winner {
    font-size: 11px;
    overflow: auto;
    overflow-x: hidden;
    border-top: 4px solid;
}

#nobel-winner #winner-title {
    font-size: 12px;
    text-align: center;
    padding: 2px;
    font-weight: bold;
}

#nobel-winner #infobox .label {
    display: inline-block;
    width: 60px;
    font-weight: bold;
}

#nobel-winner #biobox { font-size: 11px; }
#nobel-winner #biobox p { text-align: justify; }

#nobel-winner #picbox {
    float: right;
    margin-left: 5px;
}
#nobel-winner #picbox img { width:100px; }

#nobel-winner #readmore {
    font-weight: bold;
    text-align: center;
}
```

有了內容區塊，需要對我們的資料 API 進行回呼，來獲取填充它們所需的資料。範例 20-2 顯示了用於建構框的 displayWinner 方法。

範例 20-2　更新選定的獲獎者的傳記框

```
let displayWinner = function (wData) {
  // 儲存獲獎者的傳記框元素
  let nw = d3.select('#nobel-winner')

  nw.select('#winner-title').text(wData.name)
  nw.style('border-color', nbviz.categoryFill(wData.category)) ❶

  nw.selectAll('.property span').text(function (d) { ❷
    var property = d3.select(this).attr('name')
    return wData[property]
  })

  nw.select('#biobox').html(wData.mini_bio)
  // 若可用時則添加影像，否則移除舊有的
  if (wData.bio_image) { ❸
    nw.select('#picbox img')
      .attr('src', 'static/images/winners/' + wData.bio_image)
      .style('display', 'inline')
  } else {
    nw.select('#picbox img').style('display', 'none')
  }

  nw.select('#readmore a').attr( ❹
    'href',
    'http://en.wikipedia.org/wiki/' + wData.name
  )
}
```

❶ nobel-winner 元素有一個頂部邊框（CSS：border-top: 4px solid），我們會使用 *nbviz_core.js* 中定義的 categoryFill 方法，來根據獲獎者的類別對其著色。

❷ 選擇所有具有類別 property 的 div 的 <span> 標記。它們具有 <span name=*category*></span> 的形式。我們使用 span 的 name 屬性來從諾貝爾獎得主的資料中檢索正確的屬性，並使用它來設定標記的文本。

❸ 在這裡，我們在獲獎者的影像上設定 src（來源）屬性（如果有的話）。如果沒有影像可用，就使用影像標記的 display 屬性來隱藏它（把它設定為 none）；如果有影像則顯示它（預設的 inline）。

❹ 獲獎者名稱是從維基百科中爬取的，可以用來檢索他們的維基百科頁面。

更新獲獎者清單

匯入詳細資訊（獲獎者清單和傳記）模組時，它會向核心模組中的回呼陣列附加一個回呼函數。當資料因為回應使用者互動而更新時，會呼叫此回呼函數並使用 Crossfilter 的國家維度來更新清單以使用新的國家資料：

```
nbviz.callbacks.push(() => { ❶
  let data = nbviz.countryDim.top(Infinity)
  updateList(data)
})
```

❶ 當資料更新時，這個匿名函數會在核心模組中被呼叫。

現在我們已經瞭解如何透過允許使用者顯示獲獎者的傳記，來為諾貝爾獎視覺化添加一點個性，讓我們在繼續查看選單列是如何建構之前總結一下本章。

總結

本章看到如何使用 D3 來建構傳統的 HTML 結構，而不僅僅是 SVG 圖形。D3 在建構串列、表格等事物就像顯示圓圈或改變線條的旋轉角度一樣容易。只要網頁元素需要反映不斷變化的資料，D3 就可以優雅又有效率地解決問題。

在介紹獲獎者清單和傳記框之後，已經能夠瞭解建立我們的諾貝爾視覺化專案中的所有視覺元素方法。現在只剩下看看視覺化選單列是如何建立的，以及它對資料集和獎項衡量標準的變化如何反映在這些視覺元素上。

## 第二十一章

選單列

前面的章節展示如何建構互動式諾貝爾獎視覺化的視覺化元件、按年分來顯示所有諾貝爾獎得主的時間軸、顯示地理分布的地圖、顯示目前選定的獲獎者清單,以及一個按國家來比較絕對和人均獲獎者數量的直條圖。本章將知道使用者如何透過使用選擇器和按鈕(見圖 21-1)以及視覺化互動,來建立一個過濾後資料集,然後由視覺化元件反映出來。例如,在類別選擇框過濾器中選擇物理,會在諾貝爾獎視覺化(Nobel-viz)元素中只顯示物理獎獲獎者。選單列中的過濾器是累積的,所以舉例來說,可以只選擇那些來自法國的女性化學獎得主[1]。

圖 21-1　本章的目標選單列

在接下來的部分中,我將向您展示如何使用 D3 來建構選單列以及如何使用 JavaScript 回呼來回應使用者驅動的更改。

1　值得注意的是,居禮夫人和她的女兒伊雷娜·約里奧-居禮(Irène Joliot-Curie)享有此一殊榮。

使用 D3 建立 HTML 元素

許多人認為 D3 是一種專門用於建立由直線和圓等圖形基元所組成的 SVG 視覺化工具。
儘管 D3 非常適合，甚至可能是最好的，但它同樣可以輕鬆地建立傳統的 HTML 元素，
例如表格或選擇器框（selector box）。對於複雜的、資料驅動的 HTML 複合體（如階層
式選單）來說，D3 的巢套資料連接是建立 DOM 元素及用來處理使用者選擇回呼的理想
方式。

從第 20 章中可知，從選定的資料集建立表格列，或用獲獎者的資料來填充傳記框的詳
細資訊是多麼容易。本章將展示如何根據不斷變化的資料集使用選項來填充選擇器，以
及如何把回呼函數附加到使用者介面元素（例如選擇器和單選框）。

> 如果您有穩定的 HTML 元素（例如，一個選擇框，它的選項不會依賴於更
> 改資料），最好用 HTML 來編寫它們，然後使用 D3 來附加任何您需要處
> 理使用者輸入的回呼函數。和 CSS 樣式一樣，您應該盡可能地使用單純
> 的 HTML。它會讓程式碼庫更乾淨，並且更容易被其他開發人員和非開發
> 人員理解。本章稍微擴展這條規則來示範 HTML 元素的建立，但它幾乎總
> 是我們該使用的方法。

建構選單列

正如第 392 頁的「HTML 骨架」中所討論的，Nobel-viz 是建立在 HTML `<div>` 占位符
之上的，並用 JavaScript 和 D3 來充實內容。如範例 21-1 所示，我們的選單列建立在
`nobel-menu` `<div>` 之上，位於主圖表持有者之上，由三個選擇器過濾器（按獲獎者的類
別、性別和國家），和一對用來選擇國家獲獎指標（絕對值或人均值）的單選按鈕。

範例 *21-1　選單列的 HTML 框架*

```
<!-- ... -->
<body>
<!-- ... -->
  <!-- THE PLACEHOLDERS FOR OUR VISUAL COMPONENTS  -->
    <div id="nbviz">
      <!-- BEGIN MENU BAR -->
      <div id="nobel-menu">
        <div id="cat-select">
          Category
          <select></select>
        </div>
```

```html
      <div id="gender-select">
        Gender
        <select>
          <option value="All">All</option>
          <option value="female">Female</option>
          <option value="male">Male</option>
        </select>
      </div>
      <div id="country-select">
        Country
        <select></select>
      </div>
      <div id='metric-radio'>
        Number of Winners: 
        <form>
          <label>absolute
            <input type="radio" name="mode" value="0" checked>
          </label>
          <label>per-capita
            <input type="radio" name="mode" value="1">
          </label>
        </form>
      </div>
    </div>
    <!-- END MENU BAR  -->
  <div id='chart-holder'>
<!-- ... -->
</body>
```

現在我們將依次添加 UI 元素，先從選擇器過濾器開始。

建構類別選擇器

為了建構類別選擇器，我們需要一個選項字串串列。這裡使用 *nbviz_core.js* 中定義的
CATEGORIES 串列來建立該串列：

```javascript
import nbviz from './nbviz_core.mjs'

let catList = [nbviz.ALL_CATS].concat(nbviz.CATEGORIES) ❶
```

❶ 透過串接串列 ['All Categories'] 和串列 ['Chemis try', 'Economics', …] 來建立類
別選擇器的串列 ['All Categories', 'Chemistry', 'Econo mics', …]。

現在要使用這個類別串列來製作選項標記。首先使用 D3 來獲取 #cat-select 選擇標記：

```
//...
    let catSelect = d3.select('#cat-select select');
```

有了 catSelect，讓我們使用標準的 D3 資料連接，把 catList 類別串列轉換為 HTML option 標記：

```
catSelect.selectAll('option')
  .data(catList)
  .join('option') ❶
  .attr('value', d => d) ❷
  .html(d => d);
```

❶ 資料綁定後，為每個 catList 成員附加一個 option。

❷ 把 option 的 value 屬性和文本設定為一個類別（例如，<option value="Peace"> Peace</option>）。

前面的 append 運算結果是以下的 cat-select DOM 元素：

```
<div id="cat-select">
  "Category "
  <select>
    <option value="All Categories">All Categories</option>
    <option value="Chemistry">Chemistry</option>
    <option value="Economics">Economics</option>
    <option value="Literature">Literature</option>
    <option value="Peace">Peace</option>
    <option value="Physics">Physics</option>
    <option value="Physiology or Medicine">
    Physiology or Medicine</option>
  </select>
</div>
```

現在有了選擇器，可以使用 D3 的 on 方法來附加一個事件處理回呼函數，它會在選擇器改變時觸發：

```
catSelect.on('change', function(d) {
    let category = d3.select(this).property('value'); ❶
    nbviz.filterByCategory(category); ❷
    nbviz.onDataChange(); ❸
});
```

❶ this 是選擇標記，具有 value 屬性作為所選的類別選項。

❷ 呼叫 *nbviz_core.js* 中定義的 filterByCategory 方法，來過濾資料集以獲取所選類別中的獎項。

❸ onDataChange 會觸發視覺元件更新方法，該方法會更改以反映新過濾的資料集。

圖 21-2 是我們的選擇回呼的示意圖。選擇 Physics 會呼叫附加到選擇器更改事件的匿名回呼函數。此函數會啟動 Nobel-viz 視覺元素的更新。

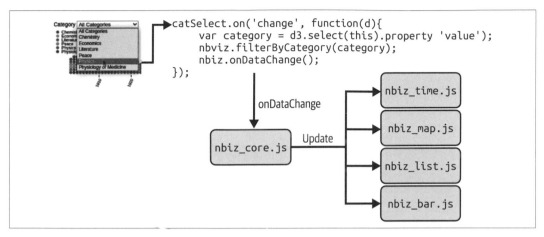

圖 21-2　類別選擇回呼

在類別選擇器的回呼中，我們首先呼叫 filterByCategory 方法[2] 來只選擇物理獎獲獎者，並呼叫 onDataChange 方法來觸發所有視覺元件的更新。在適用的情況下，這些會反映更改的資料。例如，地圖的分布圓形指示符會調整大小，並在沒有諾貝爾獎物理學獎獲獎者的國家消失。

添加性別選擇器

我們已經在 *index.html* 的選單列描述中添加了性別選擇器及其選項的 HTML：

```html
<!-- ... -->
    <div id="gender-select">
      Gender
      <select>
        <option value="All">All</option>
        <option value="female">Female</option>
        <option value="male">Male</option>
      </select>
    </div>
<!-- ... -->
```

2　在 *nbviz_core.js* 腳本中定義。

現在需要做的就是選擇性別 select 標記，並添加一個回呼函數來處理使用者的選擇。可以使用 D3 的 on 方法來輕鬆地達成這一點：

```
d3.select('#gender-select select')
    .on('change', function(d) {
        let gender = d3.select(this).property('value');
        if(gender === 'All'){
            nbviz.genderDim.filter(); ❶
        }
        else{
            nbviz.genderDim.filter(gender);
        }
        nbviz.onDataChange();
    });
```

❶ 在沒有引數的情況下呼叫性別維度的過濾器，會把它重置為允許所有性別。

首先，選擇選擇器的選項值。然後使用這個值來過濾目前的資料集。最後，呼叫 onDataChange 來觸發由新資料集引發的 Nobel-viz 視覺元件的任何更改。

為了放置性別 select 標記，我們使用了一點 CSS，給它一個 20 像素的左邊距：

```
#gender-select{margin-left:20px;}
```

添加國家選擇器

添加國家選擇器比添加類別和性別選擇器要複雜一些。諾貝爾獎的國家分布有一個長尾（見圖 17-1），許多國家都獲得了一個或兩個獎項。我們可以把所有這些都包含在選擇器中，但這會讓它變得相當冗長和繁瑣。更好的方法是為只有一位或二位獲獎者的國家添加新的群組，讓選擇選項的數量保持在可控制的範圍內，並在圖表中添加一些說明，也就是少數獲獎者國家隨時間的分布，這可能會說明諾貝爾獎分配趨勢的變化[3]。

為了添加單一和雙重獲獎者國家群組，我們需要交叉過濾後的國家維度來按國家獲取群組大小。這意味著要在諾貝爾獎資料集載入後建立國家選擇器。為此，我們把它放在 nbviz.initUI 方法中，在建立交叉過濾器維度後在主 *nbviz_main.js* 腳本中呼叫（請參閱第 407 頁的「使用 Crossfilter 過濾資料」）。

3　它確實顯示了在單一獲獎者國家中，諾貝爾獎和平獎占主導地位，其次是文學獎。

以下程式碼建立一個選擇串列。擁有三個或更多獲獎者的國家將獲得自己的選擇位置，位於 All Winners 選擇下方。單一和雙獲獎者國家會被添加到各自的串列中，如果使用者從選擇器的選項中選擇 Single Winning Countries 或 Double Winning Countries，這些串列將被用來過濾資料集。

```
export let initMenu = function() {
    let ALL_WINNERS = 'All Winners';
    let SINGLE_WINNERS = 'Single Winning Countries';
    let DOUBLE_WINNERS = 'Double Winning Countries';

    let nats = nbviz.countrySelectGroups = nbviz.countryDim
        .group().all() ❶
        .sort(function(a, b) {
            return b.value - a.value; // 降序
        });

    let fewWinners = {1:[], 2:[]}; ❷
    let selectData = [ALL_WINNERS];

    nats.forEach(function(o) {
        if(o.value > 2){ ❸
            selectData.push(o.key);
        }
        else{
            fewWinners[o.value].push(o.key); ❹
        }
    });

    selectData.push(
        DOUBLE_WINNERS,
        SINGLE_WINNERS
    );
    //...
})
```

❶ 排序形式為（{key:"United States", value:336}, ……）的群組陣列，其中 value 是來自該國家的獲獎者人數。

❷ 一個帶有串列的物件，用於儲存單一和雙獲獎者國家。

❸ 有兩個以上獲獎者的國家在 selectData 串列中有自己的位置。

❹ 根據群組大小（值）為 1 或 2，把單一和雙獲獎者國家添加到各自的串列中。

現在有了帶有相應 fewWinners 陣列的 selectData 串列，可以使用它來為我們的國家選擇器建立選項。我們首先使用 D3 來獲取國家選擇器的 select 標記，然後使用標準資料綁定來把選項添加到它：

```
let countrySelect = d3.select('#country-select select');
countrySelect
    .selectAll("option")
    .data(selectData)
    .join("option")
    .attr("value", (d) => d)
    .html((d) => d);
```

附加 selectData 選項後，選擇器如圖 21-3 所示。

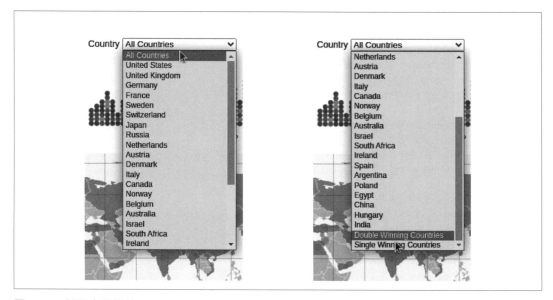

圖 21-3　按國家選擇獎項

現在只需要一個回呼函數，它會在選擇了一個選項時觸發，以按國家來過濾主要資料集。下面的程式碼展示了它是如何完成的。首先，獲取選擇的 value 屬性 (1)，它會是一個國家或 ALL_WINNERS、DOUBLE_WINNERS 或 SINGLE_WINNERS 其中之一。然後，我們構造一個國家串列以發送到國家過濾器方法 nbviz.filterByCountries（在 *nbviz_core.js* 中定義）：

```
countrySelect.on('change', function(d) {

    let countries;
    let country = d3.select(this).property('value');

    if(country === ALL_WINNERS){ ❶
        countries = [];
    }
    else if(country === DOUBLE_WINNERS){
        countries = fewWinners[2];
    }
    else if(country === SINGLE_WINNERS){
        countries = fewWinners[1];
    }
    else{
        countries = [country];
    }

    nbviz.filterByCountries(countries); ❷
    nbviz.onDataChange(); ❸
});
```

❶ 這些條件敘述根據 country 字串構成一個 countries 陣列。此陣列為空、單一值或具有 fewWinners 陣列之其中之一。

❷ 呼叫 filterByCountries 以使用國家陣列來過濾主要諾貝爾獎得主資料集。

❸ 觸發對所有 Nobel-viz 元素的更新。

filterByCountries 函數如範例 21-2 所示。一個空的 countryNames 引數會重設過濾器；否則，我們會為 countryNames 中的所有國家來過濾國家維度 countryDim。

範例 *21-2* 按國家過濾函數

```
nbviz.filterByCountries = function(countryNames) {

    if(!countryNames.length){ ❶
        nbviz.countryDim.filter();
    }
    else{
        nbviz.countryDim.filter(function(name) { ❷
            return countryNames.indexOf(name) > -1;
        });
    }

    if(countryNames.length === 1){ ❸
        nbviz.activeCountry = countryNames[0];
```

```
        }
        else{
            nbviz.activeCountry = null;
        }
    };
```

❶ 如果 countryNames 陣列為空（使用者選擇了所有國家），則重設過濾器。

❷ 在這裡，我們在 crossfilter 國家維度上建立了一個過濾器函數，如果一個國家在 countryNames 串列中（包含一個國家或所有單一或雙獲獎者國家），則該函數會傳回 true。

❸ 按順序記錄任何一個選定的國家——例如，在地圖和直條圖中突出顯示它。

現在已經為我們的類別、性別和國家維度建構了過濾器選擇器，需要做的就是添加回呼函數來處理獲獎度量單選按鈕的變化。

連接度量單選按鈕

度量單選按鈕已經內建在 HTML 中，包含一個帶有 radio 輸入的表格：

```
<div id='metric-radio'>
  Number of Winners:  ❶
  <form>
    <label>absolute
      <input
       type="radio" name="mode" value="0" checked> ❷
    </label>
    <label>per-capita
      <input type="radio" name="mode" value="1">
    </label>
  </form>
</div>
```

❶   用於在表格和它的標記之間建立一個不間斷的空格。

❷ 共享相同名稱（在本案例中為 mode）的 radio 型別的輸入會組成群組，而啟動其中一個會停用所有其他的輸入。它們按值來區分（在本案例中為 0 和 1）。這裡我們一開始會使用 checked 屬性來啟動值 0。

有了單選按鈕表單，只需要選擇它的所有輸入，並添加一個回呼函數來處理觸發了更改的任何按鈕點擊：

```
d3.selectAll('#metric-radio input').on('change', function() {
        var val = d3.select(this).property('value');
        nbviz.valuePerCapita = parseInt(val); ❶
        nbviz.onDataChange();
    });
```

❶ 在呼叫 onDataChange 並觸發視覺元素的重繪之前更新 valuePerCapita 的值。

用 valuePerCapita 整數來儲存按鈕的目前狀態。當使用者選擇一個單選框時，此值會更改，並使用 onDataChange 來觸發使用新度量的重繪。

現在有了 Nobel-viz 的選單列元素了，讓使用者可以精煉顯示的資料集並深入到他們最感興趣的子集合。

總結

在本章中，我們瞭解了如何把選擇器和單選按鈕元素添加到我們的諾貝爾獎視覺化中。還有許多其他使用者介面 HTML 標記，例如按鈕群組、複選框群組、時間選擇器和普通按鈕。[4] 但實作這些控制器涉及和本章中所示相同的樣式。使用資料串列來附加和插入 DOM 元素、在適當的地方設定屬性、還有回呼函數被綁定到任何更改事件。這是一個非常強大的方法，可以有效與方法鍊接（method chaining）和匿名函數等 D3（和 JS）慣用語一起使用。它會很快成為您 D3 工作流程中非常自然的一部分。

4　在 HTML5 中也有原生滑桿（slider），之前有一個依賴於 jQuery 外掛程式。

## 第二十二章

結論

雖然這本書有一個指導性的敘述——把一些基本的維基百科 HTML 頁面轉換為現代的、互動式的 JavaScript 網路視覺化——但它的目的是在需要時進行深入研究。不同的部分是彼此獨立的，讓資料集可以在它的各個階段存在，並且可以獨立使用。在繼續討論未來視覺化工作的一些想法之前，讓我們簡要回顧一下所涵蓋的內容。

回顧

本書分為五個部分。第一部分介紹了基本的 Python 和 JavaScript dataviz 工具套件，而接下來的四個部分，展示了如何檢索原始資料、清理資料、探索資料以及最終將其轉換為現代的 Web 視覺化。這種精煉和轉換的過程以資料視覺化挑戰為支柱：採用相當基本的維基百科諾貝爾獎清單，並把所包含的資料集轉換為更具吸引力和資訊量的內容。現在就來總結一下每個部分的主要內容。

第一部分：基本工具包

我們的基本工具包包括：

* 一個介於 Python 和 JavaScript 之間的語言學習橋梁。它旨在平滑兩種語言之間的過渡，突顯它們的許多相似之處，並為現代資料視覺化的雙語過程奠定基礎。Python 和 JavaScript 的共同點很多，這讓它們之間的切換壓力更小。

* 能夠輕鬆讀取和寫入關鍵資料格式（例如 JSON 和 CSV）和資料庫（SQL 和 NoSQL）是 Python 的一大優勢。我們看到在 Python 中傳遞資料、轉換格式和更改資料庫是多麼容易。資料的這種流暢移動是任何資料視覺化工具鏈的主要潤滑劑。

我們介紹了開始製作現代的、互動式的、基於瀏覽器的資料視覺化所需的基本網路開發（webdev）技能。透過聚焦於單頁應用程式（*https://oreil.ly/v0vDP*）的概念而不是建構整個網站，大限度地減少了傳統的 webdev，並把重點放在用 JavaScript 來編寫視覺創作。可縮放向量圖形（SVG）的介紹是 D3 視覺化的主要積木，為第五部分建立的諾貝爾獎視覺化奠定了基礎。

第二部分：獲取資料

在本書的這一部分，我們研究了如何使用 Python 來從 Web 獲取資料，並假設還沒有向資料視覺化工具提供一個漂亮、乾淨的資料檔案：

- 如果幸運的話，一個易於使用的資料格式（即 JSON 或 CSV）的乾淨檔案位於開放的 URL，那麼只要一個簡單的 HTTP 請求就好。或者，您的資料集可能會有一個專用的 Web API，運氣好的話是 RESTful API。例如，我們研究了使用 Twitter API（透過 Python 的 Tweepy 程式庫），還看到如何使用 Google 試算表，這是 dataviz 中廣泛使用的資料共享資源。

- 讓人感興趣的資料以人類可讀的形式出現在網路上時，事情就會變得更加複雜，通常它們會以 HTML 表格、清單或階層式內容區塊的形式出現。在這種情況下，您必須求助於爬取以獲取原始 HTML 內容、然後使用剖析器來讓它嵌入的內容可用。我們看到了如何使用 Python 的輕量級 Beautiful Soup 爬取程式庫，和功能更強大的重量級 Scrapy，它是 Python 爬取領域中最大的明星。

第三部分：使用 pandas 清理和探索資料

在這一部分中，我們將 Python 強大的重量級武器程序化試算表 pandas，用於清理和探索資料集的問題。我們首先看到 pandas 如何成為 Python 的 NumPy 生態系統的一部分，並利用了非常快速、強大的低階陣列處理程式庫的力量，但又讓它們易於存取。焦點放在使用 pandas 清理，然後探索諾貝爾獎資料集：

- 大多數資料，即使是來自官方網路 API 的資料，都是骯髒資料。讓它變得乾淨和可用所占用您作為資料視覺化人員的時間會比預期多很多。以諾貝爾獎資料集為例，我們逐步清理它，搜尋不可靠的日期、異常的資料型別、漏失的欄位、以及所有需要清理的常見髒污，然後才能開始探索，再把資料轉換為視覺化。

有了乾淨的（我們能力所達的）諾貝爾獎資料集，我們看到了使用 pandas 和 Matplotlib 以互動方式探索資料是多麼容易，輕鬆地建立內聯圖表、以任何方式來切片資料，並在尋找您想要透過視覺化來提供的那些有趣金塊的當下，大致瞭解一下它們的樣子。

第四部分：交付資料

在這一部分中，我們看到了使用 Flask 來建立最小資料 API，並以靜態和動態方式把資料傳送到 Web 瀏覽器是多麼容易。

首先，我們看到了如何使用 Flask 來提供靜態檔案，然後是如何製作您自己的基本資料 API，來從本地資料庫提供資料。Flask 的極簡主義允許您在 Python 資料處理的成果，和它們最終在瀏覽器上的視覺化之間，建立一個非常輕薄的資料服務層。開源軟體的亮點在於，您經常可以找到強固、易於使用的程式庫，它們比您更能解決您的問題。在這部分的第二章中，我們看到了使用同類最佳的 Python（Flask）程式庫來製作一個強固、有彈性的 RESTful API 是多麼容易，以為線上資料服務做好準備。我們還介紹了 Python 愛好者最喜歡的 Heroku，來輕鬆在線上部署此資料伺服器。

第五部分：使用 D3 和 Plotly 視覺化您的資料

在本部分的第一章中，我們看到了如何以圖表或地圖的形式來獲取 pandas 驅動探索的成果，並將它們放在所屬之地：網路上。Matplotlib 可以產生出版品標準的靜態圖表，而 Plotly 則把使用者控制項和動態圖表帶到表格中。我們看到了如何直接從 Jupyter notebook 中獲取 Plotly 圖表，並將其放入網頁中。

我可以很負責地說，採用 D3 是本書中最具野心的部分，但我決心展示多元素視覺化的建構，比如您最終可能會受僱去製作的那種。D3 的樂趣之一是可以在網上輕鬆找到大量範例（*https://oreil.ly/nYKx8*），但是大多數範例示範的是單一技術，很少會顯示如何編排多個視覺元素。在這些 D3 章節中，我們看到了如何在使用者過濾諾貝爾獎資料集或更改獲獎度量（絕對值或人均）時，同步更新時間軸（包含所有諾貝爾獎）、地圖、直條圖和清單。

掌握這些章節中所展示的核心主題應該可以讓您放開想像力，邊做邊學。我建議選擇一些貼近您內心的資料，並圍繞它設計一個 D3 作品。

未來進展

如前所述，Python 和 JavaScript 資料處理和視覺化生態系統現在非常活躍，並且正在建立一個非常堅實的基礎。

雖然在第二部分和第 9 章中所學習的獲取和清理資料集的工作正逐漸改進，隨著您的技能（例如 pandas 技能）的提高變得更加容易，Python 正在恣意地拋出新的強大的資料處理工具。Python wiki 上有一個相當全面的清單（*https://oreil.ly/ODNE1*）。以下是您可能想用來建立一些視覺化效果的一些想法。

視覺化社交媒體網路

社交媒體的出現提供了大量有趣的資料，這些資料通常可以從 Web API 獲得或非常容易爬取。還有精選的社交媒體資料集合，例如史丹福大學的 Large Network Dataset Collection（*https://oreil.ly/2E02E*）或 UCIrvine 集合（*https://oreil.ly/x09oi*）。這些資料集可以為網路視覺化這一日益流行的領域冒險，提供一個簡單的試驗場。

用於網路分析的兩個最流行的 Python 程式庫是 graph-tool（*https://graph-tool.skewed.de*）和 NetworkX（*https://networkx.org*）。雖然 graph-tool 的優化程度更高，但可以說 NetworkX 對使用者更加友善。這兩個程式庫都以通用的 GraphML（*http://graphml.graphdrawing.org*）和 GML（*https://oreil.ly/18AUU*）格式來產生圖形。D3 不能直接讀取 GML 檔案，但把它們轉換為它可以讀取的 JSON 格式很容易。您可以在這篇部落格文章（*https://oreil.ly/thuBE*）中找到很好的範例，並在 GitHub（*https://oreil.ly/3IHVR*）上找到相關程式碼。請注意，在 D3 版本 4 中，forceSimulation API 發生了變化。您可以在 Pluralsight（*https://oreil.ly/DZxAz*）上找到對新 API 的簡要介紹，它使用 forceSimulation 物件來追蹤事物。

機器學習視覺化

機器學習目前非常流行，Python 提供了一套很棒的工具，讓您可以開始使用大量演算法來分析和探勘資料，這些演算法涵蓋範圍從監督式到非監督式、從基本迴歸演算法（例如作為線性或邏輯迴歸）到更深奧、更前衛的東西，例如隨機森林等集成（ensemble）演算法系列。請參閱不同風格演算法的精彩導覽（*https://oreil.ly/IR8LZ*）。

Python 的機器學習穩定版中首屈一指的是 scikit-learn（*https://oreil.ly/gjAKs*），它是 NumPy 生態系統的一部分，也是基於 SciPy 和 Matplotlib 而建構的。scikit-learn 為高效率的資料探勘和資料分析提供了驚人的資源。在幾年前需要數天或數週才能完成的演算法，現在只需一次匯入即可獲得，而且設計精良又易於使用，並且能夠在幾行程式碼中獲得有用的結果。

scikit-learn 等工具讓您能夠發現資料中存在的深層關聯（如果存在時）。R2D3 上有一個很好的示範（*https://oreil.ly/Q0GVd*），它既介紹了一些機器學習技術，又使用 D3 來視覺化過程和結果。這是一個很好的範例，說明了掌握 D3 所提供的創作自由，以及優秀的網路資料視覺化會如何突破界限，以前所未有的方式來製作新穎的視覺化──當然，大家都可以使用。

IPython GitHub 儲存庫中有大量用於統計、機器學習和資料科學的 IPython（Jupyter）筆記本（*https://oreil.ly/wZ1bJ*）。其中許多示範了可以在您自己的作品中進行調整和擴展的視覺化技術。

最後的想法

上一節中的建議，只是粗略地介紹了您可以把新的 Python 和 JavaScript dataviz 技能應用到哪些方面。希望這本書提供了一個堅實的基石，可以在此基礎上建構您的網路資料視覺化工作，以應對該領域現在開放的許多工作，或者只是為了滿足您個人的需求。把 Python 極其強大的資料處理和通用能力，和 JavaScript（特別是 D3）日益強大且成熟的視覺化程式庫相結合能力，就是我所知道的最豐富資料視覺化堆疊。這一領域的技能已經非常可靠，但變化的速度和感興趣的人數正在迅速增加。我希望您能像我一樣發現這個令人興奮的新興領域。

D3 的 enter/exit 樣式

如第 429 頁的「用資料更新 DOM」中所示，D3 現在有一個更加使用者友善的 join 方法，來替換過去所使用基於 enter、exit 和 remove 方法樣式的舊資料連接實作。join 方法是對 D3 的重要補充，但網上有數以千計的使用舊資料連接樣式的範例。為了使用 / 轉換它們，瞭解更多關於 D3 在連接資料時幕後所發生的事情會很有幫助。

為了示範 D3 的資料連接，讓我們看一下 D3 連接資料的幕後情況，從無直條圖表開始，使用 SVG 畫布和圖表群組：

```
...
    <div id="nobel-bar">
      <svg width="600" height="400">
        <g class="chart" transform="translate(40, 20)"></g>
      </svg>
    </div>
...
```

為了將資料與 D3 連接起來，首先需要一些格式正確的資料。通常這將是一個物件陣列，例如我們的直條圖的 nobelData：

```
var nobelData = [
    {key:'United States', value:336},
    {key:'United Kingdom', value:98},
    {key:'Germany', value:79},
    ...
]
```

D3 資料連接分兩個階段進行。首先，使用 data 方法來添加要連接的資料，然後使用 join 方法來執行連接。

要把諾貝爾獎資料添加到一組直條上會執行以下操作。首先，為直條選擇一個容器，在本案例中是我們的 SVG chart 類別群組。

然後定義容器，在本案例中是類別 bar 的 CSS 選擇器：

```
var svg = d3.select('#nobel-bar .chart');

var bars =  svg.selectAll('.bar')
              .data(nobelData);
```

現在來到 D3 data 方法的一個稍微違反直覺的層面。我們的第一個 select 傳回了 nobel-bar SVG 畫布中的 chart 群組，但第二個 selectAll 傳回了所有帶有 bars 類別的元素，其中沒有任何東西。如果沒有直條的話，我們究竟要把資料綁定到什麼上？答案是在幕後，D3 正在進行簿記，data 傳回的 bars 物件會知道哪些 DOM 元素已經綁定到 nobelData，而同樣重要的是，哪些沒有被綁定。我們現在將看到如何使用基本的 enter 方法來利用這個事實。

enter 方法

D3 的 enter 方法及其兄弟 exit（*https://oreil.ly/veBF9*），既是 D3 強大功能和表現力的基礎，也是許多混亂的根源。儘管如前所述，新的 join 方法簡化了事情，但如果您真的希望自己的 D3 技能能夠增長，那麼掌握 enter 是值得的。現在就採用非常簡單慢速的示範，來介紹一下。

從一個典型的簡單小示範開始，為諾貝爾獎資料的每個成員添加一個直條矩形。使用前六名諾貝爾獎獲獎國家作為綁定資料：

```
var nobelData = [
    {key:'United States', value:200},
    {key:'United Kingdom', value:80},
    {key:'France', value:47},
    {key:'Switzerland', value:23},
    {key:'Japan', value:21},
    {key:'Austria', value:12}
];
```

有了我們的資料集，首先使用 D3 來爬取圖表群組，並把它儲存到 svg 變數中。使用它來選擇 bar 類別的所有元素（目前沒有）：

```
var svg = d3.select('#nobel-bar .chart');

var bars = svg.selectAll('.bar')
    .data(nobelData);
```

現在雖然 bars 選擇是空的，但在幕後 D3 保留剛剛綁定到它的資料的紀錄。此時，可以使用此事實和 enter 方法來以資料建立一些直條圖。在我們的 bars 選擇上呼叫 enter 會傳回未綁定到直條的所有資料（在本案例中為 nobelData）的子選擇。由於原始選擇中沒有直條（圖表為空），所有資料都是未綁定的，因此 enter 會傳回大小為 6 的進入選擇（基本上是所有未綁定資料的占位符節點）：

```
bars = bars.enter(); # 傳回六個占位符節點
```

使用 bars 中的占位符節點來建立一些 DOM 元素——在我們的案例中是幾個直條。我們不會費心嘗試把它們以正確的方式向上放置（按照慣例，y 軸會從螢幕頂部向下），但會使用資料值和索引來設定直條的位置和高度：

```
bars.append('rect')
    .classed('bar', true)
    .attr('width', 10)
    .attr('height', function(d){return d.value;}) ❶
    .attr('x', function(d, i) { return i * 12; });
```

❶ 如果您為 D3 的 setter 方法（attr、style 等）提供回呼函數，則所提供的第一個和第二個引數是個別資料物件的值（例如，d == {key: 'United States', value: 200}），及其索引（i）。

使用回呼函數來設定直條的高度和 x 位置（允許填充 2 像素），並在我們的六個節點選擇上呼叫 append 來產生圖 A-1。

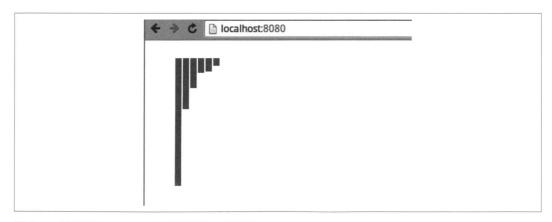

圖 A-1　使用 D3 的 enter 方法來產生一些直條

我建議您使用一般的 Chrome 或等效的 Elements 頁籤，來調查 D3 產生的 HTML。使用 Elements 來調查我們的迷您直條圖顯示了圖 A-2。

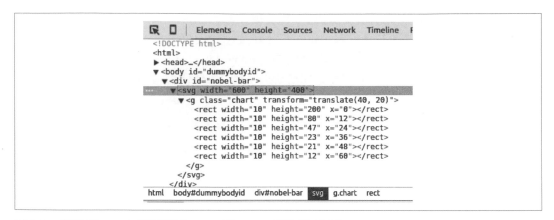

圖 A-2　使用 Elements 頁籤查看 enter 和 append 產生的 HTML

所以我們已經看到在空選擇上呼叫 enter 時會發生的事。但是，當我們已經有了一些直條時又會發生什麼事？而我們會在帶有使用者驅動的、不斷變化的資料集的互動式圖表中使用這些直條圖。

在起始 HTML 中添加幾個 bar 類別矩形：

```
<div id="nobel-bar">
  <svg width="600" height="400">
    <g class="chart" transform="translate(40, 20)">
      <rect class='bar'></rect>
      <rect class='bar'></rect>
    </g>
  </svg>
</div>
```

如果現在執行和以前相同的資料綁定和進入，在選擇上呼叫 data 時，兩個占位符矩形會綁定到 nobelData 陣列的前兩個成員（即 [{key: 'United States', value: 200} , {key: 'United Kingdom', value:80}]）。這意味著只傳回未綁定資料占位符的 enter 現在只傳回四個占位符，它們和 nobelData 陣列的最後四個元素相關聯：

```
var svg = d3.select('#nobel-bar .chart');

var bars = svg.selectAll('.bar')
    .data(nobelData);

bars = bars.enter(); # 傳回四個占位符節點
```

如果像以前一樣在進入的 bars 上呼叫 append，會得到如圖 A-3 所示的結果，顯示所渲染的最後四個直條（注意，它們保留了索引 i，用來設定 x 位置）。

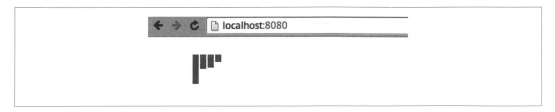

圖 A-3　使用現有直條來呼叫 enter 和 append

圖 A-4 顯示為最後四個直條所產生的 HTML。正如我們將看到的，來自前兩個元素的資料現在綁定到我們添加到初始直條群組的兩個虛擬節點上，我們只是還沒有用它來調整那些矩形的屬性。用新資料來更新舊直條是很快就會看到的更新樣式關鍵要素之一。

圖 A-4　使用 Elements 頁籤來查看透過對部分選擇進行 enter 和 append 所產生的 HTML

需要強調的是，掌握 enter 和 exit（以及 remove）對於 D3 的健康發展至關重要。嘗試一下、檢視您正在產生的 HTML、輸入一些資料、並且通常會變得有點混亂，以瞭解來龍去脈。在繼續討論 D3 的聯繫（更新樣式）之前，讓我們先看一下存取綁定資料的情況。

存取綁定資料

查看 DOM 發生了什麼事的一個好方法，是使用瀏覽器的 HTML 檢查器和控制台來追蹤 D3 的更改。在圖 A-1 中，我們使用 Chrome 的控制台來查看代表圖 A-3 中第一個直條的矩形元素，在綁定資料之前以及使用 data 方法把 nobelData 綁定到直條之後。如您所見，D3 已向 rect 元素添加了一個 __data__ 物件，用來儲存它的綁定資料——在本案例中為 nobelData 串列的第一個成員。__data__ 物件由 D3 的內部簿記使用，並且根本上，其中的資料可用在提供給更新方法（如 attr）的函數上。

讓我們看一個使用元素的 __data__ 物件中的資料來設定其 name 屬性的小範例。name 屬性對於進行特定的 D3 選擇很有用。例如，如果使用者選擇了一個特定的國家，我們現在可以使用 D3 來獲取它所有命名元件，並根據需要來調整它們的樣式。我們將在圖 A-5 中使用帶有綁定資料的直條，並使用其綁定資料的 key 屬性來設定名稱：

```
let bar = d3.select('#nobel-bar .bar');

bar.attr('name', function(d, i){ ❶

    let sane_key = d.key.replace(/ /g, '_'); ❷

    console.log('__data__ is: ' + JSON.stringify(d)
    + ', index is ' + i)

    return 'bar__' + sane_key; ❸
    });
// 控制台輸出：
// __data__ is: {"key":"United States","value":336}, index is 0
```

❶ 所有 D3 setter 方法都可以把函數作為它們的第二個引數。該函數接收綁定到所選元素的資料（d），及其在資料陣列中的位置（i）。

❷ 使用正規表示式（regex）來把鍵中的所有空格替換為底線（例如，United States → United_States）。

❸ 這會把直條的 name 屬性設定為 'bar__United_States'。

圖 17-3 中列出的所有 setter 方法（attr、style、text 等），都可以把函數作為第二個引數，而該函數會接收綁定到元素的資料和元素的陣列索引。此函數的傳回值被用來設定屬性的值。正如我們將看到的，互動式視覺化對視覺化資料集的更改會在綁定新資料時反映出來，然後再使用這些功能性 setter 來相應地調整屬性、樣式和特性。

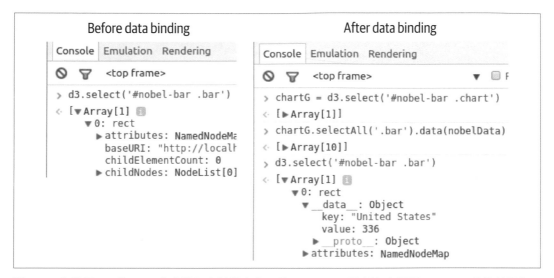

圖 A-5　在使用 D3 的 data 方法進行資料綁定後，使用 Chrome 控制台來顯示 __data__ 物件的添加

索引

R

X

Z

關於作者

Kyran Dale 是一名資深程式設計師、前研究科學家、業餘駭客、獨立研究員、偶爾為之的企業家、越野跑者和琴藝日益精進的爵士鋼琴家。在超過 15 年的研究科學家生涯中，他破解了大量程式碼、學習了大量程式庫，並挑選出了一些最喜歡的工具。如今，他發現 Python、JavaScript 和一點 C++ 對解決大多數問題大有幫助。他專精於快速原型製作和使用演算法來進行可行性研究，但也樂於單純建構很酷的東西。

出版記事

本書封面上的動物是藍帶蜂（blue-banded bee，學名 *Amegilla cingulate*）、蘭花蜂（orchid bee，屬於 *Euglossini* 種族）和藍木蜂（blue carpenter bee，學名 *Xylocopa caerulea*）。蜜蜂對農業至關重要，因為牠們在蒐集花粉和花蜜的同時，會為農作物和其他開花植物授粉。

藍帶蜂原產於澳大利亞，棲息地包括林地、荒地和城市地區。顧名思義，牠獨特的身體特徵是腹部有彩虹色的藍色條紋：雄性有 5 條，雌性有 4 條。這些蜜蜂練習所謂的「嗡嗡授粉」，這意味著牠們使用振動來搖散花粉。這個物種可以以驚人的每秒 350 次的速度振動一朵花。許多植物，包括番茄，都是以這種方式進行最有效地授粉。

蘭花蜂是一種色彩鮮豔的昆蟲，生活在中美洲和南美洲的熱帶雨林中。牠們具有閃亮的金屬色澤，呈現出生動的綠色、藍色、金色、紫色和紅色色調。牠們的長舌頭幾乎是身體長度的兩倍。雄性蘭花蜂有特別的腳，腳上有小空洞，可以蒐集和儲存芳香化合物，然後在稍後釋放出來（可能在交配展示中）。幾種蘭花蜂物種會把牠們的花粉隱藏在一個特定的地點，而該地點會以吸引雄性蘭花蜂的氣味來標記，得以限於該物種授粉。

藍木蜂是一種大型昆蟲（平均長 0.91 英寸），全身覆寫著淡藍色的毛髮。廣泛分布於東南亞、印度和中國。之所以有此名，是因為幾乎所有這類物種都在枯木、竹子或人造結構的木材中築巢。牠們透過振動身體和用下頜骨在木頭上刮擦來鑽孔（然而，木蜂以花蜜為食；牠們鑽穿的木頭會被丟棄）。牠們以獨居為主，不會集體行動，但幾個個體可能會在同一地區築巢。

封面插圖由 Karen Montgomery 繪製，基於 Insects Abroad 的古董線條雕刻。

資料視覺化｜使用 Python 與 JavaScript 第二版

作　　　者：Kyran Dale
譯　　　者：楊新章
企劃編輯：蔡彤孟
文字編輯：王雅雯
特約編輯：袁若喬
設計裝幀：陶相騰
發　行　人：廖文良

發　行　所：碁峰資訊股份有限公司
地　　　址：台北市南港區三重路 66 號 7 樓之 6
電　　　話：(02)2788-2408
傳　　　真：(02)8192-4433
網　　　站：www.gotop.com.tw
書　　　號：A726
版　　　次：2023 年 10 月初版
建議售價：NT$880

國家圖書館出版品預行編目資料

資料視覺化：使用 Python 與 JavaScript / Kyran Dale 原著；楊
　　新章譯. -- 初版. -- 臺北市：碁峰資訊, 2023.10
　　　面；　　公分
　　譯自：Data visualization with Python and JavaScript, 2nd ed.
　　ISBN 978-626-324-648-5(平裝)
　　1.CST：資料庫管理系統　2.CST：Python(電腦程式語言)
　　3.CST：Java Script(電腦程式語言)
312.74　　　　　　　　　　　　　　　　　　112016334

讀者服務

● 感謝您購買碁峰圖書，如果您對本書的內容或表達上有不清楚的地方或其他建議，請至碁峰網站：「聯絡我們」\「圖書問題」留下您所購買之書籍及問題。（請註明購買書籍之書號及書名，以及問題頁數，以便能儘快為您處理）http://www.gotop.com.tw

● 本書是根據寫作當時的資料撰寫而成，日後若因資料更新導致與書籍內容有所差異，敬請見諒。

● 售後服務僅限書籍本身內容，若是軟、硬體問題，請您直接與軟體廠商聯絡。

● 若於購買書籍後發現有破損、缺頁、裝訂錯誤之問題，請直接將書寄回更換，並註明您的姓名、連絡電話及地址，將有專人與您連絡補寄商品。